5G 先进技术丛书·测试认证系列

5G 终端电磁辐射测试技术与实践

齐殿元 林 浩 林 军 等编著

清华大学出版社

北 京

内 容 简 介

本书是"5G先进技术丛书·测试认证系列"之一,旨在全面介绍和论述5G终端电磁辐射原理和符合性认证的要求、标准、评估方法等内容。

全书共7章,包括绪论、电磁辐射评价标准体系、比吸收率评估、电磁辐射仿真方法、毫米波电磁辐射评估、时间平均算法电磁辐射符合性评估以及符合性评估通用方案,最后在附录中给出了ICNIRP导则的正文译文。

本书结合作者工作经验,详细介绍了与5G终端电磁辐射相关的各方面知识,可以作为通信测量工作的入门图书,也可为无线通信领域的广大科技工作者、管理人员提供有益的经验。

图书在版编目(CIP)数据

5G终端电磁辐射测试技术与实践 / 齐殿元等编著. —北京:清华大学出版社,2023.7
(5G先进技术丛书. 测试认证系列)
ISBN 978-7-302-63886-5

Ⅰ. ①5… Ⅱ. ①齐… Ⅲ. ①第五代移动通信系统—终端设备—电磁辐射—测试技术 Ⅳ. ①TN929.53 ②O441.4

中国国家版本馆CIP数据核字(2023)第113417号

责任编辑:贾旭龙
封面设计:秦 丽
版式设计:文森时代
责任校对:马军令
责任印制:杨 艳

出版发行:清华大学出版社
   网　　址:http://www.tup.com.cn,http://www.wqbook.com
   地　　址:北京清华大学学研大厦A座　　　　邮　　编:100084
   社 总 机:010-83470000　　　　　　　　邮　　购:010-62786544
   投稿与读者服务:010-62776969,c-service@tup.tsinghua.edu.cn
   质量反馈:010-62772015,zhiliang@tup.tsinghua.edu.cn
印 装 者:大厂回族自治县彩虹印刷有限公司
经　　销:全国新华书店
开　　本:170mm×240mm　　　印　　张:23.5　　　字　　数:447千字
版　　次:2023年8月第1版　　　印　　次:2023年8月第1次印刷
定　　价:99.00元

产品编号:096164-01

5G先进技术丛书·测试认证系列

编写委员会

本书编写工作组

巫彤宁　齐殿元　武　彤　马文华

林　浩　李从胜　林　军　赵　竞

余纵瀛　邹方竹　杨　蕾

丛书序 1

门捷列夫说:"科学是从测量开始的。"

2021 年国家市场监督管理总局、科技部、工业和信息化部、国务院国资委和国家知识产权局联合印发的《关于加强国家现代先进测量体系建设的指导意见》指出,测量是人类认识世界和改造世界的重要手段,是突破科学前沿、解决经济社会发展重大问题的技术基础。国家测量体系是国家战略科技力量的重要支撑,是国家核心竞争力的重要标志。

"十四五"时期是我国开启全面建设社会主义现代化国家新征程、向第二个百年奋斗目标进军的第一个五年。我国已转向高质量发展阶段,构建国家现代先进测量体系,是实现高质量发展、构建高水平社会主义市场经济体制的必然选择,也是构建新发展格局的基础支撑和内在要求。

5G 技术作为数字经济发展的关键支撑,正在加速影响和推动全球数字化转型进程。我国在全世界范围内率先推动 5G 的发展,并将其作为"新型基础设施建设"的一部分。近年来发展成效显著,呈现广阔应用前景。从产业发展看,我国 5G 标准必要专利声明量保持全球领先,完整的 5G 产业链进一步夯实了产业基础;从应用推广看,5G 典型场景融入国民经济 97 大类中的 40 个,5G 应用案例超过 2 万个,为促进数字技术和实体经济深度融合,构建新发展格局,推动高质量发展提供了有力支撑。

为实现增强型移动宽带、超可靠低时延通信以及海量机器类通信的目标,5G 采用了新的空口,更复杂、更密集的集成架构,大规模 MIMO 天线以及毫米波频段等技术。为实现万物互联的目标,5G 终端呈现多元化特点。新技术和新业务形态对测量工作提出了新的挑战。

该丛书作者团队来自中国信息通信研究院泰尔终端实验室。在国内,他们承担了电信终端进网政策的支撑和技术合格的检测工作;在国际上,他们和来自电信运营商、设备制造商和科研院所的同仁一起在国际标准组织中发出中国声音。通过多年的实践,他们掌握了先进的测量理念、测量技术和测量方法,为 5G 终端先进测量体系的构建贡献了卓越的思考。该丛书包含了与 5G 终端相关的认证、检验、检测的法规、标准、测量技术和实验室实践，可以作为有志从事通信测量工作的读者的入门图书，也可为无线通信领域的广大科技工作者、管理人员提供有益的经验。

　　谨此向各位感兴趣的读者推荐该丛书，并向奋战在测量第一线的科研工作者表达崇高的敬意！

中国工程院院士

2023 年 5 月 10 日

丛书序 2

2019 年 6 月 6 日，工业和信息化部正式向中国电信、中国移动、中国联通和中国广电发放 5G 商用牌照，标志着中国 5G 商用元年的开始。截至 2022 年 10 月，我国 5G 基站累计开通 185.4 万个，实现"县县通 5G、村村通宽带"。5G 应用加速向工业、医疗、教育、交通等领域推广落地，5G 应用案例超过 2 万个。

5G 终端类型呈现多元化的特点，手机、计算机、AR/VR/MR 产品、无人机、机器人、医疗设备、自动驾驶设备以及各种远程多媒体设备，不一而足。业务应用也更加丰富多彩，涵盖了人—人、人—物到物—物的多种场景，正式开启了万物互联的时代。5G 终端涉及的关键技术包括新空口、多模多频、毫米波、MIMO 天线等，对一致性测试、通信性能测试以及软件和信息安全测试都提出了新的挑战。

泰尔终端实验室隶属中国信息通信研究院，是集信息通信技术发展研究、信息通信产品标准和测试方法制定研究、通信计量标准和计量方法制定研究，以及国内外通信信息产品的测试、验证、技术评估，测试仪表的计量，通信软件的评估、验证等于一体的高科技组织，已成为我国面向国内外的综合性、规模化电子信息通信设备检验和试验的基地。实验室在 5G 终端的测试标准、测试方法研究以及测试环境构建方面拥有国内顶尖的团队和经验。以实验室核心业务为主体打造的"5G 先进技术丛书·测试认证系列"的多位作者均在各自的技术领域拥有超过二十年的工作经验，他们分别从全球认证、射频及协议、电磁兼容、电磁辐射、天线性能等技术方向全面系统地介绍了 5G 终端测试技术。

2019 年，我国成立了 IMT-2030（6G）推进组，开启了全面布局 6G 愿景需求、关键技术、频谱规划、标准以及国际合作研究的新征程。从移动互联，到万物互联，再到万物智联，6G 将实现从服务于人、人与物，到支撑智能体高效链接的跃迁，通过人—机—物智能互联、协同互生，满足经济社会高质量发展需求，服务智慧化生产与生活，推动构建普惠智能的人类社会。从 2G 跟随，3G 突破，4G 同步到 5G 引领，我国移动通信事业的跨越式发展离不开一代代通信人的努力奋斗。实验室将一如既往地冲锋在无线通信技术研发的第一线、踔厉奋发、笃行不怠，与大家携手共创 6G 辉煌时代！相信未来会有更丰硕的成果奉献给广大读者，并与广大读者共同见证和分享我国通信事业发展的新成就！

中国信息通信研究院　总工程师

2023 年 5 月 6 日

本书序

为安全和有效使用电磁波，生物电磁学这一交叉学科自 20 世纪 50 年代肇始，到 20 世纪 90 年代末随着无线通信技术的发展而成为研究的热点，公众对电磁辐射健康效应的关注越来越高。在此背景下，我所在的中国信息通信研究院泰尔终端实验室于 2001 年正式建立国内第一套无线通信终端电磁辐射比吸收率检测装置，自 2004 年起承担手机电磁辐射进网检测。20 多年来，我见证了实验室在生物电磁学科研和检测领域的蓬勃发展。

实验室是 ITU、IEC、IEEE 等国际电磁辐射标准组的主席或活跃成员，同时也是国内行业标准组的主席单位，主持和参与了众多国际、国内无线通信电磁辐射限值、测试方法等标准的制定工作。实验室已承担了电磁辐射相关领域的国家科技重大专项和国家重点研发计划课题、国家自然科学基金项目、中外合作项目和国家重点实验室开放课题几十项，在电磁场数值计算、数字人体建模以及医学信号和影像处理等方面取得了众多有特色的成果。

本书的作者是与我长期一同工作和成长的同事，他们从实际工作出发，结合 5G 先进技术，在本书中进行了翔实的经验总结和有益的技术探索，本书有以下三大特点。

（1）内容丰富全面。本书从电磁辐射基本原理出发，详细介绍了国际、国内电磁辐射法规和标准，比吸收率符合性评估方法，功率密度符合性评估方法以及最新技术的评估方向，可以说是全方位地介绍了终端电磁辐射的知识。

（2）专业技术过硬。本书的作者具有扎实的理论基础和丰富的实践经验，对本书涉及的技术有深入的研究。依靠过硬的专业技术，作者对一些暂未有统一方法标准的新技术，如时间平均算法等给出了合理的建议，为未来的技术发展提供了有益的思路。

（3）内容通俗易懂。本书虽然是专业书籍，但是整体结构循序渐进、层层深入，作者在行文时力求简洁准确，文风干净朴实，在传递专业知识的同时条分缕析、深入浅出，更好地传递和大众生活息息相关的电磁辐射相关知识，起到了很好的科普效果。

　　开卷有益，谨此向广大通信工作者特别是电磁辐射科研工作者和工程师们推荐本书！

国际生物电磁学会　理事

国际电信联盟发展局第二研究组　副主席

中国生物医学工程学会生物电磁学专业委员会　副主任委员

国际非电离辐射防护委员会科学专家组　成员

巫彤宁　博士

2023 年

前言

电磁辐射就是能量以电磁波的形式向外界发射。电磁辐射并非什么新鲜事物，大到宇宙星体小到人体自身都在以各种形式发射电磁能量。20 世纪 90 年代以来各种无线通信设备迅速普及，公众跟各类人工电磁场接触越来越频繁，对电磁辐射健康效应的关注度也越来越高。有鉴于此，虽然科学界尚有争议，世界上主要国家和地区仍然根据已知的电磁辐射生物学效应制定了电磁辐射符合性法规和标准，对电磁辐射予以限制，保护人身安全，引导行业健康发展。

5G 终端类型包括手机、计算机、AR/VR/MR 产品、无人机、机器人、医疗设备、自动驾驶设备及各种远程多媒体设备等，涉及的关键技术包括新空口、多模多频、毫米波、MIMO 天线等，丰富的应用场景、多模多频同时发射以及毫米波技术对电磁辐射符合性认证提出了新的挑战。

泰尔终端实验室于 2001 年正式建立国内第一套无线通信终端电磁辐射检测装置，自 2004 年起承担手机电磁辐射进网检测。经过逾 20 年的持久研究和不断深耕，实验室在电磁辐射领域已具备国际领先水平，是 ITU、IEC、IEEE 等国际电磁辐射标准组的主席或活跃成员，同时也是国内行业标准组的主席单位，主持和参与了众多国际、国内无线通信电磁辐射限值、测试方法等标准的制定工作。

本书结合作者在实验室开展的国内外标准化工作、技术实验、进网检测、国际认证测试等方面的经验和经历，全面介绍和论述了电磁辐射原理和符合性认证的要求、标准、评估方法等内容。

全书共 7 章。首先介绍了电磁辐射的基本原理，在此基础上详细介绍了国际和国内与电磁辐射限值以及测试方法有关的法规和标准；然后以 5G 终端为例详细介绍了以比吸收率为评价指标的 sub6G 电磁辐射符合性实验和仿真评估方法、以功率密度为评价指标的毫米波电磁辐射符合性实验和仿真评估方法；面对 5G 带来的新挑战，除从标准和通用测试方法的角度进行介绍外，还介绍了以时间平均为代表的新兴技术的评估要求；最后总结介绍了电磁辐射符合性评估的通用策略；因为 ICNIRP 导则的重要性，本书还在附录中给出了导则的正文内容，以供读者参考阅读。

读者可扫描下方二维码，浏览书中部分插图的彩图。

也可扫码登录清大文森学堂，获得更多学习资源。

清大文森学堂

本书作者包括齐殿元、林浩、林军、赵竞、余纵瀛、邹方竹、杨蕾、李从胜等。参与撰写的人员和分工如下：齐殿元、杨蕾撰写了第 1、4 章；赵竞、齐殿元、林浩、余纵瀛撰写了第 2、3 章；齐殿元、赵竞、李从胜撰写了第 5 章；邹方竹撰写了第 6 章和附录；林军撰写了第 7 章。全书由齐殿元负责统稿。

由于作者水平有限，书中难免会有疏漏之处，恳请广大读者批评指正。

丛书涉及部分标准化组织和认证机构名称外文缩略语表

3GPP　3rd Generation Partnership Project，第三代合作伙伴计划

A2LA　American Association for Laboratory Accreditation，美国实验室认可协会

ANATEL　Agência Nacional de Telecomunicações，（巴西）国家电信司

ANSI　American National Standard Institute，美国国家标准学会

ARIB　Association of Radio Industries and Businesses，（日本）无线工业及商贸联合会

ATIS　Alliance for Telecommunications Industry Solutions，（美国）电信行业解决方案联盟

CCSA　China Communications Standards Association，中国通信标准化协会

CENELEC　European Committee for Electrotechnical Standardization，欧洲电工标准化委员会

CISPR　Comité International Special des Perturbations Radiophoniques (International Special Committee on Radio Interference)，国际无线电干扰特别委员会

CNAS　China National Accreditation Service for Conformity Assessment，中国合格评定国家认可委员会

DAkkS　Deutsche Akkreditierungsstelle GmbH，德国认证认可委员会

DOT　Department of Telecommunication，（印度）电信部

ETSI　European Telecommunications Standards Institute，欧洲电信标准组织

FCC　Federal Communications Commission，（美国）联邦通信委员会

GCF　Global Certification Forum，全球认证论坛

GSMA　Global System for Mobile Communications Association，全球移动通信系统协会

ICES　International Committee on Electromagnetic Safety，（IEEE 下属）国际电磁安全委员会

ICNIRP　International Commission on Non-Ionizing Radiation Protection，国际非电离辐射防护委员会

ICRP   International Commission on Radiological Protection，国际放射防护委员会

IEC   International Electrotechnical Commission，国际电工委员会

IEEE   Institute of Electrical and Electronics Engineers，电气与电子工程师 协会

INIRC   International Non Ionizing Radiation Committee，国际非电离辐射委员会

IRPA   International Radiation Protection Association，国际辐射防护协会

ISED   Innovation,Science and Economic Development Canada，加拿大创新、科学与经济发展部

ISO   International Organization for Standardization，国际标准化组织

ITU   International Telecommunication Union，国际电信联盟

MSIT Ministry of   Science and ICT，（韩国）科学信息通信部

NVLAP   National Voluntary Laboratory Accreditation Program，（美国）国家实验室自愿认可程序

OMA   Open Mobile Alliance，开放移动联盟

PTCRB   PCS Type Certification Review Boar，个人通信服务型号认证评估委员会

RRA   National Radio Research Agency，（韩国）国家无线电研究所

SAC   Standardization Administration of the People's Republic of China，中国国家标准化管理委员会

SSM   Swedish Radiation Safety Authority，瑞典辐射安全局

TSDSI   Telecommunications Standards Development Society，（印度）电信标准发展协会

TTA   Telecommunication Technology Association，（韩国）电信技术协会

TTC   Telecommunication Technology Commission，（日本）电信技术委员会

UKAS   United Kingdom Accreditation Service，英国皇家认可委员会

目录

第1章

绪　论

　　1888 年，赫兹在实验室内成功制造并捕捉到了电磁波（见图 1-1），从而证明麦克斯韦理论是正确的。之后不久的 1896 年，意大利人马可尼第一次利用电磁波传递讯息。1901 年，马可尼又成功地将信号传到大西洋彼岸的美国。无线电通信开始走入人们的日常生活。第二次世界大战中出现的高功率追踪雷达很快在 20 世纪 50 年代引起了人们对微波辐射会影响人体健康的担忧。当时，人们已经确知微波辐射会产生热效应，但对其他非热效应的危害性却不甚了了。自那时起，对远低于产生热效应的微波辐射是否不利于人体健康的争论一直延续到今天，非热效应的健康影响仍然是生物电磁学界热衷探讨的话题。

图 1-1　赫兹和他的电磁波发生装置

　　20 世纪 90 年代以来，各种无线通信设备迅速普及，电磁辐射已经不只是雷达或者微波炉的专利，而是更加紧密地跟日常生活息息相关。人们跟各类人工电磁场接触越来越频繁，对电磁辐射健康效应的关注也越来越高。有鉴于此，虽然科学界尚有争议，世界上主要国家和地区仍然根据已知的生物学效应制定法规和标准，对电磁辐射予以限制，引导行业健康发展。

　　本章 1.1 节将介绍电磁场与电磁辐射的基本概念，1.2 节及 1.3 节分别介绍电磁辐射的生物学效应及已经确定的电磁场与人体之间的耦合机制，1.4 节简要探讨非热效应及其可能的机制，最后，1.5 节关注与手机相关的生物学效应。

1.1　电磁场与电磁辐射

电荷产生电场，电流产生磁场。变化的电场产生磁场，变化的磁场则产生电场。两者构成了一个不可分离的统一的场，这就是电磁场。

虽然无法用肉眼看到电磁场，但是电磁场无处不在。在雷雨天气时，空气中局部电荷的积累可以产生电场。地球本身具有一定的磁场，可以让指南针指向南方或者北方，可以为鸟类和鱼类导航。即使在没有外部电场的情况下，作为正常身体功能的一部分，人类的许多生理活动，从食物消化到大脑活动的大部分生化反应都伴随着带电粒子的重排，即生物电传导。例如，神经通过电脉冲传递信号，引导心脏跳动与大脑思考。因此，医生可以借助心电图和脑电图追踪、研究生物体的电活动。除了自然界和人体内存在的电磁场，还有很多人工产生的电磁场：X 射线可以检查运动导致的骨折；电源插座的电力与极低频电磁场有密切的联系；拥有更高频率的无线电波可以通过电视天线、广播电台、手机基站传递信息。

变化的电磁场在空间或介质中以波的形式传播，就形成了电磁波，如图 1-2 所示。

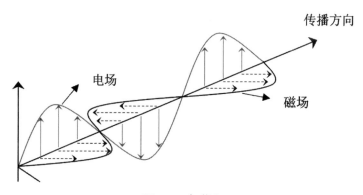

图 1-2　电磁波

电磁场的主要指标是频率或波长。一个以速度 v 传递的电磁波，其波长和频率之间的关系为

$$v=\lambda f \tag{1-1}$$

式中：v 为速度（m/s）；λ 为波长（m）；f 为频率（Hz）。

自由空间中传播的电磁波，其速度为光速 $c=2.2998\times10^{8}$ m/s。

由频率组成的频谱如图 1-3 所示。频谱是非常宝贵的公共资源，属于各国政府所有。如表 1-1 所示是我国政府划分的频率范围。本书关注的 5G 终端，其频率范围分布在 3kHz～300GHz，一般称为射频（radio frequency，RF）。

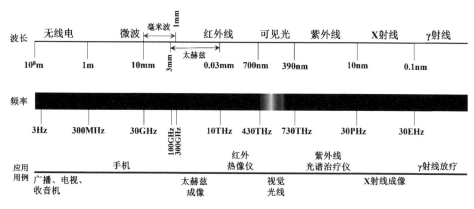

图 1-3　电磁波频谱

表 1-1　不同频段电磁波的划分

频 段 名 称	频 率 范 围	波　段	波 长 范 围	主 要 用 途
至低频 TLF	0.03～0.3Hz	至长波或千兆米波	10～1Gm	
至低频 TLF	0.3～3Hz	至长波或百兆米波	1000～100Mm	
极低频 ELF	3～30Hz	极长波	100～10Mm	
超低频 SLF	30～300Hz	超长波	10～1Mm	
特低频 ULF	300～3000Hz	特长波	1000～100km	
甚低频 VLF	3～30kHz	甚长波	100～10km	海岸潜艇通信；远距离通信；超远距离导航
低频 LF	30～300kHz	长波	10～1km	越洋通信；中距离通信；地下岩层通信；远距离导航
中频 MF	300～3000kHz	中波	1000～100m	船用通信；业余无线电通信；移动通信；中距离导航
高频 HF	3～30MHz	短波	100～10m	远距离短波通信；固定点通信；移动通信
甚高频 VHF	30～300MHz	米波	10～1m	电离层散射；流星余迹通信；人造电离层通信；对空间飞行体通信；移动通信
特高频 UHF	300～3000MHz	分米波	10～1dm	小容量微波中继通信；对流层散射通信；中容量微波通信；移动通信

频 段 名 称	频 率 范 围	波 段	波 长 范 围	主 要 用 途
超高频 SHF	3~30GHz	厘米波	10~1cm	大容量微波中继通信；数字通信；卫星通信；国际海事通信；移动通信
极高 EHF	30~300GHz	毫米波	10~1mm	再入大气层时的通信；波导通信；移动通信
至高 THF	300~3000GHz	丝米波或亚毫米波	1~0.1mm	

电磁辐射是能量以电磁波或者粒子的形式在空间进行传播的现象。波长和频率决定电磁场的另外一个特性：电磁波是以光子作为载体的。频率越高（波长越短）电磁波携带的能量越多。一些电磁波的光子携带的能量可以大到拥有破坏分子间化学键的能力。在电磁波谱中，放射性物质产生的伽马射线、宇宙射线和 X 射线具有这种特性，称为电离辐射。射频电磁波的光子能量并没有大到足以破坏分子化学键。因此，可见光、红外线辐射和一些其他形式的低频电磁辐射统称为非电离辐射。

电离辐射与非电离辐射跟人体相互作用的机制完全不同，因此不能混淆这两个概念。

1.2　电磁辐射的生物学效应

以第五代移动通信系统（5G）为代表的无线通信技术已成为现代社会不可或缺的组成部分。手机、平板电脑、可穿戴式设备等无线设备已经成为现代人日常生活的基本通信工具。工业和信息化部的数据显示，我国 5G 基站总数已超过 142.5 万座，2022 年已突破 200 万座。实际连接的用户也超过 5 亿，新的场景不断涌现。在发展 5G 的同时，我国已经开始提前谋划部署下一代移动通信技术（6G）的演进方向和技术路线。

作为人工电磁辐射源的代表，手机、基站同电力线、微波炉、雷达等一起，在过去 20 多年间已经成为公众对于健康关注的焦点。当人体暴露在电磁场中，电磁辐射会引起生物效应。生物效应是对刺激或环境变化的可测量的反应。这些变化不一定对健康有害，有时还对健康有益。例如，听音乐、看书、吃苹果或打网球都会产生一系列生物效应，然而，这些活动都不会对健康造成不良影响。身体的复杂机制可适应在环境中遇到的各种影响，但是，身体并没有足够的补偿机制应对所有生物效应。不可逆的变化和长期对系统造成的压力可能构成健康危害。

科学界自 20 世纪 50 年代起就开展了电磁辐射生物效应相关的研究工作。为了回应公众对暴露于电磁场健康影响的关注，同时也作为保护公众健康的职责之一，世界卫生组织（WHO）于 1996 年建立了国际电磁场项目。该项目旨在寻找和评估电磁场在 0Hz～300GHz 频率范围内可能对健康造成影响的科学证据。

据 WHO 统计，在有关非电离辐射的生物效应和医学应用的领域，过去 30 年中大约已经有 25000 篇论文发表。WHO 推荐的国际非电离辐射防护委员会（International Commission on Non-Ionizing Radiation Protection，ICNIRP）在 1998 年推出的《限制时变电场、磁场和电磁场暴露的导则（300GHz 以下）》（以下简称导则）中结合流行病学研究和实验室研究，全面介绍了频率范围在 100kHz～300GHz 的电磁场所产生的生物效应及对人体健康的影响。

1.2.1　电磁场的直接影响

1. 流行病学研究

导则提到，只有很少的有关研究涉及人体暴露于微波辐射中对生殖能力的影响，以及癌症危险。该文献的总结由 UNEP/WHO/IRPA（1993）出版发行。

1）生殖影响

两项非常广泛的研究涉及女性利用微波透热法缓减生产过程中因子宫收缩而导致的疼痛，研究没有证明胎儿受到任何不良影响（Daels，1973 和 1976）。然而，7 项调查研究了工人因职业需要暴露于微波辐射之中而受到的影响及其后代的先天缺陷，研究得出正反两方面的结论。某些更大规模的流行病学研究涉及利用短波透热设备的女性塑焊工及理疗师，这类研究表明流产或胎儿畸形的统计显著性不强（Kallen 等，1982）。与此相反，其他面向类似女性工人的研究发现流产及先天缺陷的风险会增加（Larsen 等，1991；Ouellet-Hellstrom 和 Stewart，1993）。一项面向男性雷达工作者的研究发现微波暴露同工人后代患先天愚型之间并无联系（Cohen 等，1977）

总体而言，有关生育影响及微波暴露的研究现状是对暴露的评估不完善，在许多情况下还会受到调查对象较少的影响。尽管这些调查研究一般得出的都是阴性结论，在没有更为详细的有关高强度暴露个体的流行病学数据及更为精确的暴露评估之前，还是很难下定论。

2）癌症研究

有关癌症危险及微波暴露的研究非常少，而且一般都缺乏定量的暴露评估。

在对美国航空工业及军队中的雷达工作人员开展的两项流行病学调查研究中，研究人员并未发现任何证据可以证明这会导致发病率或死亡率升高（Barron 和 Baraff，1958；Robinette 等，1980；UNEP/WHO/IRPA，1993）。Lillienfeld 等（1978）在美国驻莫斯科大使馆开展的一项研究中得出了相似的结果，这里的大使馆工作人员长期暴露在低水平的微波辐射中。Selvin 等（1992）的研究结果表明，在住有儿童的住宅附近安装大型微波发射机，即便这些儿童长期暴露在微波辐射中，也不会增加患癌症的危险。最新的调查研究无法证明暴露于微波场中的工人和军人患神经组织瘤的危险会增加（Beall 等，1996；Grayson，1996）。而且，移动电话用户的总死亡率并未出现过高的趋势（Rothman 等，1996），但是得出癌症发病率或死亡率与辐射的关系仍然为时尚早。

曾有报告称军人患癌症的危险有所增加（Szmigielski 等，1988），但是该研究的结果很难解释清楚，因为该报告并未清楚阐释所研究人群的规模及暴露水平。在后来的研究中，Szmigielski（1996）发现暴露于电磁场（electromagnetic field，EMF）的军人患白血病和淋巴瘤的危险有所增加，但是研究报告并未清楚表明电磁场暴露的评估情况。最近对居住在电磁场发射机附近的人群开展的许多研究表明，白血病的发病率出现了局部性升高（Hocking 等，1996；Dolk 等，1997），但是这些结论并非决定性的。总体而言，已经公布的少数流行病学研究的结果只是提供了非常有限的癌症危险信息。

2. 实验室研究

导则中概要评述了频率在 100kHz～300GHz 的电磁场产生的生物效应的实验室研究情况。导则分别探讨控制条件下的志愿者暴露研究结果及实验室中的细胞、组织和动物研究结果。

1）志愿者研究

Chatterjee 等（1986）的研究表明，当频率从大约 100kHz 升高至 10MHz 时，高密度电磁场暴露的主要影响将从神经和肌肉刺激转换到发热上。频率为 100kHz 时，主要是神经出现麻刺感，而当频率达到 10MHz 时，皮肤就会变热。因此，在该频率范围内，应该设定基本的健康暴露标准，以避免易兴奋组织刺激及发热效应。当频率从 10MHz 升高至 300GHz 时，发热就成为吸收电磁能量的主要表症，温度升高超过 1～2℃可对健康产生不良影响，例如，热量的耗尽和热量的冲击（Acgih，1996）。对处在极热环境的工人开展的调查研究表明，当体温升高至人的生理热应激值时，执行简单任务的效率都会急剧下降（Ramsey 和 Kwon，1988）。

100～200mA 的高频电流通过四肢时，志愿者会感觉到热。最终的比吸收率（参见 1.3 节，specific absorption rate，SAR）不应当在四肢造成高于 1℃的温度增量（Chatterjee 等，1986；Cher 和 Gandhi，1988；Hoque 和 Gandhi，1988），
该温度升高值被证明是不会对健康造成有害影响的温度升高上限（UNEP/
WHO/IRPA，1993）。Gandhi 等（1986）及 Tofani 等（1995）分别在上限为
50MHz 和 110MHz 的频率范围内（FM 广播频带的上限）给出的志愿者数据，
支持对四肢电流采用 100mA 的参考限值以避免额外热效应（Dimbylow，1997）。

　　若干项体温调节研究涉及休息中的志愿者暴露在核磁共振成像系统的电磁
场中的情况（Shellock 和 Crues，1987；Magin 等，1992）。一般来说，这些研
究表明在全身 SAR 低于 4W/kg 的情况下，长达 30min 的暴露后，体组织温度升
高不到 1℃。

　　2）细胞和动物研究

　　很多报告都给出了当老鼠、狗及灵长类动物等实验动物暴露于 10MHz 以
上的电磁场而受到热作用时这些动物的行为反应及生理反应。热敏性及体温调
节反应同时与下丘脑和位于体表和体内的热感受器发生关联。反映体温变化的
传入信号汇聚在中枢神经系统，并且调整主要神经内分泌系统的活动，触发生
理反应和行为反应，以保持内环境平衡。

　　当 SAR 超过 4W/kg 时，暴露于电磁场中的实验动物出现体温调节反应，其
中体温首先升高，在体温调节机制激活之后又稳定下来（Michaelson，1983）。
这种反应刚开始时，由于液体从细胞外部流入循环系统，血液容量会增加，而
心律和心室内血压也会升高。这些心脏的动态变化可以反映体温调节反应，后
者可以促使热量向体表传导。长时间暴露在这种辐射之中导致动物的体温调节
机制失灵。

　　若干项有关啮齿动物和猴子的研究体现了体温调节反应的行为表现组分。
SAR 处在 1～3W/kg 之间时，老鼠和猴子的活动行为下降（Stern 等，1979；Adair
和 Adams，1980；deLorge 和 Ezell，1980；D'Andrea 等，1986）。当下丘脑部
位的温度升高 0.2～0.3℃时，猴子的体温调节行为就会发生变化（Adair 等，
1984）。下丘脑一般被认为是体温调节过程的控制中心，在直肠温度保持不变
的情况下，局部温度稍微上升就能改变它的行为。

　　吸收的电磁能量导致体温升高超过 1～2℃时，在许多有关细胞和动物的研
究中，都出现了特殊的生理效应（Michaelson 和 Elson，1996）。这些效应包括：
神经和神经肌肉功能变化；血—脑屏障渗透性增强；视觉机能障碍（晶状体混
浊和角膜异常）；与应激有关的免疫系统变化；血液变化；生殖能力变化（如
精子生产能力降低）；致畸性；细胞形态、水和电解液及细胞膜机能变化。

　　当身体暴露在高强度电磁场中时，某些敏感组织有可能首先出现热损伤，
如眼睛和睾丸。SAR 达到 100～140W/kg 时，2～3h 的微波暴露使兔子的眼睛产

生白内障，这种暴露使晶状体的温度达到 41～43℃（Guy 等，1975）。但是暴露于类似强度或更高强度的微波场的猴子并未产生白内障，原因可能是猴子眼睛内的能量吸收模式与兔子存在差异。在频率非常高的时候（10～300GHz），电磁能量的吸收主要限制在皮肤的表皮层、皮下组织及眼睛的外部。在此频率范围的高端，能量吸收逐渐在表皮增加。在这些频率范围内，如果微波功率密度小于 50W/m^2，可以避免眼睛损伤（Sliney 和 Wolbarsht，1980；UNEP/WHO/IRPA，1993）。

近年来，研究人员的兴趣点在于研究通信系统微波频段的致癌效应，这些系统包括手持移动电话与发射机。ICNIRP（1996）总结了该领域的研究结果。简言之，许多报告都认为微波场不会导致突变，因此，暴露在这种场之中也不可能是最初的致癌因素（NRPB，1992；Cridland，1993；UNEP/WHO/IRPA，1993）。与此恰恰相反的是，最近的一些报告却表示，当啮齿动物暴露于这种场，并且 SAR 达到 1W/kg 时，其睾丸和脑组织的 DNA 可能被破坏（Sarkar 等，1994；Lai 和 Singh，1995 和 1996），但是 ICNIRP（1996）及 Williams（1996）指出其方法中的缺陷可能对其结果有重大的影响。

在一项使老鼠暴露于微波长达 25 个月的大型研究中，暴露老鼠患恶性肿瘤的概率超过对比组的老鼠（Chou 等，1992）。但是，良性肿瘤的发病率在各组之间并不存在差异，在暴露组中，尚未发现在缺乏特定的病原体的情况下，某特定类型的肿瘤发生率特别高。总而言之，该研究的结果不能解释为微波场具有最初的致癌作用。

若干项研究已经检测了微波暴露对癌变细胞生长情况的影响。Szmigielski 等（1982）注意到，当移植有恶性肺癌细胞的老鼠暴露于功率密度很高的微波时，恶性毒瘤的生长速度加快。这可能是在微波暴露下，热应激导致主体的免疫防御机能减弱导致的。最近的研究采用了微波照射的非热水平，并未发现微波场影响老鼠黑素瘤和大脑神经胶质瘤的生长（Santini 等，1988；Salford 等，1993）。

Repacholi 等（1997）在一项研究中使 100 只 Eμ-pim1 基因转录母鼠暴露在 900MHz 的场中长达 18 个月，该场的脉冲频率为 217Hz，脉冲宽度为 0.6μs，他们发现研究组母鼠的淋巴癌患病率是 101 只对照试样的两倍。由于这些老鼠可以在鼠笼中自由活动，因此 SAR 的变化范围较大（0.01～4.2W/kg）。假设这些老鼠的比吸收率是 7～15W/kg，只有暴露范围的上端产生微热。该研究似乎表明非热机制起了作用，这需要更加深入的调查。然而，在假设会有健康风险之前，需要解答很多问题。该研究需要进行重复，限制动物活动以便降低 SAR 暴露变化，并确定是否存在剂量反应。为了得出暴露对人类产生的影响的结论，还要通过更进一步的研究确定是否可以在其他动物身上得出，还必须评估这类在基因转录动物身上发现的结论是否适用于人类。

1.2.2　针对脉冲调制波形和幅度调制波形的特殊考虑

导则指出，与连续波辐射相比，具有相同平均组织能量吸收率的脉冲微波场可对组织产生更强烈的生物效应，特别是当超出可引起效应的确定阈值时（ICNIRP，1996）。微波听觉效应就是这方面的典型范例（Frey，1961；Frey和 Messenger，1973；Lin，1978）：具有正常听力的人可察觉频率在 200MHz～6.5GHz 范围内的脉冲调制场。根据场的调制特点，可能有不同的听觉反应，如嗡嗡声、喀啦声或爆裂声。微波听觉效应主要是由大脑听觉皮层的热弹性导致的，感觉阈值在 2.45GHz 的频率和不到 30μs 的脉冲宽度内大约为 100～400mJ/m^2（对应于 4～16mJ/kg 的比吸收能）。重复或过长时间的微波听觉效应可导致紧张情绪并可能有害。

一些报告表明灵长类动物眼睛的视网膜、虹膜和角膜对低水平的脉冲微波辐射敏感（Kues 等，1985；UNEP/WHO/IRPA，1993）。在 26mJ/kg 的吸收能量下，视网膜的光敏感细胞将发生退化。在施用治疗青光眼的噻吗咯尔马来酸盐之后，脉冲场的视网膜损害阈值降低到 2.6mJ/kg。然而，一家独立实验室试图就连续波场（即非脉冲场）进行相同结果再现时，并未获得成功（Kamimura等，1994），因此，目前不可能评估 Kues 等的最初研究结果（1985）的潜在健康效应。

曾有报告表明，暴露在强脉冲微波场里可抑制意识清醒的老鼠的惊厥反应并导致身体运动（NRPB，1991；Sienkiewicz 等，1993；UNEP/WHO/IRPA，1993）。控制身体移动的中脑 SAR 水平阈值在 10μs 的脉冲宽度内为 200J/kg。这些脉冲微波效应机制依然有待确定，但肯定与微波听力现象有关。啮齿动物的听觉阈值比人类低一个数量级，在小于 30μs 的脉冲宽度内为 1～2mJ/kg。这种数量级的脉冲还曾被报道称影响神经传送体新陈代谢及神经受体浓度，导致鼠脑不同区域的紧张和焦虑反应。

高频电磁场的非热效应问题主要集中在体外条件下的幅度调制（AM）场生物效应报告上，其 SAR 值比导致组织明显发热的值低。两家独立实验室进行了初步研究，并发表报告称在特低频率下（6～20Hz），幅度调制 VHF 场可导致少量但可进行统计的 Ca^{2+} 从小鸡大脑细胞表面流失（Bawin 等，1975；Blackman 等，1979）。利用同样类型的 AM 场试图重新证明这些结果时，未能取得成功（Albert 等，1987）。其他大量关于 AM 场对 Ca^{2+} 自动动态平衡影响的研究得出的结果既有正面的也有负面的。例如，对于成神经细胞瘤细胞、胰腺细胞、心脏组织和猫大脑细胞，AM 场对细胞表面的 Ca^{2+} 产生影响，但人工培养的老鼠的神经细胞、小鸡骨骼肌或鼠脑细胞没有出现这种效应（Postow 和 Swicord，1996）。

还有报告称，幅度调制场可改变大脑电活性（Bawin 等，1974），抑制细胞毒性 T 细胞活性（Lyle 等，1983），降低淋巴细胞里的非环腺苷酸独立激酶活性（Byus 等，1984），并导致鸟氨酸脱羧酶的细胞质活性瞬时增强，鸟氨酸脱羧酶是细胞分裂必不可少的一种酶（Byus 等，1988；Litovitz 等，1992）。与此相反，在许多其他细胞系统和功能性端点中还没有观察到这种反应，包括淋巴细胞帽化、癌细胞变形和不同细胞膜的电和酶属性的改变（Postow 和 Swicord，1996）。有关脉冲场与潜在的促癌效应是 Balcer-Kubiczek 和 Harrison 观察到的（1991）：C3H/10T1/2 细胞在经过 120Hz 脉冲调制的 2450MHz 微波下可加速癌变速度。其效应取决于场强，但只有在细胞培养基里有化学致癌物质的情况下才发生。这种结果表明脉冲微波可能与能导致癌变细胞繁殖速度加快的化学制剂共同作用实现促癌效应。迄今为止，没有人试图重新验证这些结果，而且它对人体的健康效应也不明确。

对数种观察到的 AM 电磁场生物效应的解释由于在功率密度和频率范围方面明显存在反应窗口而变得更加复杂。没有一种可接受的模式可充分解释这种现象，这对传统的场密度和生物存在的单调性关系的理念提出了挑战。

总之，AM 电磁场的非热效应资料非常复杂，被报道效应的正确度非常之差，与人体健康的关系也不确定，因此，不可能利用这些信息作为设定人体辐射限值的基础。

1.2.3 电磁场的间接影响

在大约 100kHz～110MHz 的频率范围内，触摸未接地的带电荷金属物体或接触带电荷身体及接地金属物体可导致电击和灼伤。较高频率接触电流的情况（110MHz）主要由于缺少更高频率的相关资料，而不是缺少效应。然而，110MHz 是 FM 广播频段的高频上限。对志愿者进行的受控实验已经测量出导致不同生物效应的阈值电流（Chatterjee 等，1986；Tenforde 和 Kaune，1987；Bernhardt，1988），这些结果如表 1-2 所示。总体而言，可导致有感觉和疼痛的阈值电流在 100kHz～1MHz 的频率范围内差别非常小，而且未必在低于 110MHz 的频率范围内有大幅变化。如前所述，对于较低频率，男人、女人和儿童在敏感度方面的巨大差别同样也适用于较高频场。表 1-2 中的数据为具有不同接触电流敏感度的不同人的半分点范围。

表 1-2 间接效应的阈值电流范围，包括男人、女人和儿童

间 接 效 应	阈值电流/mA	
	100kHz	1MHz
触感	25～40	25～40
手指接触疼痛	33～55	28～50
阵痛/松开阈限	112～224	未确定
剧痛/呼吸困难	160～320	未确定

1.2.4 导则研究总结

基于以上 100kHz～300GHz 范围内生物效应和流行病学的研究，现有实验数据显示，休息状态的人暴露于全身 SAR 为 1～4W/kg 的电磁场中约 30min 后，体温上升不到 1℃。动物实验数据揭示了在相同 SAR 范围内行为反应的限值。暴露于更强的电磁场，SAR 大于 4W/kg，超过人体的温度调节能力，组织发热达到危害健康的程度。用豚鼠和灵长类动物模型进行的大量研究显示，当身体局部或全身温度增高超过 1～2℃时，将对组织造成广泛的损害。不同类型组织对热损伤的敏感程度千差万别，而在通常环境条件下，即使是最敏感的组织，其不可逆效应的阈值也应大于 4W/kg。这些数据为职业暴露限制定为 0.4W/kg 奠定了基础，这一限值可使在其他极端条件下（如高温、潮湿或体力劳动强度大）工作的人得到充分的安全保证。

实验室数据和有限的人体研究结果（Michaelson 和 Elson，1996）表明，过热的环境，以及药品和酒精可降低人体的温度调节能力。在这些条件下，应采取一些安全措施为这些处于暴露状态的人提供足够的保护。

通过对志愿者进行受控暴露试验，以及对暴露在雷达、医用透热治疗设备和热封机等放射源的工人进行的流行病学研究，得到暴露在高频电磁场中可导致人体发热反应的数据。这些数据完全支持实验室得出的结论，即组织温度升高超过 1℃可导致不良生物效应。对暴露在辐射源下的工人和一般人群进行的流行病学研究表明，没有与典型辐射环境相关的重要健康危害。尽管流行病学研究还有许多不足，例如，无法进行精确的辐射评估，但这些研究没有得出辐射导致不良生殖效应或导致癌症风险的结论。这与实验室进行的细胞和动物模型研究的结论一致，实验室研究结果表明高频电磁场无热辐射不会导致畸形或促癌效应。

暴露于足够强度的脉冲电磁场中可导致某些预期反应，例如，微波听力现象和各种行为反应。对暴露在辐射源下的工人和一般人群进行的流行病学研究提供的信息非常有限，而且不能证明有任何对于健康的危害。由于试验无法成

功再现结果，对严重损害视网膜的报告提出了挑战。

大量幅度调制电磁场生物效应研究通常都是利用低水平辐射进行的，这些研究得到了正反两方面的结果。对这些研究进行的全面分析发现，幅度调制场效应根据辐射参数、涉及的细胞和组织类型，以及被测量的生物端点的不同而有很大变化。总体上来看，无热幅度调制电磁场辐射对生物系统的影响非常小，很难与潜在健康危害联系起来。在频率和功率密度视窗反应方面也没有有说服力的证据。

高频电磁场造成在磁场中接触金属物体的人受电击和灼伤是间接的不良效应。在 100kHz～110MHz（FM 广播频段的较高频率）的频率范围内，带来从触感到疼痛等不同反应的接触电流阈值与频率差别并不大。不同人的触感阈值范围为 25～40mA，疼痛的阈值范围为大约 30～55mA，超过 50mA 范围，人体组织接触场内导电物体将导致严重灼伤。

1.3　电磁场与人体之间的耦合机制

1.3.1　直接耦合机制

基于目前的研究，电磁场与人体之间有 3 种已经确立下来的基本耦合机制，时变电场和磁场通过这些机制直接与活性物质相互作用：低频电场的耦合、低频磁场的耦合和从电磁场吸收能量。

1. 低频电场的耦合

时变的电场与人体之间的相互作用可以导致电荷流动（电流）、束缚电荷极化（形成电偶极子）及组织中的电偶极子重新定向。各种效果的相对强弱取决于人体的电特性，亦即电导率（控制着电流）和介电常数（控制着极化效果的大小）。电导率和介电常数随人体组织类型的变化而有所不同，此外还取决于相应场的频率高低。身体外部的电场可以在身体上感应出表面电荷，进而在体内感应出电流，电流的分布则取决于暴露条件、人体的尺寸和形状及身体位于场中的位置。

2. 低频磁场的耦合

时变磁场与人体之间的相互作用可以产生感应电场及循环电流。感应电场及电流密度的大小与环路的半径、组织的电导率，以及磁通量密度的变化率和大小成正比关系。如果已经给定磁场大小及频率，最大的环路可以感应最强的电场。最终，人体内任何部位所产生的感应电流的实际路径和大小都取决于组织的电导率。

身体各个部位的电特性并不一样，然而，可以利用依据解剖学结构和电特性的人体仿真模型及各种计算机仿真方法获得感应电流密度，计算机计算可以达到很高的解剖学分辨度。

3．从电磁场吸收能量

暴露于低频电场和磁场之中导致的身体能量吸收和体温升高一般可以忽略不计。然而，暴露于频率超过 100kHz 的电磁场可以产生明显的能量吸收和温度升高。通常而言，暴露于一致强度的（平面波）电磁场可以导致身体产生高度不均匀的能量吸收和能量分布，这些影响必须通过剂量测定和计算进行评估。

根据人体吸收的能量情况，电磁场可以划分为如下 4 个范围。

（1）在约 100kHz～20（不含）MHz 的频率范围内，躯干对能量的吸收作用随频率的降低快速减弱，明显的能量吸收出现在颈部和腿部。

（2）在约 20～300MHz 的频率范围内，全身吸收的能量相对较多，如果考虑身体局部（如头部）的共振，吸收的能量更高。

（3）在自大约 300MHz 到几 GHz 的频率范围内，能量吸收出现较明显的局部性和不均匀特征。

（4）在超过 10GHz 的频率范围内，能量吸收主要发生在体表。

通常使用比吸收率评价生物体对电磁能量的吸收。比吸收率是用来表征人体吸收射频能的物理量，定义为单位时间（dt）内单位质量（dm 或 ρdV）的人体组织吸收的电磁能量（dW），可表示为

$$SAR = \frac{d}{dt}\left(\frac{dW}{dm}\right) = \frac{d}{dt}\left(\frac{dW}{\rho dV}\right) \tag{1-2}$$

式中：SAR 单位为 W/kg。

等价地，SAR 可按式（1-3）或式（1-4）计算。

$$SAR = \frac{\sigma E^2}{\rho} \tag{1-3}$$

$$SAR = c_h \frac{dT}{dt}\Big|t = 0 \tag{1-4}$$

式（1-3）和式（1-4）中：E 为人体组织中电场强度的均方根（V/m）；σ 为人体组织的电导率（S/m）；ρ 为人体组织的密度（kg/m^3）；c_h 为人体组织的热容量（J/kg·K）；$\frac{dT}{dt}\big|_{t=0}$ 表示起始时刻人体组织内的温度变化率（K/s）。

在人体组织中，SAR 与内部电场强度的平方成正比。平均 SAR 及 SAR 分布

可以根据计算和实验室测量值进行估计。SAR 取决于以下因素。

（1）照射场参数，如频率、密度、极化及功源—目标配置（近场或远场）。

（2）暴露身体部位的特征，例如，身体尺寸，身体内部和外部的几何形状，以及各种组织的电特性。

（3）场中靠近暴露身体部位的其他物体产生的地面效应及反射效应。

如果人体的长轴平行于电场矢量，而且身处平面波暴露环境之中（即远场暴露），全身的 SAR 达到最大值。能量吸收取决于多种因素，其中包括暴露身体的尺寸。在不接地的情况下，"标准参考人"（ICRP，1994）的共振吸收频率接近 70MHz。对于偏高的个体而言，共振吸收频率稍低一些；对于较矮的成人、儿童、婴儿及坐着的个体而言，该频率可能超过 100MHz。电场基本限值是基于随频率而变的人体能量吸收，对于接地个体，共振频率减低一半（UNEP/WHO/IRPA，1993）。

对于某些工作在 10MHz 以上频率范围的设备（如高频加热器及移动电话），人体可能暴露在它们的近场环境中。在这种环境中，与频率相关的能量吸收与上面的远场环境存在巨大差异。在特定的暴露条件下，磁场对于某些设备而言占据优势，如移动电话等。

在近场暴露的评估方面，数学模型计算以及身体感应电流和组织场强测量的可用性已经得到论证，它们适用于移动电话、对讲机、广播发射塔、船用通信源及高频加热器（Kuster 和 Balzano，1992；Dimbylow 和 Mann，1994；Jokela 等，1994；Gandhi，1995；Tofani 等，1995）。这些研究的重要性在于，它们表明近场暴露可以导致较高的局部 SAR（如头部、腕部及脚踝），同时也表明全身和局部 SAR 很大程度上取决于高频源同身体之间的距离。最终，通过测量获得的 SAR 数据与利用数学模型计算获得的数据保持一致。全身平均 SAR 和局部 SAR 非常便于用于比较在各种暴露条件下观察到的效果。

在高于 10GHz 的频率范围内，各种场渗入组织的深度非常有限，在评估所吸收的能量时，SAR 无法很好地测量，而相应的功率密度（单位是 W/m^2）则是更加合适的剂量测定值。

1.3.2　间接耦合机制

间接耦合机制有以下两种。

（1）接触电流，当人体与电势不同的物体接触时（即人体或者物体暴露于电磁场中被充电时），接触电流就会产生。

（2）人体佩戴的或者植入人体内的医疗装置与电磁场发生耦合。

导体被电磁场充电产生的电流可以在物体与人体接触时流过人体（Tenforde 和 Kaune，1987；UNEP/WHO/IRPA，1993）。此类电流的大小及空间分布取决于频率、物体的大小、人体的尺寸及接触面积，当暴露于强场下的导体和人体非常接近时，就会发生瞬时放电。

1.4　生物电磁学最新研究进展及其他机制

在对科学文献深入回顾的基础上，WHO 做出结论：目前的证据不足以确认暴露在低强度下的电磁场会造成任何的健康后果。但是，对于生物效应认识上仍然存在一些分歧，需要进一步研究。

除了已经建立的相互作用机制外，还有许多待验证的机制。这些机制的实验支持还在研究过程中。大部分没有在人类身上得到验证，其与健康的相关性还解释不清楚。

现有研究主要集中在低水平长时间暴露，由于低水平暴露在任何生物模型中尚未检测到可靠和可重复的效应，阻碍了在低水平暴露下的潜在效应机制的研究。如果能够建立一种新的相关机制，将有助于低水平长时间电磁暴露生物效应的研究。

射频频段的主导机制是介电加热，一些其他可能的机制，例如，基于分子、细胞或组织的特定模式直接耦合的机制，作为独立能量沉积的机制是不可信的。大多数潜在的机制在现有科研水平上没有获得支持，因为从生物学角度来说，这些机制都伴随着不同程度的温度升高，而温升作用对任何其他生物反应都有压倒性的作用。另外，也有学者提出了共振分子或亚分子的振动模式，但也因为运动衰减严重没有被认同。而其他提出的机制都涉及能量交换，都会远低于热效应。如今比较公认的非热效应主要有如下几种。

1. 自由基机制

自由基是含有一个不成对电子的原子团。人体内许多代谢反应过程中伴随有共价键的断裂和新的共价键的生成，其中间态会生成一些碎片，包含一个未成对电子，即自由基以中间体的形式存在，通常在自由基对解离时形成，这样的反应也称为自由基反应。自由基具有高活性和存留时间短的特点，由于原子形成分子时，化学键中电子必须成对出现，因此自由基就到处夺取其他物质的一个电子，使自己形成稳定的物质。

人体内拥有一定量的自由基，其既用于帮助传递维持生命活力的能量，也用来杀灭细菌和寄生虫，还能参与排除毒素。受控的自由基对人体是有益的。

但当人体中的自由基超过一定的量并失去控制时，这种自由基就会给人类生命带来伤害。自由基对人体的损害主要有三个方面：① 破坏细胞膜；② 使血清抗蛋白酶失去活性；③ 损伤基因导致细胞变异的出现和积蓄。目前已发现吸入油烟或吸烟会增加体内自由基的含量，将对身体造成伤害。

通过研究发现，外加磁场（频率小于 100MHz）会影响自由基转化为三重态的速率和程度，从而阻碍自由基重组，进而改变自由基反应速率。自由基反应速率的变化是极其复杂的过程，其影响也是巨大的。自由基存在时间的延长可能通过影响 DNA 或其他亚细胞成分或反应过程的完整性产生严重后果，例如，可能产生氧化应激反应引起的组织损伤，其程度尚不清楚。

2021 年 6 月，Nature 杂志的封面文章报道了隐花色素蛋白中自由基对光化学反应的磁敏特性，第一次从实验上检验了候鸟的量子罗盘假说，引起学术界乃至全社会的广泛关注和热烈讨论。此文也证实了地磁场与生物体作用的自由基假说。

2. 钙离子稳态

有学者发现虽然 2.52THz 的高剂量电磁辐射和等值的系统温度升高加热产生了一些相同的细胞效应，但是 THz 辐照能够触发特定的细胞内通路，而这些通路却不受等值的系统温度升高的影响。THz 暴露的非热生物效应说明 THz 电磁场能够直接调控生理过程，而不需要生物系统显著温度升高的协助。生理条件下的大量无机离子形成细胞内部的场分布，无机离子在细胞内外的非对称分布使得在细胞膜上建立起生理膜电位，膜电位的变化引起离子跨膜运输，进而触发非热的生理反应过程。其中最主要的离子有 Ca^{2+}，其跨膜运输可能会引起心肌细胞的收缩、神经递质的释放等。钙离子作为细胞中的一种第二信使，调控细胞的增殖和代谢等许多生化过程，并参与细胞内与细胞间的信号转导。膜定位的瞬时受体电位通道的发现为研究细胞外钙内流机制提供了全新的途径。

对于每个已被证实的效应，ICNIRP 给出了确定的有害健康效应阈值，也就是引起健康效应的最低暴露水平。对于典型的暴露场景和人群，这些导出的阈值是非常保守的。为了设定安全的暴露水平，首先要找到射频电磁场损害健康的证据。同时，对于每种已明确对健康的不利影响，都应确定相互作用机理和引起伤害所需的最低暴露剂量。这些信息主要来源于涉及射频电磁场和健康相关的主流国际文献综述。这包括世界卫生组织发布的关于射频辐射暴露的深入综述（WHO 2014）、新兴及新识别健康风险科学委员会（SCENIHR 2015）及瑞典辐射安全局（SSM 2015、2016、2018）的报告。这些报告涵盖大量文献的回顾和研究，从实验研究到流行病学，包括对儿童健康和对射频电磁场敏感人群的关注。根据现有的文献报道，尚没有确切的证据可以表明低水平和非热效应的负面影响，但长期低水平暴露的累积效应尚不能确定，此类的研究仍在进行。

1.5 与手机有关的研究

由手机和基站等组成的蜂窝移动通信系统自 2G 已经发展到 5G，现已成为现代通信的重要组成部分。在许多国家，一半以上的人口在使用移动电话，移动电话市场迅速发展。根据中国信息通信研究院的数据报告，2021 年，全球移动电话用户总数达到 82.7 亿，5G 用户达到 6.7 亿。在一些地区，移动电话是最可靠的或唯一可使用的电话。

鉴于移动电话用户数量极多，必须对任何潜在的公共卫生影响做出调查、了解和监测。

手机等终端设备通过无线信号连接到无线接入网。无线接入网包含基站、有线或者无线链路和基带单元，基带单元处理射频信号管理接口。图 1-4 是蜂窝移动通信系统的结构示意图。基站包含传统的信号塔、建筑顶宏蜂窝、智慧灯杆。来自手机等终端的信号到达基站后通过有线或无线方式传递到基带单元，再传递到核心网，通过核心网发往另一个基站，或连入万维网或类似专网等更广阔的网络空间。

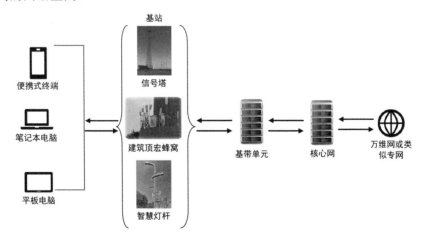

图 1-4　蜂窝移动通信系统结构示意图

手机基站通常安装在建筑顶部，或者在 15～50m 高的塔顶部，以完成对指定区域的覆盖。按照需要处理的通话数量，在主要城市里基站之间相隔几百米，而在农村地区可以相隔几千米。从某个基站向外发出信号的强度是不断变化的，取决于通话的次数和通话者距离基站的距离。天线发出很窄的一束无线电波，沿着几乎与地面平行的方向散开。所以地面和公众平时可以进入的区域的射频电磁场强度比危险值低很多倍。只有一个人接近天线正前方 1m 或者 2m 的距离，才有可能超过安全标准。在手机广泛使用之前，社会公众接触的射频辐射主要来自广播和电视发射台。就算是今天，由于公众可以进入的地方的基站信号强度通常和远离广播和电视发射台的区域相似甚至更低，手机基站对于人类总的暴露量的增加微乎其微。

但是，手机用户暴露的射频电磁场强度比环境中的高出很多。手机使用时距离人头部或者躯干很近。所以，相比手机基站对于全身的加热效应，使用者头部或躯干吸收的能量的分布更值得关注。过去 20 年进行了大量研究以评估移动电话是否有潜在的健康风险。迄今为止，尚未证实移动电话的使用对健康造成了任何不良后果。对暴露在手机的电磁场中产生其他所谓的非热效应的担忧也不断被提出，其中包括可以影响癌症进程的细胞上的微弱效应；另外一个猜想是对电兴奋组织的作用可能会影响大脑和神经系统的功能。然而目前已有的证据总体上不支持手机的使用会对人体健康产生有害的影响。

如前所述，手机电磁辐射的短期影响主要是热效应。组织发热是射频能量与人体相互作用的主要机制。在移动电话使用的频率上，大部分的能量被皮肤和其他表面组织吸收，使大脑或身体其他任何器官的温度略微升高。一些研究调查了射频场对志愿者脑电波活动、认知功能、睡眠、心率和血压的影响。迄今为止，没有任何研究表明存在一致的证据，证明接触射频场强度低于造成组织发热的限值，会产生不良健康后果。此外，研究也未能对接触电磁场和自述症状之间的因果关系或电磁辐射超敏反应提供支持。

远期影响方面，关于接触射频的潜在长期风险的流行病学研究主要是要查明脑肿瘤与移动电话使用之间的相关性。

虽然有少数动物实验研究发现接受电磁辐射的动物会增加特定类型肿瘤发病率，但是总体而言这些研究的结果并没有给出确定答案。

2018 年美国毒理学计划署（NTP）和意大利拉马齐尼研究所发布的两项大规模动物实验表明，从出生到死亡整个生命过程中，每日接受数小时全身电磁辐射的白鼠和小鼠，在公白鼠中罹患心脏部位恶性神经鞘瘤的风险增加了，但是母白鼠和小鼠并没有表现出同样的风险。NTP 的研究还报告了脑部和肾上腺瘤风险增加的可能。

尽管这两项研究很专业，但是因其局限性也无法直接和人类使用电话的风险相对应。2019 年，ICNIRP 在审阅了这两项研究后认为并不足以得出电磁辐射会导致癌症的结论。当然，也不排除手机电磁波会影响人类健康的可能。

一些大规模的多国流行病学研究现已完成或正在进行之中，包括病例对照研究和关于成年人健康端点数量的预期定群研究。这些研究的结论莫衷一是。有些研究发现使用手机可能增加脑瘤风险，有些研究结论则相反。例如，瑞典某研究组的多个研究都报告了使用手机人群脑瘤风险升高的结论，但是与这些研究相对应的历史时期数据则显示瑞典人群整体脑瘤发病率并未提高。

以下三项大型研究值得重视。

（1）由国际癌症研究机构协调开展的 INTERPHONE 项目。该项目是迄今为止最大规模的回顾性成年人病例对照研究项目，其目的是探明移动电话的使用与成年人脑癌和颈癌之间有无关联。13 个参加研究的国家的数据汇总分析表明，使用移动电话 10 年以上者没有发现罹患胶质瘤和脑膜瘤的风险增加，一些迹象显示，尽管并无使用时间越长风险就越大的一致趋势，但在 10%移动电话累计时间最长的使用者中罹患胶质瘤的风险有所增加。研究人员的结论是偏差和错误限制了这些结论的确定性，因此无法做出因果关系解释。

（2）丹麦队列研究。丹麦开展的一项大规模、长期研究，比较了 1982—1995 年间注册的手机使用者（约 40 万人）与同期没有注册的人群之间脑瘤风险变化。最新的研究一直跟踪这些人群到 2007 年。即使使用手机超过 13 年，罹患脑瘤、唾液腺肿瘤或癌症的整体风险也并没有上升。也没有证据显示其他亚类型的脑瘤或者脑内任何位置出现瘤的风险提高。大规模流调通常比案例对照研究提供了更强有力的证据。但是这项研究也有缺点，一是仅基于人群是不是手机注册用户而并不评估他们使用手机的频度，或者不注册但是借用他人手机的情况，二是当时使用手机的情况与现在可能不同，例如，虽然当年手机发射的 RF 信号比当代手机更强，但是人们使用手机的时间也短于现在。

（3）英国进行的百万女性研究。这是一项包含接近 80 万女性的前瞻性研究。研究基于自我报告的手机使用情况，历时超过 14 年。研究没有发现使用手机和脑瘤风险增加整体上有相关性。当然研究的缺陷是当时使用手机与现在的情况不同。调查显示，参加研究的女性 2001 年时每周使用手机超过 30min 的人数不足五分之一。

以上研究都具有一定的局限性。

（1）研究跟踪人群的时间整体不够长。因为在多数国家手机大规模使用仅 20 年左右，因此不可能马上排除手机辐射对未来潜在的健康影响。

（2）手机的使用模式发生改变。当今人类使用手机的时间远超过 10 年前，现在的手机也和过去的手机差异巨大。这使得很难确定研究结果是否还适用于现在。

（3）多数研究都聚焦在成人而不是青少年。仅有一项有关青少年的案例控制研究。虽然研究结果显示使用手机和癌症之间没有明显相关性，但是其规模很小，结论扩展的意义不大。如今手机使用者已经扩展到年龄更小的儿童。有理由认为儿童和青少年因为对电磁辐射更敏感而可能产生更大的健康影响。而且显然这些儿童和青少年会比过往研究的成人对象接受更长时间甚至是终身的电磁辐射。

（4）多数研究中对手机使用情况的测度处理很简单。多数案例控制研究仅根据研究对象自己对手机使用历史的记忆。这就导致很难在辐射和癌症之间建立解释。罹患癌症的人会考虑所有可能的原因，所以他们在回忆时使用手机的情况和没有患癌症的人有显著差异。

结合这些问题，国际癌症研究机构（IARC）将射频电磁场列为可能导致人类癌症的物质（2B 类），即在无法合理可靠地排除偶然因素、偏差和错误的情况下，因果关系被视为具有可信度。

以上研究主要聚焦在 2G/3G 制式的手机，目前与 5G 相关的研究还不多。除了工作在 6GHz 以下与 2G/3G/4G 类似的电磁辐射之外，5G 还包含了毫米波的高频率辐射。无论如何，这两部分都包括在非电离辐射的范围之内。至于长时间处于低功率 5G 信号的辐射下是否降低人体免疫力仍然需要更多的研究。

综上所述，虽然没能证明大脑肿瘤风险增加，但移动电话使用增加，以及缺乏移动电话使用 15 年以上的数据说明，有必要进一步进行移动电话的使用与大脑肿瘤风险的研究。特别是，近年来青少年对移动电话的使用日趋普遍，因而潜在接触期更长，世界卫生组织为此积极促进对这一人群的进一步研究。调查对儿童和青少年健康的潜在影响的几项研究正在进行。

参 考 文 献

[1] 刘艳洁. 5G 科普系列《我和我的 5G|（二）5G 频谱篇》[EB/OL]. （2019-10-17）[2022-03-25]. http://www.srrc.org.cn/article23792.aspx.

[2] 中华人民共和国工业和信息化部. 2021 年通信业统计公报解读[EB/OL]. （2022-01-25）[2022-03-25]. https://www.miit.gov.cn/gxsj/tjfx/txy/art/2022/art_e2c784268cc74ba0bb19d9d7eeb398bc.html.

[3] 世界卫生组织. 电磁场[EB/OL]. [2022-03-29]. https://www.who.int/health-topics/electromagnetic-fields#tab=tab_2.

[4] International Commission on Non-Ionizing Radiation Protection. ICNIRP guidelines for limiting exposure intime-varying electric, magnetic, and electromagnetic fields (up to 300 GHz) [J]. Health Physics, 1998, 74(4): 494-522.

[5] International Commission on Non-Ionizing Radiation Protection. ICNIRP guidelines for limiting exposure intime-varying electricand magnetic fields (1 Hz to 100 kHz) [J]. Health Physics, 2010, 99(6):818-836.

[6] International Commission on Non-Ionizing Radiation Protection. ICNIRP guidelines for limiting exposure to electromagnetic fields(100 kHz to 300 GHz)[J]. Health Physics, 2020, 118(5): 483–524.

[7] 田骁骁. 全球电信服务业数据报告（2022 上半年版）[R]. 北京：中国信息通信研究院数据研究中心，2022.

[8] IARC. Non-ionizing Radiation, Part 2: Radiofrequency Electromagnetic Fields, France, Lyon, May 24-31, 2011[C]. Lyon: IARC, 2012.

第 2 章

电磁辐射评价
标准体系

WHO 指出，迄今为止，尚未证实移动电话等无线通信终端设备的使用对健康造成任何不良后果。虽然长期、低水平暴露累积效应尚不能确定，此类的研究仍在进行。但是高水平暴露与人体相互作用的机制是明确的，特别是从电磁场吸收能量导致的热效应，如果不予以限制，将影响人体的健康。有鉴于此，目前世界上绝大多数国家都已开展电磁辐射对人体健康的影响、安全限值、测试方案、安全防护等方面的研究工作，并制定了相关的法规标准。

无线通信终端设备的电磁辐射标准主要包括以下两大类。

（1）暴露标准：本类标准通常制定在人体全身或部分靠近或接触电磁场时，人体组织相应的最大安全暴露水平。作为人体安全防护基本标准，标准中通常特别考虑安全因子以提供限制暴露水平的安全指导。目前国际上此类标准的两大主流是国际非电离辐射防护委员会（ICNIRP）的导则和电气与电子工程师协会国际电磁安全委员会（IEEE/ICES）的 IEEE C95.1 标准。目前大多数国家采用的电磁辐射暴露标准都基于 ICNIRP 导则，如我国的无线通信终端设备的电磁辐射暴露限值的国家强制标准使用的就是 ICNIRP 体系的限值。而美国、加拿大等国则采用 IEEE C95.1 标准。

（2）测试标准：本类标准通常是制定标准化的方案，用于测量无线通信终端设备的电磁辐射暴露水平，以确保其符合所在国家的暴露限值要求。目前国际和国内的多个相关标准化组织，例如国际电工委员会（IEC）、电气与电子工程师协会（IEEE）、中国通信标准化协会（CCSA）等，都已制定并颁布了一系列的测试标准。

制定以健康为基础的电磁场标准的最终目标是保护全人类的健康。2.1 节和 2.2 节将围绕 ICNIRP 导则和 IEEE C95.1 标准介绍暴露标准制定的相关情况，2.3 节、2.4 节和 2.5 节将分别介绍 IEC 测量标准体系、国内标准工作开展情况和世界范围内的相关标准及认证要求。

2.1　ICNIRP 导则

2.1.1　背景介绍

成立于 1966 年的国际辐射防护委员会（IRPA），其主要目的是为从事辐射防护工作、致力于保护人类及其环境免受电离辐射危害的同道们进行国际交往及合作提供一个场所，从而促进辐射和原子能为人类服务。

1973 年，在 IRPA 的第三次国际会议上第一次组织了关于非电离辐射防护的会议，决定成立特设工作组。1974 年非电离辐射工作组正式成立，开始对各类非电离辐射安全防护相关的问题开展研究工作。1975 年 IPRA 又成立了审查非电离辐射领域的研究小组。之后在 1977 年 IPRA 的第四次国际会议期间，正式设立了国际非电离辐射委员会（INIRC）。

通过与世界卫生组织环境卫生部的合作，IRPA/INIRC 制定了众多有关非电离辐射健康的标准文件，作为由联合国环境规划纲要（UNEP）倡导的 WHO 环境卫生标准项目的一部分。每份文件都包括：对物理原理、测量和检测仪器、辐射来源和非电离辐射的应用等方面的综述；对与生物效应相关文献的详尽评论；对暴露于非电离辐射中的健康风险的评估。这些健康标准为后来确定与非电离辐射有关的暴露限值和实用法规提供了科学的数据基础。

委员会对非电离辐射研究工作不断深入，最终在 1992 年 IPRA 的第八次国际会议期间成立了国际非电离辐射防护委员会（ICNIRP），组织开展 IRPA/INIRC 的相关工作，调查非电离辐射的危害，制定相关的国际标准，处理非电离辐射防护问题。

当前 ICNIRP 的主要工作和目标是保护人类和环境免受非电离辐射的不利影响。为此目的，ICNIRP 制定和传播关于限制非电离辐射暴露的科学建议。来自不同国家和学科（如生物学、流行病学、医学、物理学和化学）的专家与 ICNIRP 合作，基于 0Hz～300GHz 频率的生物效应和作用机制，评估其风险并提供暴露指导。

1998 年 ICNIRP 推出了《限制时变电场、磁场和电磁场暴露的导则（300GHz 以下）》。该导则成为 WHO 官方推荐的暴露限值导则。2020 年，ICNIRP 整合了 1998 年和 2010 年的暴露导则，发布了最新版的 ICNIRP 2020 导则《限制 100kHz～300GHz 电磁场暴露的 ICNIRP 导则》。最新版导则基于当前最先进的科学研究成果，为暴露于频率在 100kHz～300GHz 的电磁场的人体提供保护措施，制定射频暴露限值，同时给出了相关的理论依据。作为目前世界范围内被普遍接受的电磁辐射限值导则，其地位重要、内容丰富。本书特将最新版导则的正文部分作为附录附在文末，以供读者参考阅读。

2.1.2 无线通信终端相关的电磁辐射限值

ICNIRP 2020 导则按照人群将暴露类型分为职业人员和普通公众。职业人员暴露是指因职业所需的成年人在受控条件下暴露于射频电磁场的情况。这类人员受过专业培训，对射频电磁场的潜在风险有所认识并能采取合适的伤害减缓措施，同时还具备与之对应的感官和行为能力。属于职业暴露范畴的工作者必须遵守具有上述信息和保护措施的安全卫生程序。普通公众暴露是指所有年龄层和具有不同健康状况的个人暴露于射频电磁场的情况。其中，还包括弱势群体或个体，以及可能对暴露不知情或无法控制的个人。这两种暴露类型的区别也表明，由于普通公众无法获得适合的伤害减缓培训或不具备这样的能力，因此有必要对公众暴露实施更严格的约束。不过，如果能针对所有的已知风险进行恰当的筛查和培训，职业人员面临的暴露风险并不会比普通公众大。注意，无论在何种暴露场景下，胎儿均属于普通公众这一类别，受公众暴露的限制规定约束。

对于人体内部或表面接触电磁辐射暴露的安全限度通常称为基本限值，这是依据已知的可以确定不利影响的阈值确定的，同时还应考虑到与确定阈值有关的不确定度。基本限值通常使用比吸收率（SAR）或吸收功率密度（S_{ab}）表示。

对于工作频率处于 100kHz～300GHz 的电磁辐射暴露长时间照射和短时间照射的基本限值，如表 2-1 和表 2-2 所示。

表 2-1　电磁辐射暴露的基本限值（100kHz～300GHz）

（平均间隔时长≥6min）

暴露场景	频率范围	全身平均 SAR/（W/kg）	局部 SAR 头部或躯干/（W/kg）	局部 SAR 肢体/（W/kg）	局部 S_{ab}/（W/m^2）
职业暴露	100kHz～6GHz	0.4	10	20	—
	＞6～300GHz	0.4	—	—	100
公众暴露	100kHz～6GHz	0.08	2	4	—
	＞6～300GHz	0.08	—	—	20

注：1. —表示无须判断其符合性。

2. 全身平均 SAR 为任意 30min 内的平均值。

3. 局部 SAR 和 S_{ab} 为任意 6min 内的平均值。

4. 局部 SAR 为任意 10g 立方体积上的平均值。

5. 局部 S_{ab} 为身体上任意 4cm^2 正方形面积上的平均值。频率大于 30GHz 时，需额外增加一个约束条件，即任意 1cm^2 表面积上的平均值不得超过 4cm^2 下的限值的两倍。

表 2-2　100kHz～300GHz 频率电磁场暴露的基本限值

（0min＜积分间隔时长＜6min）

暴露场景	频率范围	局部头部或躯干 SA/（kJ/kg）	局部肢体 SA/（kJ/kg）	局部 U_{ab}/（kJ/m²）
职业暴露	100kHz～400MHz	—	—	—
	>400MHz～6GHz	$3.6[0.05+0.95(t/360)^{0.5}]$	$7.2[0.025+0.975(t/360)^{0.5}]$	—
	>6～300GHz	—	—	$36[0.05+0.95(t/360)^{0.5}]$
公众暴露	100kHz～6GHz	—	—	—
	>400MHz～6GHz	$0.72[0.05+0.95(t/360)^{0.5}]$	$1.44[0.025+0.975(t/360)^{0.5}]$	—
	>6～300GHz	—	—	$7.2[0.05+0.95(t/360)^{0.5}]$

注：1．—表示无须判断其符合性。

2．t 为以 s 为单位的时间，无论暴露本身的时间特性如何，$0s<t<360s$ 的所有值都必须满足限值条件。

3．局部的比吸收能（SA）为任意 10g 体积上的平均值。

4．局部的吸收能量密度（U_{ab}）为身体上任意 4cm² 表面积上的平均值。频率大于 30GHz 时，需额外增加一个约束条件，即身体任意 1cm² 表面积上的平均值不得超过 $72[0.025+0.975(t/360)^{0.5}]$（职业暴露）或 $14.4[0.025+0.975(t/360)^{0.5}]$（公众暴露）。

5．无论是单脉冲、脉冲群还是脉冲链子群产生的暴露，或包括非脉冲电磁场暴露在内的总暴露（时间 t 单位为 s），都不得超过表中限值。

对于表 2-2 和表 2-3 中涉及的暴露限值，ICNIRP 2020 导则使用了一个 10 倍的安全因子获取职业暴露限值（也就是这个数值是组织出现异常状态的阈值的十分之一），同时使用一个 50 倍的安全因子得到普通公众的暴露限值。由此可知，普通公众无论是在家中还是常规的社会环境中，通常受到的射频和微波频段的最大电磁辐射暴露限值要比最先引起动物组织出现异常状态的辐射值的五十分之一还要低。

由于基本限值属于人体内的物理量，不易测量。因此，ICNIRP 从基本限值中导出了一个更容易评估的导出限值，以更为可行的方法表征限值与限制准则的符合性。导出限值与基本限值具有同等程度的保护效力，暴露水平低于对应限值中的任意一个都可视为符合导则要求。注意，这两种限值对应的暴露水平的相对一致性可能因为各种因素的影响而有所差异。导出限值作为一种保守措施，以其为参照的暴露水平在最差的暴露情况（现实中极不可能发生）下才接近以基本限值为参考的值。所以在绝大多数情形中，如果遵循导出限值，被允许的暴露水平远低于对应的基本限值。导则中与导出限值相关的物理量包括入射电场强度（E_{inc}）、入射磁场强度（H_{inc}）、入射功率密度（S_{inc}）、平面波等效入射功率密度（S_{eq}）、入射能量密度（U_{inc}）和平面波等效入射能量密度（U_{eq}），以上均在人体外部进行测量；而体内测量的则是电流（I）。

工作频率处于 100kHz～300GHz 的电磁辐射暴露的导出限值如表 2-3 所示。

表 2-3 电磁辐射暴露的导出限值（100kHz～300GHz）

暴露类型	频率范围	入射电场强度 $E_{inc}/$（V/m）	入射磁场强度 $H_{inc}/$（A/m）	入射功率密度 $S_{inc}/$（W/m²）
职业	0.1～30MHz	$1504/f_M^{0.7}$	$10.8/f_M$	\
	>30MHz～400MHz	139	0.36	50
	>400MHz～2GHz	$10.58/f_M^{0.43}$	$0.0274/f_M^{0.43}$	$0.29/f_M^{0.86}$
	>2GHz～6GHz	\	\	200
	>6GHz～300GHz	\	\	$275/f_G^{0.177}$
	300GHz	\	\	100
公众	0.1～30MHz	$671/f_M^{0.7}$	$4.9/f_M$	\
	>30MHz～400MHz	62	0.163	10
	>400MHz～2GHz	$4.72/f_M^{0.43}$	$0.0123/f_M^{0.43}$	$0.058/f_M^{0.86}$
	>2GHz～6GHz	\	\	40
	>6GHz～300GHz	\	\	$55/f_G^{0.177}$
	300GHz	\	\	20

注：1. \表示在本单元格内无基本限值。

2. f_M 的单位是 MHz，f_G 的单位是 GHz。

3. E_{inc}、H_{inc}、S_{inc} 的暴露平均时间都不少于 6min。

工作频率处于 100kHz～10MHz 的电磁辐射暴露的峰值导出限值如表 2-4 所示。

表 2-4 电磁辐射暴露的峰值导出限值（均方根值，100kHz～10MHz）

暴 露 类 型	频 率 范 围	入射电场强度 $E_{inc}/$（V/m）	入射磁场强度 $H_{inc}/$（A/m）
职业	100kHz～10MHz	170	80
公众	100kHz～10MHz	83	21

在任何肢体区域，工作频率处于 100kHz～10MHz 的 6min 平均感应电流的导出限值如表 2-5 所示。

表 2-5 在任何肢体区域的 6min 平均感应电流的导出限值（100kHz～10MHz）

暴 露 类 型	频 率 范 围	电流 I/mA
职业	100kHz～10MHz	100
公众	100kHz～10MHz	45

注：必须分别评估每个肢体的电流强度。

2.1.3 新旧 ICNIRP 导则比较

ICNIRP 导则 2020 版（以下简称 2020 导则）包含 ICNIRP 导则 1998 版（以

下简称 1998 导则）中的射频电磁场（RF EMF）部分和 ICNIRP 导则 2010 版（以下简称 2010 导则）中 100kHz～10MHz 的低频部分。这些导则都是关于保护人体电磁辐射暴露安全的整体方法。这里的整体方法包括导则的适用范围、需要考虑的生物效应类型、保护系统中的透明程度、设置的限值和确定限值后提供的防护方式等问题。因要反映最先进的科学研究成果，2020 导则与前两版导则相比，体现出一定程度的不同。

1．适用范围

2020 导则与 1998 导则和 2010 导则相比，它们的适用范围非常相似，都是针对人体健康的不利影响提供防护，这种防护不论是急性还是慢性暴露引起的，不论人体的年龄和健康情况，以及不论这种暴露影响的生物、物理机制。

此外，导则在暴露场景上也非常相似。2020 导则在原先版本的基础上，对于适用的范围提供了进一步的说明，以消除潜在的歧义。例如，明确提出了整体方案的适用范围。需要特别指出的是，导则的适用范围不包含特定的医疗治疗环境，例如对于接受医学治疗的照顾者和安慰者，对于这个群体的评估应由接受过相应培训的医生按照与接受治疗者相适应的方式进行。

2．胎儿的人群划分考虑

2020 导则延续了与 1998 导则相同的方案，即在职业暴露限值部分并没有对孕妇和非孕妇进行区分，也就是将对胎儿的射频电磁场暴露限定在更为保守的普通公众限制的范围内。尽管没有科研文献的证据表明职业暴露的限值会对婴儿造成不良的影响，但是 2020 导则作为保守的方案，依旧将胎儿视为普通公众，继续按照普通公众的暴露限值进行限制。为了确保胎儿的暴露不超过普通公众暴露的限值，2020 导则规定孕妇必须遵守普通公众的暴露限值要求。

3．限值的变化对健康防护的影响

1998 导则提供的限值主要用于防止当时使用的射频电磁场发射技术造成的暴露，以避免对健康造成不利的影响。1998 导则中的大部分限值目前仍可正常使用，因此相应的限值也保留在 2020 导则中。

同时在 2020 导则中增加了两处新的限值，以适应新技术带来的更进一步防护。其中，第一个应用是大于 6GHz 的电磁场技术研发（如 5G），对这个部分设定新的限制条件，以便更好地防止人体温度升高过多；第二个是关于短时间的射频电磁场暴露（小于 6min），以确保瞬时的温度升高，但又不足以造成疼痛或组织不利影响的情况（在先前的版本中涉及了对于人体头部约 50ms 的脉冲射频电磁场）。这两个新增加的限值，将确保未来应用的新技术的射频电磁场不会对健康造成不利的影响。

4．基本限值的技术变更

1）全身平均暴露限值

在 1998 导则中对整个身体的暴露限值，其应用的计量指标为比吸收率。这一点在 2020 导则中继续沿用。不同的是，在 1998 导则中适用频率上限是 10GHz，而在 2020 导则中则扩展到 100kHz～300GHz。这将确保新技术带来的暴露不会导致身体内的温度过度升高。同时限值的平均时间也从 1998 导则的 6min 扩展到 2020 导则的 30min，以便更好地匹配身体温度升高所需的时间。

全身平均暴露基本限值在 2020 导则中没有变化，这是因为根据研究表明，应用的限值数据比原先认为的还要保守。

2）局部暴露限值过渡频段的变化

局部射频暴露限值在不同的射频频段是不同的。在 1998 导则中，比吸收率的适用频率上限是 10GHz，10GHz 以上使用功率密度作为局部暴露限值。计量指标发生变化的频率在导则中称为过渡频段。由于比吸收率可能低估较高频率状态下的浅层暴露，同时功率密度可能低估较低频率的深度暴露，因此需要在不同的频段设定不同的计量指标。

虽然没有理想的过渡频段，但 2020 导则还是决定采用务实的方法，将过渡频段从 10GHz 降到 6GHz，以便提供更为准确的总暴露量评估。

3）过渡频段以下的局部 6min 时间平均的暴露限值

2020 导则与 1998 导则和 2010 导则都使用相同的 6min 时间平均比吸收率作为基本限值的评估方案防止局部温度过度升高，而造成对于人体的伤害。

不同的是在 1998 导则中比吸收率的定义为 10g 连续组织区域的平均，而 2020 导则则更改为 10g 立方体积内的平均。空间平均的改变是为了更好地提供温度升高数据。

与 1998 导则一样，2020 导则同样对不同的人体部位在低于过渡频段的频率设置了不同的暴露限值。这里所说的人体部位与通常的定义有区别。从实际的符合性角度，主要区别在于耳廓视作与其他浅表组织（如皮肤）相似，而不划归为更加严格限制的组织（如大脑）。

在考虑头部、躯干和四肢的暴露限值时，为了简化暴露评估的方案，无须考虑处于暴露的具体组织类型，而是通过简化将人体分成以下三大类：头部、躯干和四肢进行考虑。

4）过渡频段以上的局部 6min 时间平均的暴露限值

对于大于 6GHz 的局部暴露的保护，2020 导则进行了部分更新和修订。

（1）1998 导则使用的计量指标是入射功率密度，而 2020 导则中采用的则是吸收功率密度。这是因为后者测量的是身体的暴露，更适用于基本限值的要求。而前者则因为有高达 50%的入射功率密度从人体反射回来，所以不能准确评估人体的暴露程度。

（2）1998 导则的定义为在 20cm^2 区域内的平均，而 2020 导则更改为 4cm^2 区域内的平均（在一些情况下则是 1cm^2 区域内的平均）。这里的 4cm^2 平均面积与 SAR 10g 平均体积是相对应的，同时这个相对应的方案，可以在 6GHz 频率下提供一致性的过渡。2020 导则的这项更改还将避免先前导则对于 20cm^2 的暴露区域内，如果有一个较小的区域出现能量的聚集，则有可能产生这个小区域的温度升高情况。也就是相较于 20cm^2 的平均面积，4cm^2 区域上的均匀暴露可以提高 5 倍。

（3）考虑到 30GHz 以上频率将出现高度聚焦波束，2020 导则还对频率大于 30GHz 设定了 1cm^2 的限值。虽然波束聚焦的程度随着频率不断增加，但是因为 30GHz 以下频段的波束没有充分聚焦而造成伤害，因此无须对 30GHz 以下频段设置等效的限值。这两项主要是确保未来应用技术的安全性，例如 5G 的毫米波技术，乃至未来可能的太赫兹技术。

（4）在 1998 导则中定义随着频率的增加而减少了平均时间，这一项在 2020 导则中没有继续沿用。这是因为与 2020 导则新引入的其他简要暴露限值相比，原先的评估方法对于温度升高的预测较差。

（5）2020 导则设定的大于 6GHz 的电磁场基本限值（使用吸收功率密度代替入射功率密度）保证在大于和小于 6GHz 时可以给人体提供等效的最大暴露。当然这也就造成了相较于 1998 导则，大于 6GHz 的电磁场基本限值数据要比原先导则的限值要高。不过由于新版导则中使用的是 4cm^2 替代 1998 导则中的 20cm^2，因此对于大于 6GHz 的电磁场，人体暴露的峰值是小于 1998 导则中的暴露峰值数据的。

5）神经刺激限值（100kHz～10MHz）

2020 导则并没有重新评估 2010 导则中涉及的神经刺激的基本限值。神经刺激的产生频段为 100kHz～10MHz，在这个频率区间可能同时产生神经刺激和热效应。

对于这种情况，2020 导则为所有其他的不良健康影响的限值部分，添加了相关内容，使得从 100kHz～300GHz 的健康评估具备完整性。由于在 2010 导则中将神经刺激的频率范围扩展到 100kHz～10MHz，因此 2020 导则中这个部分也与 1998 导则的有所不同。

5. 导出限值的技术变更

1）新增的导出限值

1998 导则提供了全身连续暴露的导出限值，这在评估蜂窝移动通信基站等设备的 RF 电磁场照射的法规符合性时非常重要。不过这些基本限值没有覆盖所有的导出限值类型。为此在 2020 导则中给出了所有基本限值对应的导出限值，以便更容易地获得评估所有基本限值的符合性方案。不过要注意，由于近场和远场的相关差异的复杂性，仍然存在无法确定导出限值应用的状态，这些状态也在 2020 导则中提及。

2）移除的导出限值

在 1998 导则中提供了 10GHz 以上的全身导出限值，其通过电场、磁场和功率密度表示。不过原先导则提供的方案对于 2GHz 以上的电场和磁场的数据，其基本限值无法提供很好的评估，因此在 2020 导则中，对于 2GHz 以上的频段不再采用电场和磁场数据进行全身的导出限值评估。

1998 导则包含接触电流的导出限值。当 RF EMF 通过导电物体物理接触到人体时，引发接触电流，这使得组织中的 SAR 超过基本限值。因此应设置导出限值，避免由于接触电流引起的超出基本限值的情况。由于需要考虑很多无法预先指定的各种参数，因此在 2020 导则中不再提供对应的导出限值，也就是不再提供接触电流的导出限值。取而代之的是提供指导，以帮助射频电磁场的管理者了解这个的危害，使其处于符合健康和安全的计划中。

3）导出限值的变化

在 1998 导则发布时，对于 30MHz 以下的导出限值研究较少，因此当时导则提供的导出限值非常保守。而随着近年来相关研究的不断深入，2020 导则根据最新的科研成果，将电磁场的导出限值适用频率下探到 10MHz，在 100kHz～10MHz 相对于 1998 导则减小了电场并增大了磁场。

近年来通过相关的研究确定了基本限值与电场及磁场导出限值之间的关系，因此 2020 导则进行了归纳，确保这些关系不会影响基本限值。不过由于需要更高的导出限值匹配基本限值，因此在 2020 导则中增大了导出限值。这也就导致在 100kHz～30MHz 内，2020 导则的电场和磁场的导出限值要比 1998 导则的要大。同时在原先的 1998 导则中的电场和磁场导出限值在 20MHz 随着频率降低而增大，不过近年的研究表明为了匹配全身的基本限值，导出限值的增加应从 30MHz 开始。因此，2020 导则修订为从 30MHz 开始随着频率的降低，电场和磁场导出限值逐渐增大。这些差异体现在图 2-1 中。

如图 2-1 所示，1998 导则和 2020 导则在 30MHz 以上频段，全身平均导出限值没有变化。不过这两个版本中导出限值的应用准则有所区别，相同的导出限值对个人暴露程度是不同的。也就是说，1998 导则没有为远场和近场区域的暴露单独确定导出限值，而是允许将远场区域的导出限值用于近场区域的场。

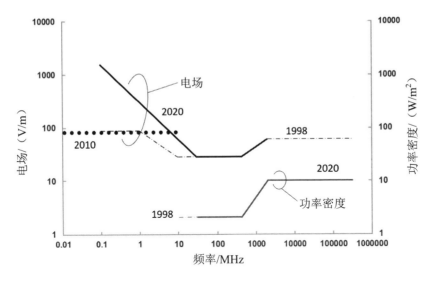

图 2-1　三版 ICNIRP 导则的公众全身平均导出限值的比较（100kHz～300GHz）

最新的科学研究使得 2020 导则可以在远场和近场设定对应的导出限值，以确保近场区域的暴露不超标。同时在 1998 导则中允许对 100kHz～300GHz 使用电场和磁场对全身平均导出限值，但这个方法对于 2GHz 以上的近场区域是不准确的，因此在 2020 导则中改为使用测量功率密度。

图 2-1～图 2-4 给出了 ICNIRP 导则不同版本之间电场、功率密度等的差异。注意，这些图中左右两侧的两个 y 轴（电场和功率密度）是相互独立的。

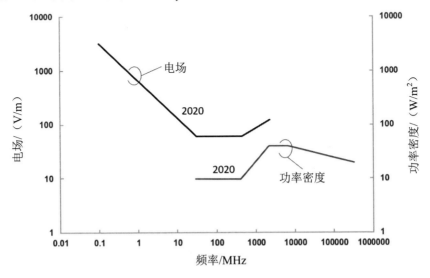

图 2-2　2020 导则中≥6min 的公众局部暴露导出限值
（100kHz～300GHz，1998 导则和 2010 导则未给出相应限值）

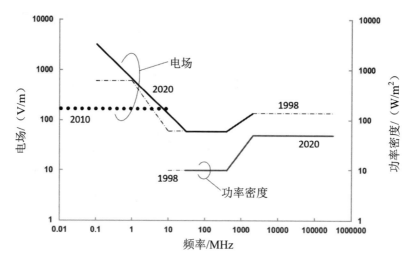

图 2-3　三版 ICNIRP 导则的职业全身平均导出限值的比较（100kHz～300GHz）

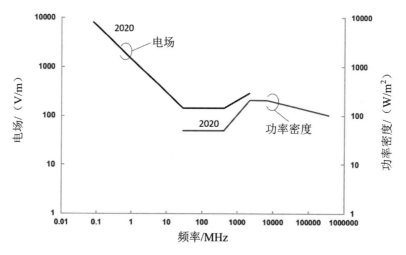

图 2-4　2020 导则中≥6min 的职业局部暴露导出限值
（100kHz～300GHz，1998 导则和 2010 导则未给出相应限值）

2.2　IEEE C95.1 介绍

除了 ICNIRP 导则，目前世界上现行的另外一个主要电磁场防护标准——
2019 年发布的 IEEE C95.1-2019《关于人体暴露在 0Hz～300GHz 电场、磁场和
电磁场的安全水平标准》。

2.2.1　背景介绍

IEEE 是国际性的电子技术与信息科学工程师的协会，是世界上最大的专业技术组织之一。1963 年由美国无线电工程师协会（IRE）和美国电气工程师协会（AIEE）合并而成，总部在美国纽约。IEEE 定义的标准在工业界有极大的影响。

IEEE 下设的国际电磁安全委员会（ICES）是专门开展 0Hz～300GHz 电磁能安全使用相关标准工作的委员会，其源自 1960 年在美国国家标准化委员会（ANSI）设立的辐射危害标准计划。自 1966 年第一版标准发布至今几经更迭，最新版为 2019 版。

IEEE C95.1-2019 同样制定了暴露标准和限值，防止在 0Hz～300GHz 内对暴露于电场、磁场和电磁场的人体造成不良影响。在该标准中的限值，包括安全系数，以剂量测定参考限值（DRL）和暴露导出限值（ERL）表示。DRL 类似 ICNIRP 导则中的基本限值，包括电场强度、比吸收率和上皮细胞功率密度。ERL 类似 ICNIRP 中的导出限值，是对外部电场和磁场、入射功率密度、感应电流和接触电流及接触电压的限制，更容易通过测量等手段获得，旨在确保暴露数据不超过 DRL。它们的具体含义如下。

（1）DRL 是基于已确定的对人体健康有明确不利影响的剂量学阈值制定的暴露限值，其在不同的频率区间分别表示为电场强度（0Hz～5MHz）、比吸收率（100kHz～6GHz）或上皮细胞功率密度（6GHz～300GHz）。标准中限值是充分考虑安全因子之后的数据。

（2）ERL 是相对环境电场和/或磁场强度或功率密度、感应和/或接触电流或接触电压的最大暴露等级。

2.2.2　标准原理

ICES 的文献审查工作组（LRWG）发现，近年来很多卫生机构和专家组的审查结果证实了现有 IEEE C95.1 的限值对人体的防护是有效的。不过随着相关研究的不断深入，在 IEEE C95.1-2019 中对限值进行一定的修订，其主要的变化是对于 6GHz 以上频段的 DRL 和 ERL。对有关电磁场生物效应的大量科研文献的审查表明，电刺激是低频率的主要效应，而热效应在高频率下占主导地位。此外，当前相关学界的共识是没有公认的理论机制可以解释长期低暴露等级对于人体不良健康的影响。

根据 ICES LRWG 最新的文献审查结果，发现相关的相互作用机制是由电场和/或磁场在体内诱发的，表现为由接触电流产生的电场对兴奋性神经组织的刺激（频率在 0Hz～5MHz），以及组织加热（频率高于约 100kHz）。在 100kHz～5MHz 的过渡区域，适用这两个限值中更保守的限值，一般存在如下情况。

（1）与热效应相关的 ERL 对长期暴露于连续波场（即大于平均时间）的限值体现更高。

（2）基于电刺激的 ERL 对短期暴露（例如，低占空比的短脉冲）的限值体现更高。

全身平均暴露限值综合考虑生物和剂量学的不确定度情况，其 DRL 和 ERL 采用保守的安全系数。不过由于 ERL 是由 DRL 按照保守的原则推导出来的，因此有可能在符合 DRL 的情况下其数值超过 ERL。

对于频率低于 100kHz 的与电刺激相关的短期反应，目前学界已经确定以下信息。

（1）对感觉或运动神经元的厌恶或痛苦的刺激。

（2）在进行潜在危险活动时可能导致伤害肌肉的兴奋状态。

（3）神经元的兴奋或大脑内突触活动的直接改变。

（4）心脏兴奋。

（5）与身体内快速移动的电荷（如血流）上的感应电位或力量有关的不良健康影响。

最后 ICES LRWG 还评估了与长期低暴露等级相关的不良健康影响的可能性。对于频率在 0Hz～300GHz 的电场、磁场和电磁场的暴露，得出以下两个结论。

（1）没有可靠的研究报告可以表明，低于 IEEE C95.1-2019 规定的长期暴露等级会造成不良健康的影响。

（2）没有任何得到科学验证的生物物理机制可以将低于 IEEE C95.1-2019 规定的长期暴露等级与不良健康的影响联系起来。

基于以上原理，IEEE C95.1-2019 的应用旨在为处于生活区、公共区域和工作场所等无限制的暴露环境（非受控环境）中的所有人及允许在一定限制的暴露环境（受控环境）中的人群提供保护。除了接受医疗诊断或治疗的病人及医疗人员，这是因为这部分人群可能需要暴露于超过本标准规定的 DRL 和 ERL 的场或电流中。推荐的 DRL 和 ERL 旨在保护人们免受既定的不利影响。减少接触的例子包括工程控制（这是在大多数接触情况下减少接触的首选方法）、行政控制、个人防护设备（绝缘手套和防护服）、认识计划和操作培训文件，旨在提醒人员注意影响的可能性，减少接触时间或强度的具体工作方法等。

2.2.3 安全因子的考虑

根据人体与电磁辐射作用的不同机制，标准设定了不同的安全因子。对于频率低于约 100kHz（此时脉冲场可能达到 5MHz）的情况，要尽量减少的不利影响是电刺激，而在 100kHz 以上，要防止的不利影响与组织的热效应相关。对于 6GHz 以上的频率，要应对的效应是组织表面的加热。对于前 3 种情况，需要分别在各自对应的频率范围内，使用 3 套独立的 DRL 和 ERL 进行防护。

1. 频率低于 100kHz（脉冲场为 5MHz）

由于主要的相互作用机制在大约 100kHz（某些脉冲为 5MHz）以上和以下是不同的，所以安全因子的评估也是不同的。在 100kHz 以下，IEEE C95.1-2019 是防护与电刺激有关的疼痛效应，电刺激的特征反应时间远小于 1 s，因此要以瞬时场或电流评估暴露。

电刺激的 DRL 分为上限和下限的安全系数（除数，指定为 SFU 和 SFL），适用于中位不良反应阈值。所有组织的 SFU 值为 3，除了小部分人（<1%）外，其他所有人都不会出现不良反应。肢体的 SFL 值为 3，其他组织的 SFL 值为 9，因此，提供了一个额外的余量，以进一步降低 SFU 未涵盖的暴露个体的不良反应概率。对于限制等级，基于以下观察，SFU=3 适用于所有组织，包括脑组织和躯干内的神经组织。

（1）在 DRL 的上限，预计将有不超过 1%的人在受控环境中可能出现感官上的不良反应，但是暂没有可信的心律失常的研究报告。

（2）建议让职业环境下的人群（允许在受控环境中工作的人）了解可能出现的不良反应和处理措施。

2. 频率处于 100kHz～6GHz

在 100kHz 以上，与暴露于连续波场的相关电磁辐射暴露从电刺激过渡到组织热效应。此时对暴露的评估应考虑平均时间，并根据整个身体暴露或局部暴露而变化。此时 100kHz 频率代表一个热交叉点，低于这个频率时，电刺激效应占主导地位；高于这个频率时，热效应在连续波暴露中占主导地位。然而，对于脉冲波形，特别是那些低占空比的波形，已经证明电刺激的最高频率可达 5MHz。因此标准同时包含防止基频高于 100kHz 的脉冲波形产生不良电刺激效应。

对于频率高于 100kHz 的短时间照射（小于平均时间），与组织加热相关的 DRL 和 ERL 与能量即比吸收能（SA）或入射能量密度有关。然而，考虑时间因子后可以继续使用以功率表示的 DRL 和 ERL，即 SAR、功率密度或等效场。在这种情况下，需要保护的效果包括因过度的射频加热或因加热导致的潜在不良行为影响而造成的组织损伤。

对于长期暴露（等于或大于平均时间），ERL 来自非人类物种的实验室研究的暴露水平，特别是导致行为破坏反应的暴露水平。行为干扰是对射频暴露最敏感的可重复反应，表明了潜在的不良健康影响。这个过程导致保守的 DRL 和 ERL，因为与实验室动物相比，人类的体温调节能力更强。

就上限和下限的 SAR 或功率密度而言，全身暴露和局部暴露的安全因子估计分别约为 10 和 50。特殊暴露措施的安全因子，如局部暴露、峰值（短脉冲）限制、四肢的接触和感应电流，其在 100kHz～6GHz 也在 5～10 的量级之间。在共振区域，全身暴露的 DRL 和 ERL 的安全系数通常比局部暴露大。

对于 SAR 适用的频率的局部暴露，峰值空间平均 SAR 的平均质量是 10g 组织，定义为立方体形状的组织体积。10g 组织的平均体积表示为体积约为 $10cm^3$ 或每边约 2.15cm 的立方体。在 3GHz，场在高含水组织中的穿透深度约为 1.6cm，小于平均体积的深度。为了与新的 2020 导则保持一致，以 SAR 表示 DRL 的频率范围已经扩展到 6GHz。

3. 频率大于 6GHz

对于 6GHz 以上的频率，要进行防护的是过度的射频加热，主要是表面的热效应，其会造成皮肤或眼睛的刺痛感，可能导致组织损伤（烧伤）。由于被加热的组织层很薄，因此时间常数通常认为很短，这样加热可能很迅速。然而，热量传导扩散到周围的组织结构中，除非暴露时间过长，否则温度上升是有限的。另外，暴露的面积越小，组织分散局部加热的能力就越强，从而减少强烈暴露的热效应造成的影响。

人体是高效的体温调节系统，这个系统不停地保护自身免受环境温度的巨大变化和运动引起的热负荷的影响。因此，DRL（就上皮细胞功率密度而言）和 ERL（入射功率密度）对于整个身体的暴露是非常保守的。对于处于 6～300GHz 的全身暴露，在普通房间环境中，全身暴露的安全因子（相对于身体上的过度热负荷）将超过 10，对于在非受控区域的人群，安全因子将从 10～100 不等。虽然在非常温暖的环境中，个人的安全因子较小，但由于环境温度和相对湿度及所穿衣服的类型所产生的影响，远远超过了上限的 ERL 对身体的射频加热的影响。因此，即使对温暖环境中的个人而言，该限值也是充分的保护。在所有情况下，非受控环境的安全系数是受控环境的 5 倍。

2.2.4 暴露限值

根据频率和电磁辐射与人体的不同作用机制，IEEE C95.1-2019 对暴露于电场、磁场或电磁场的 *DRL* 和 *ERL* 进行了如下定义。

（1）在 0Hz～5MHz 内防护出现对人体的电刺激。

（2）在 100kHz～300GHz 内防护出现过度的热效应。

（3）在 100kHz～5MHz 的过渡区域，通过两套单独的限值，防护电刺激和热效应。

（4）在 100kHz 以下，只适用电刺激防护。

（5）在 5MHz 以上，只适用热效应防护。

两套限值都适用于过渡区域（100kHz～5MHz）。在过渡区，基于电刺激的限值通常对低占空比的暴露更具保护性，而基于热效应的限值则对连续场更具保护性

0Hz～110MHz 的频率范围内的接触电流、感应电流和接触电压定义了 *ERL*。

与无线通信终端产品相关的限值是 100kHz～300GHz 内防护出现过度的热效应的限值，具体如表 2-6 和表 2-7 所示。

表 2-6　IEEE C95.1-2019 规定的 *DRL*（100kHz～6GHz）

条　　件	非受控环境 SAR/（W/kg）	受控环境 SAR/（W/kg）
全身暴露	0.08	0.4
局部暴露（头和躯干）	2	10
局部暴露（肢体）	4	20

注：1. 全身暴露的平均时间为 30min，局部暴露的平均时间为 6min。

　　2. 均为 10g 立方体平均值。

表 2-7　IEEE C95.1-2019 规定的局部暴露的 *DRL*（6GHz～300GHz）

条　　件	表皮功率密度/（W/m^2）	
	非受控环境	受 控 环 境
身体表面	20	100

注：1. 平均时间为 6min。

　　2. 表面平均面积为 4cm^2，是位于体表的正方形。

　　3. 对于超过 30GHz 的情况，如果身体表面上的接触面积很小（<1cm^2），表皮功率密度不得超过表 2-7 的 *DRL* 的 2 倍，平均面积为 1cm^2。

评估是否符合 IEEE C95.1-2019 标准的最好方式是确定限值有没有超过 *DRL*。但是因为往往只能通过复杂的分析或测量技术进行 *DRL* 测量，而这些技术通常只限于实验室环境，所以可以使用 *ERL* 测量作为替代方法评估符合性。*ERL* 来自 *DRL*，可以通过测量或计算提供一个容易评估的量。测量的暴露符合 *ERL* 时，也同时符合 *DRL*。但测量的暴露超过 *ERL* 并不意味评估结果不符合 *DRL*，此时需要直接评估暴露与 *DRL* 是否符合。

非受控环境下与全身照射相对应的 *ERL* 如表 2-8 所示。

表 2-8　IEEE C95.1-2019 规定的非受控环境全身照射 *ERL*（100kHz～300GHz）

频率范围/ MHz	电场强度 *E*/ （V/m）	磁场强度 *H*/ （A/m）	功率密度 *S*/（W/m^2）		平均时间 /min
			S_E	S_H	
0.1～1.34	614	$16.3/f_M$	1000	$100000/f_M^2$	30
1.34～30	$823.8/f_M$	$16.3/f_M$	$1800/f_M^2$	$100000/f_M^2$	30
30～100	27.5	$158.3/f_M^{1.668}$	2	$9400000/f_M^{3.336}$	30
100～400	27.5	0.0729	2		30
400～2000	—	—	$f_M/200$		30
2000～300000	—	—	10		30

注：1. S_E 和 S_H 是分别基于电场强度和磁场强度的平面波等效功率密度，是较高频率下和 *ERL* 比较的方便参数，为多数仪表支持。

2. 对于全身接受均匀照射的情况，如在远场区域的平面波照射下，测量值可以和本表中的限值直接进行比较。对于更常见的非均匀照射的情况，可通过对测得的平面波等效功率密度或者场强的平方进行空间平均，然后进行比较。

3. f_M 是单位为 MHz 的频率值。

4. *E*、*H*、*S* 均为未受人体干扰的均方根值。

2.3　IEC 测量标准体系

2.3.1　IEC TC106 简介

　　国际电工委员会（IEC）成立于 1906 年，是世界上成立最早的国际性电工标准化机构，负责有关电气工程和电子工程领域中的国际标准化工作。目前 IEC 是制定和发布国际电工电子标准并指定相关合格评定程序的全球权威机构，与国际标准化组织（ISO）、国际电信联盟（ITU）同为三大国际标准组织。

　　IEC 的宗旨是促进电气、电子工程领域中标准化及有关问题的国际合作，增进国际的相互了解。

　　目前 IEC 已经有技术委员会（TC）110 个；分技术委员会（SC）102 个。1957 年，我国加入 IEC，1988 年开始以国家技术监督局的名义参加 IEC 的工作，目前，以中国国家标准化管理委员会的名义参加 IEC 的工作。我国是 IEC 的 99%以上的技术委员会、分委员会的全权成员，也是 IEC 理事局（CB）、标准化管理局（SMB）、合格评定局（CAB）的常任成员。

　　IEC TC106 的工作主旨是制定与人体暴露相关的电场、磁场和电磁场的评估方法。其研究范围是编制 0Hz～300GHz 频率范围内适用于基本限值和导出限值的测量和计算方法的国际标准，以评估人体暴露于电场、磁场和电磁场的情况，具体包括如下内容。

（1）关于人体暴露的电磁环境特征。

（2）测量方法、仪器和方案。

（3）计算方法。

（4）对特定来源产生的照射的评估方法（不包含由特定产品委员会负责的项目）。

（5）其他源的基本标准。

（6）不确定度评估。

注意，以下内容不属于 TC106 的职责范围。

（1）制定照射限值。

（2）需要由特定产品委员会处理的缓解方案。

（3）电气安全（但与人类接触电磁场的间接影响有关的接触电流问题包括在 TC106 职责范围之内）。

TC106 制定的相关标准在全球范围内被广泛用于评估人体暴露于电磁场的情况。其中包含对手机、平板电脑、无线设备、物联网、WiFi 和无线网络的符合性评估，以及对包括无线充电和电动汽车在内的电力分布的符合性评估。

目前 TC106 包含 2 个工作组（WG）、2 个项目团队（PT）、5 个已发布标准的维护团队、3 个联合工作组（JWG）和 5 个联合维护组。

其中两个工作组分别是：WG8（评估与人体暴露于电场、磁场和电磁场相关的接触电流的解决方案），WG9（评估与人体暴露于电场、磁场和电磁场相关的无线电力传输的解决方案）。

两个项目团队分别为：PT 62764-1（确定用于测量汽车环境中电子和电气设备产生的与人体接触有关的场电平的方案），PT 63184（人体暴露于无线电力传输系统的电场和磁场）。

三个联合工作组分别为：JWG11（与 IEEE 联合的、用于评估靠近头部和身体的功率密度的计算方法），JWG12（与 IEEE 联合的、用于评估靠近头部和身体的功率密度的测量方法），JWG13（与 IEEE 联合的、确定比吸收率的测量方法）。

2.3.2　已发布的标准

IEC TC106 自成立以来，已发布了 63 项与人体暴露相关的电场、磁场和电磁场的相关国际标准、技术规范（TS）、技术报告（TR）、可公开获得的规范（PAS）等文档。

此外 IEC TC106 和 IEEE/ICES TC34 的联合工作组一直在对 6GHz 以上产品的近场暴露的评估方法进行标准化。作为 IEC 和 IEEE 合作的结果，目前有几个联合工作组正在开发双标识比吸收率测量和 5G 评估标准。为了促进更广泛的联合代表参与、制定和采用双标志的联合标准，在情况许可时，IEC TC106 和 IEEE/ICES TC34 将在亚洲、欧洲和北美主办联合委员会会议。

表 2-9 中列出在电磁辐射暴露防护领域、特别是无线通信终端部分，TC106 已发布，并仍在使用的文档中比较重要的文档。

表 2-9 TC106 发布的与无线通信终端电磁辐射暴露相关的文档

文 档 编 号	文 档 内 容
IEC 62226-1:2004 ED1	暴露在低频和中间频段范围内的电场或磁场中——在人体中诱发的电流密度和内部电场的计算方法 第 1 部分：概述
IEC 62110:2009 ED1	交流电力系统产生的电场和磁场水平——与公众接触有关的测量方案
IEC 62577:2009 ED1	评估人类对来自独立广播发射器（30MHz～40GHz）的电磁场的暴露程度
IEC TR 62630:2010 ED1	评估多个电磁场源暴露的指导意见
IEC 62479:2010 ED1	低功率电子和电气设备的电磁场与人体暴露基本限值符合性评估方法（10MHz～300GHz）
IEC 61786-1:2013 ED1	与人体暴露相关的 1Hz～100kHz 的直流磁性、交流磁性和交流电场的测量 第 1 部分：对测量仪器的要求
IEC 62209-1:2016 ED2	手持和身体佩戴的无线通信设备对人体的电磁辐射暴露的评估规程 第 1 部分：靠近耳部使用的设备（频率范围 300MHz～6GHz）
IEC PAS 63083:2017 ED1	长期演进（LTE）设备的比吸收率测量方案
IEC/IEEE 62704-1:2017 ED1	确定 30MHz～6GHz 的无线通信设备在人体中的峰值空间平均比吸收率 第 1 部分：使用有限差分时域（FDTD）方法进行比吸收率计算的常规要求
IEC/IEEE 62704-2:2017 ED1	确定 30MHz～6GHz 的无线通信设备在人体中的峰值空间平均比吸收率 第 2 部分：对车载天线暴露的有限差分时域（FDTD）建模的具体要求
IEC/IEEE 62704-3:2017 ED1	确定 30MHz～6GHz 的无线通信设备在人体中的峰值空间平均比吸收率 第 3 部分：使用有限差分时域（FDTD）方法计算移动电话比吸收率的具体要求
IEC TR 62905:2018 ED1	无线电力传输系统的暴露评估方法
IEC 62311:2019 ED2	与人体接触限制有关的电子和电气设备的电磁场评估（0Hz～300GHz）

续表

文 档 编 号	文 档 内 容
IEC 62209-2:2019 ED1	手持和身体佩戴的无线通信设备对人体的电磁辐射暴露的评估规程　第 2 部分：靠近身体使用的无线通信设备的比吸收率评估规程（频率范围 30MHz～6GHz）
IEC TS 62764-1:2019 ED1	汽车环境中电子和电气设备产生的磁场水平与人体接触的测量方案　第 1 部分：低频磁场
IEC/IEEE 62209-3:2019 ED1	手持和身体佩戴的无线通信设备对人体的电磁辐射暴露的评估规程　第 3 部分：基于矢量的测量系统（频率范围 30MHz～6GHz）
IEC/IEEE 62209-1528:2020 ED1	手持和身体佩戴的无线通信设备对人体的电磁辐射暴露的评估规程：人体模型、仪器和规程（频率范围 4MHz～10GHz）
IEC/IEEE 62704-4:2020 ED1	确定 30MHz～6GHz 的无线通信设备在人体中的峰值空间平均比吸收率　第 4 部分：使用有限元方法进行比吸收率计算的一般要求
IEC PAS 63184:2021 ED1	人体暴露于无线电力传输系统的电场和磁场的评估方法：模型、仪器、测量和数字方法及程序（频率范围为 1kHz～30MHz）
IEC/IEEE 63195-1:2022 ED1	手持和身体佩戴的无线通信设备对人体的电磁辐射暴露的评估规程（6GHz～300GHz）　第 1 部分：测量方案
IEC/IEEE 63195-2:2022 ED1	手持和身体佩戴的无线通信设备对人体的电磁辐射暴露的评估规程（6GHz～300GHz）　第 2 部分：计算方案

2.3.3　未来规划

除了目前使用的移动技术、无线电和电视广播及个人通信技术外，相关技术正在迅速发展，预计到 2030 年大多数消费者、家庭、工业、商业、教育和医疗领域的应用和设备将使用一系列物联网、无线技术和网络进行连接。

在高频范围内，移动电话和无线技术正在迅速发展，通常一个设备可使用多个频段。此外，包括物联网在内的射频通信和无线模块现在已集成到日常电子设备、商业和工业系统（如笔记本电脑、相机、信用卡读卡器、汽车、安全摄像头、家庭娱乐系统等）、家用电器、车辆和毫米波（如超高速通信、车载雷达、无损检测系统等）应用中。

低频和高频无线电力传输技术已经开始进入市场，为个人设备、车辆和商业设备的电池充电。

不断发展的新产品正以极高的速度向前推进，这就迫切需要制定新的或修订现有的人体暴露于电磁辐射暴露环境的国际标准。这些标准针对的是接触人体工作的无线设备（如移动电话和无线设备）及无线网络和基站（包括具有多种服务、小单元的屋顶移动基站，以及完成部署的 5G 网络及未来可能搭建的 6G 网络）附近人体暴露的状态。

为了确保符合人体电磁场暴露限值，符合性和环境评估标准需要与技术发展相匹配，特别是对于人体穿戴设备和近距离使用的设备。几乎所有设备和相应网络都需要评估是否符合人体暴露限值。符合性评估测试方案的设计需要达到最大的效率，因为预计需要大量的测试，同时保持足够的精确度。这都迫切需要确保继续制定和维持关于人类接触移动和无线技术的国际标准。

IEC TC106 接下来的关注点包括：无线充电状态下的电磁辐射暴露安全、对于应用 5G 技术的终端设备和网络的电磁辐射暴露评估方案、身体佩戴设备的符合性评估、智慧可持续城市、汽车领域等。目前 IEC TC106 已启动的相关项目如表 2-10 所示。

表 2-10 TC106 当前的目标和行动

战 略 目 标	行 动 计 划
无线电力传输——制定适用于无线电力传输装置和设备的照射评估标准	2015 年：建立工作组，确认评估的需求和目前的差距 2017 年：确定是否需要制定新的国际标准 2018 年：开发技术报告 2021 年：开展标准制定
5G 终端设备评估方法——工作在 6～100GHz 的无线通信终端设备的人体照射功率密度的测量方法	2016 年：建立临时工作组，明确 5G 的新评估要求，分析与现有标准的技术差异 2017 年：开发技术报告 2020 年起：开展标准制定工作
5G 网络设备评估方法——工作在 6～100GHz 的无线通信终端设备的人体照射功率密度的测量方法	2018—2019 年：更新 TR 62669，加入 5G 和小基站案例研究，支撑 IEC 62232 ED2 2021 年起：更新 IEC 62232，明确 5G 网络设备评估的新要求
身体佩戴设备的符合性——回顾现有 IEC 标准的评估方法和适用性	2017—2018 年：更新 IEC 62209-2 标准，开展 IEC 62209-1 和 IEC 62209-2 标准的合并工作
智慧可持续城市——可能产生影响的电磁场事态	2023 年：向 IEC/ISO 联合技术委员会 JTC1 提交电磁场问题的报告 2025 年：监测电磁场和智能手机以及相关事态的主要发展，向 JTC1 提交报告

续表

战 略 目 标	行 动 计 划
接触电流——明确与人体暴露于电场、磁场和电磁场相关的接触电流的评估方法，但不包括电击	2015 年：建立工作组 2017 年：制定技术报告，确定表征人体反应的电路模型
自动驾驶——确定汽车环境中与人体照射相关的电子和电气设备产生的场强	2019 年：完成技术规范，建立评估方法 2022 年：开始第一部分国际标准的制定工作

2.4　我国电磁辐射标准体系

从 20 世纪 90 年代初开始，我国相关政府部门和标准协会开始制定并陆续发布了众多电磁辐射暴露的相关标准。随着广播和通信事业的迅猛发展，环境中的电磁波强度逐渐增高，政府部门和人民群众对健康、安全和环境保护也有了新的认识和要求，加之移动通信的快速普及，人们对电磁辐射暴露的相关问题越来越关注。为了应对这一需求，近年来颁布了不少新的标准和法规，一些旧的标准法规也正在修订讨论之中。

表 2-11 汇总了国内现行的部分与电磁辐射暴露相关的标准，由于这些标准是由不同的机构制定的，因此其电磁辐射暴露的限值和测量方法并不统一，需要依照被测设备的类型选择合适的标准。

表 2-11　我国部分现行的电磁辐射暴露相关标准

标 准 编 号	标 准 名 称
GB 8702-2014	电磁环境控制限制
HJ 972-2018	移动通信基站电磁辐射环境监测方法
GB 21288-2022	移动通信终端电磁辐射暴露限值
GB 17799.3-2001	电磁兼容　通用标准　居住、商业和轻工业环境中的发射标准
GB 17799.4-2001	电磁兼容　通用标准　工业环境中的发射标准
YD/T 1644.1-2020	手持和身体佩戴的无线通信设备对人体的电磁照射的评估规程——第 1 部分：靠近耳朵使用的设备（频率范围 300MHz～6GHz）
YD/T 1644.2-2011	手持和身体佩戴使用的无线通信设备对人体的电磁照射　人体模型、仪器和规程　第 2 部分：靠近身体使用的无线通信设备的比吸收率（SAR）评估规程（频率范围 30MHz～6GHz）
YD/T 1644.4-2020	手持和身体佩戴使用的无线通信设备对人体的电磁照射　人体模型、仪器和规程　第 4 部分：肢体佩戴的无线通信设备的比吸收率（SAR）评估规程（频率范围 30MHz～6GHz）
HJ/T 10.2-1996	辐射环境保护管理导则　电磁辐射监测仪器和方法

例如，我国目前使用最广泛的电磁辐射暴露防护标准是 GB 8702-2014《电磁环境控制限制》。该标准规定了 1Hz～300GHz 电磁环境中控制公众暴露的电场、磁场、电磁场的场量限值、评价方法和相关设施（设备）的豁免范围。该标准适用于在电磁环境中控制公众暴露的评价和管理，但是该标准并不适用于控制无线通信终端、家用电器等对使用者暴露的评价与管理。对于目前常用的无线通信终端设备，适用的标准是 GB 21288-2022《移动通信终端电磁辐射暴露限值》。中国通信标准化协会电磁环境与安全环境标准技术委员会（TC9）第三工作组（WG3）是目前国内电磁辐射领域主要的测量方法制定组织。下面将详细介绍工作组的相关情况。

2.4.1　CCSA TC9 WG3 工作情况

中国通信标准化协会是由国内企事业单位自愿联合组织起来，经业务主管部门批准，在全国范围内开展信息通信技术领域标准化活动的非营利性法人社会团体。协会按照公开、公平、公正和协商一致原则，建立以政府为指导、企业为主体、市场为导向，产、学、研、用相结合的工作体系，组织开展信息通信标准化活动，为国家信息化和信息产业发展做出了贡献。

协会负责组织信息通信领域国家标准、行业标准及团体标准的制修订工作，承担国家标准化管理委员会、工业和信息化部信息通信领域标准归口管理工作。国家标准化管理委员会批准成立的全国通信标准化技术委员会和全国通信服务标准化技术委员会（TC543）秘书处设在协会。

电磁辐射暴露与安全工作组作为中国通信标准化协会电磁环境与安全环境标准技术委员会（TC9）的下设第三工作组（WG3），其主要职责和工作是研究通信环境对人身安全与健康的影响，以及电磁信息的安全。

WG3 在日常工作开展过程中，根据电磁辐射暴露安全防护的场景和设备类型，围绕终端电磁辐射暴露和环境电磁辐射暴露两个部分开展研究和标准制定工作。

目前，WG3 工作组的全权会员单位共 55 家，集合了来自产品制造企业、通信运营商、互联网企业、科研机构、设计单位、高等院校等电磁辐射暴露领域的专家学者。TC9 WG3 的组长单位是中国信息通信研究院。工作组完成了 1 项国家强制性标准、27 项行业标准的制定工作，并正在制定 28 项国家标准、行业标准、协会标准、研究报告。

无线通信终端设备，特别是移动或手持式无线通信终端设备，虽然其一般射频发射器的最大发射功率只有几瓦，但是由于这类设备在运行时经常是靠近人体，特别是靠近头部使用，因此需要制定针对无线通信终端设备的电磁辐射暴露防护标准，以保护使用者的身体安全。WG3 制定的标准主要包括限值标准和测试方法标准两大类，也发布了其他标准。

1．限值标准

目前国内针对无线通信终端设备的限值使用的是 GB 21288-2022《移动通信终端电磁辐射暴露限值》。在该标准中规定了接入公用电信网的移动通信终端的电磁辐射暴露限值，该标准适用于工作在 100kHz～300GHz 以内、使用时靠近人体 20cm 以内的移动通信终端设备。

移动通信终端的电磁辐射暴露限值应满足表 2-12 的要求。

表 2-12　100kHz～300GHz 频率范围内电磁场暴露的基本限值（平均间隔时长≥6min）

暴露分类	频率范围	局部比吸收率（头部和躯干）/（W/kg）	局部比吸收率（四肢）/（W/kg）	局部吸收功率密度 S_{ab}/（W/m²）
职业	100kHz～6GHz	10	20	\
	＞6GHz～300GHz	\	\	100
公众	100kHz～6GHz	2	4	\
	＞6GHz～300GHz	\	\	20

注：1. 局部比吸收率（头部和躯干）、局部比吸收率（四肢）和局部 S_{ab} 的暴露平均时间不少于 6min。

2. 局部 S_{ab} 在 6GHz～30GHz 的频率区间为身体表面 4cm² 正方形面积的平均值；在大于 30GHz 的频率区间，需要进一步限制，以保证身体表面 1cm² 的正方形面积的平均值不超过 4cm² 正方形面积平均值的 2 倍。

3. 表中的局部比吸收率采用 10g 立方体积平均。

4. \表示本单元格无基本限值。

此外，国标还定义了总暴露比和电磁辐射暴露限值的标识要求。

2．测试方法标准

目前无线通信终端设备可以使用的测试标准如下。

（1）YD/T 1644.1-2020 手持和身体佩戴的无线通信设备对人体的电磁照射的评估规程——第 1 部分：靠近耳朵使用的设备（频率范围 300MHz～6GHz）。

（2）YD/T 1644.2-2011 手持和身体佩戴使用的无线通信设备对人体的电磁照射　人体模型、仪器和规程　第 2 部分：靠近身体使用的无线通信设备的比吸收率（SAR）评估规程（频率范围 30MHz～6GHz）。

（3）YD/T 1644.4-2020 手持和身体佩戴使用的无线通信设备对人体的电磁照射　人体模型、仪器和规程　第 4 部分：肢体佩戴的无线通信设备的比吸收率（SAR）评估规程（频率范围 30MHz～6GHz）。

以上标准都适用于 6GHz 以下、以比吸收率为计量单位进行电磁辐射暴露测算的无线通信终端设备。这类设备主要包含移动电话和无绳电话等。目前这些标准是我国移动电话进网许可的检定依据。

3．其他已发布标准

WG3 成立 18 年以来，一直致力于通信环境对人身安全与健康的影响，以及电磁信息安全的研究和标准化工作。表 2-13 为 WG3 目前已发布的部分标准。

表 2-13　CCSA TC9 WG3 已发布部分标准

标 准 编 号	标 准 名 称
GB 21288-2022	移动通信终端电磁辐射暴露限值
YD/T 2192-2010	通信基站周边电磁照射缓解技术
YD/T 2194.1-2010	移动电话电磁照射符合性要求（300MHz～3GHz）
YD/T 2380-2011	人体暴露于 RFID 设备电磁场的评估方法
YD/T 1644.2-2011	手持和身体佩戴使用的无线通信设备对人体的电磁照射　人体模型、仪器和规程　第2部分：靠近身体使用的无线通信设备的比吸收率（SAR）评估规程（频率范围 30MHz～6GHz）
YD/T 2347-2011	家用及类似环境下各类电子产品电磁照射评估和测量方法
YD/T 2653-2013	无线充电设备电磁场人体暴露评估方法（10Hz～30MHz）
YD/T 1643-2015	无线通信设备与助听器的兼容性要求和测试方法
YD/T 2828-2015	使用时靠近人体头部的多发射器终端比吸收率（SAR）评估要求
YD/T 2830-2015	电磁辐射在线监测系统的技术要求
YD/T 3026-2016	通信基站电磁辐射管理技术要求
YD/T 3030-2016	人体暴露于无线通信设施周边的射频电磁场的评估、评价和监测方法
YD/T 3031-2016	用于近场电磁辐射数值评估的成年人头部模型
YD/T 3137-2016	电子与电气设备的电磁场（10MHz～300GHz）人体照射基本限值符合性评估方法
YD/T 3201-2016	平板型数字移动通信终端比吸收率（SAR）评估要求
YD/T 3552-2019	确定人体内空间平均峰值比吸收率（SAR）无线通信设备（30MHz～6GHz）时域有限差分（FDTD）法计算 SAR 的特殊要求
YD/T 3553-2019	确定人体内空间平均峰值比吸收率（SAR）无线通信设备（30MHz～6GHz）时域有限差分（FDTD）法计算 SAR 的通用要求
YD/T 1644.1-2020	手持和身体佩戴的无线通信设备对人体的电磁照射的评估规程——第1部分：靠近耳朵使用的设备（频率范围 300MHz～6GHz）
YD/T 3731-2020	基站投入使用时的射频电磁场测量及其人体暴露限值符合性判定
YD/T 1644.4-2020	手持和身体佩戴使用的无线通信设备对人体的电磁照射　人体模型、仪器和规程　第4部分：肢体佩戴的无线通信设备的比吸收率（SAR）评估规程（频率范围 30MHz～6GHz）
YD/T 3935.3-2021	移动通信终端设备电磁照射符合性技术要求　第3部分：可穿戴设备
T/CCSA 292-2020	移动电话说明书标注电磁辐射局部暴露值指南
T/CCSA 362-2022	5G 无线通信终端电磁照射测试配置规范

2.4.2　未来规划

WG3 在电磁辐射暴露领域将继续完善无线通信终端设备的测试系列标准，也就是 YD/T 1644 系列标准的相关内容。目前，WG3 已开展与无线通信终端相关的标准如表 2-14 所示。

表 2-14　YD/T 1644 系列标准后续

标 准 编 号	标 准 名 称
YD/T 1644.3	手持和身体佩戴的无线通信设备对人体的电磁照射的评估规程　第 3 部分：基于矢量测量的系统（频率范围 600MHz～6GHz）
YD/T 1644.5	手持和身体佩戴使用的无线通信设备对人体的电磁照射　人体模型、仪器和规程　第 5 部分：无线通信设备的功率密度评估规程（频率范围 6GHz～300GHz）
YD/T 1644.6	手持和身体佩戴使用的无线通信设备对人体的电磁照射　人体模型、仪器和规程　第 6 部分：数值仿真计算评估规程（频率范围 6GHz～300GHz）
YD/T 1644.7	手持和身体佩戴的无线通信设备对人体的电磁照射的评估规程　第 7 部分：人体模型、仪器和规程（频率范围 4MHz～10GHz）

此外，为了更好地帮助设备厂商便捷开展测试，WG3 还制定了移动通信终端设备电磁照射符合性技术要求系列标准（YD/T 3935），目前这个系列标准的第三部分已发布，系列中其他标准计划如表 2-15 所示。

表 2-15　YD/T 3935 系列标准后续规划

标 准 编 号	标 准 名 称
YD/T 3935.1	移动通信终端设备电磁辐射符合性标准　第 1 部分：移动电话
YD/T 3935.2	移动通信终端设备电磁辐射符合性标准　第 2 部分：便携式数据终端
YD/T 3935.4	移动通信终端设备电磁辐射符合性标准　第 4 部分：胶囊内窥与植入式移动通信终端
YD/T 3935.5	移动通信终端设备电磁辐射符合性标准　第 5 部分：毫米波设备

电磁辐射暴露事关人民群众身体健康，一直以来都是社会关注的热点问题，也是全世界范围内普遍开展的强制性检测项目。在 WG3 工作组全体成员的努力下，利用当前国内通信企业在国际上的整体优势，积极应对，从一开始转化相关国际组织的研究成果，转变为近几年自主研究电磁辐射相关新技术的测试方案。

目前我国已先于国际相关标准化组织，制定了 YD/T 1644.4-2020《手持和身体佩戴使用的无线通信设备对人体的电磁照射 人体模型、仪器和规程 第 4 部分：肢体佩戴的无线通信设备的比吸收率（SAR）评估规程（频率范围 30MHz～6GHz）》《5G 无线通信终端电磁照射测试配置规范》等标准。

近年来，WG3 工作组充分利用成员单位特别是产品制造企业采用最新通信技术的优势，开展无线充电技术在电磁照射方面的研究、比吸收率时间平均测试方案等研究课题，借助成员单位提供的相关产品，开展了大量的实验，获得了相应的实验数据，并以此为基础，在国际上率先开展如《无线终端时间平均电磁辐射测试评估规程》《无线充电技术电磁照射评估方法》等标准的制定工作，并计划未来向国际相关组织输出。

除了围绕以 5G 技术为代表的最新通信技术开展标准化工作外，工作组也密切关注 6G 技术及不断发展的物联网、车联网、工业互联网等新领域对电磁辐射安全防护的需求。2021 年工作组启动《物联网技术和设备电磁场暴露评估方法》的推荐性行业标准的制定工作，并与国内医疗设备相关单位合作，开展推荐性行业标准《具备无线发射功能的医疗器械电磁辐射评估无线超声诊断设备》的制定工作。工作组还计划邀请电动汽车及车载设备的相关企业，共同开展汽车相关电磁辐射的测试方案、防护准则等研究和标准化工作。

2.5 其他国家或地区的法规

电磁辐射是一项世界范围内广泛开展的强制性认证活动，各个国家和地区都根据相应的国际标准结合实际制定了法规和标准。以下简要介绍主要国家和地区的相关情况。

2.5.1 欧盟

欧盟委员会第 1999/519/EC 号建议是关于公众暴露在电磁场下的照射限值的建议，其适用范围为 0～300GHz。该建议明确要求保护欧盟的公众免于已知的因电磁场照射而引起的不良健康效应，同时要合理利用电磁照射为人类工作，特别是在通信、能源、公共安全等领域，要平衡好该类设备的利害关系。

经过整体考虑后，该建议决定采用已经经过欧盟科学指导委员会认可的 ICNIRP 导则给出的限值，同时，要求根据最新科研进展定期评估其结果，鼓励各成员国关注并投入研究活动。

该建议同时强调，为了能开展各类评价活动，欧盟各国和欧洲的标准化组织，如欧洲电工标准化委员会（CENELEC），应该以该建议为限值依据，制定相应的标准满足产品设计和测试的需要。

欧盟议会和委员会第 2004/40/EC 号指令是关于职业人群的电磁照射限值标准。该指令同样建立在已知的因电磁场照射引起的不良健康效应上。但是对于长期的照射影响，特别是时变电场、磁场和电磁场的影响，因为目前并没有确定结论，在指令中并没有规定限值。该指令同样采用 ICNIRP 导则给出的职业照射限值。CENELEC 于 20 世纪 90 年代成立了 TC 106x 技术分会，负责制定电磁照射相关的标准。根据法兰克福协定，IEC 负责制定测量和计算方法，CENELEC TC106x 则制定证明与欧盟指令符合性的标准，主要包括如下标准。

（1）产品标准，包括产品的符合性判据，一般作为协调标准。

（2）基本标准，根据产品与系统发射的电场、磁场和电磁场的强度确定其适用的测量和计算方法。

（3）通用标准，适用于不同的产品，如低功率产品或者没有产品标准的产品。

（4）产品特定标准，针对特定产品、产品族或类似产品的标准。

目前该分会下设 6 个工作组，如表 2-16 所示。

表 2-16　CENELEC TC106x 技术工作组

编　　号	工作组名称
WG 1	移动电话和基站
WG 2	防盗设备
WG 7	广播发射台站
WG 15	有源外科植入物
WG 17	工业供电
WG 21	基础和通用标准

WG1 移动电话和基站工作组负责制定通信频段相关产品的标准。表 2-17 列出其主要的协调标准。

表 2-17　TC106x WG1 标准动态

标　准　号	标　准　名　称	生　效　日　期	欧盟公告号
EN 50360:2017	证明无线通信设备与电磁场照射人体的基本限值和照射限值符合性的产品标准：使用时靠近耳边的设备（300MHz～6GHz）	17/11/2017	OJ C 389 - 17/11/2017
EN 50385:2017	证明基站设备与电磁场照射人体的照射限值符合性的产品标准：投放市场时（110MHz～100GHz）	17/11/2017	OJ C 389 - 17/11/2017

标 准 号	标 准 名 称	生 效 日 期	欧盟公告号
EN 50401:2017	证明基站设备与电磁场照射人体的照射限值符合性的产品标准：正式运行时（110MHz～100GHz）	17/11/2017	OJ C 389 - 17/11/2017
EN 50566:2017	证明无线通信设备与电磁场照射人体的基本限值和照射限值符合性的产品标准：使用时靠近躯干的手持式和身体配置设备（30MHz～6GHz）	17/11/2017	OJ C 389 - 17/11/2017

EN 50360 是手机类产品进行 CE 认证的主要依据。该标准明确规定，靠近耳边使用的无线通信设备的电磁照射必须满足 1999/519/EC 规定中基本限值的要求。测量方法则依据 EN 62209-1 的要求。

与之类似，EN 50566 规定，靠近人体躯干使用的无线通信设备的电磁照射必须满足 1999/519/EC 规定的基本限值的要求。测量方法则依据 EN 62209-2 的要求。

EN 62209-1 和 EN 62209-2 均采用 IEC TC106 制定的同名测试方法标准 IEC 62209。

2.5.2 美国

美国联邦通信委员会（Federal Communications Commission，FCC）于 1934 年根据通信法建立，是美国政府的一个独立机构，直接对国会负责。FCC 通过控制无线电广播、电视、电信、卫星和电缆协调国内和国际的通信。为确保与生命财产有关的无线电和电线通信产品的安全性，FCC 的工程技术部（office of engineering and technology，OET）负责委员会的技术支持，同时负责设备认可方面的事务。

随着电磁场的广泛应用，为应对公众对"电磁污染"日益浓厚的关注和担忧，OET 在 1985 年发布了第 56 号公告。该公告是关于射频电磁场的生物学效应及其潜在危害的常识性问答，此后随着技术的不断发展，目前已经发布第四版。

为评价人体照射在射频电磁场中是否满足 FCC 要求，OET 在 1985 年推出第 65 号公告。该公告全称为《评估人体照射在射频电磁场下与 FCC 导则的符合性》。公告给出有关符合性评估的导则和建议，并有三个补充材料，分别为《关于无线电和电视广播站的补充材料》《关于业余无线电台的补充材料》和《关于评价移动和便携设备与 FCC 有关人体照射在射频辐射中限值的符合性的补充材料》。

在 OET65 中规定，对于靠近人体 20cm 使用的移动和便携设备，无论其使用何种协议，均应满足表 2-18 中关于比吸收率的要求。

表 2-18　FCC 关于局部照射的限值要求

比吸收率	
职业/受控照射（100kHz～6GHz）	公众/非受控照射（100kHz～6GHz）
全身<0.4W/kg	全身<0.08W/kg
局部<8W/kg	局部<1.6W/kg

关于最大允许照射，则应该满足表 2-19 的要求。

表 2-19　FCC 关于最大允许照射（MPE）的限值要求

（A）	职业/受控限值			
频率范围/MHz	电场强度 E/（V/m）	磁场强度 H/（A/m）	功率密度 S/（mW/cm^2）	平均时间/min
0.3～3.0	614	1.63	(100)[①]	6
3.0～30	1842/f	4.89/f	(900/f^2)[①]	6
30～300	61.4	0.163	1.0	6
300～1500	—[②]	—	f/300	6
1500～100000	—	—	5	6
（B）	公众/非受控限值			
频率范围/MHz	电场强度 E/（V/m）	磁场强度 H/（A/m）	功率密度 S/（mW/cm^2）	平均时间/min
0.3～1.34	614	1.63	(100)[①]	30
1.34～30	824/f	2.19/f	(180/f^2)[①]	30
30～300	27.5	0.073	0.2	30
300～1500	—	—	f/1500	30
1500～100000	—	—	1.0	30

① 等效平面波功率密度，f 为频率，单位是 MHz。
② 表示该单元格无值。

可以看出，FCC 采用了 IEEE/ANSI C95.1-1991 的电磁辐射标准。与 ICNIRP 导则相比，这两个标准在限值上存在较大的区别。如局部照射的基本限值，ICNIRP 导则中规定是 10g 平均 2.0W/kg，而 OET65 中则规定是 1g 平均 1.6W/kg。导出限值也存在较大差异，如图 2-5 所示。

自 2000 年开始，有关方面就致力于两个标准的协调工作。经过反复考虑，2006 年 4 月，IEEE 推出了最新的 IEEE C95.1 标准。两者在 100kHz～3GHz 之间针对公众的限值达成了一致。但美国国家标准学会（ANSI）迟迟未能采用该最新版标准，目前虽然 OET65 已经被 KDB 取代，但 FCC 认证仍然维持使用 IEEE/ANSI C95.1-1991 作为限值要求。所谓 KDB，是 OET 为帮助用户推出的知识库，以提供目前标准中没有明确规定但是对测试有用的问题的规定。

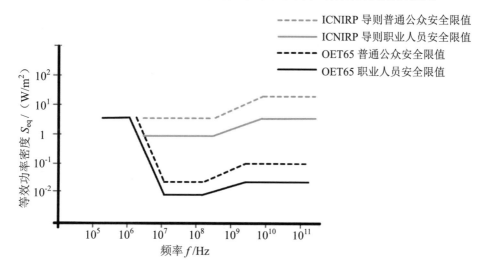

图 2-5　OET65 与 ICNIRP 导出限值比较图

对于手机这类便携式无线通信设备，无论其利用何种业务开展工作，只要在使用时靠近人体 20cm 之内，则必须使用比吸收率评价其与基本限值的符合程度。与评价相关的标准和要求如表 2-20 所示。

表 2-20　FCC 与比吸收率相关要求

要 求 编 号	要 求 内 容
IEEE 1528-2013	确定人体头部内无线通信设备的峰值空间平均比吸收率的推荐方法——测量技术
KDB Publication 941225	3G、4G 设备的比吸收率测量规程
KDB Publication 248227	802.11 设备的比吸收率测量规程
KDB Publication 865664	100MHz～6GHz 的比吸收率测量规程
KDB Publication 447498	移动和便携设备射频照射评估规程和设备认证政策
KDB Publication 648474	具有多发射器和天线的手机比吸收率评估要求
KDB Publication 616217	具有显示屏内置天线的膝上型笔记本电脑比吸收率评估要求
KDB Publication 643646	对讲机（PTT）发射器设备的比吸收率测量规程
KDB Publication 680106	短距离无线感应耦合充电器电磁辐射评估规程
KDB Publication 615223	802.16e/WiMax 设备的比吸收率测量规程

2.5.3　澳大利亚和新西兰

2003 年，澳大利亚政府依据通信法发布了无线电通信－电磁辐射符合标识，该公告与 2006 年发布的补充条款一起规定电磁照射符合性评估的要求。

该公告采用澳大利亚照射防护和核安全署发布的标准《射频场最大照射等级照射防护标准（3kHz～300GHz）》作为限值标准，基本等同于 ICNIRP 导则的规定。测量方法则使用 AS 2772.2《澳洲射频照射标准　第二部分：测量原理和方法（300kHz～100GHz）》。

此外根据标准 ACMA 2011《无线电通信标准（电磁辐射—人体照射）2011》修订案（NO.2）的规定，在澳大利亚进行无线通信终端的比吸收率测试采用 CE 的测试方案和标准。

新西兰采用与澳大利亚相同的限值和测量方法。

2.5.4　加拿大

2005 年，加拿大工业部发布的频谱管理和通信射频标准规范 RSS-102《无线电通信器材射频照射符合性（全频段）》规定与电磁照射相关的认证要求。该规范在通信频段（300MHz～15GHz）内无论是限值还是评估方法都与 FCC 的要求类似。其最新版是 IC RSS-102 issue 5：无线电通信设备射频照射符合性（全频段）。按其要求，与 FCC 相关标准发生冲突时，需按照加拿大标准处理，该标准在测试方法和限值上同 FCC 没有区别，主要区别在不确定度分析、低功率豁免判断的阈值要求和测量组织模拟液参数方面。

当前，因为技术发展速度很快，加拿大政府除了援引 FCC 的 KDB，也陆续推出了一些独有的补充程序和公告。

1. 补充程序

RSS 102 补充程序 SPR-001：显示器具有内置天线的便携式计算机对使用者周围人群的电磁辐射符合性评估要求。

RSS 102 补充程序 SPR-002：基于神经刺激的电磁辐射符合性评估要求。

RSS 102 补充程序 SPR-003：工作在 60GHz 频段的便携式设备的电磁辐射符合性评估要求（57～71GHz）。

RSS 102 补充程序 SPR-004：使用时间平均算法的无线终端电磁辐射符合性评估要求（4MHz～6GHz）。

集成蓝牙和 RLAN 技术的模块或设备的比吸收率测试减免程序（2402MHz～2483.5MHz）。

2．公告

2016-DRS001 公告：最新的 FCC 电磁辐射评估 KDB 程序及其他使用程序（2020 年 7 月更新）。

2020-DRS001 公告：IEC 62209-3 标准适用性说明。

2020-DRS007 公告：时间平均比吸收率（TAS）算法（2021 年 7 月更新）。

2020-DRS0012 公告：SPR-002 第一版前置要求的说明。

2020-DRS0019 公告：带有无线充电功能的便携式终端的电磁辐射评估导则。

2020-DRS0020 公告：IEC/IEEE 62209-1528 标准和 IEC 62209-3 标准适用性说明。

2020-DRS0022 公告：改型时复用原型机比吸收率数据的导则。

2.5.5　日本

日本总务省在《电磁照射防护导则》中规定有关电磁照射应当遵循的限值要求。其针对公众的照射限值，基本限值采用 ICNIRP 导则的要求。

总务省要求任何靠近人体头部使用的无线电产品其比吸收率应小于 2W/kg。测试方法等同于 IEC 62209-1 的要求，但平均功率小于 20mW 的无须测试。

如果工作在 2.4GHz 和 5GHz 的发射机，如 WiFi、蓝牙等，是单独使用的则无须进行比吸收率评估。

如果它们被集成到带有移动无线电发射机如 3G、4G、5G 或者卫星发射机内，同时使用时靠近人体 20cm 以内，则也需要评估躯干部分的比吸收率。

2.5.6　韩国

韩国科学信息通信部（MSIT）下属的国家无线电研究所（RRA）负责制定通信产品的电磁辐射符合性法规和标准。《电磁波人体防护技术要求》（MIST 2019-4 号文件）规定电磁照射限值。其中针对无线通信终端的比吸收率要求采用 ANSI/IEEE C95.1-1999 的规定，而适用于普通公众的环境要求则等同采用 ICNIRP 导则中相应导出限值的要求。

无线通信终端依据《比吸收率测量技术要求》（RRA 2021-16 号公告）和《电磁场强和比吸收率一致性评估导则》（RRA 2018-18 号公告），采用韩国国家标准 KS C 3370-1/-2 作为评估方法，其要求基本等同于 IEC 62209-1/2 的要求。

2.5.7　巴西

巴西通信省下设的国家电信司（ANATEL）负责开展相关认证工作。其发布的第 11934 号法律文件规定人体照射在射频场中的保护限值，采用 ICNIRP 导则推荐的限值为 10g 平均 2.0W/kg，第 700 号决议则规定相应的评价方法，主要参照采用 IEC/IEEE 62209-1528 中规定的方法，针对靠近人体头部和身体部分使用的各类移动终端设备都详细规定其测试方法。

2.5.8　印度

根据印度政府相关文件，2012 年 9 月 1 日后的手机产品要进入印度市场，必须满足印度电信部（DOT）对比吸收率的新限值要求，即 1g 平均 1.6W/kg，方法则综合采用 IEC 62209-1、IEC 62209-2 中规定的方法。

参 考 文 献

[1] International Commission on Non-Ionizing Radiation Protection. ICNIRP guidelines for limiting exposure intime-varying electric, magnetic, and electromagnetic fields(up to 300 GHz)[J]. [S.l.]: Health Physics, 1998, 74(4): 494-522.

[2] International Commission on Non-Ionizing Radiation Protection. ICNIRP guidelines for limiting exposure intime-varying electricand magnetic fields(1 Hz to 100 kHz)[J]. [S.l.]: Health Physics, 2010, 99(6): 818-836.

[3] International Commission on Non-Ionizing Radiation Protection. ICNIRP guidelines for limiting exposure to electromagnetic fields(100 kHz to 300 GHz)[J]. [S.l.]: Health Physics, 2020, 118(5): 483–524.

[4] IEEE. IEEE standard for safety levels with respect to human exposure to electric, magnetic, and electromagnetic fields, 0 Hz to 300 GHz: IEEE Std. C95.1[S]. [S.l.]: IEEE, 2019.

[5] REPACHOLI M H. A HISTORY OF THE INTERNATIONAL COMMISSION ON NON-IONIZINGRADIATION PROTECTION[J]. [S.l.]: Health Physics Society, 2017, 113(4): 282-300.

[6] OSEPCHUK J M, PETERSENC R. Historical Review of RF Exposure Standardsand the International Committee on Electromagnetic Safety (ICES)[J]. [S.l.]: Bioelectromagnetics 2003, 24(S6): S7-S16 .

第 3 章

比吸收率评估

对工作在 100kHz～6GHz 频率范围内的 5G 终端而言，评价其电磁辐射的物理量是比吸收率（用 *SAR* 表示）。长期以来，评估电磁场近场条件下人体组织内部的比吸收率并不是一件容易完成的工作，只能在实验室环境下使用复杂的测试系统完成。

在式（1-3）和式（1-4）中，以比吸收率作为量度，测量 5G 终端的电磁辐射主要有两种方法：电场探头法和温度探头法。通过使用一个理想的温度探头精确测量模型中温度的变化率计算比吸收率，这种方法很难用来在现实中进行比吸收率符合性评估。首先，与理想的温度探头不同，一个实际使用的探头不仅有可能干扰电磁场的分布，而且具有一定的体积，因此测量的是一个小的体积内而不是一个点的温度变化。其次，所谓温度的变化率只能通过在一段时间内对温度连续监控得到。时间太短，则温升很小，不容易准确测量；时间太长，则温升过大，可能产生局部的温度失控，同时也影响组织模拟液的介电特性（温度每上升 1℃，电导率上升 2%，而介电常数下降 0.5%）。这样，长时间测量低功率照射时，误差很大。研究结果表明，即使测量时间间隔只有 5s，使用温度探头测得的局部比吸收率跟数值分析结果的误差也高达 95%。

利用电场探头测量组织模拟液中的电场强度并通过其他方法计算组织模拟液的介电常数，从而可以计算比吸收率。由于移动电话的电磁辐射为近场辐射，其在模型中电磁分布的幅度和极化性可能空间差异性很大。为了保证测量的准确性，理想化的用来测量的探头的尺寸应该非常小(要小于介质中电磁波波长)、各向同性、对入射能量密度线性响应、并且不会明显干扰测量场。

为规范整个测量活动，世界各国和地区的标准化组织以限值标准为基础纷纷开展测量标准的制定工作。其中以 IEC TC106 制定的 IEC 62209 系列标准和 IEEE TC34 制定的 IEEE 1528 系列标准为全世界通用标准。由于两个标准工作组的工作内容相近且成员交叉很大，成立了 IEC/IEEE 双标承认的联合工作组。工作组在 2020 年完成的 IEC/IEEE 62209-1528 标准《手持和身体佩戴的无线通信设备对人体的电磁照射　比吸收率评估的测量规程　第 1528 部分：人体模型、仪器和规程（频率范围 4MHz～10GHz）》取代了 IEC 62209-1:2016、IEC 62209-2:2010、IEC 62209-2:2010/AMD1:2019 和 IEEE Std 1528-2013 等几个标准，成为比吸收率测量的最新国际通用标准。

　　本章将以 IEC/IEEE 62209-1528 为基础，系统介绍比吸收率的评估方法。

3.1　比吸收率测试系统

　　比吸收率测量的过程是通过自动定位的小型场强探头，测量模型内部的电场分布，然后根据测得的电场数据进行计算得到比吸收率分布和峰值空间平均比吸收率（用 *psSAR* 表示）的过程。

　　比吸收率系统主要由人体模型（内部装有人体组织模拟液的测试模型，包括模拟人体头部的 SAM 模型和模拟身体的平坦模型）、电子测量仪器（包括电磁辐射测试的关键设备——电子读取设备和探头）、扫描定位系统和设备夹具等组成。典型的比吸收率测量系统如图 3-1 所示。

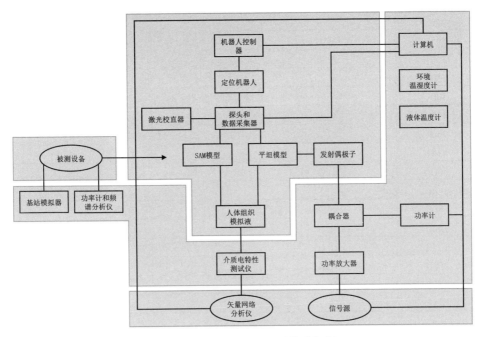

图 3-1　比吸收率测量系统构成框图

3.1.1 人体模型

模型外壳的材料应能防止人体组织模拟液中化学成分的侵蚀和损害。模型外壳采用低损耗和低介电常数的材料，损耗正切 $\tan\delta \leq 0.05$，相对介电常数 ε_r' 因频率不同而变化（当频率 f 小于或等于 3GHz 时，$\varepsilon_r' \leq 5$；当频率 f 大于 3GHz 时，$3 \leq \varepsilon_r' \leq 5$）。

4MHz～10GHz 频率范围的模拟液介电参数目标值如表 3-1 所示。对于这个频率范围内表中没有显示的其他频点，标称的介电参数可以通过较高和较低频点所对应的参数之间的线性插值获得。为了将模型中的反射最小化，均匀液体的深度应至少达到 15cm。如果可以证明液体深度对峰值空间平均比吸收率值的影响小于 1%（例如通过数字仿真的方式），则可以使用小于 15cm 的液体深度。如果该影响超过 1%但小于 3%，则需要在不确定度评估中考量。液体的介电参数应通过线性内插进行评估，同时与表 3-1 中的数据进行比较。注意，用于比吸收率计算的液体参数应该使用实际测量出来的值，而不是使用表 3-1 中的数据。

表 3-1 4MHz～10GHz 人体组织模拟液的介电参数

频率/MHz	复数介电常数的实部 ε_r'	电导率 σ/（S/m）	趋肤深度（电场）δ/mm
4	55.0	0.75	293.0
13	55.0	0.75	165.5
30	55.0	0.75	112.8
150	52.3	0.76	62.0
300	45.3	0.87	46.1
450	43.5	0.87	43.0
750	41.9	0.89	39.8
835	41.5	0.90	39.0
900	41.5	0.97	36.2
1450	40.5	1.20	28.6
1800	40.0	1.40	24.3
1900	40.0	1.40	24.3
1950	40.0	1.40	24.3
2000	40.0	1.40	24.3
2100	39.8	1.49	22.8
2450	39.2	1.80	18.7
2600	39.0	1.96	17.2
3000	38.5	2.40	14.0
3500	37.9	2.91	11.4

续表

频率/MHz	复数介电常数的实部 ε'_r	电导率 σ/（S/m）	趋肤深度（电场）δ/mm
4000	*37.4*	*3.43*	9.7
4500	*36.8*	*3.94*	8.4
5000	*36.2*	*4.45*	7.4
5200	*36.0*	*4.66*	7.0
5400	*35.8*	*4.86*	6.7
5600	*35.5*	*5.07*	6.4
5800	*35.3*	*5.27*	6.1
6000	*35.1*	*5.48*	5.9
6500	*34.5*	*6.07*	5.3
7000	*33.9*	*6.65*	4.8
7500	*33.3*	*7.24*	4.4
8000	*32.7*	*7.84*	4.0
8500	*32.1*	*8.46*	3.7
9000	*31.6*	*9.08*	3.4
9500	*31.0*	*9.71*	3.2
10000	*30.4*	*10.40*	2.9

注：表中斜体格式的数据是根据相邻的正体格式的数据内插或者外推得到的。

　　人体组织模拟液应具有低黏度，以便让测试探头在模型中自由移动。

　　模型种类按照测试用途大致可分为头部模型、平坦模型及特定模型。头部模型也叫 SAM 模型，用于评估头部的射频暴露。平坦模型主要用于身体的射频暴露评估，模型外壳是平底敞口容器的构造形式，其底部厚度需要达到 2.0mm，允许的公差为±0.2mm。该模型应足够大，使其 1g 和 10g 体积的比吸收率受到模型形状的影响小于 1%。当头部模型和平坦模型都不适用于特定的暴露状态时，则可以使用特定的模型进行测试。如适用于 VR 眼镜的脸部模型、适用于头盔的全头模型，以及适用于手表的腕部模型等。

　　模型的制造商应该至少在模型上标记 3 个基准点，以便让扫描系统可以对其定位。这些基准点对于操作者应该是可见的，且覆盖 80%的模型区域，同时每个点与其他点的距离至少为 20cm。

　　图 3-2 和图 3-3 分别是头部模型的示意图和实物照片，图 3-4 和图 3-5 分别是平坦模型的示意图和实物照片，图 3-6～图 3-8 为特定用途的人体模型照片。

图 3-2　剖开的头部模型示意图

图 3-3　头部模型的实物照片

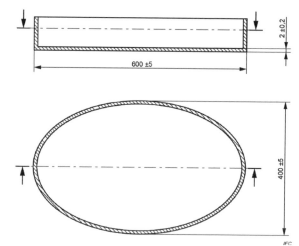

图 3-4　平坦模型示意图

图 3-5　平坦模型实物照片

图 3-6　全头模型

图 3-7　脸部模型

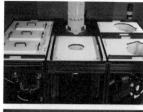

图 3-8　腕部模型

3.1.2　扫描定位系统

比吸收率探头扫描应能对被测设备投影范围内所需的所有测试区域的体积扫描进行评估。在模型内的探头尖端定位公差≤0.2mm。根据模型制造商确定的模型基准点,验证与模型相关的探头定位的系统精度。扫描系统的机械结构不能干扰比吸收率测试,扫描区域应该在所有方向上都能覆盖模型尺寸的90%。

3.1.3　设备夹具

设备夹具应保证能够按照 IEC/IEEE 62209-1528 系列标准的要求定位。夹具必须由低损耗和低介电常数的材料制成,其材料的损耗正切 $\tan\delta \leq 0.05$,相对介电常数 $\varepsilon_r' \leq 5$。

被测设备在放置到设备夹具前,最好将其安装在一块低介电常数（<1.2）和低损耗的泡沫上,以避免设备夹具和被测设备直接接触（见图 3-9）。如果无法做到,则在保证测试期间设备夹具可以提供牢固支撑并保持所需位置的前提下,设备夹具与被测设备保持最小的接触。在无法实现默认相对位置的情况下,例如设备夹具和被测设备上的按钮或传感器产生相互作用,则可以采用预定义方向上的最小位置偏移确定被测设备的测试位置。设备夹具在比吸收率测试过程中应确保精确度并可以对被测设备进行可复现的定位。

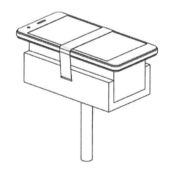

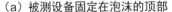
（a）被测设备固定在泡沫的顶部　　　　　（b）被测设备使用细带固定在支架上

图 3-9　使用低介电常数和低损耗泡沫固定被测设备

图 3-10 和图 3-11 为电磁辐射测试常用的夹具。

图 3-10　头部测试的夹具　　　　图 3-11　大型设备测试的夹具

3.1.4　电子读取设备

电子读取设备和相关仪器联合处理探头输出的传感器电压，探头传感器的输出与传感器上入射场强的振幅平方成正比。在偶极子馈电点的探测器二极管用来整流传感器电压，整流信号通过电阻线传输到电子读取系统。在电场强度的连续波信号下，探头的输出是与入射电场振幅的平方 $|E|^2$ 成正比；在较高的信号电平（高于二极管压缩点）时，输出与 $|E|^2$ 不成线性比例，但与 $|E|$ 成线性比例。在高场强条件下，如果没有正确地通过探头校准进行补偿，这种信号压缩将导致实际比吸收率被低估。读取设备的放大器也有可能导致输出偏离理想的线性响应，并引入额外的不确定度。

3.1.5　探头

当前可用的比吸收率探头都是基于肖基特二极管检测器制造而成的。根据二极管入射的电场幅度的大小，每一个传感器输出的测量信号是一个与 $|E|$ 或者 $|E|^2$ 成正比的电压值。

多数各向同性探头是由三个彼此正交的小偶极子传感器组成的，在传感器的中心空隙中有检波二极管。总电场幅度与三个正交电场分量的和方根（RSS）成正比。在二极管响应的平方律区域，传感器的输出电压正比于相应场分量的均方值。

作为比吸收率测量的核心组件，探头的性能至关重要。当测试频率小于或等于 2GHz 时，在靠近测量元件的探头尖端最外层的直径不超过 8mm；当测试频率大于 2GHz 时，探头尖端直径不超过 λ/3，λ 为液体中的波长。此外还应通过校准确定探头的转换因子、动态范围、线性度、各向同性、最小和最大检出限等特性。探头校准的具体要求参见 3.10 节。

图 3-12 是两种典型的电场探头结构，图 3-13 是目前常用的不同尺寸探头。

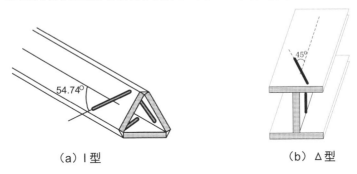

（a）I 型　　　　　　　　　　　　（b）△ 型

图 3-12　两种典型的电场探头结构

图 3-13　常用的不同尺寸电磁辐射探头

与比吸收率测量相关的其他辅助设备，如信号源、网络分析仪、基站模拟器等将在后面使用时详细介绍。

当前用于比吸收率评估的测试系统主要有瑞士 SPEAG 公司研发的 DASY 系列系统和 cSAR3D 系统，法国 SATIMO 公司研发的 COMOSAR 系统，以及由法国 ART-Fi 公司研发的 ART-MAN 系统等。图 3-14 为 DASY8 系统。

图 3-14　DASY8 系统

3.2 比吸收率测试环境要求

比吸收率测试对温度非常敏感，温度变化会导致人体组织模拟液介电参数发生变化。环境温度和人体组织模拟液的内部温度都要控制在 18℃～25℃，并且在整个测量过程中变化不能超过 2℃。

在对人体组织模拟液和比吸收率进行测试之前，测试仪器、被测设备和模型都应在实验室中放置足够长的时间，以保证温度稳定。换句话说，不能刚从其他不同环境温度的区域（如低温储藏室或较低温度的室外）搬过来后就立即开展测试。受制于外形、尺寸、容积及模型的初始温度，建议放置时间至少为 24h。

受反射、次级发射器等影响产生的 $psSAR$ 应小于 0.012W/kg 时才可以进行比吸收率测量。通过测量 $psSAR$（约为）0.4W/kg（用该值的 3%建立下检出限）评估反射、次级发射器等的影响。当线缆和反射的影响大于 0.012W/kg 时，应采用铁氧体磁环、射频吸波材料和其他可以降低影响的方案减少比吸收率误差。

如果采用前面的限制措施，其反射的影响仍然大于 3%（0.012W/kg），那么应依据不确定度分析中对应的射频环境条件—反射分量评估不确定度，并通过系统检查程序得到的反射影响数据证明反射影响小于测试设备比吸收率值的 10%。

对于反射的影响，每年至少验证一次，或者在系统检查产生非预期结果时进行验证。

3.3 人体组织模拟液测量

3.3.1 人体组织模拟液的修正

人体组织模拟液需要测量介电参数后才能用于比吸收率的评估，同时记录液体温度。介电参数需要在比吸收率测试前的 24h 内进行测量，然后可以使用 48h。测试时间超过 48h，则在比吸收率评估结束后要再次测量介电参数。

人体组织模拟液的相对介电常数和电导率的数值应与目标值的偏差在±5% 以内。

比吸收率的百分比变化（表示为 ΔSAR）与介电常数和电导率与表 3-1 中目

标值的百分比变化（分别表示为 $\Delta\varepsilon_r$ 和 $\Delta\sigma$）近似呈线性关系如下。

$$\Delta SAR = C_\varepsilon \Delta\varepsilon_r + C_\delta \Delta\sigma \tag{3-1}$$
$$C_\varepsilon = \partial(\Delta SAR)/\partial(\Delta\varepsilon)$$
$$C_\sigma = \partial(SAR)/\partial(\sigma)$$

式中：C_ε 为 SAR 对介电常数的敏感度系数，其中 SAR 为输出功率归一化后的数据；C_σ 为 SAR 对电导率的敏感度系数，其中 SAR 为输出功率归一化后的数据；C_ε 和 C_σ 的值与频率有简化的关系，可以通过多项式表达。

对于频率在 4MHz～6GHz 的偶极子天线，1g 体积平均 SAR 的 C_ε 和 C_σ 为

$$C_\varepsilon = -7.854\times10^{-4}f^3 + 9.402\times10^{-3}f^2 - 2.742\times10^{-2}f - 0.2026 \tag{3-2}$$
$$C_\sigma = 9.804\times10^{-3}f^3 - 8.661\times10^{-2}f^2 + 2.981\times10^{-2}f + 0.7829 \tag{3-3}$$

式中：f 为频率（GHz）。当大于 6GHz 时，由于趋肤深度很小，所以灵敏度不会随着频率的变化而改变。此时应使用 $C_\sigma=0$ 和 $C_\varepsilon=-0.198$。

频率范围在 4MHz～6GHz，10g 体积平均 SAR 的 C_ε 和 C_σ 为

$$C_\varepsilon = 3.456\times10^{-3}f^3 - 3.531\times10^{-2}f^2 + 7.675\times10^{-2}f - 0.1860 \tag{3-4}$$
$$C_\sigma = 4.479\times10^{-3}f^3 - 1.586\times10^{-2}f^2 - 0.1972f + 0.7717 \tag{3-5}$$

式（3-5）中，大于 6GHz 时，由于趋肤深度很小，灵敏度不会随着频率的变化而改变。此时可以使用 $C_\sigma=0$ 和 $C_\varepsilon=-0.250$。

采用上述方法修正介电常数和电导率偏差后，再测量比吸收率时，偏差可以放宽到±10%。

3.3.2 人体组织模拟液的测量方案

测量人体组织模拟液的介电参数的成熟技术很多，如开槽同轴传输线法、TEM 传输线法、接触同轴探头法等。这里将介绍比较方便的接触探头法。接触探头法可在 4MHz～10GHz 频率范围内，通常使用多个探头覆盖不同的频率区间。较大尺寸的探头在较低频率有更好的灵敏度。由于抑制了同轴线路中的非TEM 模式，较小尺寸的探头可以在较高的频率下进行测量。对于低于 100MHz的情况，可以使用特殊技术减轻由于探头导体上的电荷累积而导致的电极极化。同轴探头也可以检测固体电介质，如用来制造设备夹具或者人体模型的材料的大块样品。此时，为了减小接触探头的误差，固体表面应该进行抛光。

人体组织模拟液测量系统如图 3-15 所示。设备包含连接到矢量网络分析仪端口的探头，探头是末端开路的同轴电缆。一般使用圆柱坐标系(ρ,ϕ,z)，其中，ρ 表示离开探头轴线的半径距离，ϕ 是沿着轴得到的角位移，z 是沿着轴的位移。a 是内导体的半径，b 是外导体的内径。同轴探头通常有一个法兰边沿以便在导

纳计算过程中更好地模拟无限大的接地面，具体如图 3-16 所示。

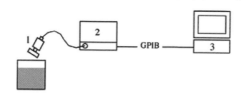

1—探头；2—网络分析仪；3—装有控制软件的计算机

图 3-15　人体组织模拟液测量系统示意图

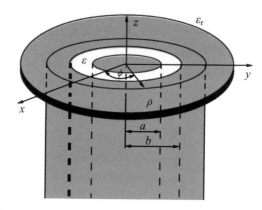

图 3-16　内、外径分别为 a、b 的末端开放的同轴探头

用于盛放测量样品的容器是非金属容器，其尺寸相对于将要浸入其内部的探头来说是足够大的。外部直径 b 达到 2～4mm 的探头，其适合于 300MHz～10GHz 频率范围内的组织模拟液的测量。这种尺寸的探头大约需要 50cm^3 或者更多的样品与之相匹配。更大的探头适用于对更大体积的样品的测量。

连接网络分析仪的同轴探头，通常通过开路、短路器和一种已知的参考介质（如去离子水）进行校准。市场上可以买到的探头通常配有高精度短路器件，也配有高度自动化的应用软件进行校准。为了确保测量精度，探头末端应干净和无氧化。可以通过测量参考液体验证校准，并重新测量短路，以确保获得反射系数 Γ=-1.0 的一致性。

当法兰直径约等于介质半波长时，就会出现由于法兰共振而产生测量误差偏大的情况。这种现象在损耗正切小于 0.25 的高介电常数的液体中更加显著（在移动通信频率中，这类液体有水、甲醇和二甲基亚砜等）。因此，对于大的传感器，推荐使用高损耗正切的液体（如乙醇）进行校准。在某些频率下，使用参考去离子水校准 7mm 的探头可能会遇到困难。损耗正切大约为 0.5 的组织等效介质可以保证其相对任何尺寸探头的共振效应都是可以忽略的。

具体测量步骤如下。

（1）设置并校准网络分析仪和探头系统。

（2）把样品装入非金属容器中，并将探头浸没在液体中。推荐使用定位器或者夹子稳定探头。安装探头时，应使其表面与液体表面呈一定的夹角，以减少法兰下产生的气泡。

（3）测量相对于探头孔径的复数导纳。

（4）应用软件自动计算复数相对介电常数 $\varepsilon_r = \varepsilon_r' - j\sigma/\omega\varepsilon_0$ 可使用式（3-6）。

$$Y = \frac{j2\omega\varepsilon_r'\varepsilon_0}{\left[\ln(b/a)\right]^2} \int_a^b \int_a^b \int_0^\pi \cos\phi' \frac{\exp\left[-j\omega(\mu_0\varepsilon_r'\varepsilon_0)^{1/2}r\right]}{r} d\phi' d\rho' d\rho \qquad (3\text{-}6)$$

$$r^2 = p^2 + p'^2 - 2pp'\cos\phi'$$

式中：Y 为探头与液体接触时的导纳；有撇和无撇的坐标系分别是源点和观察点的坐标系；ω 为角频率；$j = \sqrt{-1}$。

3.4　系统性能检查

系统检查的目的是确认在被测设备的测试频率范围内，系统在其特性要求范围正常工作。系统检查能够检测到短期漂移、不可接受的测量错误和系统不确定因素如下。

（1）错误的组织模拟液参数，或介质参数的改变。

（2）测试系统组件失效。

（3）测试系统组件漂移。

（4）测量配置或软件参数设置的操作失误。

（5）其他不利的系统配置条件（如射频干扰等）。

应在被测设备进行比吸收率测试前 24h 内进行系统检查，并与被测设备比吸收率测试使用同一套比吸收率测量系统。

系统检查使用简化的测量系统配合系统检查天线进行完整的 1g 或 10g *psSAR* 测量。根据频率的不同，系统检查天线可以是已知特性的偶极子天线、波导、封闭环形天线（CLA）、弯曲偶极子天线或 VPIFA 天线等。以下以偶极子天线为例，介绍系统检查的一般步骤和要求。

图 3-17 所示的标准偶极子天线的机械尺寸如表 3-2 所示，系统检查的目标比吸收率如表 3-3 所示。

图 3-17 中，L 是偶极子的长，d_1 是偶极子的直径，d_2 是同轴平衡非平衡转换器的直径，h 是平衡非平衡转换器的长度。

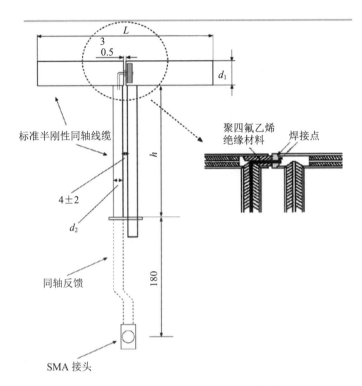

图 3-17　标准偶极子的机械明细图（单位为 mm）

表 3-2　参考偶极子的机械尺寸

频率/MHz	L/mm	h/mm	d_1/mm
300	420.0	250.0	6.35
450	290.0	166.7	6.35
750	176.0	100.0	6.35
835	161.0	89.8	3.6
900	149.0	83.3	3.6
1450	89.1	51.7	3.6
1500	86.2	50.0	3.6
1640	79.0	45.7	3.6
1750	75.2	42.9	3.6
1800	72.0	41.7	3.6
1900	68.0	39.5	3.6
1950	66.3	38.5	3.6
2000	64.5	37.5	3.6
2100	61.0	35.7	3.6
2300	55.5	32.6	3.6

续表

频率/MHz	L/mm	h/mm	d_1/mm
2450	51.5	30.4	3.6
2600	48.5	28.8	3.6
3000	41.5	25.0	3.6
3500	37.0	26.4	3.6
3700	34.7	26.4	3.6
5000~6000	20.6①	40.3	3.6
6000~8000	14.5	35.1	2.2
8000~10000	12.2	25.0	2.2

注：L、h、d_1 的公差应在 ±2% 之内。

①这个尺寸适用于 d_2=2.1mm 的同轴平衡非平衡转换器。

表 3-3　标准偶极子和平坦模型的目标比吸收率

频率/MHz	模型外壳厚度/mm	1g SAR/(W/kg)	10g SAR/(W/kg)	表面局部 SAR（在馈入点正上方）/（W/kg）	表面局部 SAR（在偏离馈入点 y=2cm 处）/（W/kg）
300	2.0	2.85	1.94	4.14	2.00
450	2.0	4.58	3.06	6.75	2.98
750	2.0	8.49	5.55	12.6	4.59
835	2.0	9.56	6.22	14.1	4.90
900	2.0	10.9	6.99	16.4	5.40
1450	2.0	29.0	16.0	50.2	6.50
1500	2.0	30.5	16.8	52.8	6.53
1640	2.0	34.2	18.4	60.4	6.69
1750	2.0	36.4	19.3	64.9	6.53
1800	2.0	38.4	20.1	69.5	6.80
1900	2.0	39.7	20.5	72.1	6.60
1950	2.0	40.5	20.9	72.7	6.60
2000	2.0	41.1	21.1	74.6	6.50
2100	2.0	43.6	21.9	79.9	6.58
2300	2.0	48.7	23.3	92.8	7.18
2450	2.0	52.4	24.0	104	7.70
2585	2.0	55.9	24.4	119	7.9
2600	2.0	55.3	24.6	113	8.29
3000	2.0	63.8	25.7	140	9.50
3500	2.0	67.1	25.0	169	12.1
3700	2.0	67.4	24.2	178	12.7

续表

频率 /MHz	模型外 壳厚度 /mm	1g *SAR*/ （W/kg）	10g *SAR*/ （W/kg）	表面局部 *SAR* （在馈入点正 上方）/（W/kg）	表面局部 *SAR*（在偏离 馈入点 *y*＝2cm 处）/ （W/kg）
5000	2.0	77.9	22.1	305	15.1
5200	2.0	76.5	21.6	310	15.9
5500	2.0	83.3	23.4	349	18.1
5800	2.0	78.0	21.9	341	20.3
7000	2.0	275.0	47.0	2161.0	13.0
9000	2.0	243.0	40.0	2676.0	12.0

注：1. 所有的比吸收率都归一化到 1W 的前向功率。

2. 1g 和 10g 的目标比吸收率只对使用满足表 3-2 尺寸要求的偶极子按照本节规定进行的系统验证有效。

3. 3GHz 以上的比吸收率受偶极子和模型的尺寸（偶极子长度、间隔器长度和介电参数，以及模型外壳的介电常数）影响很大，其变化可能达到±10%。

　　使用满足系统检查要求频率的偶极子天线照射模型时，偶极子天线应定位在模型底部下方中心处，其轴线平行于模型的长轴，偏差不超过±2°。在每一测量频率下规定了模型内表面与偶极子馈入点的距离 *s*。

　　使用绝缘材料的间隔器确定距离 *s* 和间隔器的机械误差，要求如下。

　　（1）对于频率为 150MHz≤*f*≤1000MHz，*s* =15mm±0.2mm。

　　（2）对于频率为 1000MHz＜*f*≤6000MHz，*s* =10mm±0.2mm。

　　（3）对于频率为 6000MHz＜*f*≤10000MHz，*s* =5mm±0.1mm。

　　间隔器应是低损耗（损耗正切＜0.5）、低介电常数（相对介电常数＜5）的，用来保持偶极子顶端和模型底部之间的正确距离。对于小于 3GHz 的情况，有无间隔器对测量的 1g 和 10g *psSAR* 的影响不能超过 1%。对于大于 3GHz 的情况，间隔器可能影响偶极子的比吸收率目标值，需要通过附加的实验验证。偶极子还应在系统检查的测试频段出现大于 20dB 的回损，可以使用网络分析仪确认。传递到偶极子天线的输入功率的不确定度应越小越好。推荐使用如图 3-18 所示的系统检查测试配置。其中组件和仪器的要求如下。

　　（1）信号发生器与放大器的输出功率应稳定，其（在预热后）与预期输出值的偏差要小于 2%。提供给系统检查天线的前向功率产生的 *psSAR* 不能小于 0.4W/kg。1g 或 10g 的 *psSAR* 的范围是 0.4～10W/kg。如果信号发生器可以发射 15dBm 甚至更高的功率，则使用低损耗线缆连接系统检查天线时通常不需要功率放大器。有些高功率放大器不能在远低于其最大输出功率的等级下工作，例如，100W 的功率放大器，如果输出功率仅为 250mW，噪声很大。为了保护放大器输入端，建议在信号发生器和放大器输入端之间使用衰减器。

　　（2）放大器后面连接的低通滤波器能减少放大器谐波和噪声的影响。大多数正常工作的放大器不需要使用滤波器。

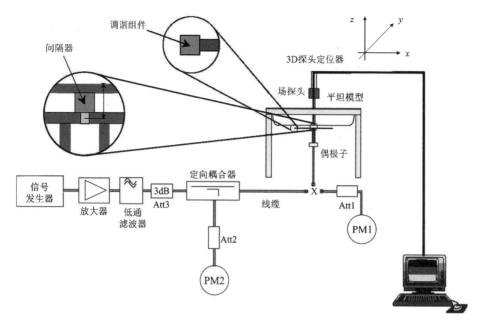

图 3-18　系统检查的测试配置

（3）放大器后连接的衰减器能提高功率探头的匹配性和准确性。

（4）定向耦合器（推荐耦合系数为−20dB）用于监控前向功率，并且保证信号发射器产生的前向功率在 PM2 位置保持恒定。耦合器在输入和输出端口的回损要大于 25dB。前向和反射功率都要在测量时（如使用波导时）使用双向定向耦合器。

（5）功率计 PM2 应具备很小的漂移和 0.01dB 的精度，或绝对精度对功率设定的影响可以忽略不计（无须进行绝对校准）。

（6）功率计 PM1 和衰减器 Att1 是高质量的元件。两者应经过校准，最好是一起校准。衰减器（10dB）能提高功率读数的准确度（某些高功率表头内置已校准的衰减器）。需知道衰减器在测量频率下准确的损耗因子，许多衰减器在工作频段上与规定衰减值有超过±0.2dB 的变化。

（7）PM1 和 PM2 使用固定功率等级设置，以避免功率测量期间线性度和范围切换的不确定度。如果调整功率等级，PM1 和 PM2 应使用相同的功率等级设置。

（8）系统检查天线应在位置 X 处跟线缆直接连接。如果功率计有不同类型的连接器，应使用高质量的适配器。

（9）定期检查线缆尤其是连接定向耦合器与天线的线缆的插入损耗，确保其在整个频率范围内是稳定的。宜考虑以下情况：一根线缆可能在一个频段工作良好（如 900MHz），但是不代表在另外一个频段（如 5GHz）也表现良好。在系统检查测量期间，应避免线缆的移动，因为这可能造成线缆损耗特性的变化并引入比吸收率测试误差。

注意，图 3-18 中的配置以偶极子天线为例说明系统检查天线和测量配置；相同或等价的设置也适用于其他的天线。

按照以上要求，完整测量 1g 和/或 10g *psSAR*。测得的 1g 和/或 10g *psSAR* 需要归一化到系统检查天线输入功率为 1W 的状态。将归一化后的比吸收率 $SAR_{1g.meas}$ 和 $SAR_{10g.meas}$ 与目标值进行比较。要求如下。

（1）在式（3-7）和式（3-8）中，测得的 *psSAR* 与系统数值仿真的目标值之间的差不能超过系统检查天线的扩展不确定度 $2u_s$ 或 $\pm15\%$，并应取二者之中的较小者。

$$\left|SAR_{1g.meas} - SAR_{1g.num}\right|/SAR_{1g.num} \leqslant 2u_{s.1g} \tag{3-7}$$

$$\left|SAR_{10g.meas} - SAR_{10g.num}\right|/SAR_{10g.num} \leqslant 2u_{s.10g} \tag{3-8}$$

（2）在式（3-9）和式（3-10）中，测得的 *psSAR* 与系统实验的目标值之间的差不能超过 $\pm10\%$。

$$\left|SAR_{1g.meas} - SAR_{1g.sys}\right|/SAR_{1g.sys} \leqslant 10\% \tag{3-9}$$

$$\left|SAR_{10g.meas} - SAR_{10g.sys}\right|/SAR_{10g.sys} \leqslant 10\% \tag{3-10}$$

3.5 被测设备配置

终端设备通常是在最大输出功率等级下评估比吸收率。评估时应该考虑设备支持的所有工作模式，通过基站模拟器无线连接并控制。无法通过基站模拟器建立无线连接时，可以使用测试软件或内部工程模式控制。

终端设备的工作模式是多种制式（如 GSM、CDMA、WCDMA、LTE、5GNR 等）和多种频率（如 900MHz、1800MHz、2100MHz、3500MHz、5200MHz 等）的不同组合，依据不同国家和地区法规的要求，最多可达十几种。相应的最大输出功率应按照第三代合作伙伴计划（3rd Generation Partnership Project，3GPP）和相应的规范确定。

例如，2G 制式在国内主要应用的工作模式为 PGSM 和 DCS，其中 PGSM 俗称 GSM900 频段，作为电磁辐射测试关注的上行频率为 890.2～914.8MHz；DCS 主要工作在 1800MHz，作为电磁辐射测试关注的上行频率为 1710～1880MHz。

4G 制式在国内主要为 FDD-LTE 和 TDD-LTE。在电磁辐射测试中，对于 LTE 技术主要关注的是其应用的工作频率，例如，FDD-LTE 的 Band 3 工作在 1800MHz 频段，TDD-LTE 的 Band 40 则工作在 2300MHz 频段。此外按照相关测试标准的要求，需要分析每个频段的子带宽（通常为 1.4MHz、3MHz、5MHz、

10MHz、15MHz 和 20MHz），然后按照标准方案测量传导功率，通过找到最大发射功率频点，进行后续的电磁辐射测试。

与 2G～4G 相比，5G 技术有许多不同的特点，3.12 节将专门介绍。被测设备的所有发射频段都应符合标准的要求，不过在每个信道上都进行测试是不切实际的，也没有必要，可按下述要求确定切实可行的比吸收率测量频点的子集。

被测设备使用的无线技术的工作模式如下。

（1）需要在产生最大额定输出功率的信道上进行测试。

（2）当发射频段的带宽（$\Delta f = f_{high} - f_{low}$）超过其中心频率 f_c 的 1%时，发射频段的低端频率和高端频率的信道也应当进行测试。

（3）当发射带宽超过其中心频率 f_c 的 10%时，应按照式（3-11）确定信道数 N_c。

$$N_c = 2 \times \text{roundup}\left[10 \times (f_{high} - f_{low})/f_c\right] + 1 \qquad (3\text{-}11)$$

式中：f_c 为发射频段中心频率（Hz）；f_{high} 为发射频段高端频率（Hz）；f_{low} 为发射频段低端频率（Hz）；N_c 为信道数。

注意，函数 roundup(x)将参数 x 进位为较大的整数，则 N_c 将总是奇数。

信道数 N_c 在满足上述要求的情况下是等距的。表 3-4 列出的是我国电信设备进网许可审批电磁辐射检测时常用的频段和相应的频点。

表 3-4　我国电信设备进网许可审批电磁辐射检测常用频段和频点

	低端频率/信道	中间频率/信道	高端频率/信道
GSM900MHz	890.2/1	902.4/62	914.6/123
DCS1800MHz	1710.2/512	1747.8/700	1784.8/885
CDMA 1X	824.7/1013	836.52/384	848.31/777
WCDMA	1940/9700	1947.6/9738	1955/9775
TD-SCDMA F 频段 b1	1880.8/9404	1890/9450	1899.2/9496
TD-SCDMA A 频段 a2	2010.8/10054	2017.4/10087	2024.2/10121
FDD LTE Band1（有 B3 不测 B1）	1920/18100	1950/18300	1980/18500
FDD LTE Band3	1720/19300	1747.5/19575	1775/19850
TD-LTE Band38	2580/37850	2595/38000	2610/38150
TD-LTE Band39	1890/38350	1900/38450	1910/38550
TD-LTE Band40	2310/38750	2350/39150	2390/39550
TD-LTE Band41(2500-2690)	2506/39750	2593/40640	2680/41490
TD-LTE Band41(2555-2575)	/	2565/40340	/
TD-LTE Band41(2575-2635)	2575/40440	2605/40740	2635/41040
TD-LTE Band41(2635-2655)	/	2645/41140	/
TD-LTE Band41(2555-2635)	2575/40440	2595/40640	2615/40840

续表

	低端频率/信道	中间频率/信道	高端频率/信道
TD-LTE Band41(2555-2655)	2565/40340	2605/40740	2635/41140
天通	1980/2	1995/694	2010/1387
5GNR N41	2546/509202	2593/518598	2640/528000
5GNR N78	3350/623334	3550/636666	3750/650000
5GNR N79	4550/70333	4700/71333	4850/72333
5GNR N28	713/142600	725.5/145100	738/147600
5GNR N1	1920/384000	1950/390000	1965/393000

3.6 被测设备相对于模型的定位

根据被测设备的预期用途确定其与模型的相对定位。预期用途是配合在产品说明书中提供的规格、说明和信息，是依据移动通信终端可用功能的全部适用范围确定的使用条件，如使用时移动通信终端紧贴人体头部、躯干或与人体之间的距离等。根据这些用途，YD/T 1644 系列标准给出详细的定位指导，以确保测试的可重复性和可复现性。

3.6.1 头部模型的相对测试位置

YD/T 1644 系列标准规定被测设备在头部模型上的两种测试位置：贴脸和倾斜。被测设备应分别在头部模型的左右两侧，按照这两种位置进行测试。

在一些特殊情况下，例如不对称手机或其他特殊外形，使得被测设备无法按照标准位置进行放置。在这种情况下，可以使用调整对齐的方法。应用的测试位置尽可能复现预期的使用位置。

1. 贴脸位置的定义

通过如下步骤（1）～步骤（10）确定贴脸的位置。

（1）必要时配置被测设备处于通话模式。例如，如果设备是翻盖的、可旋转的或滑盖的，开盖以保持通话模式。如果合盖状态也可以保持通话状态，则要测试这两种配置。

（2）如图 3-19 所示，被测设备处于垂直方向，在被测设备上定义两条假想的线：垂直中心线和水平线。

（3）垂直中心线通过被测设备前端的两个点：手机声音输出位置、宽 w_t 的中心点位置（图 3-19 中的点 A），手机底部的宽 w_b 的中心点位置（图 3-19

中的点 B）。水平线穿过话筒中心并与垂直中心线垂直相交于点 A。注意，对于一些设备，点 A 和话筒中心是重合的；不过另外的一些设备，话筒可以处于水平线的其他位置。还要注意，对于特殊形状的手机例如滑盖手机、带有保护套的手机或其他形状不规则的手机，垂直中心线不一定平行于被测设备的前表面。

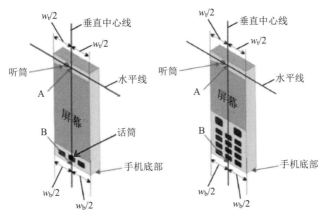

（a）全屏智能手机　　　（b）按键手机

图 3-19　两种典型手机示例的垂直、水平参考线和参考点 A、B

（4）把被测设备靠近模型表面，使 A 点位于模型的贯穿 RE（右耳参考点）—LE（左耳参考点）点的（虚拟）延长线上（见图 3-20（a）和图 3-20（b））。同时由被测设备垂直中心线和水平线确定的平面平行于模型矢状面。

（5）沿着 LE-RE 线平移被测设备，直到与模型的耳朵接触（见图 3-20（c））。

（6）沿着（虚拟的）LE-RE 线旋转被测设备，直到被测设备的垂直中心线处于参考平面内（见图 3-20（d））。

（7）沿着被测设备的垂直中心线旋转，直到由被测设备的垂直中心线和水平线确定的平面平行于 N-F 线，然后沿着 LE-RE 线平移被测设备，直到 A 点与耳朵在耳参考点（ear reference point，ERP）接触（见图 3-20（e））。

（8）保持被测设备的 A 点在 LE-RE 线上且与耳廓接触，绕着 N-F 线旋转被测设备，直到任一点与耳廓下的模型（脸颊）接触（见图 3-20（f）），记录旋转的角度。

（9）保持被测设备的 A 点接触 ERP，绕着由被测设备的垂直中心线和水平线确定的平面过 A 点的垂线旋转，直到被测设备的垂直中心线处于参考平面内（见图 3-20（g））。

（10）按照下列要求确认贴脸位置是否正确：N-F 线在由被测设备的垂直中心线和水平线确定的平面内；被测设备的 A 点在 ERP 接触耳廓；被测设备的垂直中心线处于参考平面内。

（a）手机位置 1—贴脸位置

（以右耳（RE）、左耳（LE）和嘴（M）为基准点创建被测设备定位的参考平面）

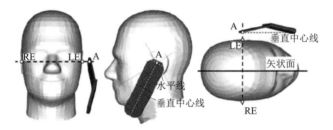

（b）执行步骤（4）后被测设备定位于头部的一种可能位置

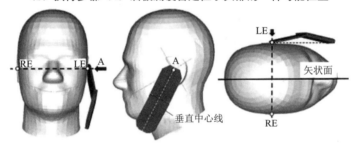

（c）执行完步骤（5）后被测设备的摆放位置

（黑色箭头显示的是步骤（5）中被测设备的平移方向）

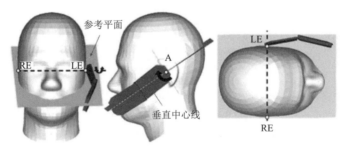

（d）执行步骤（6）后被测设备的摆放位置

（弯曲的黑色箭头显示的是步骤（6）中被测设备的旋转方向）

图 3-20　被测设备在头部模型左侧的贴脸位置

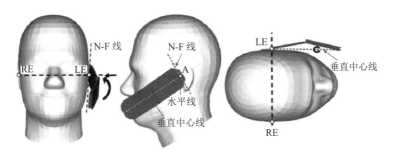

（e）执行步骤（7）后被测设备的摆放位置

（弯曲的黑色箭头显示的是步骤（7）中被测设备的旋转方向）

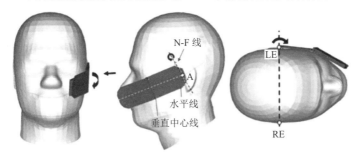

（f）执行步骤（8）后被测设备的摆放位置

（弯曲的黑色箭头显示的是步骤（8）中被测设备的旋转方向）

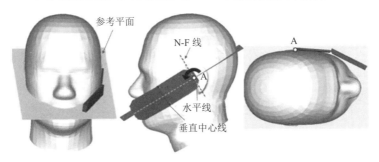

（g）执行步骤（9）后被测设备的摆放位置

（弯曲的黑色箭头显示的是步骤（9）中被测设备的旋转方向）

图 3-20　被测设备在头部模型左侧的贴脸位置（续）

2. 倾斜位置的定义

通过以下步骤（1）～步骤（4）确定倾斜的位置。

（1）重复前面贴脸位置的步骤（1）～步骤（4），把被测设备摆放到贴脸位置（见图 3-20）。

（2）保持被测设备方向不变，沿着 RE-LE 线移动到远离耳廓的位置，这个距离可以让被测设备相对脸颊旋转15°。

（3）沿水平线旋转15°（见图 3-21）。

图 3-21　被测设备在头部模型左侧的倾斜位置

（4）保持被测设备方向不变，沿着 LE-RE 线向模型移动被测设备，直到被测设备的任意部分接触耳朵。当接触点在耳廓上时得到倾斜位置。如果接触点不在耳廓上，如延长天线接触模型头部的后面，减小被测设备的倾斜角。在这种情况下，如果被测设备的任何部分与耳廓接触，而且被测设备有第二个点与模型接触（如天线接触模型头部的后面），即可得到倾斜位置。

3.6.2　平坦模型的相对测试位置

根据预期的使用方式，可将使用平坦模型测试的终端设备分为以下类型。
- ❑　身体佩戴式设备。
- ❑　天线可以折叠或旋转的设备。
- ❑　靠近身体或身体支撑式的无附件设备。
- ❑　桌面式设备。
- ❑　置于脸前设备。
- ❑　手持式（不用于头部或躯干）的设备。
- ❑　肢体佩戴式设备。
- ❑　集成在服装内的设备。
- ❑　通用设备。

相对平坦模型的定位有如下要求。

1．间隔距离

使用平坦模型测试时，可以按照以下步骤确定被测设备到模型的间隔距离。

（1）法规要求：当有国家法规规定被测设备与人体模型的间隔距离时，应严格按照此要求放置。

（2）制造商指定的预期使用距离：当没有明确法规要求时，应使用制造商指定的符合预期使用条件的间隔距离。这个信息从被测设备附带的用户手册中获取。

（3）默认间隔距离：当既没有法规要求也没有制造商指定的预期使用距离时，在每个被测面与模型表面直接接触的情况下测量被测设备。

当被测设备配备附件时，可在附带附件后测试间隔距离。注意确保间隔距离位置定位的精确度，例如，使用校准的量块或类似的装置以确保可重复性。

2．被测设备定位参考点

针对放置方向平行于平坦模型的被测设备或其附件的基本原则如下。

如图 3-22 所示，P1、P2、P3 和 P4 被定义为每个侧边的中点。P1 至 P2 连线和 P3 至 P4 连线应平行于模型表面，以保证 P1 到模型表面的距离等同于 P2 到模型表面的距离。同样，P3 到模型表面的距离等同于 P4 到模型表面的距离。当按照以上描述定位时，间隔距离被定义为模型外壳与被测设备最靠近模型

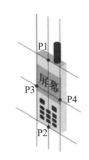

图 3-22　被测设备的参考点定义

的点之间的距离。对于特定设计的设备（如曲面设备或附件），则需要放置在不同的位置测试。

3．设备尺寸大于模型表面区域的定位

如果被测设备大于平坦模型的可测量区域，则需要执行下面的步骤。

（1）被测设备可以通过移动并进行多次区域扫描完成整个被测设备的比吸收率分布扫描。当被测设备移动时，可能改变被测设备和模型间的射频耦合，导致出现与使用一个较大模型时不同的情况。但是直接使用较大的模型，对于大部分人体暴露状态又不具有代表性。

（2）为了减小由射频耦合变化引起的比吸收率测试差异，应该使被测设备移动的前后两次扫描区域至少有 1/3 是重合的，如图 3-23 所示。

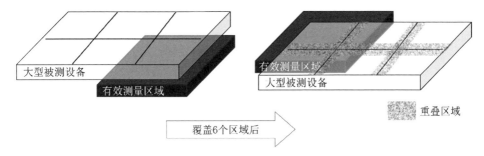

图 3-23　在模型的有效测试区域内移动大型设备执行测试

（3）在重合区域中，比吸收率分布应是类似的，以使相对于被测设备几何形状中任意点的比吸收率差异都小于扩展不确定度，否则应减少被测设备的移动幅度，使比吸收率的偏差在不确定度范围内。

如果相对于被测设备和模型，辐射结构较小，和/或第一个扫描区域已经完全包含比吸收率分布，则不需要再移动被测设备。

不同类型终端设备使用平坦模型测试评估要求或方案如下。

1）身体佩戴式设备

对于设备制造商宣称或指定的用于身体佩戴的设备，按以下要求评估。

（1）如果制造商的用户说明书中指出该设备要结合附件（皮带夹、皮套或类似物品）一起使用，则在测试时应将被测设备置于附件中，并将附件紧贴平坦模型。

（2）对于由非传导材料制成，可以保持被测设备和模型之间处于不同距离上的附件，能够保持最短距离的附件将产生最大的比吸收率。因此，除非附件包含传导材料，否则其他保持较大距离的附件将不需要测试。

（3）如果有多个附件可以使被测设备与模型的间隔距离是相同的，则至少需要在这个距离上测试其中的一个附件。当这些附件中包含传导材料时，所有包含传导材料的附件都必须进行测试。

（4）对于不包含传导材料（如金属）的附件，可以使用空间间隔或间隔器替代附件，使该测试距离不大于附件带来的间隔距离。

（5）如果制造商的用户说明书中指定带有附件的设备相对身体的间隔距离，则在测试过程中，被测设备与模型外表面之间的距离应该与指定的间隔距离一致（见图 3-24）。

图 3-24　身体佩戴式设备的测试位置

（6）制造商没有认可或指定，用户自行购买的佩戴式附件，需要依据相应间隔距离的要求评估比吸收率。

（7）应将设备被测面朝向平坦模型的表面，并让其平行于模型表面。但是，并非所有的设备都具有平坦的表面,应该根据身体佩戴附件时实际的应用状态,详细说明测试距离的定义及设备与模型间的定位关系。

（8）无法确定身体佩戴附件使用设备的哪些平面，并将这些平面朝向使用者时，应将被测设备所有可能朝向用户的平面都平行放置于平坦模型下方，使用最保守的间隔距离分别进行评估。

2）天线可以折叠或旋转的设备

对于使用一个或多个可改变位置（伸缩、旋转）的外部天线的设备，在评估时需要满足下面的要求。

（1）按照相应的距离和参考点放置被测设备。

（2）不清楚某些天线位置是否适用时，应该在天线位置和极化方向上根据用户预期使用状态进行测试和评估（见图 3-25）。例如，通过对天线伸长和缩短状态的测试获得最大暴露情况。

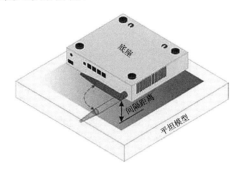

图 3-25 具有可旋转天线设备的测试位置

（3）如果天线可以在一个或两个平面内进行旋转，应该评估这些位置中的最大暴露状态，并在该位置进行测试。

（4）对于装配多个可拆卸天线的设备，每个天线都要根据实际的应用状态，分别进行比吸收率评估。

3）靠近身体或身体支撑式的无附件设备

无线笔记本电脑或平板就是典型的靠近身体使用的设备，这类设备可以放置在膝上使用，自身嵌入了外部发射器。归到此类的设备还包括尺寸大于上网本电脑（显示屏对角线尺寸大于 20cm）的平板产品、信用卡交易授权终端、货物进出仓电子记录终端等。图 3-26（a）给出了一个便携式平板电脑的例子。对于这种设备，应该在平坦模型上分别对每个面和测试距离的状态评估比吸收率。一些平板电脑可能会限制显示的朝向，即一些天线的边缘不会朝向用户，这些状态可以不用测试。

评估本类型设备，可以使用以下方案。

（1）被测设备的底部（底面）在应用时朝向使用者的侧面（边缘）都需要在平坦模型的合适距离上进行测试。特殊的设备需要特别确定朝向和使用时的状态，也就是测试的状态要根据主机上的发射器和天线位置确定。可以工作在不同主机上的射频发射器需要额外的测试。

（2）在天线嵌入笔记本、平板或上网本的显示屏内的情况下，测试时设备的屏幕部分应该打开至 90°，如图 3-26（b）所示。也可以使用更加保守的角度，让天线更加靠近模型评估使用者最差的暴露条件。

（3）当一个设备把打开显示屏作为正常使用状态时，因为天线的最大输出功率及显示屏上的天线距离使用者身体足够远，此时不需要进行比吸收率测试。

（4）当显示屏内集成天线时，为了评估旁观者的射频暴露情况，如图 3-26（c）所示，应将设备平行于平坦模型放置进行比吸收率测试。此时，2.5cm 是足够保守的测试距离。

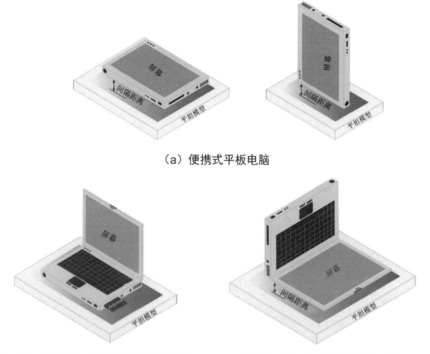

（a）便携式平板电脑

（b）带有外部插卡式天线的便携式计算机　　（c）屏幕内集成天线的便携式计算机

图 3-26　靠近身体或身体支撑式的无附件设备

（5）某些被测设备可以连接外部电源（如交流适配器）作为电池的补充。对于这种情况，需要分别在外部电源连接和不连接两种情况下进行评估。

（6）对于带有可改变位置的外部天线（如旋转或可拆卸）的设备，按照天线可以折叠或旋转的设备及图 3-25 的要求进行评估。

4）桌面式设备

典型的桌面式设备是放在桌上，靠近身体 200mm 左右范围内使用的内置无线桌上电脑。

评估本类型设备，可以使用以下方案。

（1）按照相应距离要求将被测设备定位在平坦模型的对应位置。

（2）对于带有可改变位置的外部天线的设备，应该在所有指定的天线位置上进行测试。桌面式设备的比吸收率测试位置如图 3-27 所示。

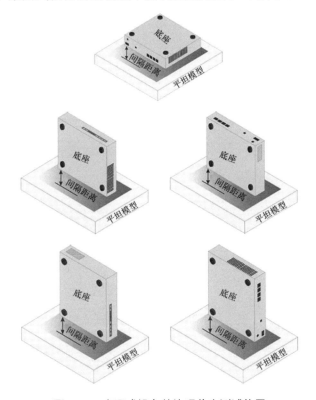

图 3-27　桌面式设备的比吸收率测试位置

5）置于脸前设备

典型的置于脸前设备是双工无线电对讲机（见图 3-28（a）），它在发射时与用户的脸部保持一定距离。属于此种类型的设备还包括可上传数据的无线摄像机和照相机（见图 3-28（b））。

评估本类型设备，可以应用以下方案。

（1）按照相应距离方案将被测设备定位在模型的对应位置。

（2）对于设备使用时要求接触用户面颊的情况（如带有光学取景器的设备），应使被测设备紧贴模型进行测试。

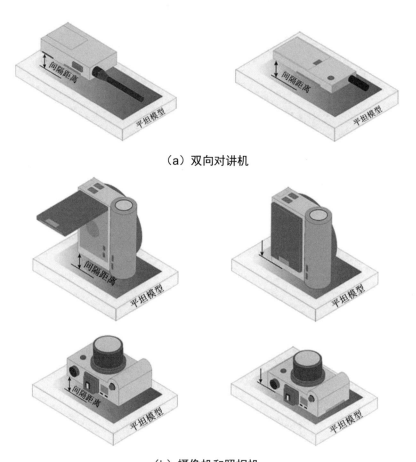

（a）双向对讲机

（b）摄像机和照相机

图 3-28　置于脸前设备的测试位置

6）手持式（不用于头部或躯干）的设备

对不用于头部和躯干部位的手持式设备进行比吸收率测量时，需要使用平坦模型。未来评估此类设备，需要按照图 3-29 所示让设备直接接触平坦模型，以模拟实际使用时手部接触设备的状态。针对手部的测试模型及手部的比吸收率评估方法，目前还存在一定问题，正在研究之中。

图 3-29　手持式设备的测试位置

7）肢体佩戴式设备

肢体佩戴式设备是工作时用带子固定在胳膊或腿上的设备。它类似于身体佩戴式设备。

评估本类型设备，可以使用以下方案。

（1）测试的位置类似身体佩戴式设备。

（2）测试时应将设备的背面朝向模型并紧贴模型表面，以便获得最保守的比吸收率值（如图 3-30 所示，如果允许，则可以打开或去掉固定带，让被测设备紧贴模型表面）。

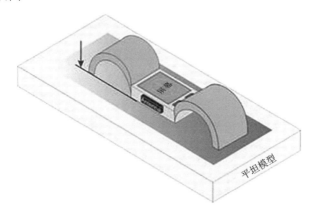

图 3-30　肢体佩戴式设备的测试位置

（3）当 SAM 模型的曲面部分或平坦模型的平面不适用时，可以考虑使用其他特定的模型。

8）集成在服装内的设备

典型的集成在服装内的设备是集成在夹克中的无线设备（移动电话），它可以通过在衣服中植入的扬声器和麦克风进行语音通话。这种类型也包括头戴式设备中集成的无线设备。

评估本类型设备，可以应用以下方案。

（1）所有在衣服中集成的无线或射频发射机组件，都应根据预期使用情况定位在平坦模型或某些特定模型上进行测试（见图 3-31，图中被测设备用 DUT 表示）。

（2）嵌入头戴式设备的测试可以使用头部模型或特定模型。

9）通用设备

不能归类到前述任何类型的设备称为通用设备。这类设备类似至少有一个内部天线或射频发射机的封闭盒子。通用设备的测试方法适用所有设备。对于在主机上添加一个发射机，使主机和发射机作为整体设备工作的情况，可以使用通用设备方案。对于天线或附加射频发射机在主机外部，并且定位不受主机定位影响的情况（如通过线缆连接的发射机），应按照通用设备的测试程序评估。

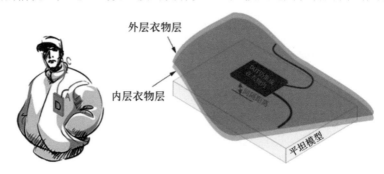

图 3-31　在服装内集成的设备的测试位置

　　有时不需要对被测设备的 6 个面（见图 3-32）都进行测试。当省略某些面的测试时，应提供判定依据。通用设备相对于平坦模型的朝向和定位应符合相应距离的规定。

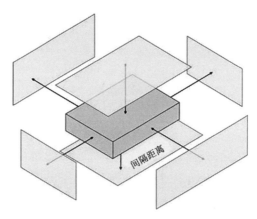

图 3-32　通用设备的测试位置

3.7　比吸收率测试

　　当前使用的比吸收率测试系统是让被测设备持续处于最大发射状态，在被测设备投影到模型的相应范围内，使用电场探头测量得到峰值空间平均比吸收率（psSAR），然后使用内插外推等后处理方案得到比吸收率的值。因此，找到被测设备的峰值区域是比吸收率测试的关键。比吸收率测试方法和设置流程如图 3-33 所示。

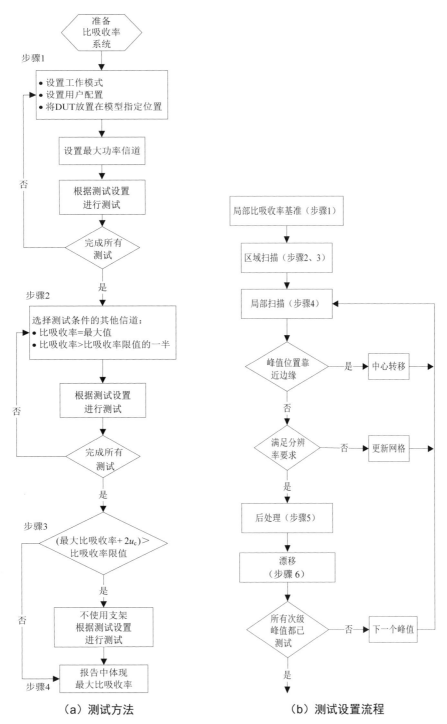

（a）测试方法　　　　　　　　（b）测试设置流程

图 3-33　比吸收率测试

3.7.1 比吸收率测试方法

为了确定被测设备最大的 *psSAR*，应按照以下步骤 1～3，在每一频段、每一被测设备位置、配置和工作模式下测试被测设备。

步骤 1：在每个发射天线的最大额定输出功率信道，按照 3.7.2 节的要求在下列情况执行测量方案。

（1）3.6 节要求的所有设备的测试位置。

（2）在（1）中的每个测试位置下的所有配置，如滑盖、开合盖或天线伸缩。

（3）在（1）中的每个位置和（2）中的每个配置每个频段下所有的工作模式 。

步骤 2：在步骤 1 中每个配置确定的最大 *psSAR* 的配置下，在其他的测量频率进行测量，如最低频率和最高频率。另外，对于步骤 1 中确定的其他状态（被测设备位置、配置和工作模式），如果其 *psSAR* 大于或等于限值要求的一半，需要测试 3.5 节要求的所有信道；否则可以不继续进行测试。

步骤 3：如果步骤 1 和步骤 2 中的 *psSAR* 大于因考虑扩展测量不确定度而降低的比吸收率适用限值；同时对于这个测试配置，被测设备直接与相对介电常数大于 1.2 的设备支架组件接触，则应将设备按照图 3-9 和 3.1.3 节的要求，将其安装在一块泡沫上，再次测试该配置。这两个数据都应报告。

步骤 4：检查所有数据，并按照法规要求报告按照步骤 1～步骤 3 测量得到的 *psSAR*。

3.7.2 测试设置

比吸收率测试的具体设置流程如下。

步骤 1：在距模型内表面 5mm 范围内的测试点上进行局部比吸收率测试，测得的局部比吸收率要大于测量系统的检测下限。测试点宜在预期的峰值比吸收率位置附近，并且到模型表面的距离满足上述要求。

步骤 2：在模型内部对二维比吸收率分布进行测量（即区域扫描）。表 3-5 是区域扫描程序的测量参数要求。

表 3-5 区域扫描程序的测量参数

参　　数	被测设备测试的发射频段	
	$f \leqslant 3\text{GHz}$	$3\text{GHz} < f \leqslant 10\text{GHz}$
测量点（传感器的几何中心）和模型内表面间的最大间距（图 3-34 中的 z_{M1}，单位是 mm）	5 ± 1	$\delta \ln(2)/2 \pm 0.5$[①]

续表

参　　数	被测设备测试的发射频段	
	$f\leqslant 3GHz$	$3GHz<f\leqslant 10GHz$
临近测量点的最大间距，单位是 mm	20 或相应局部扫描长度的一半，选择两者中的更小者	60/f 或相应局部扫描长度的一半，选择两者中的更小者
探头轴线和模型平面法线间的最大角（图 3-34（b）中的 α）[②]	5°（仅适用平坦模型） 30°（其他模型）	5°（仅适用平坦模型） 20°（其他模型）
探头角度的偏差	1°	1°

① δ 为平面半空间上的平面波垂直入射的穿透深度。

② 由于在具有陡峭的空间梯度的场中的测量精度会降低，与模型表面法线间的探头角度要求很高。随着探头角度和频率增加，测量精度会降低。这是在大于 3GHz 的频段探头角度变严的原因。

（1）进行比吸收率测量的区域应至少覆盖被测设备（包括其天线）的投影区域。对于一些被测设备，投影到模型上的区域较大，使得探头无法测量全部的点。对于这种情况，建议旋转模型并通过多次区域扫描重叠区域进行评估。选择合适的测量分辨率和内插空间分辨率，以确保在相应的局部扫描立方体边长一半的尺寸上能找到局部峰值位置。

（2）对于平坦模型，测试区域的边界与模型边缘的距离不小于 20mm。

步骤 3：通过区域扫描比吸收率分布，确定最大比吸收率的位置。对于不在局部扫描范围内的其他热点，如果该热点比吸收率与最大比吸收率相差在 2dB 以内，则也应确定该热点的位置。只有当主要热点的比吸收率在比吸收率限值的 2dB 以内时（例如，1.6W/kg[1g 限值]的 2dB 是 1W/kg，2W/kg[10g 限值]的 2dB 是 1.26W/kg），其他热点才需要进行局部扫描。

步骤 4：在步骤 3 中确定的每个局部最大值位置上测试三维比吸收率分布（即局部扫描）。

（1）当频率小于或等于 3GHz 时，应采用下面的方案（局部扫描参数见表 3-6）。① 最小的局部扫描尺寸为 30mm×30mm×30mm。② 水平方向的步长为 8mm 或更小。③ 垂直方向的步长为 5mm，如果使用固定间距则应更小。④ 如果在垂直方向使用可变间距，则模型表面相邻测试点（不同位置的探头相对模型表面法线的方向性要求见图 3-34，这里指 M1 和 M2）间的最大间隔距离不超过 4mm，对于较远测试点间的间距使用一个不超过 1.5 的增长因子。⑤ 对于其他的参数，局部扫描参数如表 3-6 所示，方向性要求如图 3-34 所示。

（2）当频率大于 3GHz 时，采用下面的方案。① 最小的局部扫描尺寸可以减小到 22mm×22mm×22mm。② 水平网格的步长为（24/f）mm 或更小。③ 如果在垂直方向上使用统一间距，则垂直方向上的网格步长为（10/(f-1)）mm 或更小。④ 如果在垂直方向上使用可变间距，则模型表面相邻测试点间的最大间距为（12/f）mm 或更小，对于较远测试点之间的间距使用一个不超过 1.5 的增长因子。⑤ 对于其他的参数，详见表 3-6 和图 3-34。

表 3-6　局部扫描参数

参　　数	被测设备测试的发射频段	
	$f{\leqslant}$3GHz	3GHz$<f{\leqslant}$10GHz
最接近的测量点和模型内表面间的最大间距（图 3-34 和表 3-5 中的 z_{M1}，单位是 mm）	5	$\delta\ln(2)/2$①
探头轴线和平坦模型表面法线间的最大角（图 3-34（b）中的 α）	5°　（仅适用平坦模型） 30°　（其他模型）	5°　（仅适用平坦模型） 20°　（其他模型）
x-和 y-方向的测量点间的最大距离（Δx 和 Δy，单位是 mm）	8	24/f②
对于均匀网格：模型表面垂直方向上的测量点间的最大距离（Δz_1，见图 3-34，单位是 mm）	5	10/($f-1$)
对于渐变网格：模型表面垂直方向上离模型最近的两个测量点间的最大间隔距离（Δz_1，见图 3-34，单位是 mm）	4	12/f
对于渐变网格：模型表面垂直方向上的测量点间的最大距离增量（$R_z=\Delta z_2/\Delta z_1$，见图 3-34）	1.5	1.5
x-和 y-方向的局部扫描最小长度（Lz，单位是 mm）	30	22
模型表面垂直方向上的局部扫描最小长度（L_h，单位是 mm）	30	22
探头角度的偏差	1°	1°

① δ 为平面半空间上的平面波垂直入射的穿透深度。

② 允许的最大间距，可能不适用于所有情况。

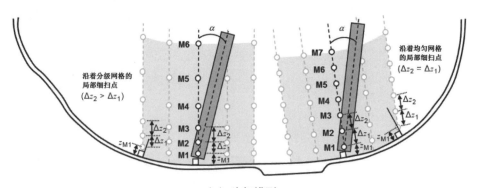

（a）头部模型

图 3-34　不同位置的探头相对模型表面法线的方向性要求

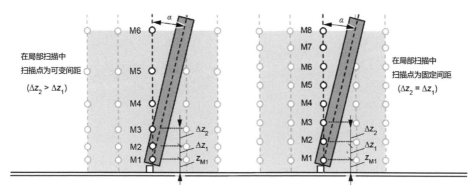

（b）平坦模型

图 3-34　不同位置的探头相对模型表面法线的方向性要求（续）

（3）当最大的 1g 或 10g 立方体触碰到局部扫描的边界时，应重复进行局部扫描，新的中心位于之前局部扫描测量得到的最大 *psSAR* 的位置。也可以在测量期间扩大扫描区域，使得 1g 或 10g 立方体不再触碰到局部扫描的边界。

（4）如果按照前面定义测得的局部扫描符合下面①和②两种情况，或 *psSAR* 小于 0.1W/kg，则不需要进行额外的测量。① 比局部比吸收率峰值小 3dB 的所有点与峰值之间在 x 和 y 方向上的最小水平距离（$\Delta x, \Delta y$）都大于水平网格步长。在 z_{M1} 处将局部扫描测量的平面相对模型进行共形变换后确认。最小的间隔距离记录在比吸收率测试报告中。② 在测得的最大比吸收率的 x-y 位置上，第二个测量点（M2）的比吸收率与最接近模型的测量点（M1）的最大比吸收率的比至少为 30%。本比率（%）需要记入比吸收率测试报告。

（5）如果不满足步骤 4 中（4）款①和②项中的一个或两个条件，则应使用更高分辨率重新进行局部扫描测量，同时其他局部扫描参数应满足表 3-6 要求。根据测得的比吸收率分布确定新的水平和垂直网格步长，以便符合步骤 4 中（4）款①和②项的要求。对于新测量的局部扫描，应证明符合上述步骤 4 中（4）款①和②项的要求。使用更高的分辨率和表 3-6 中的其他参数。对于渐变网格，最接近模型外壳的点距离为 2mm 或更小，渐变因数为 1.5 或更小。

（6）介质边界和探头绝缘外层之间的场失真会引起某些不确定度，应确保模型表面到探头尖端的距离大于探头尖端直径从而将这些不确定度降到最低。对于测试距离小于探头直径一半的高精度测试引起的边界效应，可以通过其他方法修正。对于所有测试点，探头与平坦模型表面法线之间的角小于 5°，对于头部模型则小于 30°。如果不能达到这个要求，则需要增加不确定度评估。

步骤 5：使用后处理程序（内插与外推）确定 *psSAR*。

步骤 6：在步骤 1 中相同的位置进行局部比吸收率测试。根据步骤 1～6 测得的比吸收率之间的差异可以确定被测设备的比吸收率漂移。

注意，在图 3-34 中，M1～M8 是使用外推法到表面的示例测量点。表 3-5 给出了评估轴线和表面法线之间的最大角度 α。间隔距离 z_{M1} 是模型外壳到第一个测量点 M1 的距离。间距 Δz_i ($i = 1,2,3,\cdots$) 是测量点 M_i 到 M_{i-1} 间的距离。对于统一间距的网格，Δz_i 是相等的。对于渐变网格，$\Delta z_{i+1} > \Delta z_i$。$Rz = \Delta z_{i+1}/\Delta z_i$ 是表 3-6 中最大值的比。z 方向为垂直方向，x 方向为水平方向，y 方向为垂直进入页面的水平方向。

3.7.3 漂移的确认

在电磁辐射测试过程中，为了确保测试数据的准确，按照测试规范的相关要求，需要确认每次测试的漂移数据，以确保测试数据的准确。

被测设备的比吸收率测量漂移将通过以下两种方法，根据上面的测量得到。

方法一　作为首选方法，在执行区域扫描前，使用比吸收率测量系统进行局部比吸收率测量。当比吸收率测量完成后，测量系统在同一位置进行第二次测量。测量是在组织模拟液内的参考点上完成的。在参考点位置，第一次和第二次测量得到的比吸收率应大于测量系统的检测下限。从参考点到模型内表面的距离（模型内表面的法线方向上）小于或等于 5mm。

方法二　如果首选方法一得到的数据不够灵敏，则替代方案为在将被测设备摆放好进行比吸收率测试前，使用射频功率测量设备，在设备天线端口上进行传导功率的测量。比吸收率测试完成后，应进行第二次射频功率测量。

无论选择以上哪种方法，都应按照式（3-12）计算第二个参考测量值与第一个参考测量值的百分比差异以得到漂移值。

$$drift = 100\% \times \frac{Ref_{\text{secondary}} - Ref_{\text{primary}}}{Ref_{\text{primary}}} \qquad (3-12)$$

无线设备测量期间的比吸收率漂移应在 ±5% 以内。一些设备的输出功率可能出现明显的波动。这是这类设备正常工作的一种模式，不能归为不良的功率漂移。在这种情况下应考虑其他方法，例如比吸收率扩展，以确保获得精确且保守的暴露数据。

如果比吸收率漂移不能满足 5% 的阈值要求，则在不给电池充电的情况下进行最长预期评估时间的漂移测量。应在评估时间内（至少每 5s 一次）连续执行上述测量，并在每个频段上对具有最高时间平均输出功率的工作模式，执行此时间扫描测量。当时间扫描的最大值和最小值之间的差异小于平均值的 5%。或当差异小于 10%，且比吸收率在时间扫描期间明显下降时（时间扫描的任意时刻比吸收率增幅不超过 2%），可以在区域扫描开始前和最后一次局部扫描结束后进行参考测量，如上一节的（1）～（6）的方案，否则应在局部扫描期间进行额外的参考测量，并在使用外推、积分和求平均之前修正局部扫描测量。

在修正前执行参考测量间的线性内插。局部扫描期间测得的比吸收率应通过内插与区域扫描前得到的第一个参考值之间的差进行修正。局部扫描期间的参考测量间的时间间隔应足够短，以使对于所有的点，前面给出的时间扫描曲线的修正是保守的。

比吸收率漂移在5%以内，则可以将其视为一个不确定度分量（即随机误差）或系统性偏移。漂移大于5%时，应将测量漂移视为系统性误差而不再是不确定度分量。如果要将其视为不确定度，则要将漂移值的绝对值记录在不确定度列表中；同时漂移也无须添加到比吸收率的评估值中。在不确定度概算中应记录测得的最大比吸收率测量漂移，或直接使用允许的最大值（5%）。如果视为系统性偏移，则需要对测得的比吸收率进行补偿，无论漂移为正或负，都要将绝对差加入确定的比吸收率（SAR）中，即

$$SAR_{\text{compensated}} = SAR_{\text{measured}} \times \left(1 + |drift|/100\%\right) \qquad (3\text{-}13)$$

此时可以不在不确定度概算中记录漂移（即 u_i=0%）。为了保证暴露是保守的，不能在评估的比吸收率中去掉漂移。如果设备的不同评估工作模式表现出不同的漂移，可以将所有相应的比吸收率使用相同的比例进行补偿。只要应用的漂移是设备在所有工作模式下得到的最大漂移即可。此外，进行不确定度评估时应选择矩形分布。

3.7.4　比吸收率测量数据的后处理

模型内部的局部比吸收率是通过封装在探头内的小偶极子传感器测得的。因此，进行探头校准和电场测量时，通常以内部偶极子传感器组的几何中心为基准点。定义测量位置时，要注意偶极子距离探头的物理尖端有几毫米的间隔。尽管最高的局部比吸收率通常出现在模型的表面处，但为了降低探头边界效应的不确定度，探头尖端不应接触模型表面。最高局部比吸收率是得出 $psSAR$ 的关键数据，因此必须通过对距模型外壳一定间隔处的测量值进行外推而确定。精确评估 $psSAR$ 需要按照表3-6的要求，三维扫描数据阵列有非常精细的分辨率。测得的数据通过内插和外推得到具有足够分辨率的数据阵列，以便精确计算整体的 $psSAR$。需要定义内插、外推和其他数值方法（如积分及平均等）的不确定度。测量点位置的不确定度是单独的不确定度分量。

1. 外推方案

由于场探头的实际测量位置与偶极子传感器的几何中心相对应，不在探头

的尖端，因此，计算 1g 或 10g $psSAR$ 所需的模型表面与最接近的可测点之间的值应通过外推法确定。

可以使用样条曲线、双调和样条曲线、小波、多项式或有理函数进行外推。很多计算数学的书籍都讲解了这些方法。

2. 内插方案

区域扫描和局部扫描的测量网格分辨率不能满足内插法计算 $psSAR$ 的要求。应对测试点使用内插法。将局部扫描体积内的测量和外推比吸收率内插到 1mm 网格中，以确定 1g 或 10g $psSAR$。

可以选择使用多种数学方法进行插值计算，例如统计数据、基函数曲线拟合、傅里叶分析、小波、多项式或样条曲线拟合。

3. 体积平均方案

平均体积是具有 1g 或 10g 质量的立方体。1g 立方体的边长为 10mm，10g 立方体的边长为 21.5mm。出于保守和简便的考虑，比吸收率测量标准中默认人体组织模拟液的密度 ρ 为 1000kg/m^3。使用外推和内插算法之后得到的用于评估局部平均比吸收率的立方体体积，应扩展到模型的表面，以包含局部比吸收率的最大值。平均体积底面的边界线应吻合模型表面的边界线，如图 3-35 所示。平均体积的顶面与底面相同。平均体积的其他四个侧面分别平行于模型底面中心的法线。这样可以确保挤压产生的体积接近立方体的形状，同时与模型表面共形。

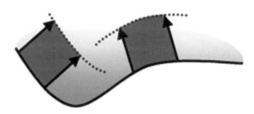

图 3-35 相对于模型表面的平均体积的方向和表面

4. 寻找 $psSAR$ 和不确定度评估

将通过体积平均方案指定的平均体积在局部扫描体积中移动以寻找 $psSAR$。在每个点（分辨率为 1mm 或更小）上使用平均体积对比吸收率取平均。可以使用梯形算法或其他合适的方案。$psSAR$ 是所有点上平均比吸收率的最大值。

如果最大的 1g 或 10g 立方体触碰到了局部扫描体的边界，则应以之前局部扫描测量标记的最大 $psSAR$ 位置为中心重复执行整个局部扫描。

3.7.5　比吸收率测量方案举例

在本例中的被测手机支持 GSM850、900、1800 和 1900 频段。这款设备有滑动键盘，其语音模式可以在滑动开启和闭合两种模式下应用。下面将按照前面介绍的要求根据以下测试步骤进行测试。

步骤 1：在每个发射频段最大功率的信道执行比吸收率测试。这个相应的信道对于 GSM850 是 836.6MHz（信道 190）、GSM900 是 897.6MHz（信道 38）、GSM1800 是 1747.6MHz（信道 699）、GSM1900 是 1880MHz（信道 661）。在滑动键盘开启和关闭两种模式下，在 SAM 模型左右两侧测试贴脸和倾斜位置下的所有状态。由于本设备只支持头部的 GSM 语音模式，因此其他 GSM 模式的应用在本例中不作考虑。

步骤 2：按照要求在步骤 1 找到的产生最大 psSAR 的测试配置下，对每一频段和模式在额外的信道上执行比吸收率测试。此外，对步骤 1 找到的 psSAR 大于或等于比吸收率限值的一半的配置，也在其他的信道进行比吸收率测试。

步骤 3：表 3-7～表 3-10 是比吸收率测量的结果。所有 GSM 频段中最大的 10g psSAR 出现在 GSM850 的 848.8MHz（信道号 251），数值为 1.205W/kg。

表 3-7　比吸收率测试结果（GSM850 频段）

设备配置（滑动键盘位置）	头部模型测试位置		10g psSAR（W/kg）[1]		
			Ch 128[2] 824.2MHz	Ch 190[2] 836.6MHz	Ch 251[2] 848.8MHz
闭合	左侧	贴脸	0.776	0.653[3]	0.552
		倾斜	/	0.492	/
	右侧	贴脸	/	0.626	/
		倾斜	/	0.448	/
打开	左侧	贴脸	1.011	1.192[4]	1.195
		倾斜	/	0.430	/
	右侧	贴脸	0.892	1.120[5]	1.205[5]
		倾斜	/	0.418	/

① 比吸收率限值为 10g 组织平均 2.0W/kg。

② 根据 3.5 节，对于所有模式，要测试的信道数均为 $N_c = 3$。

③ 这是在滑动键盘闭合时中间信道测得的最高 psSAR。因此，该频段中的其他两个信道也需要比吸收率测量。

④ 这是在滑动键盘打开的中间信道上测得的最高 psSAR。因此，该频段中的其他两个信道也需要比吸收率测量。测得的 psSAR 在适用比吸收率限值的 3dB 之内。因此，此频段中的其他两个信道也需要比吸收率测量。

⑤ 这是在所有 GSM 频段和测试配置中测得的最高 psSAR。

表 3-8 比吸收率测试结果（GSM900 频段）

设 备 配 置	测 试 位 置		10g 比吸收率（W/kg）[①]		
			Ch 975[②] 880.2MHz	Ch 38[②] 897.6MHz	Ch 124[②] 914.8MHz
闭合	左侧	贴脸	0.766	0.730[③]	0.652
		倾斜	/	0.522	/
	右侧	贴脸	/	0.631	/
		倾斜	/	0.482	/
打开	左侧	贴脸	0.618	0.723[④]	0.833
		倾斜	/	0.443	/
	右侧	贴脸	/	0.620	/
		倾斜	/	0.406	/

① 比吸收率限值为 10g 组织平均 2.0W/kg。

② 根据 3.5 节，对于所有模式，要测试的信道数均为 $N_c = 3$。

③ 这是在滑动键盘闭合时，中间信道测得的最高 $psSAR$。因此，该频段中的其他两个信道也需要比吸收率测量。

④ 这是在滑动键盘打开的中间信道上测得的最高 $psSAR$。因此，该频段中的其他两个信道也需要比吸收率测量。

表 3-9 比吸收率测试结果（GSM1800 频段）

设 备 配 置	测 试 位 置		10g 比吸收率（W/kg）		
			Ch 512 1710.2MHz	Ch 699 1747.6MHz	Ch 885 1784.8MHz
闭合	左侧	贴脸		0.254	
		倾斜		0.230	
	右侧	贴脸	0.336	0.343	0.466
		倾斜		0.215	
打开	左侧	贴脸		0.154	
		倾斜		0.162	
	右侧	贴脸		0.174	
		倾斜	0.188	0.192	0.211

表 3-10 比吸收率测试结果（GSM1900 频段）

设 备 配 置	测 试 位 置		10g 比吸收率（W/kg）		
			Ch 512 1850.2MHz	Ch 661 1880.0MHz	Ch 810 1909.8MHz
闭合	左侧	贴脸		0.240	
		倾斜		0.233	
	右侧	贴脸	0.246	0.353	0.387
		倾斜		0.221	

续表

设 备 配 置	测 试 位 置		10g 比吸收率（W/kg）		
			Ch 512 1850.2MHz	Ch 661 1880.0MHz	Ch 810 1909.8MHz
打开	左侧	贴脸		0.158	
		倾斜		0.178	
	右侧	贴脸		0.169	
		倾斜	0.188	0.195	0.301

3.8　多天线或多发射器同时发射时测量比吸收率

多天线或多发射器（单个或多个天线）的被测设备处于多天线同时发射状态时，测量需要特别的考虑。为了确定组合的比吸收率分布，组合场的方法可以不同，这取决于相应的射频发射器是否在发射时间上具有相关或不相关的波形。相关信号的波形的需求和方法及相关测量设备的需求与非相关信号是不同的。

3.8.1　非相关信号的比吸收率测量

以下步骤适用于具有多种工作模式且预期同时工作的设备。

（1）如果多个频率（f_1、f_2 等）彼此分隔，超出探头校准的有效频率范围或组织等效介质有效范围（取二者之中较小者），通常将无法使用相同的探头和介质同时评估比吸收率。目前，在大部分系统中使用的电场探头校准有效频率范围一般很窄（如±50～±100MHz）。另外，因为目前系统中使用的电场探头一般具有直流电压输出，所以探头不能识别不同频率下的信号。组织等效介质的有效频率范围指的是电介质参数在目标值容差范围内的频率范围。由于这些局限，多发射模式的比吸收率必须先进行分别评估，然后再算数合并。

（2）如果有多个天线以相同的频率发射不同工作模式的信号，则可以同时发射两个信号并进行测量。但是如果按照可选方案 1 的方案（参见 3.8.2 节）分别测量 *psSAR* 然后求和，则不必如此，因为方案 1 合成比吸收率更保守。

（3）对于非相关信号的比吸收率测量，测试组合按照设备位置（左侧贴脸、右侧倾斜等）、配置（如天线位置）和附件（电池）的不同组合定义。3.8.2 节规定了多天线在不同频段同时发射的可选择的评估程序。当设备测试设置条件或测试配置软件满足要求时，本程序也适用在相同频段的同时发射。使用这些评估程序的前提条件如下。① 在每个频率分别评估区域扫描、局部扫描和 *psSAR*，评估时打开测试频率的发射模式，并关闭其他频率的发射模式。② 仅当测试组合预期同时工作，且频率或天线相符时，可以合成来自不同频率或天线的比吸收率。

（4）不同的可选择方案可以用于不同的测试组合。可选择方案概括如下。① 可选方案 1：*psSAR* 求和。这是最简单但最保守的找到最大值的方法，总是适用。② 可选方案 2：选择最大的 *psSAR* 值。方法相对简单，适用比吸收率分布较少或无重叠时。③ 可选方案 3：基于现有区域扫描和/或局部扫描数据计算比吸收率合成体积值。这是精确和快速的方法，总是适用。④ 可选方案 4：体积扫描。这是最精确的方法，总是适用。

（5）如果被测设备的测量满足前面列出的可选择评估方案之一的要求，则可认为完全符合标准的要求。

（6）不确定度的评估参见 3.9 节的方案进行，并在测量报告中记录。

3.8.2　非相关信号的比吸收率测量可选方案

下述可选方案 1 是最保守和最简单的，它不需要额外的比吸收率测量。可选方案 2 和 3 有效降低了过高估计的程度，但是需要更多的计算和测试分析。可选方案 4 是最精确但最费时的。

1. 可选方案 1：*psSAR* 求和

本方案适用于当每一个发射器或天线，无论是单独发射还是同时发射，都使用相同的最大输出功率，在这个模式下通过保守的方式确定合成比吸收率的上限。注意用于求和的不同 *psSAR* 可以位于不同的空间位置。本步骤总是适用，但会高估合成比吸收率。下述步骤应使用完全符合本章要求的完整比吸收率测量。

（1）对于可同时工作的一种测试组合，将同时工作适用的每个天线和频率的空间平均比吸收率峰值相加。每个频段的比吸收率，应选择对应频段的信道测量得到的最大 *psSAR*。3.5 节中规定对于每个频段要在适当频率子集进行测量，3.7.1 节中提供了在比该子集更少的频率上进行测量的方案。例如比吸收率测量在频段的最低、中间和最高信道，最大的比吸收率在最低信道，则在最低的信道上的 *psSAR* 将作为该频段的比吸收率。如果仅按 3.7 节的方案对中间信道进行测量，这时中间信道的 *psSAR* 可以用来作为这个频段的比吸收率。可以不管测试配置而将最大的 *psSAR* 直接求和。换句话说，就是用某一频段下（该频段所有测试情况中）最大的 *psSAR* 加上另一频段下（该频段所有测试情况中）最大的 *psSAR*，以此类推。

使用这种方法继续考虑每一测试组合后按（2）和（3）进行评估。这种方法比步骤（1）的方法更保守。

确定了最大比吸收率测试组合后，可以对该组合进行体积扫描，以获得更精确的最大合成比吸收率。如果不同频段或天线的测试位置和设备配置相同，则可以使用体积扫描。

（2）确认比吸收率的最大和值是否在适用比吸收率限值的 3dB 以内。如果是，则确保所有同时工作的天线在所有频段上如 3.5 节中要求测量的信道都已进行测量。重复步骤（1）和（2）以确定同时发射的 $psSAR$。

（3）步骤（1）和步骤（2）中的比吸收率最大和值就是合成比吸收率。

2. 可选方案 2：选择 $psSAR$ 的最大值

分别测得的局部扫描比吸收率分布有少量或没有重合部分时，可使用本方案评估。此时最大值彼此分离，以至于加上所有其他同时工作模式的比吸收率分布后，每个分布的最大 $pSSAR$ 增加不超过 5%。这个方法只适用于通过局部扫描计算得到的各个频段的最大 $pSSAR$ 小于符合性限值的 70% 的情况。

（1）依据 3.7 节，在每个频率下分别测试 $pSSAR$。应在每个频段在同一平面执行区域扫描。对于关注的频率，所有区域扫描的间距 z_{M1} 需小于或等于在表 3-5 中定义的最小的 z_{M1}。

（2）分别进行的区域扫描需通过内插法保证叠加区域有相同网格。内插网格的分辨率不大于 1mm。找到每个区域扫描的峰值。

（3）叠加区域需要包含所有的比吸收率峰值。

（4）对于所有测量完成的区域扫描，通过将内插后的区域扫描在空间上（逐点）相加创建一个新的比吸收率分布。

（5）如果在步骤（3）中创建的新比吸收率分布的峰值不超过步骤（2）中找到的单独最大比吸收率峰值中的最大值 5%，则合成比吸收率等于这些通过局部扫描得到的单独 $pSSAR$ 值中的最大值，如步骤（1）中计算所得。

3. 可选方案 3：计算体积比吸收率

本步骤使用现有区域和局部扫描值，同时结合内插和外推计算，得到体积比吸收率。这是确定合成比吸收率的快速方法。

（1）对于预期将同时工作的一个测试组合，在预期同时工作的每个频段的区域扫描对应的区域上计算体积比吸收率分布。

（2）使用内插法，在空间上对所有频率的比吸收率体积分布相加。对于计划同时工作的每个频段，需要依据 3.7 节的要求对每个测量的频道执行该步骤。

（3）在步骤（2）的比吸收率分布上使用后处理方案确定 $pSSAR$。

（4）确认最大 $pSSAR$ 是否在限值的 3dB 以内。如果是，则确保所有同时工作的天线在所有频段上如 3.7 节中要求测量的信道都已进行测量，并重复步骤（1）～（3）。

4．可选方案 4：体积扫描

本评估方案可以最精确地合成比吸收率，且总是适用。对预期处于同时发射的每个工作配置的比吸收率进行合并。

（1）对于预期将同时工作的一个测试组合，确保对预期同时发射的每个频段在 3.5 节中规定的所有测试信道上按 3.7 节要求进行局部扫描。

（2）确定一个体积网格，这个网格要包含步骤（1）确定的每一次局部扫描。如果不同频率 f_1、f_2 等的局部扫描相距较远以致体积网格很大，进而导致测量时间很长，此时可以先根据步骤（1）确定所有局部扫描的位置，然后执行步骤（3）。

（3）对于步骤（1）确定的每个测试信道，测量步骤（2）找到的体积网格。除了体积网格要大于局部扫描区域外，体积网格测量要满足 3.7.2 节中的步骤（3）和（4）的全部要求。当根据步骤（2）决定使用局部扫描代替体积网格扫描时，则在步骤（1）确定的每个频道上，在完全相同的位置测量其他频率的局部扫描。测量时打开测量频段的工作模式，并关闭其他频段的工作模式。

（4）将步骤（3）获得的比吸收率分布进行空间叠加，得到一个比吸收率分布和值。根据该分布计算最大合成比吸收率，使用后处理方案（内插、外推和平均）确定 $psSAR$。如果对每个频段进行体积扫描，应对这些扫描相加，以便通过总分布确定最大峰值。如果步骤（3）中仅执行了局部扫描，应对每个频段中每个峰值位置的局部扫描进行合成，确定一个用来计算的最大的 $psSAR$。

更换组织模拟液时不宜改变被测设备位置，以便使比吸收率分布和值尽可能地精确。如果设备电池需要充电，应在保持被测设备位置的情况下连接充电器线缆进行充电。充电连接线缆只能在比吸收率测量间歇期连接，测试期间不能充电。

3.8.3 使用可选方案 1 合成比吸收率计算示例

本节给出一个应用可选方案 1 通过 $psSAR$ 求和评估的例子。表 3-11 为一款有两根天线和四种工作模式的被测设备，在表格的第三行和第三列分别为两种天线、四种工作模式的单频测量 $10g\ psSAR$。天线 1 的比吸收率体现在第三行，天线 2 在第三列。底部和右侧的单元格体现了组合的比吸收率。在本例中未标记"—"的单元格都是要进行评估的。四种工作模式包括两种语音模式和两种数据模式，分为两个频段。对于所有相应频段中间信道的单独工作模式都进行 $10g\ psSAR$ 的测量（一种工作模式和天线发射时其他的频段天线关闭）。组合的比吸收率通过方案 1 进行计算（也就是将第三行和第三列的 $10g\ psSAR$ 值进行简单相加）。在本例中被测设备一次只能运行一种语音模式和一种数据模式，支持同时传输语音和数据。因此两种语音模式不能组合在一起。在左侧头部位置的比吸收率不能和右侧头部的比吸收率进行组合。在本例中预期两根天线可以同时发送。

表 3-11　应用可选方案 1 确定比吸收率和值的示例

天线 2			天线 1							
			声音频段 1		声音频段 2		数据频段 1		数据频段 2	
			左侧	右侧	左侧	右侧	左侧	右侧	左侧	右侧
			0.285	0.250	0.333	0.315	0.512	0.489	0.593	0.574
声音频段 1	左侧	0.141	—	—	—	—	0.653	—	0.734	—
	右侧	0.120	—	—	—	—	—	0.609	—	0.694
声音频段 2	左侧	0.131	—	—	—	—	0.643	—	0.724	—
	右侧	0.130	—	—	—	—	—	0.619	—	0.704
数据频段 1	左侧	0.220	0.505	—	0.553	—	—	—	—	—
	右侧	0.213	—	0.463	—	0.528	—	—	—	—
数据频段 2	左侧	0.225	0.510	—	0.558	—	—	—	—	—
	右侧	0.216	—	0.466	—	0.531	—	—	—	—

3.8.4　相关信号的比吸收率测量

具有同时发射多个相关信号能力的多天线被测设备代表一类特殊的设备，如具有波束赋形能力的 MIMO（多入多出）发射器，在测试时需要特别考虑这种情况。可以基于常规通信进程中相对相位的变化对这些被测设备信号进行分类。通常在大部分最新的多天线发射器中可以找到两种类型的信号。

第一种信号类型在标准中定义为类型 1，是与符号持续时间相比在相对较长的持续时间中相对相位不变的信号。可以在相控阵列天线系统中找到这类信号，其中馈送到天线的信号的相对相位被控制，以形成朝向某一方向的阵列天线的辐射图。在不同的工作环境，相对相位可以改变以获得不同的期望照射模式。一旦确定发射方向并形成相应模式，则相对相位将在一定持续时间内被锁定，并且将仅在照射模式变换为另一形式时才变化。在典型通信进程中，与符号的持续时间相比，相对相位保持不变的持续时间很长。

另一方面，第二种信号类型在标准中定义为类型 2，是在相对短的时间段内相对相位快速变化的信号。这类信号可以在利用 MIMO 技术的系统中找到。依据 MIMO 方案中的空时分组码编码，信号的相对相位将随符号改变而改变，同时常规通信进程中不使用波束赋形。

如 IEC TR 62630 所述，相关信号只在相同的载波频率发射，同时比吸收率取决于信号间的相对相位。因此，如果这些相位在设备正常工作期间发生变化，*psSAR* 不能通过将发射器固定在某一相对相位上使用标量电场探头进行一次测量而精确评估。相反，为了精确地评估比吸收率，需要对发射器所有相位的组合进行反复测量。这是相当耗时的评估，并且可能不实用，除非使用某些具备快速比吸收率扫描能力的系统，通过软件控制被测设备，使其在最大时间平均输出功率下循环遍历所有同时发射的信号的可能的相位组合。通常，在最大时间平均输出功率下，对于每个单独发射的发射器通过单次比吸收率测量独立的精确评估其 *psSAR* 是可能的，不过这需要复数矢量电场测量（也就是测量全部三个电场分量的幅度和相位），因此也不实用。

利用传统比吸收率系统的一个替代方法，如 IEC TR 62630 所述，是基于每个发射器的最大时间平均输出功率的单独比吸收率测量并将各个独立比吸收率测试数据进行合成。这个方案使比吸收率测量更快，不过这只能提供比吸收率的上限数据，因此可能会高估比吸收率的结果。IEC TR 62630 描述了使用常规标量电场探头进行独立比吸收率测量，并进行数据合成的两种方案。

IEC TR 62630 中的两种方法可以使用传统比吸收率测量系统，只需要进行和发射器数量相等的有限的比吸收率扫描。第一个方案是基于合成电场值的幅度，第二个方案是基于每个电场分量的幅度。图 3-36 描述的是两类相关信号的测量方案。

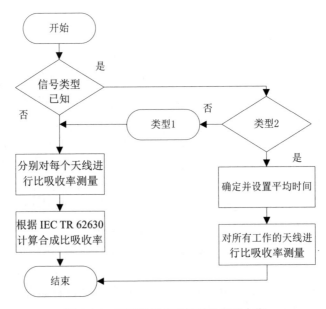

图 3-36　不同类型相关信号的测量方案

对于类型 1 的信号或不特定的信号，宜使用第二种方案，因其基于每个电场分量的合成，可产生较低程度的潜在比吸收率过高估计，同时许多比吸收率系统可以便捷提供后处理所需的输入数据。

对于类型 2 的信号，宜使用时间平均比吸收率测量的方法，其只需要使用 3.7 节中的测量方案和传统的标量探头。假设产生最大比吸收率的相对相位组合不经常发生，或即使发生，在其发生的非常短的时间之后，会由其他组合主导产生较小的比吸收率。由于比吸收率是由受到照射的组织模拟液吸收的电磁场能量确定，则引入时间平均方案对这种快速波动电磁场状态的比吸收率进行评估是合适的。为评估这类设备的时间平均比吸收率，所有发射天线同时处于正常通信状态，在每个测量点处测量采样时间间隔内的瞬时比吸收率，并在适于捕获信号特性的持续时间内对其进行平均。

这个方案的优势是使用传统的标量探头，得到的测量比吸收率很接近于实际的比吸收率。其只需要按照 3.7 节的测量方案，在各个测量点进行一个时间平均的测量，且无须考虑发射天线的数量。然而，对于多天线系统的平均时间，要比常规的单发射天线情况长。同时当天线数量增加时，获得收敛比吸收率的平均时间将显著增加，这是由于瞬时比吸收率的时间波动随着天线数量的增加而增加。平均时间也取决于比吸收率测量系统探头的采样率，它随着采样速率的增加而减小，反之亦然。例如，对于比吸收率测量系统，其测量速率为 1250 个样本/s，平均时间为 1 s，导致由于多个发射天线引起的瞬时比吸收率的标准偏差保持在 2% 以下。在这种情况下，多发射天线按照 3.9 节中的不确定度概算和典型值评估的总体测量不确定度与单天线情况的不确定度大小相当（通常为 8.7%）。

3.9　比吸收率测量不确定度评估

3.9.1　概述

不确定度是根据用到的信息，表征赋予被测量值分散性的非负参数。由于测量误差的存在，不确定度反映了被测量值的不能肯定的程度。反过来，也表明该结果的可信赖程度。它是测量结果质量的指标。不确定度越小，质量越高，水平越高，其使用价值越高；不确定度越大，测量结果的质量越低，水平越低，使用价值也越低。在报告物理量测量的结果时，必须给出相应的不确定度，一方面便于使用它的人评定其可靠性，另一方面也可以增强测量结果之间的可比性。

测量不确定度用标准偏差表示时称为标准不确定度，如用说明了置信水准区间的半宽度的表示方法则称为扩展不确定度。通过一系列观察（测量）的统计分析评估不确定度称为 A 类不确定度分析，通过一系列观察（测量）的统计分析以外的方法评估不确定度称为 B 类不确定度分析。

1. 评估要求

扩展不确定度 U 是不确定度评估的结果，其详细的信息记录在不确定度概算中。根据以下内容分别对比吸收率测量的不确定度分量进行评估。

（1） psSAR（1g 或 10g）测量值的扩展不确定度应根据 ISO/IEC 导则 98-3 《测量不确定度表示指南》中给出的指导和解释进行评估。

（2）应规定不确定度分析的适用频率范围和测量条件。

（3）报告中的不确定度应为有效区间内的最大扩展不确定度。

（4）系统检查和系统验证测量的扩展不确定度也应进行评估。不确定度的置信区间为 95%，0.4W/kg～10W/kg，扩展不确定度不能超过 psSAR 值的 30%。对于 psSAR 值小于 0.4W/kg 的情况，扩展不确定度不能大于 0.12W/kg（0.4W/kg 的 30%）。

在认证机构可接受的情况下，如果扩展不确定度大于 30%，则报告的数据需要考虑实际的不确定度与目标值 30% 之间的百分比差异。

2. 不确定度评估模型的搭建

不确定度概算应用于头部和身体的测量数据。测量可重复性的评估，是通过将 B 类不确定度从不确定度概算中去除得到的，经过系统检查方案的验证。可以通过式（3-14）计算扩展测量不确定度。

$$U = k \cdot u_c(y) \tag{3-14}$$

式（3-14）中包含因子 $k=2$，对应的置信区间为 95%。合成不确定度 $u_c(y)$ 可通过式（3-15）计算得到：

$$u_c(y) = \sqrt{\sum_{i=1}^{N} c_i^2 \cdot \left[a(x_i)/q_i \right]^2} = \sqrt{\sum_{i=1}^{N} c_i^2 \cdot u^2(x_i)} = \sqrt{\sum_{i=1}^{N} u_i^2(y)} \tag{3-15}$$

式中：x_i 为影响不确定度的第 i 个输入量 X_i 的评估值；y 为输出量 Y 的数值，其对应于合成的不确定度。$a(x_i)$ 为 x_i 的不确定度数据，其概率密度函数为 PDF_i；q_i 为 x_i 的概率密度函数 PDF_i 的对应除数；$u(x_i) = a(x_i)/q_i$ 为 x_i 的标准不确定度，对应正态分布；c_i 为与 x_i 相关的灵敏度系数，描述 y 随 x_i 的微小变化而变化的状况。

如式（3-16）所示，可以将其计算为模型函数 f 相对于 x_i 的偏导数

$$c_i = \partial f / \partial x_i \tag{3-16}$$

$u_i(y) = c_i \cdot u(x_i)$ 为 y 的标准不确定度，对应正态分布。

除数因子 q_i 应参考 ISO/IEC 导则 98-4 中规定的概率密度函数 PDF_i。表 3-12 给出了常见的 PDF 的除数因子。

表 3-12 常见的概率密度函数（PDF）的除数因子（q）

PDF	正态	矩形	三角	U型
除数因子 q	k	$\sqrt{3}$	$\sqrt{6}$	$\sqrt{2}$

3. 比吸收率测试的不确定度模型

不确定度模型的公式为

$$Y = X_i + X_i + \cdots + X_N \tag{3-17}$$

$Y = \Delta SAR$ 是合成比吸收率评估不确定度的输出量。输入量 X_i 参见 3.9.2 节中的描述。式（3-15）用于计算标准不确定度 $u_c(y)$。

参考 ISO/IEC 指南 98-1 和 98-3 的不确定度评估导则，以下处理的不确定度模型规定使用 3.9.2 节描述的符号。

被测设备的比吸收率测量结果的不确定度模型的公式为

$$\begin{aligned}
\Delta SAR = {} & CF + CF_{\text{drift}} + LIN + BBS + ISO + DAE + AMB + \\
& \frac{2}{\delta}\Delta XYZ + DAT + LIQ(\sigma) + LIQ(T_c) + 0.25EPS + \\
& 2DIS + D_{XYZ} + H + MOD + TAS + RF_{\text{drift}} + C(\varepsilon', \sigma) + C(R)
\end{aligned} \tag{3-18}$$

表 3-13 是被测设备峰值平均比吸收率测量结果不确定度概算模板，以及式（3-18）中符号的意义。

表 3-13 被测设备的 1g 或 10g $psSAR$ 测量值的不确定度评估概算模板
（N 代表正态分布，R 代表矩形分布）

符号	输入量 X_i（不确定度来源）	概率分布[①] PDF_i	不确定度 $a(x_i)$	除数因子[①] q_i	$u(x_i) = a(x_i)/q_i$	c_i	$u_i(y) = c_i \cdot u(x_i)$	v_i
			测量系统误差					
CF	探头校准	N（k=2）		2		1		∞
CF_{drift}	探头校准漂移	R		$\sqrt{3}$		1		∞
LIN	探头线性度和检出限	R		$\sqrt{3}$		1		∞
BBS	宽频信号	R		$\sqrt{3}$		1		∞
ISO	探头各向同性	R		$\sqrt{3}$		1		∞
DAE	其他探头和数据读取误差	N		1		1		∞
AMB	射频环境和噪声	N		1		1		∞
Δ_{XYZ}	探头定位误差	N		1		$2/\delta$		
DAT	数据处理误差	N		1		1		∞

续表

符号	输入量 X_i（不确定度来源）	概率分布[①] PDF_i	不确定度 $a(x_i)$	除数因子[①] q_i	$u(x_i)=$ $a(x_i)/q_i$	c_i	$u_i(y)=$ $c_i \cdot u(x_i)$	v_i
\multicolumn{9}{模型和设备（被测设备或验证天线）误差}								
$LIQ(\sigma)$	模型的电导率 σ	N		1		c_ε, c_σ		∞
$LIQ(T_c)$	温度对介质的影响	R		$\sqrt{3}$		c_ε, c_σ		∞
EPS	外壳的介电常数	R		$\sqrt{3}$		参见 3.9.2 节		∞
DIS	被测设备的射频组件和模型介质的间距	N		1		2		∞
D_{XYZ}	被测设备或源相对模型定位的复现性	N		1		1		5
H	设备支架的影响	N		1		1		
MOD	工作模式对探头灵敏度的影响	R		$\sqrt{3}$		1		∞
TAS	时间平均比吸收率	R		$\sqrt{3}$		1		∞
RF_{drift}	被测设备输出漂移造成比吸收率的变化	N		1		1		
VAL	验证天线不确定度（只用于验证测量）	N		1		1		
P_{in}	接收功率的不确定度（只用于验证测量）	N		1		1		
\multicolumn{9}{比吸收率结果修正（适用时）}								
$C(\varepsilon', \sigma)$	模型与目标值间的偏差(ε', σ)	N		1		1		
$C(R)$	SAR 扩展	R		$\sqrt{3}$		1		
$u(\Delta SAR)$	合成不确定度							
U	扩展不确定度和有效自由度						$U=$	$v_{eff}=$

① 如果有更好的表征，也可以使用其他概率分布和除数。

3.9.2 不确定度分量

1. 测量系统误差

1）探头校准

CF：从校准证书中获得的比吸收率探头在模型中的灵敏度的校准不确定度。

2）探头校准漂移

CF_{drift}：CF 在一个校准周期的漂移，通过探头校准的历史、类似探头的情况或制造商的说明进行评估。

3）探头线性度和检出限

LIN：探头灵敏度的变化，是在探头校准时使用 CW 信号测得的比吸收率和校准等级之间的变化的函数。探头的校准证书或制造商的性能规范中应在至少 0.12W/kg～100W/kg 范围内给出探头线性度和检出限的误差。

4）宽频信号

BBS：由于探头的响应随着频率的变化而产生的不确定度。

5）探头各向同性

ISO：比吸收率探头相对于被测矢量场进行旋转和倾斜引起的灵敏度变化，通常在校准证书中给出，或从制造商的性能规范中得到，如轴向各向同性（探头绕自身的轴旋转时灵敏度的变化）和半球各向同性（探头绕自身的轴旋转，同时探头相对场矢量是倾斜状态时，灵敏度发生的变化）。在评估过程中，探头的轴与模型表面法线的夹角应在表 3-5 和表 3-6 规定的范围内，以限制各向同性的偏差。对于本分量，总的各向同性偏差的经验近似值可以通过式（3-19）得到。通常这个分量的分布函数为矩形分布。

$$ISO = \sqrt{0.5\mu_{轴向}^2 + 0.5\mu_{半球}^2} \qquad (3-19)$$

6）其他探头和数据采集误差

DAE：其他探头和数据采集时出现的不确定度，包括空间分辨率（快速比吸收率测试）、传感器偏移的距离、探头积分时间和响应时间、边界效应和校正以及数据采集误差，这些都应由设备制造商在性能规范中给出。

7）射频环境噪声和反射

AMB：在被测设备不发射时进行比吸收率测量评估环境射频信号、系统噪声及反射的影响。标准规定本分量的数据应小于或等于 0.012W/kg（即 0.4W/kg 的 3%）。当测试实验室可以提供没有新射频源的证明，就不必在每次进行比吸收率测试前检查射频环境噪声。

8）探头定位误差

Δ_{XYZ}：用于计算 1g 或 10g 比吸收率体积上，探头尖端相对模型外壳表面的位置引入的不确定度。不确定度可以来自制造商的性能规范；也可以在扫描体积内的几个点上测量探头尖端位置与模型外壳的距离，将这些与所需的位置进行比较获得。如果是平坦模型，还需要评估模型底部下垂的影响。定位的偏差 ≤0.2mm。因为比吸收率随着到模型表面的距离按 $e^{-2x/\delta}$ 衰减，因此灵敏度系数 c_i 可以近似为 $2/\delta$，其中 δ 是模型中的趋肤深度，单位是 mm。由于通常使用

$N \geq 96$ 个测量位置确定 1g 或 10g 比吸收率,因此与扫描系统的可重复性相关的 A 类不确定度分量将按 $\sqrt{N}$ 减小。

9)数据处理误差

DAT:测试软件使用的计算和数据处理算法产生的误差,这类算法是根据有限数量的空间样本计算的 1g 或 10g 平均比吸收率。这些误差包含内插和外推引入的不确定度。误差大小可由系统制造商或软件供应商使用一系列测试函数评估。

2. 模型和设备(被测设备或验证天线)误差

1)模型电导率的测量

LIQ(σ):使用 3.3 节中规定的介电特性测量技术测量模型的电导率的误差,通常从系统供应商处获得。

2)温度影响

LIQ(T_c):介电参数测量时与比吸收率测量时模型温度变化 ΔT 引入的误差。

对于每个模型配方,应让组织模拟介质在(18~25)℃的不同温度下,在目标频率下评估 ε' 和 σ 的温度系数 T_c(℃),测量精度为 0.1℃。

由于温度变化 ΔT 引入的误差的计算公式为

$$LIQ(T_c) = \Delta T \times \left\{ 0.25 \lceil T_c(\varepsilon') \rceil + 0.75 \lceil T_c(\sigma) \rceil \right\} \tag{3-20}$$

ΔT 不应超过 2℃。

3)外壳的介电常数

EPS:外壳相对 $\varepsilon'=4$ 的相对介电常数容差的计算公式为

$$EPS = \frac{\Delta \varepsilon'}{\varepsilon'} = \frac{|\varepsilon' - 3.5|}{3.5} \tag{3-21}$$

头部模型的实际相对介电常数的范围是 2~5,身体模型的实际相对介电常数的范围是 3~5。在这个范围内,对于大于 3GHz 频段的情况,ε' 的 25%的变化将对 1g 或 10g 平均比吸收率产生大约 5%的影响,因此灵敏度系数 c_i=0.25。对于频率大于 10GHz 的情况,*psSAR* 的变化将增大到 10%。对于 3GHz 以下的频段,由于模型外壳的介电参数引入的误差可以忽略不计。因此,对于外壳介电参数引入的 *psSAR* 的不确定度,灵敏度系数 c_i 为

$$c_i = \begin{cases} 0 & f \leq 3\text{GHz} \\ 0.25 & 3\text{GHz} < f \leq 6\text{GHz} \\ 0.5 & 6\text{GHz} < f \leq 10\text{GHz} \end{cases} \tag{3-22}$$

4)被测设备和组织模拟介质间的距离

DIS:被测设备的射频组件和组织模拟介质之间间隔距离的不确定度。电流源到模型的间隔 d 可以认为是垫片的厚度、下垂程度、模型外壳厚度,以及射频组件到被测设备外表面的默认距离 5mm 的和。这个距离可以更改以反映

实际的状态。

当用组织模拟介质填充平坦模型至所需的深度时，模型底部可能出现下垂（sag），可以通过外壳下方放置直尺（如金属尺）的方法评估。对于头部模型，由于下垂不是很明显，可以默认为 0。

DIS 通过下式计算

$$DIS = \frac{\Delta d}{d} = \frac{1}{d}\sqrt{(\Delta_{垫片})^2 + (\Delta_{厚度})^2 + (sag)^2} \qquad (3\text{-}23)$$

$\Delta_{厚度}$ 可以通过设备制造商性能规范中的外壳厚度公差得到，这个数据应小于 0.2mm。$\Delta_{厚度}$ 是从制造商的外壳厚度公差规范中获得的，且应小于 0.2mm。由于模型中的比吸收率大约按 d^2 衰减，因此应使用 2 的灵敏度系数。

5）定位复现性

D_{XYZ}：被测设备的实际位置与标称位置的偏差而引入的比吸收率测量误差。这个分量可以通过至少 5 次的重复 1g 或 10g 比吸收率测试进行评估，每次测试后需要将被测设备重新放置在支架上并定位。可以使用一组外形（形状因数）、尺寸和比吸收率分布非常接近的被测设备评估本误差，此时需要至少测试 6 个不同的设备，并且每个设备需要至少重新放置 5 次，一半在贴脸位置，一半在倾斜位置。对于这个方案的测量值，如果某个特定的设备支架有专门的此类测试数据库，建议每年更新，以应对被测设备设计的变化。

6）设备支架的影响

H：由于设备支架造成的 1g 或 10g 比吸收率测量数据的变化。这个分量主要影响因素是被测设备。应通过：① 将被测设备放置在设备支架上；② 将被测设备放置于聚苯乙烯块上分别与模型接触，进行 1g 或 10g 比吸收率测量评估本误差。如果样本至少包括 6 个相关设备，这些设备之间的差异被正确评估，并对该差异引入额外的 A 类不确定度分量，则可以将某个设备支架引入的不确定度归类为对通用设备类型的不确定度。

7）信号调制

MOD：由于被测设备的工作模式而引入的探头测量误差。当探头检测器无法获得被测设备发出的调制信号的均方根值时，会出现这个不确定度分量。

8）时间平均比吸收率

TAS：由于测试的采样率导致的与时间平均比吸收率测量相关的不确定度。快速采样率将使比吸收率测量系统能在整个平均时间内准确捕捉信号幅度或占空比的快速变化，从而精确地计算 TX 因子。

9）由于漂移导致的比吸收率变化

RF_{drift}：根据比吸收率测试顺序，在模型内固定位置上由于被测设备射频输出漂移造成比吸收率变化。如果漂移大于 5%，则应进行被测设备的附加稳定性测试，并且对比吸收率的测试数据进行校正以补偿变化造成的影响。如果已进行校正，可在不确定度分析中忽略 RF_{drift} 分量。

10）验证天线不确定度

VAL：实际的验证天线与用于导出参考值的天线之间的差异，包括接收功率、功率损耗和尺寸引入的误差。

11）接收功率的不确定度

P_{in}：验证天线接收功率的不确定度。

3. 比吸收率结果的修正（适用时）

1）模型与目标值之间的偏差

$C(\varepsilon', \sigma)$：将 3.3 节中的校正应用于 1g 或 10g 比吸收率，以修正模型特定目标参数与本标准中规定数据之间的差。表 3-14 给出了对于 1g 或 10g 的 $psSAR$，应用本校正的平均容差，平均容差定义为根据公式预测的比吸收率偏差与模拟偏差之间的平方差的平均值的均方根。通过表 3-14 可以看出不确定度随着 $\Delta\varepsilon'$ 和 $\Delta\sigma$ 的最大允许值增大而增大。同时还可以说明，这个校正对于实际的被测设备模型是有效的。

表 3-14 式（3-1）的不确定度作为介电常数和电导率最大变化的函数

ε 或 σ 的最大容差	1g 比吸收率的标准不确定度/%	10g 比吸收率的标准不确定度/%
±5%	1.2	0.97
±10%	1.9	1.6

2）比吸收率的扩展

$C(R)$：功率比 R 的偏差，R 用于根据被测设备传输的不同模式和/或功率的测量值确定被测设备的比吸收率。如果两个工作模式的信号包络相同，则此偏差对应所用功率测量设备的线性度。如果包络不同，则还应考虑功率计灵敏度的影响。这个误差不大于 5%。

通过在被测设备的 $psSAR$ 的位置，测量两种模式/功率水平下的比吸收率，并通过比较比率与 R 评估本不确定度，此时宜使用矩形概率分布。

3.10 探头校准

人体组织具有很高的损耗，通信频段电磁波波长范围大，对无线通信终端而言人体一般处于其辐射的近场范围内。人体内产生的电场因为这几个因素而具有很高的非各向同性性质，很难预测。这就需要对测量探头的各向同性、对场的干扰能力和空间分辨率等提出更高的要求。"理想"的探头是位于人体组织内同一位置上的三个彼此正交的赫兹偶极子，然而当前应用的比吸收率探头都是基于肖特基二极管检测器制造而成的。围绕探头中心点有三个彼此正交的小偶极子传感器，在传感器的空隙中有检波二极管。检波二极管对 RF 信号进行整流，然后通过高阻抗传输线连接到信号采集单元。这种结构导致实际探头的输出不仅和场强成正比，还和以下参数有关。

（1）场的频率、调制和场强。

（2）场的极化和方向性。

（3）场的梯度。

（4）探头附件的介质边界。

（5）噪声、静态场、极低频场等其他干扰源。

（6）温度等。

作为测量的核心组件，探头的性能至关重要。为了确保电磁辐射测试的数据准确，需要定期校准。所谓校准即是通过参数可控的特定装置对探头的输出进行评估以达到特定的校准不确定度。接下来将对探头校准的关键参数进行逐一分析。

3.10.1　线性度校准

多数各向同性探头是由三个彼此正交的小偶极子传感器组成的，在传感器的空隙中有检波二极管。总电场可通过三个电场分量的和方根表示。在二极管响应的平方律区域，传感器的输出电压正比于相应场分量的均方值。在此范围之外，输出电压将被压缩，因此需要对动态范围进行线性化。如式（3-24）所示，二极管探测器的非线性响应 $f_i(V_i)$ 作为一个场强和信号特性的函数，在进行灵敏度评估之前应首先线性化。

$$V_i = (U_i - U_{\text{offset}_i}) + \frac{1}{dcp_i} \cdot (U_i - U_{\text{offset}_i})^2 \qquad （3-24）$$

式中：U_i 为信道 i 的输入电压（$i=x,y,z$）；U_{offset_i} 为信道 i 的输入电压偏差（$i=x,y,z$）；V_i 为信道 i 的线性化电压（$i=x,y,z$）；dcp_i 为信道 i 的二极管压缩点（$i=x,y,z$）；U_{offset_i} 是在信号发生器设置为最低值时测量的，如-120dBm。dcp_i 只是二极管的一个功能，与载波频率和介质无关。

线性函数 $f_i(V_i)$ 不仅考虑 V_i 的均方根值，同时也要考虑信号包络。与采用具有随机信号包络的复杂调制通信协议相比，连续波和具有恒幅的周期脉冲调制信号（如 GSM）可以较简单的修正线性度。在较宽的动态范围内获得可接受的复杂调制的线性度，线性度的不确定度小于 0.4dB。

最好使用具有相应信号特性的定义明确的入射场振幅或功率扫描。可以使用校准其他参数的任意设置，以 3dB 或更小的步长评估感兴趣的动态范围。使用有效的功率计或者校准合格的场探头作为基准。通过评估和去除测量的响应 $E_{incmeas}$ 和入射场 E_{inc} 之间的线性化误差为第 i 个传感器确定线性化参数，可表示为

$$误差_{线性度} = 20\lg\frac{E_{incmeas}}{E_{inc}} \tag{3-25}$$

可以通过曲线拟合去除具有复杂包络信号的线性化误差的方法。

3.10.2 评估偶极子传感器的灵敏度

当前应用的比吸收率探头都是基于肖特基二极管检测器制造的。测量信号是探头的输出，是取决于电场强度幅值与 E 或 E^2 成正比的电压值。

探头校准通常使用"一步"或"两步"校准法获取数据。在两步法中，总电场的计算公式为

$$|E|^2 = \sum_{i=1}^{3}|E_i|^2 = \sum_{i=1}^{3}\frac{f_i(V_i)}{\eta_i\psi_i} \tag{3-26}$$

式中：E_i（i=1,2,3）是电场在矢量上投影在三个正交传感器上产生的分量；$f_i(V_i)$ 是待校准传感器信号 V_i 的线性化方程；η_i 是偶极子传感器 i 在空气中的灵敏度，单位为 $\mu V/(V/m)^2$；ψ_i 是偶极子传感器 i 在介质中和在空气中的传感器响应的比值，也称转换因子。

对于"一步"校准方案，总场强为

$$|E|^2 = \sum_{i=1}^{3}|E_i|^2 = \sum_{i=1}^{3}\frac{f_i(V_i)}{\gamma_i} \tag{3-27}$$

这里的 η_i 因子包含在整体组织液敏感度 γ_i 中。

探头校准仅在传感器远离介质边界时有效（至少有一个探头尖端直径的距离）。当探头距离边界过近，且无法应用补偿时，会造成敏感度的改变，即边界效应。边界效应及探头的各向同性响应，需要分别考虑。

两步法将探头灵敏度分成两个因子（η_i 和 γ_i），并进行处理，这样就可以用自由空间中标准化的探头校准程序，同时也可应用额外的探头性能和校准配置进行验证。

第一步评估空气中的灵敏度。探头校准中用于产生理想的标准场并模拟自由空间条件的最精确的装置是波导。原因如下。

（1）和远场校准设备相比，波导的设置功率适当，所需空间更小。

（2）生成可溯源至功率读数的精确电场。

（3）当波导尺寸远大于探头尺寸时，由于探头插入、场扰度而引入的不确

定度对于小型近场探头是可以忽略的。

（4）便于确定探头的轴垂直或平行于场极化的方向。

（5）通过使用一套涵盖整个频率范围的波导就可以交叉验证总场强。

只要阻抗电缆上没有载入偶极子二极管传感器，并且探头相比波长很小，那么灵敏度就与频率无关。这是校准设置的一种附加验证方法，并且可以检查探头对场扰动造成的最终影响。如果使用高质量的波导耦合器和匹配源，探头插入造成的影响是可以忽略的。波导设置中的另外一个附加不确定度来自终端负载的反射，这将导致在设置中产生驻波模式。如果使用高质量的波导负载，那么反射可保持在 1% 以下。另外，不确定度可通过以一个 $\lambda/4$ 的可变负载进行追加测量并取两次测量平均值的方法进行补偿。

在低频区间（小于 750MHz 的情况），可以使用 TEM 小室。然而，TEM 小室内的场并不理想，也就是说，跟所预期的均质场分布存在着很大偏差。探头基本上都是通过小孔插入到 TEM 小室中，并定位在中心（隔板的上侧或下侧），该处的场都是均质的。每个传感器都是依据与其平行的场分量评估的。典型的空气中校准用的波导和 TEM 小室如图 3-37 所示。

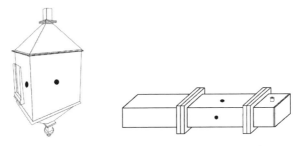

图 3-37　空气中典型波导和 TEM 小室结构示意图

第二步评估介质即人体组织模拟液中的灵敏度。可以使用分析场进行校准或通过温度探头传递校准。

1. 用分析场（波导）进行校准

对于 800～6000MHz 的频率，建议在矩形波导中校准。此时，波导可用于在组织模拟液内部产生一个理论上已知的场。在如图 3-38 所示的配置中，直立波导在其开放的上部注满液体。在距离反馈耦合器大于 λ 处（λ 为波导中空气部分的波长）的一层绝缘平板可以提供空气和液体之间的阻抗匹配（大于 10dB 的回波损耗）。尽管高阶模式在理论上是可能存在的，但结构的对称和液体中的高损耗能确保组织模拟液内部的场分布满足 TE_{10} 的波导模式。通过在液体中进行完全的体积扫描，已经验证确实不存在高阶模式，并且显示该场偏离理论 TE_{10} 模式的差小于 ±2%。

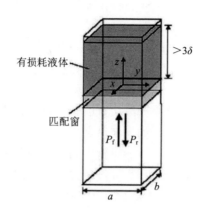

图 3-38　使用直立矩形波导进行灵敏度（转换因子）评估的试验配置

图 3-38 中，x,y,z 为笛卡儿坐标系的坐标轴；3δ 为液体的深度（大于 3 倍的趋肤深度）；a 为波导横截面的宽；b 为波导横截面的长；P_f 为入射功率；P_r 为反射功率。

在液体内部，场基本上按 TEM 波进行传播，这是受较低的截止频率影响。液体的深度（大于 3 倍的趋肤深度）的选择使得在液体上表面的反射是可以忽略的。比吸收率在损耗波导的横截面中心（$x=y=0$）和从绝缘平面起的纵向距离（z）的关系为

$$SAR(z) = \frac{4(P_f - P_r)}{\rho ab\delta} e^{-2z/\delta} \tag{3-28}$$

式中：ab 为波导横截面的面积；P_f 为波导的无损部分的正向功率；P_r 为波导的无损部分的反射功率；z 为距离绝缘平面的距离；ρ 为液体密度，定义为 1000kg/m^3；δ 为有损耗液体内部的趋肤深度。

趋肤深度 δ 是波导衰减系数 α 的倒数，是沿 z 轴扫描确定的，通过使用测量损耗液体的介电特性与式（3-29）确定的理论值进行比较得到。

$$\delta = \alpha^{-1}\Re\left\{\sqrt{(\pi/a)^2 + j\omega\mu_0(\sigma + j\omega\varepsilon_0\varepsilon_r')}\right\}^{-1} \tag{3-29}$$

表 3-15 是对于校准波导的设计指导，其在大部分无线通信频段的覆盖区间需要具有至少 10dB 的回损。

表 3-15　校准波导的设计指导

频率/MHz	波导尺寸 a/mm	介质间隔器[①]	
		ε_r'	厚度/mm
300	584.2	5.5	106.0
450	457.2	6.0	66.1
900	247.6	5.6	34.8
1450	129.5	4.7	24.8

续表

频率/MHz	波导尺寸	介质间隔器①	
	a/mm	ε_r'	厚度/mm
1800-2000	109.2	4.8	19.4
2450	109.2	5.7	12.6
3000	86.4	5.7	10.3
3500	58.2	4.9	9.76
3900	58.2	4.9	9.76
4200	58.2	4.9	9.76
4600	47.5	3.6	9.50
4900	47.5	3.6	9.50
5400	47.5	5.6	5.73
6000	40.4	5.4	5.25
7000	35.0	3.1	20.0
9000	23.0	3.1	16.0

注：1. 波导需要注入的组织模拟液的介电参数见表 3-1。

　　2. 按照惯例，横截面短边的长度是长边长度的一半，即 $b=a/2$。

　　3. 波导的尺寸按照标准 EIA RS-261-B:1979 的要求。

　　4. 波导的尺寸与其匹配的频段是相关的。

① 介质间隔器的介电常数和厚度可以不同于表中所列值以容纳市售材料。如果介质间隔器介电常数的值比表中值变化超过 2%，建议重新优化垫片厚度以获得最佳匹配（回损要大于 10dB）。

此类技术的精确度很高，依据所用的频率和液体，合成不确定度小于 ±3.6%。这样校准本身也变成可溯源到标准校准步骤的功率测量。波导的实际尺寸的限制在符合性测量中并不严重，这是因为大部分移动通信系统的工作频率都已经包含在 750MHz～6000MHz。当频率低于 750MHz 时，使用温度探头进行传递校准仍然是取得较低不确定度的实用方法。

为保证入射场的稳定性，需准确评估传输过程中的射频功率损耗。信号源产生的信号通过适配器输入到波导中，如图 3-39 所示，精确测量入射功率（P_f）、适配器损耗（$trans_{loss}$）和在波导输入端口的回损（r）。对图 3-39 中各组件的要求与系统性能检查对相应组件的要求是类似的。净功率的计算公式为

$$P_{net} = P_{fw} - P_{bw} = P_{fw} \cdot (1 - |r|^2) \qquad (3\text{-}30)$$

2. 用温度探头进行传递校准

在比热容为 c_h 的有损耗液体中的 SAR 是与电场（E）和温升（dT/dt）都有关的。因此有

$$SAR = \sigma \frac{E^2}{\rho} = c_h \frac{dT}{dt}\Big|_{t=0} \qquad (3\text{-}31)$$

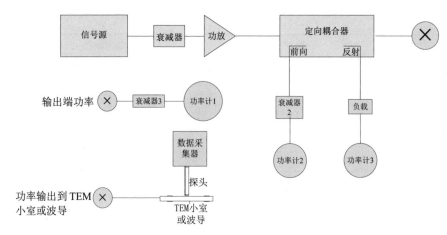

图 3-39 实验平台功率配置图

在有损耗液体中可通过测量液体中的温升间接测量其电场。使用具有小尺寸传感器（小于 2mm）和快速响应时间（小于 1s）的无扰动温度探头（光学探头或具有阻抗电缆的热敏电阻探头）很容易进行高精度的校准。设置及激励源不会影响校准；只要考虑标准温度探头和待校准的电场探头的相对定位不确定度就可以了。然而，还有许多问题限制了用温度探头进行探头校准的准确性。

（1）温升不能直接测量，必须通过不同时间段的温度测量评估。应该采用特殊的预防措施避免由液体中的能量补偿效应或对流引起的温升导致的测量不确定度。这些效应是不能完全避免的。通过精细的设置可使这些不确定度最小。

（2）温度探头周围的测量体积很难定义，这样很难计算从温升场传递到探头内部的能量。这些影响必须考虑，这是因为温度探头是以均质温度在液体中进行校准的。目前没有可追溯的温升测量标准。

（3）校准依赖介质密度、比热容和电导率的评估。尽管密度和比热容可以通过标准步骤（对于 c_h，是±2%，对于 ρ 更好）进行精确测量，但是却没有测量电导率的标准。依据所用方法和液体的不同，不确定度可能达到±5%。

（4）温升测量是不敏感的，因此通常要在比电场测量更高的功率等级上执行。此时必须考虑系统的非线性（如功率测量、不同的场分量等）。

综上所述，通过配置，利用温升测量对电场探头进行校准的不确定度大约是±10%（合成不确定度）。

3.10.3 探头半球各向同性

使用探头评估人体的电磁辐射时，特别要注意人体的头部和身体两个部分，其中头部测试主要是在装满组织模拟液的头部半头模型中进行。由于模型构造和测量电场强度实际的需要，电场探头经常在测试机器人的配合下倾斜很大角度，因此电场探头的半球面各向同性对比吸收率测试的准确有很大的影响。同时由于组织模拟液的介电性能对电场探头的场偏转也有很强影响，因此探头需要在组织模拟液中进行各向同性评估。鉴于比吸收率测试的实际设置和校准设备的局限，探头不需要对完整球面进行评估，而是对半球面各向同性特性进行测量。

使用以下 4 个方案中的任意一个方案确定半球各向同性，每个方案的结果类似。

（1）偶极子位于平坦模型侧面。

（2）偶极子位于平坦模型正下方。

（3）使用偶极子和球形模型。

（4）参考天线方案。

图 3-40 所示是偶极子位于平坦模型正下方的方案。用夹具固定的半波偶极子天线被定位在平坦模型的正下方并与其平行，模型中盛满组织模拟液。探头定位于偶极子馈入点的正上方。探头插入并且定位于在偶极子馈入点上方的同一测量位置，所有的探头旋转工作是通过高精确度的定位装置控制和操作的。探头围绕本身的轴旋转（角度 ϕ 在 0°～360° 旋转），伴随着偶极子的旋转（角度 θ 在 0°～180° 旋转），以及探头轴倾斜角 ϑ（从 0°～75°）的变化，共同生成一个对半球接收模式的三维评估。

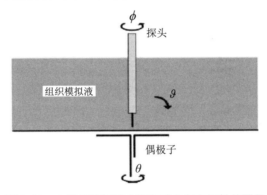

图 3-40　在组织模拟液中评估球向各向同性的配置

图 3-40 中，ϑ 为探头轴的倾斜角；θ 为偶极子轴的旋转角；ϕ 为探头轴的旋转角。

校准方案如下。

（1）在平坦模型中注入组织模拟液，平坦模型下侧放置平行于平坦模型底面的天线。

（2）使用基准探头扫描整个平坦模型的体积，寻找整个模型的比吸收率最大区域。

（3）将比吸收率最大区域的中心点位置，距离模型底部一定高度进行数据采集（注意避免探头直接接触模型底面）。

（4）根据比吸收率测试的实际情况和设备的局限，在 30°～150°内，以 10°为步长进行测试。

（5）在每个步长角度 360°旋转探头，同样以每 10°为间隔记录读取的场强数据。

（6）使用式（3-32）分析球面各向同性的数据。

$$SepheralIsortropy = 20\lg\left[\frac{E_{(\theta,\phi,\vartheta)}}{E_{avg}}\right] \tag{3-32}$$

式中：$E_{(\theta,\phi,\vartheta)}$ 为每一步的场强（V/m）；E_{avg} 为所有记录场强值的平均值（V/m）。

探头半球各向同性一般优于 0.5dB，如图 3-41（a）所示为正常的图形，图 3-41（b）为异常图形。

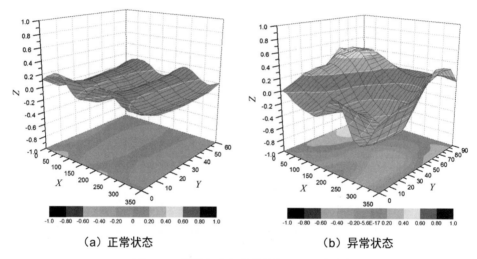

（a）正常状态　　　　　　　　　　　　（b）异常状态

图 3-41　探头半球各向同性图示化示意图

3.10.4　下检出限

下检出限是整个系统在其不确定度范围内可以测量的最小的比吸收率。其与测量系统的噪声等级、漂移有关，并可以通过改变线性度评估设置中的输出功率评估（即验证探头在所需的较低比吸收率等级仍然保持线性响应）。在测量系统的实际操作中，背景电磁场环境可影响下检出限。下检出限的限值是 10mW/kg 或更低。

下检出限的校准一般和线性度一起考虑。在校准过程中，对探头进行由低到高的逐级功率扫描，考察探头对极低功率到较高功率的性能，并修正所得数据，从而使得探头在一个较大量程中保持测试的稳定性。如图 3-42 所示，实测的比吸收率随着功率增大慢慢偏离线性区域，而修正后的线性度误差则在 0.5dB 以内。

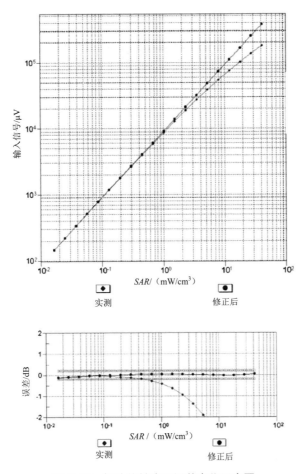

图 3-42　探头线性度及误差变化示意图

3.10.5　边界效应

在模型外壳内表面的附近，探头灵敏度会偏离正常校准条件下的值。边界效应分析在探头校准使用的盛满液体的开口波导中进行。使用所有系统组件和补偿措施测量 *psSAR*。由边界效应导致的不确定度是表面处测量值和解析值之间的偏差，解析值是通过将测量值外推到液体和介电隔板的分界面得到的。这个测量需要在各个频段和每个平均体积上执行。对于小于 800MHz 的情况，由于尺寸较大可能没有可用的校准波导，因此要在平坦体模下搭建一个由半波偶极子组成的实验装置。此时，外推不是基于导波模式的解析行为，而是基于实际测量值。边界效应的误差定义为测量得到的比吸收率数据和液体的真值之间的偏差。当探头垂直于模型表面时，边界效应可以得到很好的补偿。

在实际校准过程中，边界效应是在进行液体转换因子校准时同时进行的，图 3-43 是应用转换因子及边界效应修正参数前后的波导中 Z 轴扫描得到的场强与目标值及其误差的对比示意。

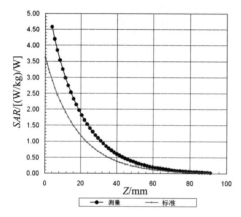
（a）应用转换因子前 Z 轴扫描后的场强与标准场值

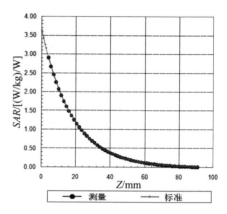
（b）应用转换因子后的场强与标准场值

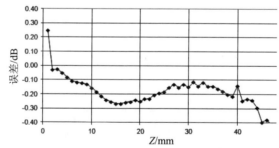
（c）应用转换因子前的 Z 轴扫描场强偏差图

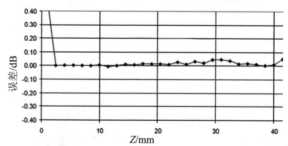
（d）应用转换因子后 Z 轴扫描的场强偏差图

图 3-43　应用转换因子前后测量值与标准场强偏差对比图

可以看出，在应用转换因子及边界效应参数之前，理论上的目标值曲线和实际测试的结果曲线是分离的，特别是在比吸收率主要的测试区间（0～20mm），而在应用转换因子及边界效应参数之后，两个曲线达到了重合，即通过校准保证了日常测试结果的准确。

3.10.6　响应时间

场探头信号响应时间不确定度的分析通过探头暴露在至少100W/kg的电场阶跃响应条件下评估。信号响应时间定义为通过启动和关闭射频功率，当探头及其读取设备的读数达到阶跃响应预期最终值的90%所需的时间。探头需要在每个测量位置保持静止至少三倍于响应时间的时间，以确保探头信号响应时间的不确定度可以忽略不计。基于这个测量条件，其不确定度可以为 0。否则，由于信号响应时间不确定度引起的比吸收率不确定度需要使用测试设备的信号特性进行评估。在这种情况下，信号阶跃响应时间不确定度为选定的测量时间下测得的比吸收率与至少三倍于评估响应时间的时间下测得的比吸收率之间的百分比差异。假设其符合矩形概率分布。

3.10.7　用分析场（波导）进行校准的不确定度分析

当使用有损耗液体中的可计算场进行探头校准时，在不确定度评估过程中必须考虑以下几点。

（1）净射频功率的消散在波导中要精确的测量。这就要求以下 3 个量中至少有 2 个要进行精确测量：输入功率、反射功率及波导输入端的反射系数。

（2）场强计算的准确性取决于液体介电参数的评估。

（3）由于在高介电常数的液体中电磁波的波长很短，即使使用很小的尺寸都可能超过共振模式的截止频率。必须对配置中的场分布进行仔细检查，以确保符合理论的场分布。

通过波导内的理论场进行探头校准时，不确定度分析至少要考虑表 3-16 中的参数。

表 3-16　使用波导分析探头校准的不确定度

输入量 X_i（不确定度分量来源）	概率分布	不确定度 $a(x_i)$ $\pm\%$	因子 q_i	c_i（1g/10g）	$u(x_i)=$ $a(x_i)/q_i$	$u(y)=$ $c_i \cdot u(x_i)$ $\pm\%$	v_i 或 v_{eff}
入射功率	R		$\sqrt{3}$	1			∞
反射功率	R		$\sqrt{3}$	1			∞

续表

输入量 X_i （不确定度分量来源）	概率分布	不确定度 $a(x_i)$ ±%	因子 q_i	c_i （1g/10g）	$u(x_i)=$ $a(x_i)/q_i$	$u(y)=$ $c_i \cdot u(x_i)$ ±%	v_i 或 v_{eff}
液体电导率的测量	R		$\sqrt{3}$	1			∞
液体介电常数的测量	R		$\sqrt{3}$	1			∞
液体电导率的偏差	R		$\sqrt{3}$	1			∞
液体介电常数的偏差	R		$\sqrt{3}$	1			∞
频率偏差	R		$\sqrt{3}$	1			∞
场均质性	R		$\sqrt{3}$	1			∞
场探头定位	R		$\sqrt{3}$	1			∞
场探头线性度	R		$\sqrt{3}$	1			∞
合成不确定度	RSS						

3.11 快速比吸收率测量系统

为了确定终端设备最大的峰值空间平均 $psSAR$，根据测试标准的要求，需要在每个频段、每个终端位置、配置和工作模式下测量终端设备。目前主流的电磁辐射测试系统大多是基于单一探头的测试系统，通过机械臂带动一根探头插入充满人体组织模拟液的头部或身体模型中测量电场。这类测试系统从 21 世纪初开始逐渐定型，一直沿用至今。由于硬件技术所限，目前的更新主要是软件算法。

随着通信行业的迅猛发展，通信设备制式日益复杂，应用环境多种多样。新型的无线设备通常兼容 2G、3G、4G 和 5G，并包含 MIMO、载波聚合等新功能；一些新型设备配备的传感器甚至还能根据工作场景自动调整发射功率，这使得测试方案的复杂性和测试用例都不断增长，对于使用单探头的测量系统，这往往意味着要进行上百次测试，整个比吸收率测试时长可能达到数周甚至数月。

为了应对这个问题，相关国际标准化组织相继提出一些新的测试方案，监管机构也采纳了这些方案，如基于频率、功率等优化工作模式的选择，基于设备的设计特性合并测试同类项，根据手机设计选择简化模型等方案可以减少测试用例，从而简化测试，节省测试时间。

除此之外，还有一种基于矢量测量、使用场重建技术的多探头系统也得到 IEC 的认可。这类多探头比吸收率测量系统是由多个探头形成阵列，并整体浸没在封装着组织模拟介质的模型中。通过在二维表面的测量重建关注的体积范围内的比吸收率。

3.11.1　矢量阵列测试系统技术概述

探头阵列是由双偏振传感器（见图 3-44）网格组成的，传感器可以捕获和测量表面切向的两个正交电场分量。

将多个传感器排列成线性阵列（图 3-45 中的 ABx），使用可以传输信号的连接线垂直固定在电路板上（图 3-45 中的 PTy）。通过这种结构可以限制传感器所在位置对于切向场分量的影响。通过时域有限差分

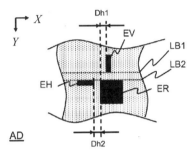

图 3-44　双偏振传感器示意图

（finite-difference time domain，FDTD）法进行数值分析解决探头的入射场激励响应和传感器之间的解耦。测量的灵敏度达到 1μW/g，使得阵列系统可以测量距离模型内表面 15mm 甚至更远的电场数据。探头阵列按照图 3-45 的方式排列，探头相互间的距离可以有效地降低模拟组织液带来的衰减，并降低探头阵列和被测设备之间的相互作用。图 3-46 为探头阵列系统的整体示意图。

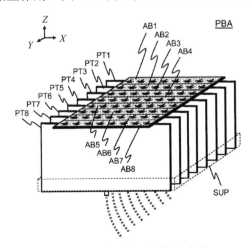

图 3-45　探头阵列结构示意图

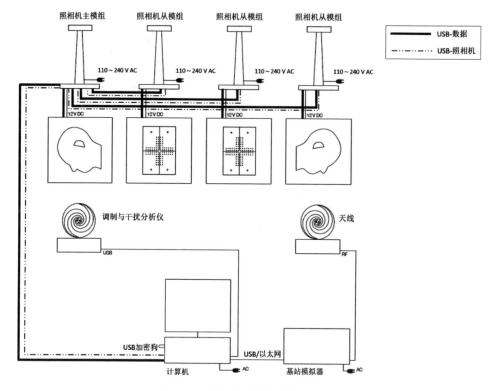

图 3-46 探头阵列系统整体示意图

3.11.2 阵列系统的数据分析

通过多探头阵列，比吸收率单个测试例的测试时间可由 15min 缩短到 0.3s，从而大大降低整个比吸收率评估的时间。但是由于设计的原因，探头阵列是沉浸在人体组织模拟液中封闭在人体模型外壳内的系统，此类系统的二极管负载传感器被放置在非常靠近模型表面的位置，并采用高阻抗线缆进行射频传输，这是因为使用低或中等阻抗的线缆会在模型内产生非常明显的反射，造成被测设备与系统之间的耦合（矢量传感器虽然可以获得更多的信息，但目前的射频传输线缆无法很好地匹配）。将传感器阵列远离模型可以减少耦合，不过这也使得无法捕获瞬时场而低估测试数据。此外系统中组织模拟液的位移也会降低测试的精准性。

由于设计的原因，探头传感器阵列是一个封闭的系统，不同的不确定度分量不能独立表征。通常传感器和 3D 重建算法的误差源相关，系统的不确定度需要在出厂时由制造厂商进行评估确定。

无线设备的空间平均比吸收率一般通过式（3-33）评估。

$$SAR_{\text{volavg}} = \int_V SAR(x, y, z)\mathrm{d}V / V \tag{3-33}$$

式中：V 为空间中进行比吸收率计算的体积。

系统需要考虑在损耗介质中传播场的指数衰减问题，假设入射波的特性近似表现为衰减的平面波，此时在任意点的比吸收率为

$$SAR(x, y, z) = SAR(x, y, 0)\mathrm{e}^{-2z/\delta} = SAR(x, y, z')\mathrm{e}^{-2(z-z')/\delta} \tag{3-34}$$

式中：δ 为趋肤深度；z' 为图 3-47 中 0 到损耗介质深度间的任意深度。

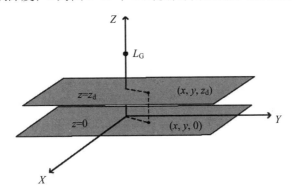

图 3-47　模型平面（$z=0$）和传感器平面（$z=z_\mathrm{d}$）的结构概念图

（L_c 为评估 1g 或 10g 比吸收率值时的最大空间体积）

考虑到介质中辐射场的指数衰减，在体积 V 中，评估最大空间平均比吸收率的公式为

$$SAR_{\text{vol avg}} = \frac{1}{V} \iiint\limits_{V_{\max}} SAR(x, y, z_\mathrm{d}) \exp[-2(z - z_\mathrm{d}) / \delta]\mathrm{d}x\mathrm{d}y\mathrm{d}z \tag{3-35}$$

这里的 z_d 是介质中场探测传感器的位置。当 V 是类似于图 3-47 中 L_c 位置的立方体时，比吸收率为

$$
\begin{aligned}
SAR_{\text{vol avg}} &= \frac{1}{L_\mathrm{c}^2} \iint\limits_{A_{\max}} SAR(x, y, z_\mathrm{d})\mathrm{d}x\mathrm{d}y \cdot \frac{1}{L_\mathrm{c}} \int_0^{L_\mathrm{c}} \exp[-2(z - z_\mathrm{d}) / \delta] \\
&= \frac{\delta}{2L_\mathrm{c}^3} \exp(2z_\mathrm{d} / \delta)[1 - \exp(-2L_\mathrm{c} / \delta)] \iint\limits_{A_{\max}} SAR(x, y, z_\mathrm{d})\mathrm{d}x\mathrm{d}y
\end{aligned}
\tag{3-36}
$$

所有的 $SAR(x,y,z_\mathrm{d})$ 数据都通过相邻探头进行采样，再通过双三次插值算法对数值进行处理，以保证第一梯度和交叉导数的连续性。

3.11.3　场重建基本原理

适用于基于矢量测量的比吸收率系统的场重建技术可以从成熟的电磁场近场测量理论，尤其是基于平面二维扫描的技术中得到。如图 3-48 所示，在无源

扫描平面 S 上 $\mathbf{r}' = x'\mathbf{e}_x + y'\mathbf{e}_y + z'\mathbf{e}_z$ 处进行二维平面测量，根据测量结果，在坐标 $\mathbf{r} = x\mathbf{e}_x + y\mathbf{e}_y + z\mathbf{e}_z$ 处的观测点对电场进行重建为

$$E(\mathbf{r}) = \int_S \mathrm{d}\mathbf{r}' D(\mathbf{r},\mathbf{r}') E(\mathbf{r}') \tag{3-37}$$

式中：$E(\mathbf{r})$ 是重建的三维矢量电场向量；$E(\mathbf{r}')$ 是在扫描平面 S 上测得的二维矢量电场向量；$D(\mathbf{r},\mathbf{r}')$ 是变换的核函数。

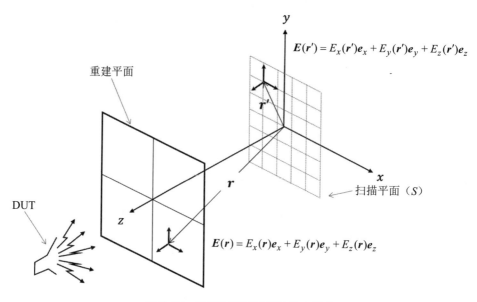

图 3-48　二维平面测量系统的坐标系

有很多可供选择的场重建技术。如依据正交或非正交基函数，电磁场可以根据格林函数、平面波或常规方案进行扩展。注意，需要使用在二维扫描区域上至少两个正交场分量的不同公式。只要获得二维扫描平面上两个正交场分量，如① 切向电场或双磁场；② 垂直场分量及其导数或；③ 电场和磁场的组合分量，就可以使用多种数学工具实现场的扩展和重建。现实中是不存在理想状态的电磁场探测器的（如赫兹偶极子），因此，基于矢量测量的比吸收率系统其探头校准是实现测量不确定度合理化的关键。

多探头比吸收率测量系统的探头浸没在封装组织模拟介质的模型中。当将二维近场测量技术应用到此类比吸收率系统中时，需要考虑一些特殊情况。空气（源区域）和模拟组织液（测量区域）之间的高介电参数差异造成空间受限的辐射，再加上模拟组织介质中的快速耗散现象，使模型中的共振及其边界上的场散射可以忽略不计。假定模拟组织液区域是开放的均匀介质，从而在如图 3-49 所示的内部重建有效的场。

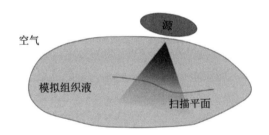

图 3-49　比吸收率测量系统的通用配置

由于比吸收率分布受麦克斯韦方程的约束（在无缘均匀介质中，麦克斯韦方程可以简化为亥姆霍兹方程），因此可以采用重建技术。众所周知，在这样的物理约束条件下，可以根据封闭表面（惠更斯定理扩展到球面波）上或无限平面（平面波扩展）上完整的场信息重建整个场。

这里应当特别指出，从电场中计算峰值空间平均比吸收率（psSAR）时并不一定需要知道电场分量的精确相位信息。只有当测量的场分量需要在电大尺寸空间上进行长距离传播到重建位置时，才需要精确了解其相位。

3.11.4　场重建技术

1. 扩展技术

多探头比吸收率测量系统的探头仅分布在模型内的一定区域内。如果采样点足够密集，且可测量区域外的场强足够低，则可在距离源一定范围内通过扩展技术进行精确重建。最常用的扩展方案需要至少已知两个场分量及其相对应的相位。相位信息可以直接测量，也可以通过场测量重建得到。

如图 3-50 所示，基于二维平面测量的平面波频谱（plane wave spectrum，PWS）扩展技术的主要过程如下。将在探头阵列网格 Σ_0 上方测量得到的电场记为 $E(x', y', 0)$，角频率 $\omega=2\pi f$，组织模拟介质中的电导率和介电常数分别为 σ 和 ε。已知所有场分量的测量值及其相位，利用平面波扩展技术在组织模拟介质中平面 $z \geqslant 0$ 上根据下式重建或背投电场

$$E(x, y, z) = \iint_{\Sigma_0} D(x, y, z; x', y', 0) E(x', y', 0) \mathrm{d}x' \mathrm{d}y' \qquad (3\text{-}38)$$

$$D(x, y, z; x', y', 0) = \frac{1}{(2\pi)^2} \int_{-\infty}^{\infty} \int_{-\infty}^{\infty} e^{-\mathrm{j}k_x(x-x') - \mathrm{j}k_y(y-y') - \mathrm{j}\sqrt{k^2 - k_x^2 - k_y^2}\, z} \mathrm{d}k_x \mathrm{d}k_y$$

式中：k_x、k_y 为频谱变量；传播常数 $k = \sqrt{\omega\mu_0(\omega\varepsilon_0\varepsilon' - \mathrm{j}\sigma)}$，$\mu_0 = 8.854 \times 10^{-12} \mathrm{F/m}$，$\varepsilon_0 = 4\pi \times 10^{-7} \mathrm{H/m}$。

在实际应用中，扫描区域 Σ_0 为探头所在的位置，频谱变量是离散的。因此，式（3-38）中的积分运算可以简化为离散傅里叶变换（discrete Fourier transform，DFT）。

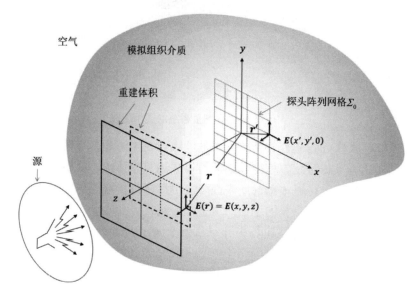

图 3-50　基于二维平面测量的比吸收率系统及其坐标系的示意图

2. 源重建技术

源重建技术是另外一种得到充分研究的方法，由等价定理导出。该定理表明在一个区域的表面上可以找到一个磁流和（或）电流的分布，使其在该区域内产生与原场相同的场分布。可以通过测量电场分量的振幅和相位，构造前面介绍的等效电（磁）流分布，从而得到整个场。如果与波长相比，源场和目标场都被限制在足够小的区域内，源重建技术不一定需要相位信息。

3. 源的基函数分解

源的基函数分解是利用小的通用源（如偶极子或多极子）的基函数构造合成比吸收率分布，并将其与实测场分布匹配的方法。在概念上介于源重建和扩展技术之间。

4. 相位重建

如果测量只能提供振幅信息，相位分布可以通过 Gerchberg-Saxton 算法（需要在两个平面上进行现场测量）、梯度搜索方法或解 Eikonal 方程等得到。由此产生的方程组通常是欠定的和非线性的。

3.11.5　多探头阵列系统的校准和验证

传统的比吸收率测试系统，可以拆分成探头、*DAE*、组织模拟液等组件，分别进行校准。阵列系统是作为一个整体使用的，传感器都密封在人体模型中，同时模型内填充满足标准要求的 600MHz～6GHz 介电参数的介质。由于在这些传感器之间存在相互耦合、采样空间不足、反向散射及矩阵内散射等原因，目前看来分开处理无论是从理论上（相关不确定度参量是互相影响的）还是实际上（制造厂商也不建议非专业人员拆解系统硬件）都有很大难度。

由于以上原因，目前针对单探头系统使用的校准方案已不再适用，因此对于阵列系统可以考虑采用传递校准的方式进行试验。

传递校准是基于已经校准的偶极子天线，通过测试天线输入端功率与阵列系统传感器电压间的关系，实现间接校准的。

对于阵列系统的校准，建议采用图 3-51 的射频设置进行。

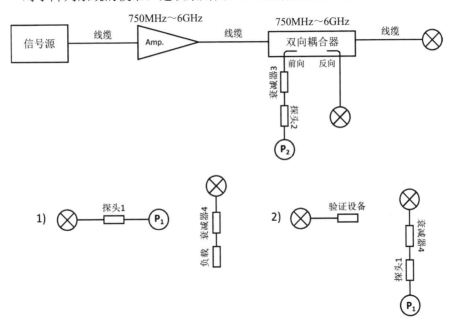

图 3-51　阵列系统校准的射频设置

图 3-51 中的 1）为功率读取的设置；2）为运行时校准程序的输出单元。图中的 P_x 代表功率计，"Amp."代表功率放大器。

阵列系统的校准主要涉及两个参量。

1. 动态范围（用 DCP 表示）

$DCP_{x,y,z}$、$I_{x,y,z}$、$J_{x,y,z}$、$K_{x,y,z}$ 是每个传感器针对基于峰值扫描的特定调制信号的数字线性化参数。动态范围与调制和频率无关，其他几个参数与调制有关，但和频率无关。线性化的电压 $U_{x,y,z}$(linearized)由测试得到的电压 $U_{x,y,z}$(measured)根据下式得到。

$$U_{x,y,z}(\text{linearized}) = \frac{U_{x,y,z}(\text{measured}) + \dfrac{K_{x,y,z}}{DCP_{x,y,z}} \cdot U_{x,y,z}(\text{measured})^2}{1 + I_{x,y,z} \cdot U_{x,y,z}(\text{measured}) + J_{x,y,z} \cdot U_{x,y,z}(\text{measured})^2} \quad (3\text{-}39)$$

由于动态范围同频率和调制都无关，鉴于信号输出的稳定性和通用性，在校准试验中选取常用且稳定的频率进行校准。根据标准的要求，动态范围的取值区间在 0.04V～0.1V，同时 X、Y 和 Z 轴传感器的取值在 0.1W/kg～110W/kg，为了确认传感器在这个区间内测量电压的性能，建议将输入功率分为多个功率等级，通过传感器读取相应的感应电压，将这些数据与输入功率进行规划求解，得到归一化的线性关系。

由于拟合后的传感器电压与输入功率的线性化关系不随频率而改变，所以只需要测试一个频率点。不过由于 $I_{x,y,z}$、$J_{x,y,z}$、$K_{x,y,z}$ 这几个参数同调制相关，因此，需要在每个等级功率的测试中，进行多个调制模式的测试，以便更好地确认相关参数。最后，通过数据后处理方式，归一化所有实现的调制模式的线性化关系。

2. 敏感度

敏感度（用 $Norm$ 表示）是阵列传感器的电压与使用传统比吸收率测量系统得到的目标比吸收率之间相关的基准传递归一化参数，取决于频率，与调制无关。敏感度 $Norm_{x,y,z}$ 可以通过下式得到。

$$SAR_{x,y,z} = \frac{\sigma}{\rho} E^2 = \frac{\sigma}{\rho} \frac{U_{x,y,z}(\text{linearized})}{Norm_{x,y,z}} \quad (3\text{-}40)$$

由于敏感度的测试需要考察单位输入功率下产生的电压，而在前面的动态范围测试中，已经确定了传感器电压与输入功率的归一化关系，所以可以将这个参数的测试简化为测试两个功率点的反应电压，以此确定传感器电压与输入功率的线性函数关系。

最后，根据偶极子天线输入功率与目标传感器比吸收率的关系，推导出传感器电压与比吸收率的关系。由于传感器自身的本征特性，传感器的敏感度与频率成线性递减的关系，所以测试两个频率点后即可构建敏感度与频率变化之间的关系，最终实现全频段的校准。

完成相关校准后，为了确认校准的数据可靠性，必须对导入新校准数据的阵列系统进行系统验证，确认其性能。

对于阵列系统的系统性能验证，建议使用在校准有效期内的偶极子天线进行试验，通过阵列系统测量比吸收率。测试得到的值与偶极子天线校准证书中的值进行比较。

由于目前的阵列系统的频率应用范围是 600MHz～6GHz，为了尽可能多地覆盖常用测试频率，建议使用合适的基准偶极子进行测试。

对于阵列系统的头部模型建议测量如图 3-52 所示的四个位置（顶部、嘴部、耳部和颈部）。

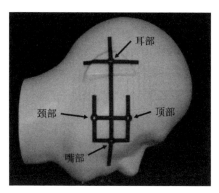

图 3-52　阵列系统的四个验证位置示意图

为了减小不确定度，偶极子使用间隔器后垂直于模型表面并与验证罩直接接触。验证罩是厂商专门设计的装置，为了确保位置的精确，对比吸收率测试没有影响。阵列系统测量得到的比吸收率与校准证书出具的比吸收率之间的偏差在不确定度之内即可。

3.12　5G 终端比吸收率测量的特殊要求

3GPP 将 5G 的空口命名为新无线电 NR，将其频率范围分为两个部分：FR1 为 410～7125MHz，FR2 为 24.25～52.6GHz，即通常所说的毫米波频段，如表 3-17 所示。在 FR1 可以继续用比吸收率评估其辐射，FR2 则使用功率密度。本节将讨论 FR1 比吸收率评估的特殊要求，至于功率密度的评估则将在第 5 章详细讨论。

表 3-17　5G 频率划分

频 段 名 称	覆盖频段/MHz
FR1	410～7125
FR2	24250～52600

在 4G LTE 时期，3GPP Release 10 中引入载波聚合技术，可以支持多个分量载波（component carrier，CC）扩展传输带宽以提高数据传送，这项技术在 5G NR 中得到进一步扩展以获得更高数据速率和更大传输带宽，可以达到每 CC 100MHz、最大 8CC 400MHz 的带宽。上行链路分量载波可以使用以下参数

的各种不同组合：波形（CP-OFDM 和 DFT-s-OFDM）和信号调制类型（QPSK、256QAM）、发射功率、资源块分配、子载波间隔（sub-carrier space，SCS）、TDD 上行下行占空比、信道带宽。

在 5G 部署初期，为了节省成本，快速开展业务，绝大多数的运营商选择非独立组网（non-standalone，NSA）模式。即 LTE 和 5G 使用 EN-DC 方式组网：LTE 核心网负责信道控制，5G 负责数据传输。这就导致作为业务锚点的 LTE 和进行数据传输的 5G 同时发射的情况出现。同时，5G NR 终端还应支持独立组网（standalone，SA）模式，也就是不需要 LTE 作为锚点的纯 5G 业务。

载波配置参数众多、EN-DC 在 LTE 和 NR 之间有不同的功率分配模式及单个分量载波可能具有 100MHz 的这几个特点，导致在评估 5G NR 终端的比吸收率时需要进行特别考量。

3.12.1 5G NR 上行波形

5G 技术使用两种上行波形：CP-OFDM 和 DFT-s-OFDM。CP-OFDM 与 LTE 下行使用的波形类似，DFT-s-OFDM 与 LTE 上行使用的 SC-FDMA 类似。如图 3-53～图 3-55 所示，图中所有的信号均为子载波间隔 15kHz，带宽 20MHz，100%资源块（RB）。DFT-s-OFDM 有相对较小的峰值平均值比率（PAR），CP-OFDM 的 PAR 相对大 2dB，但是在不同调制（QPSK、16QAM、64QAM、256QAM）之间的差异很小。PAR 会影响功率放大器的线性度，并限制输出性能，因此，在选择比吸收率测试配置时必须予以考虑。

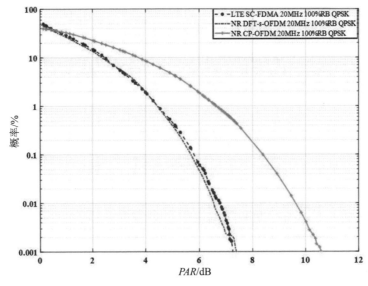

图 3-53　LTE 和 5G NR 波形的互补累积分布函数

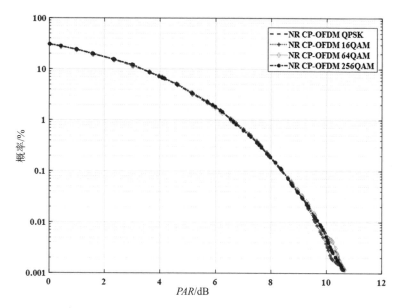

图 3-54 使用 CP-OFDM 波形、不同调制的 5G NR 的互补累积分布函数

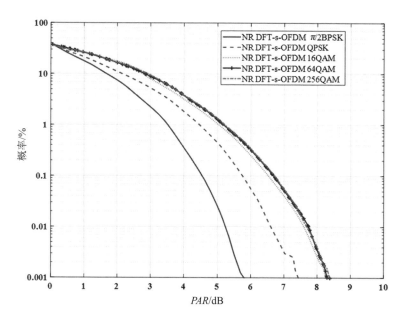

图 3-55 使用 DFT-s-OFDM 波形、不同调制的 5G NR 的互补累积分布函数

5G 上行、下行链路都可以使用 QPSK、16QAM、64QAM 和 256QAM 调制机制。此外，DFT-s-OFDMA 波形还支持 π/2-BPSK 调制。与 LTE 测试类似，可以通过对不同波形、调制、子载波间隔（用 SCS 表示）、资源块分配、信道

带宽组合下传导功率的测量确定比吸收率评估配置。QPSK 调制在 2 个符号周期内使用 4 个子载波。对于 OFDMA,在 QPSK 星座图中相邻的子载波被调制。只有相位被调制,功率才保持常数。在一个 OFDMA 符号之后插入循环前缀以避免符号内干扰。循环前缀的长度一般为信道扩展期望的延迟时间。功率发射是连续的,但是在符号之间可以观察到相位的不连续。一个反快速傅里叶变换执行平行到串行,符号在等频率间隔的不同子载波上映射。

OFDMA 和 SC-FDMA 的主要区别是 OFDMA 发射 4 个平行的 QPSK 符号,每个符号占用一个子载波,而 SC-FDMA 分 4 次串行发射它们,每个符号占用 $M \times 15\text{kHz}$ 带宽,如图 3-56 所示。5G 上行链路的配置与此类似。

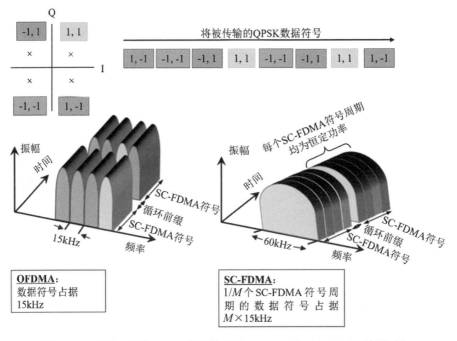

图 3-56 发射一系列 QPSK 数据符号的 OFDMA 和 SC-FDMA 波形对比

3.12.2 最大功率回退

3GPP 标准规定了最大功率回退(maximum power reduction,MPR),一般而言,QPSK 通常具有最大的输出功率,可作为比吸收率测试首选。终端输出功率取决于下列条件。

(1)终端功率等级:5G NR FR1 通常使用功率等级 3,其标称最大输出功率是 23dBm,但是某些频段支持功率等级 2,即所谓的高功率终端,允许最大输出功率到 26dBm。根据 OFDM 波形、信号调制、信道带宽和资源块分配等参数，有不同的功率回退标准，如表 3-18 所示是 3GPP TS 38.101-1 标准给出的功率等级 3 终端的最大功率回退表。

表 3-18 TS 38.101-1 标准给出的功率等级 3 终端的最大功率回退表

调 制		MPR/dB		
		边缘资源块分配	外部资源块分配	内部资源块分配
DFT-s-OFDM	π/2 BPSK	≤3.5	≤1.2	≤0.2
		≤0.5	≤0.5	0
	π/2 BPSK w π/2 BPSK DMRS	≤0.5	≤0²	0
	QPSK	≤1		0
	16 QAM	≤2		≤1
	64 QAM	≤2.5		
	256 QAM	≤4.5		
CP-OFDM	QPSK	≤3		≤1.5
	16 QAM	≤3		≤2
	64 QAM	≤3.5		
	256 QAM	≤6.5		

（2）相对标称功率的最大功率回退：根据 DFT-s-OFDM 和 CP-OFDM 波形最大功率回退的不同应用不同的最大功率回退阈值，QPSK 的最大功率回退最小，和 π/2 BPSK 一样是 0dB。其他调制的最大功率回退增大，当资源块位于频带边缘时，最大功率回退较大以减小可能的干扰。资源块位于频带中心时最大功率回退较小，一般而言，QPSK 调制、资源块位于内部时输出功率最大，可以作为比吸收率评估的起点。最大功率回退并不是强制要求，需要通过对不同波形、调制、SCS、资源块分配、信道带宽组合下传导功率进行测量以辅助比吸收率评估。

（3）额外的最大功率回退（A-MPR）：为了减小干扰，特定网络条件下可能用到 A-MPR。因为这只是某些特定地区的要求，在比吸收率测试时应关闭该选项。

3.12.3 资源块

资源块代表 12 个连续的子载波，根据信道带宽和子载波间隔可以设定不同的资源块数（用 RB 表示）。子载波间隔越大，RB 越少。带宽越大，RB 越大。如表 3-19 和表 3-20 所示，CP-OFDM 和 DFT-s-OFDM 的 RB 略有差别。

表 3-19　5G NR FR1 终端和基站最大资源块分配表（CP-OFDM 调制）

SCS/kHz	信道带宽/MHz												
	5	10	15	20	25	30	40	50	60	70①	80	90①	100
15	25	52	79	106	133	[160]	216	270	N.A	N.A	N.A	N.A	N.A
30	11	24	38	51	65	[78]	106	133	162	[189]	217	[245]	273
60	N.A	11	18	24	31	[38]	51	65	79	[93]	107	[121]	135

① 70MHz 和 90MHz 仅适用于基站信道带宽。

表 3-20　5G NR FR1 终端和基站最大资源块分配表（DFT-s-OFDM 调制）

SCS/kHz	信道带宽/MHz										
	5	10	15	20	25	30	40	50	60	80	100
15	25	50	75	100	128	[160]	216	270	N.A	N.A	N.A
30	10	24	36	50	64	[75]	100	128	162	216	270
60	N.A	10	18	24	30	[36]	50	64	75	100	135

传导功率测量需要考虑以下资源块配置。

（1）100% RB。

（2）每一频带频率上边缘、频率中心和频率下边缘处的 1 RB 和 50% RB。

为了避免混淆不同调制下的 100% RB 和 50% RB 的分配数据，表 3-21 是常用配置的总结。

表 3-21　5G NR FR1 SA 和 NSA 均适用的 100% RB 和 50% RB 分配表

波　　形	信道带宽/MHz	100% RB			50% RB		
		SCS/kHz			SCS/kHz		
		15	30	60	15	30	60
CP-OFDM	5	25	11	NA	13	5	NA
	10	52	24	11	26	12	5
	15	79	38	18	39	19	9
	20	106	51	24	53	25	12
	25	133	65	31	67	33	15
	30	160	78	38	80	39	19
	40	216	106	51	108	53	25
	50	270	133	65	135	67	33
	60	NA	162	79	NA	81	39
	80	NA	217	107	NA	109	53
	100	NA	273	135	NA	137	67

续表

波　　形	信道带宽/MHz	100% *RB*			50% *RB*		
		SCS/kHz			*SCS*/kHz		
		15	30	60	15	30	60
DFT-s-OFDM	5	25	10	*NA*	12	5	*NA*
	10	50	24	10	25	12	5
	15	75	36	18	36	18	9
	20	100	50	24	50	25	12
	25	128	64	30	64	32	15
	30	160	75	36	80	36	18
	40	216	100	50	108	50	25
	50	270	128	64	135	64	32
	60	*NA*	162	75	*NA*	81	36
	80	*NA*	216	100	*NA*	108	50
	100	*NA*	270	135	*NA*	135	64

3.12.4　EN-DC

在 5G 部署的初期，为了节省成本，快速开展业务，绝大多数的运营商选择非独立组网（NSA）模式。即 LTE 和 5G 使用 EN-DC 方式组网：LTE 核心网负责信道控制，5G 负责数据传输。此时 LTE 和 NR 可以同时发射和接收数据以提高上下行能力。在 LTE 和 NR 之间有两种功率分配机制：等分功率分配机制和动态功率分配机制。

EN-DC 模式下的最大功率是 EN 和 DC 功率之和，表 3-22 是根据 3GPP 的规定，DC_3A_n78A（即 LTE band 3 和 NRn78 同时工作）在功率等级 2 和功率等级 3 的最大总功率要求。

表 3-22　某给定 EN-DC 频段的最大输出功率要求

配　　　置	功率等级 2/dBm	容差/dB	功率等级 3/dBm	容差/dB
DC_3A_n78A	26	+2/-3	23	+2/-3

对于功率等级 3，要求最大总功率≤23dBm，因此，在等分功率分配机制下 LTE 和 NR 的最大输出功率都是 20dBm。虽然 LTE 和 NR 并不总是以 20dBm 发射，如 LTE 功率可能远小于 20dBm，此时 NR 的最大功率也不会超过 20dBm，因此上行覆盖可能受到影响。为此要引入动态功率分配机制，动态功率分配允许 UE 在 LTE 和 NR 间动态分配功率。此时，LTE 有更高的优先等级以满足上

行覆盖的要求，如图 3-57 所示。

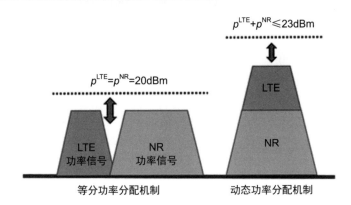

	等分功率分配	动态功率分配
LTE	p^{LTE}=20dBm	p^{EN-DC}=23dBm
NR	p^{NR}=20dBm	

图 3-57　等分功率分配机制和动态功率分配机制工作示意图

在等分功率分配机制下，每个发射器的最大允许功率已知，此时，同时发射比吸收率可以使用求和或比吸收率分布合成的方式确定总 $psSAR$。

在动态功率分配机制下，最大的功率 P_{CMAX} 由 LTE 和 NR 分享，其中 LTE 是主单元（MCG），NR 是次单元（SCG），MCG 拥有功率分配的优先权，剩余的功率分配给 SCG，总和不能超过 23dBm。因为每个发射器都有可能以最大功率发射，可以通过在最大功率下测量比吸收率确认每个发射器单独的符合性。但此时如果采用对单个发射器最大功率下测得比吸收率求和的方式确定总功率相应的总比吸收率，将高估实际的比吸收率，带来很大的不确定度。可以采用功率等比例缩放的形式求总比吸收率，也可以通过同时发射同时测量的方式测量总比吸收率。无论采用何种方式，都必须明确功率分配的具体机制。

3.12.5　载波聚合最大带宽

在 4G LTE 时期，3GPP Release 10 中引入载波聚合技术（carrier aggregation，CA），可以支持多个分量载波扩展传输带宽以提高数据传送，这项技术在 5G NR 中得到进一步的扩展以获得更高的数据速率和更大的传输带宽，可以达到每 CC 100MHz、最大 8CC 400MHz 的带宽。

5G 支持 3 种类型的载波聚合。

（1）频段内连续载波聚合：两个或多个载波的频段相同，且频谱连续。

（2）频段内不连续的载波聚合：两个或多个载波的频段相同，但频谱不连续。

（3）频段间载波聚合：两个或多个载波的频段不同。

尽管 CA 和 EN-DC 都是多个分量载波同时发射，两者的功率控制机制是不同的。对于带内 CA，如果频带比测量系统的有效校准带宽大，此时需要重新定义适用宽频带信号的比吸收率。

电磁场在有损耗介质中传播时，部分能量被吸收转化为热能，在无限小体积内吸收的能量 Q 为

$$Q(x,y,z,t) = J(x,y,z,t)E(x,y,z,t) \tag{3-41}$$

式中：$J(x,y,z,t) = \sigma E(x,y,z,t)$ 是传导电流密度；σ 是介质的电导率，也跟频率有关。简便起见，下述推导将省略点坐标 x,y,z。

能量在时间上平均得到功率，为

$$Q_{\mathrm{av}} = \lim_{T \to +\infty} \frac{1}{T} \int_0^T J(t)E(t)\mathrm{d}t \tag{3-42}$$

因此，任意一点上的比吸收率可以写作

$$SAR = \frac{Q_{\mathrm{av}}}{\rho} = \frac{1}{\rho} \lim_{T \to +\infty} \frac{1}{T} \int_0^T J(t)E(t)\mathrm{d}t \tag{3-43}$$

对于频率为 f 的谐波信号，有

$$E(t) = E_0 \cos(2\pi f_0 t)$$
$$J(t) = \sigma E_0 \cos(2\pi f_0 t)$$

所以

$$
\begin{aligned}
SAR &= \frac{1}{\rho} \lim_{T \to +\infty} \frac{1}{T} \int_0^T J(t)E(t)\mathrm{d}t = \frac{1}{\rho} \lim_{T \to +\infty} \frac{1}{T} \int_0^T J(t)E(t)\mathrm{d}t \\
&= \frac{1}{\rho} \sigma E_0^2 \lim_{T \to +\infty} \frac{1}{T} \int_0^T \cos^2(2\pi f_0 t)\mathrm{d}t = \frac{1}{2\rho} \sigma E_0^2
\end{aligned}
\tag{3-44}
$$

场强取有效值时为

$$SAR = \frac{\sigma E_{\mathrm{eff}}^2}{\rho} \tag{3-45}$$

此即 SAR 的一般表达式。

对于双频激励型号，有

$$E(t) = E_1 \cos(2\pi f_1 t) + E_2 \cos(2\pi f_2 t) \tag{3-46}$$

鉴于 σ 跟频率有关，应用叠加原理，电流密度为

$$J(t) = \sigma(f_1)E_1\cos(2\pi f_1 t) + \sigma(f_2)E_2\cos(2\pi f_2 t) \tag{3-47}$$

因此，

$$SAR = \frac{1}{\rho} \lim_{T \to +\infty} \frac{1}{T} \int_0^T J(t) E(t) \mathrm{d}t = \frac{\sigma(f_1) E_1^2}{2\rho} + \frac{\sigma(f_2) E_2^2}{2\rho} \tag{3-48}$$

对于周期信号，电场可以分解为傅里叶级数

$$E = \sum_{n=-\infty}^{+\infty} E_n \mathrm{e}^{-\mathrm{j}2\pi f_n t} \tag{3-49}$$

根据叠加原理，电流密度为

$$J = \sum_{n=-\infty}^{+\infty} \sigma(f_n) E_n \mathrm{e}^{-\mathrm{j}2\pi f_n t} \tag{3-50}$$

所以

$$J(t) \cdot E(t) = \sum_{m=-\infty}^{+\infty} \sum_{n=-\infty}^{+\infty} \sigma(f_n) E_n E_m \mathrm{e}^{-\mathrm{j}2\pi(f_n + f_m)t} \tag{3-51}$$

对此式进行时间平均，可知指数项为 0，仅当 $f_m = -f_n$（即 $m=-n$）的项有值，此时 SAR 为

$$SAR = \frac{1}{\rho} \lim_{T \to +\infty} \frac{1}{T} \int_0^T J(t) E(t) \mathrm{d}t = \frac{1}{\rho} \sum_{n=-\infty}^{+\infty} \sigma(f_n) E_n E_{-n} \tag{3-52}$$

对于实信号，傅里叶分量满足 $E_{-n} = E_n^*$，则

$$SAR = \frac{1}{\rho} \sum_{n=-\infty}^{+\infty} \sigma(f_n) |E_n|^2 \tag{3-53}$$

对于任意宽带信号 E，可以写作

$$E(t) = \int_{-\infty}^{+\infty} \hat{E}(f) \mathrm{e}^{\mathrm{j}2\pi f t} \mathrm{d}f \tag{3-54}$$

式中：$\hat{E}(f)$ 是信号的傅里叶变换。

根据叠加原理，电流密度为

$$J(t) = \int_{-\infty}^{+\infty} \sigma(f) \hat{E}(f) \mathrm{e}^{\mathrm{j}2\pi f t} \mathrm{d}f \tag{3-55}$$

则

$$J(t) \cdot E(t) = \int_{-\infty}^{+\infty} \int_{-\infty}^{+\infty} \sigma(f) \hat{E}(f) \hat{E}(\xi) \mathrm{e}^{\mathrm{j}2\pi(f+\xi)t} \mathrm{d}\xi \mathrm{d}f \tag{3-56}$$

对此式进行时间平均，可知与时间有关的项为 0，仅当 $\xi = -f$ 的项有值，此时 SAR 为

$$SAR = \frac{1}{\rho} \lim_{T \to +\infty} \frac{1}{T} \int_0^T J(t) E(t) \mathrm{d}t = \int_{-\infty}^{+\infty} \sigma(f) \hat{E}(f) \hat{E}(-f) \mathrm{d}f \tag{3-57}$$

对于实信号，傅里叶变换满足：

$$\hat{E}(-f) = \hat{E}(f)^*$$

则

$$SAR = \frac{1}{\rho} \int_{-\infty}^{+\infty} \sigma(f) |\hat{E}(f)|^2 \mathrm{d}f \tag{3-58}$$

或者

$$SAR = \frac{2}{\rho} \int_0^{+\infty} \sigma(f) \left| \hat{E}(f) \right|^2 \mathrm{d}f \tag{3-59}$$

此即与频率相关的 SAR 的表达式。

对于多频段信号，对这些频率的 SAR 求和，记作

$$SAR = \frac{2}{\rho} \sum_{j=1}^{N} \int_{F_{\min}^j}^{F_{\max}^j} \sigma(f) \left| \hat{E}(f) \right|^2 \mathrm{d}f \tag{3-60}$$

式中：$F_{\min}^j$ 和 $F_{\max}^j$ 分别为被测信号第 j 个子频段的最小频率和最大频率。

当载波聚合的各个载波分量工作在不同频率上时，属于非相关信号，因此可以按照非相关信号的比吸收率评估，按照式（3-61）处理

$$SAR(x,y,z) = \sum_{j=1}^{N} \alpha_j SAR_j(x,y,z) \tag{3-61}$$

式中：N 为第 N 个比吸收率分布；α_j 为考虑动态功率分布时不同发射的功率权重因子。

3.12.6　5G NR 终端的比吸收率评估

有两种方法可用于评估 5G NR 的比吸收率。

方法 A 适用于 5G 模式下多个上行链路同时发射的情况。以下步骤适用于 5G NSA 和 CA。

（1）使用基站模拟器配置所有的 LTE 和 NR 上行链路（如 RB、调制、SCS、带宽等）。LTE 和 NR 应同时激活。

（2）在基站模拟器和被测设备之间建立链接，使多个上行链路同时发射。等被测设备在 LTE 和 NR 之间建立 EN-DC 模式。确保 5G NSA 链接正常。

（3）测量比吸收率。

（4）根据式（3-60）计算合成比吸收率。

（5）使用动态功率分配机制时，合成步骤（3）测得的同时发射的比吸收率分布，并根据产生最大比吸收率照射的缩放因子调整合成比吸收率。

以下步骤适用于 5G SA。

（1）使用基站模拟器配置所有的 NR SA 信号。

（2）在基站模拟器和被测设备之间建立链接。等被测设备建立 5G SA 模式。确保 5G NSA 链接正常。

（3）测量 5G SA 信号的比吸收率。如果使用载波聚合，同时测量所有上行发射载频的比吸收率。

（4）根据式（3-60）计算合成比吸收率。

方法 A 流程如图 3-58 所示。

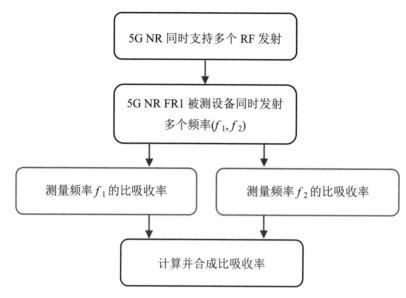

图 3-58　方法 A 流程示意图

方法 B 适用于 5G 模式下多个上行链路分别发射的情况。以下步骤适用于 5G NSA 和 CA。

（1）使用基站模拟器配置所有的 LTE 和 NR 上行链路（如 *RB*、调制、*SCS*、带宽等）。LTE 和 NR 应同时激活。

（2）在基站模拟器和被测设备之间建立链接，使多个上行链路同时发射。等被测设备在 LTE 和 NR 之间建立 EN-DC 模式。确保 5G NSA 链接正常。

（3）将 4G 上行设为 0dB，可以将 LTE UL 功率降低或执行所有字节降低的指令，保持 4G 上行为最小功率。

（4）将 5G 上行设为所有字节最大指令，以要求终端在 5G 发射最大功率。

（5）测量 5G 比吸收率。

（6）关闭 5G（或执行所有字节降低指令）打开 4G（或执行所有字节最大指令）。

（7）测量 4G 比吸收率。

（8）根据式（3-60）计算合成比吸收率。

（9）当使用动态功率分配机制时，根据产生最大比吸收率照射的缩放因子调整合成比吸收率。

以下步骤适用于 5G SA。

（1）使用基站模拟器配置所有的 5G NR SA 信号。

（2）在基站模拟器和被测设备之间建立链接。等被测设备建立 5G SA 模式。确保 5G NSA 链接正常。

（3）测量 5G SA 信号的比吸收率。如果使用了载波聚合，逐一测量所有上行发射载频的比吸收率。

（4）根据式（3-60）计算合成比吸收率。

方法 B 流程如图 3-59 所示。

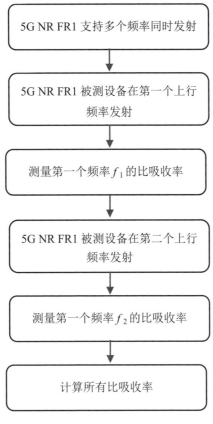

图 3-59 方法 B 流程示意图

参 考 文 献

[1] International Commission on Non-Ionizing Radiation Protection. ICNIRP guidelines for limiting exposure intime-varying electric, magnetic, and electromagnetic fields(up to 300 GHz)[J]. [S.l.]: Health Physics, 1998, 74(4): 494-522.

[2] DROSSOS A, SANTOMAA V, KUSTER N. The dependence of electromagnetic energy absorption upon human head tissue composition in the frequency range of 300 - 3000 MHz[J].

[S.l.]: IEEE Trans. Microwave Theory Tech, 2000, 48(11): 1988–1995.

[3] 3rd Generation Partnership Project; Technical Specification Group Radio Access Network; NR; User Equipment (UE) conformance specification; Radio transmission and reception; Part 1: Range 1 Standalone: 3GPP TS 38.508-1 V17.2.0 [S/OL]. (2021-10-01). https://portal.3gpp.org/ desktopmodules/Specifications/Specification Details.aspx?specificationId=3381.

[4] IEC. Guidance for evaluating exposure from multiple electromagnetic sources: IEC TR 62630:2010 [R].[S.l.]: IEC, 2010.

[5] FIEGUTH P W, KARL W C, WILLSKY A S, et al. Multi-resolution optimal interpolation and statistical analysis of TOPEX/POSEIDON satellite altimetry[J]. [S.l.]: IEEE Trans. Geosci. Remote Sens, 1995, 33: 280–292.

[6] LANCASTER P, SALKAUSKA K. Curve and Surface Fitting: An Introduction[M]. New York: Academic Press, 1986.

[7] FERREIRA P J S G. Non-iterative and fast iterative methods for interpolation and extrapolation[J]. [S.l.]: IEEE Trans. Sig. Proc, 1994, 41: 3278-3282.

[8] FORD C, ETTER D M. Wavelet basis reconstruction of nonuniformly sampled data[J]. [S.l.]: IEEE Trans. Circuits Sys. II: Analog Dig. Sig. Proc, 1998, 45(8): 1165-1168.

[9] USTUNER K F, FERRAI L A. Discrete splines and spline filters[J]. [S.l.]: IEEE Trans. Circuits Sys, 1991, 39(7): 417-422.

[10] PRESS W H, FLANNERY B P, TEUKOLSKY S A, et al. Numerical Recipes in FORTRAN 77: The Art of Scientific Computing[M]. New York: Cambridge University Press, 1992.

[11] IEC. Assessment of electronic and electrical equipment related to human exposure restrictions for electromagnetic fields (0 Hz to 300 GHz): IEC 62311:2019[S]. [S.l.]:IEC, 2019.

[12] ISO/IEC. Uncertainty of measurement – Part 1: Introduction to the expression of uncertainty in measurement :ISO/IEC Guide 98-1[S]. [S.l]: ISO/IEC, 2009.

[13] ISO/IEC. Supplement 1 Technical Corrigendum 1: ISO/IEC Guide 98-3[S]. [S.l.]: ISO/IEC, 2005.

[14] DOUGLAS M G, KANDA M Y, LUENGAS W G, et al. An Algorithm for Predicting the Change in SAR in a Human Phantom due to Deviations in its Complex Permittivity[J]. [S.l.]: IEEE Transactions on Electromagnetic Compatibility, 2009, 51(2): 217-226.

[15] DOUGLAS M G, CHOU C K. Enabling the Use of Broadband Tissue Equivalent Liquids for Specific Absorption Rate Measurements[J]. [S.l.]: IEEE Electromagnetic Compatibility Symposium, 2007: 1-6.

[16] NADAKUI J, KÜHN S, FEHR M, et al. Effect of Diode Response of Electromagnetic Field Probes for the Measurements of Complex Signals[J]. [S.l.]: IEEE Transactions on

Electromagnetic Compatibility, 2012, 54(6): 1195-1204.

[17] Energy Information Administration.Rectangular Waveguides (WR3 to WR2300): EIA RS-261-B[S]. [S.l.]: Standard of the Electronic Industries Association of the United States of America, 1979.

[18] KUSTER N, BALZANO Q. Experimental and numerical dosimetry[J]. [S.l.]: Mobile Communications Safety. New York: Chapman & Hall,1997: 13–64.

[19] MEIER K, BURKHARD T M, SCHMID T, et al. Broadband calibration of E-field probes in lossy media[J]. [S.l.]: IEEE Trans. Microwave Theory Tech., 1996, 44(10): 1954-1962.

[20] JOKELA K, HYYSALO P, PURANEN L. Calibration of specific absorption rate (*SAR*) probes in waveguide at 900 MHz[J]. [S.l.]: IEEE Trans. Instrumen. Meas, 1998, 47(2): 432-438.

[21] MAGEE J W. Molar heat capacity (Cv) for saturated and compressed liquid and vapor nitrogen from 65 to 300 K at pressures to 35 MPa [J]. [S.l.]: Journal of Research of the National Institute of Standards and Technology, 1991, 96(6): 725-740.

[22] 倪育才. 实用测量不确定度评定[M]. 4 版. 北京：中国质检出版社，2014.

[23] 魏然. 5G 终端测试[M]. 北京：科学出版社，2021.

[24] 张睿，周峰，郭隆庆，等. 无线通信仪表与测试应用[M]. 北京：人民邮电出版社，2010.

第 4 章

电磁辐射仿真方法

从第 3 章可知，人体的特点决定不可能直接在人体真实组织内测量、评估无线通信设备的电磁辐射。在实验环境中使用人体模型测量通信设备在人体内产生的电磁辐射也是非常复杂和困难的。随着计算机技术的发展，使用计算机模拟方法评估人体内比吸收率的仿真方法逐渐成熟，并逐渐建立可接受的标准化协议。通过建立正确的解剖学人体模型、验证技术、基准数据、后处理方法，并进行不确定度评估，可以产生有效的、可重复的仿真结果。

本章 4.1 节介绍电磁辐射仿真的基本原理，4.2 节介绍时域有限差分法（FDTD）的基本概念，4.3 节～4.6 节介绍使用 FDTD 方法计算比吸收率的要求、基准测试验证使用的模型、不确定度和代码验证，4.7 节给出使用头部模型计算手机比吸收率的示例。

4.1 电磁辐射仿真基本原理

4.1.1 人体内电磁场与比吸收率的关系

在空间内任意一点上的电场 E 和磁场 H 都满足麦克斯韦方程组，生物体介质内部也不例外。麦克斯韦方程组如式（4-1）和图 4-1 所示。

$$\nabla \cdot \boldsymbol{D} = \rho$$

$$\nabla \cdot \boldsymbol{B} = 0$$

$$\nabla \times \boldsymbol{H} = \boldsymbol{J} + \frac{\partial \boldsymbol{D}}{\partial t} \qquad (4\text{-}1)$$

$$\nabla \times \boldsymbol{E} = -\frac{\partial \boldsymbol{B}}{\partial t}$$

图 4-1　麦克斯韦与麦克斯韦方程组

同时，在不同介质（如骨组织和肌肉组织）的任何边界处，电场 E 和磁场 H 还应满足一定的边界条件，也就是说，在边界处，一种介质中的场应该与另一种介质中的场相关。边界条件通常用两个向量场分量表示：一个分量平行于边界，一个垂直于边界。电介质中电场的边界条件为

$$\varepsilon_1 E_{n1} = \varepsilon_2 E_{n2}$$
$$E_{t1} = E_{t2} \tag{4-2}$$

式（4-2）中下标 1 表示其中一种介质中的电场分量，下标 2 表示在另一种介质中的电场分量。E_n 表示垂直于边界的电场分量，E_t 表示平行于边界的电场分量。磁场也有类似的关系，为

$$\mu_1 H_{n1} = \mu_2 H_{n2}$$
$$H_{t1} = H_{t2} \tag{4-3}$$

式中：μ 为介质的磁导率。对于非磁性材料，$\mu_1 = \mu_2 = \mu_0$（即自由空间的磁导率）。H 的两个分量在边界上是连续的。边界条件很重要，因为通过它能定性分析介质内部的电磁场。边界条件如图 4-2 所示。

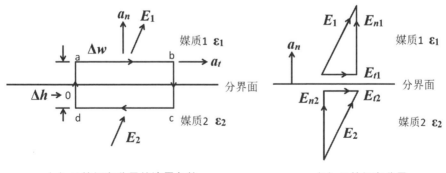

（a）E 的切向分量的边界条件　　　　（b）E 的切向分量

图 4-2　边界条件示意图

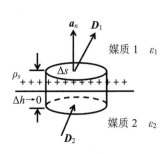

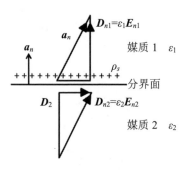

（c）**D** 的法向分量的边界条件   （d）**D** 的法向分量

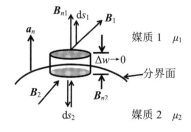

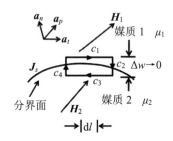

（e）**B** 的法向分量的边界条件   （f）**H** 的切向分量的边界条件

图 4-2   边界条件示意图（续）

图 4-2 中，**E** 为电场强度，**D** 为电场通量密度，**B** 为磁场通量密度，**H** 为磁场强度。

在给定边界条件下，通过解麦克斯韦方程组得到介质内的电磁场，对于稳定正弦场，SAR 为

$$SAR = \frac{1}{\rho}\omega\varepsilon_0\varepsilon'' E_{\text{int}}^2 = \frac{\sigma}{\rho}E_{\text{int}}^2 \quad W/kg \tag{4-4}$$

式中：ρ 为生物体质量密度（kg/m³）；ε_0 为自由空间介电常数（F/m）；ε''为复相对介电常数的虚部；ω 为角频率（$\omega=2\pi f$ 弧度）；σ 为电导率（S/m）；E_{int} 为体内某一点的电场强度均方根（V/m），下标 int 表示介质内部的电磁场（简称内场）与暴露对象周围的外部电磁场（简称外场）不同这一事实。

内场与介质的介电特性有关。介电特性通常包括介电常数、损耗正切或电导率。复相对介电常数定义为

$$\varepsilon = \varepsilon_0(\varepsilon' + j\varepsilon'') \tag{4-5}$$

式中：ε_0 为自由空间的介电常数，为 8.854×10^{-12} F/m；ε' 为介电常数或复相对介电常数的实部；ε'' 为复相对介电常数的虚部。

注意，介电常数表示含水介质的特性是不准确的，因为水和生物材料的介电特性是随频率变化的，不是恒定的常数。图 4-3 展示心肌组织的介电常数和

电导率随频率的变化趋势。

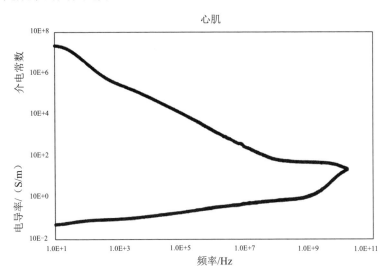

图 4-3　心肌组织介电常数和电导率随频率变化规律

损耗正切定义为

$$\tan\delta = \frac{\varepsilon''}{\varepsilon'} \qquad (4\text{-}6)$$

这是一个衡量材料损耗或吸收能量的参数。

电导率 σ 与 ε'' 的关系为

$$\varepsilon'' = \sigma/(\omega\varepsilon_0) \qquad (4\text{-}7)$$

介质从电场吸收能量的方式主要有 3 种。一种是将动能转移到不受任何原子束缚的电子（称为自由电子）上，这与介质的电导率有关。能量吸收的另外两种形式是在 E_{int} 中电偶极子重新排列产生的摩擦，以及在 E_{int} 中的离子和分子振动和旋转运动产生的摩擦。由于 ε'' 表示能量在电场中的损失，如果一种物质的 ε'' 比 ε' 大，则被认为是有耗的。因此，暴露在射频能量下的有耗物质会吸收相对较多的电磁能量。在大多数情况下，一种物质在单位体积内含有的水或其他极性分子越多，它的损耗就越大，物质越干燥，损耗越小。例如，干燥的纸放在微波炉里不会变热，但湿纸会被加热，直到纸张变干燥为止。人体组织的脂肪含水量比肌肉组织低，当暴露在相同的 E_{int} 下时，脂肪不易吸收电场能量。另外，介质的介电常数也影响外场的耦合，从而影响 E_{int} 的大小。

注意，比吸收率并不是测量温度上升的指标，只是对单位质量介质能量吸收率的度量，取决于介质的电导率。温升是比吸收率的函数，但也是热吸收体热特性，即吸收体的大小、形状和对周围环境的导热系数的函数。热点通常指局部的高比吸收率区域，但这个词并不意味该区域产生高温，因为生物系统有各种各样的温度调节机制，可以自动调节系统中各个区域的温度。在计算活体生物系统的温度分布方面还需要做更多的工作。

4.1.2 低频内场特性

在非常低的频率下，与生物系统相比，电磁波的波长很长，因此大多数生物系统暴露在其近场下。在这些频率下，电场和磁场是近似独立的，因此，类似于静态场，这样的场被称为准静态场。

准静态场的特性可以用下面的例子说明。假设某有损耗物体处于准静态场中，E_{inc} 如图 4-4 所示。E_{inc} 将导致物体内部电介质极化，并在物体内外产生二次场 E_s。物体内部的二次场和入射场合称为内场。在边界处，入射场和二次场之和应满足内场的边界条件。在定性解释中，二次场通常不那么重要；此时，可以根据入射场和内场分析边界条件。在物体的末端附近，如图 4-4（a）中的入射场几乎垂直于边界。因此，边界条件要求内场在末端非常弱，因为 $\varepsilon_1 > \varepsilon_0$，而场几乎等于 $(\varepsilon_0/\varepsilon_1)(E_{inc}+E_s)$。另一方面，在介质的两侧，入射场主要平行于边界，内部场几乎等于 $E_{inc}+E_s$。由于内场平行于边界的区域要比垂直于边界的区域大得多，所以内场将更多地由平行场分量上的边界条件决定，因此，图 4-4（a）中的电场耦合很强。图 4-4（b）中的电场耦合较弱，因为 E_{inc} 平行于边界的部分比图 4-4（a）小得多。因此，在图 4-4（a）中，E_{inc} 与物体的长轴对齐，强电场耦合到物体中；如果物体是有损耗的，会吸收相当大的能量。相反，在图 4-4（b）中，E_{inc} 垂直于物体的长轴，较弱的电场耦合到物体中，因此它吸收的能量相对较小。

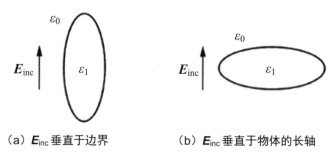

（a）E_{inc} 垂直于边界　　　（b）E_{inc} 垂直于物体的长轴

图 4-4　置于准静态电场中的介质物体

在低频有损耗物体中，磁场耦合可以看作在入射磁场矢量周围的闭合路径中循环的感应涡流。循环电流表示能量从入射磁场转移到物体内。在某种意义上，能量传递的大小与物体跟 H_{inc} 形成的横截面积成正比。由于图 4-5（b）中垂直于 H_{inc} 的横截面积大于图 4-5（a），在图 4-5（b）中能量传递的幅度大于

图 4-5（a），因此，图 4-5（b）中的磁场耦合强于图 4-5（a）中的磁场耦合。据此，对于低频率，可以解释 E、H 和 K 矢量极化波的比吸收率在实际测量中形成的相对差异（K 矢量定义平面波的传播方向）。对于 E 极化波（其中 E 平行于物体的长轴），E 和 H 耦合都很强。对于 H 极化波（H 平行于物体的长轴），E 和 H 耦合都很弱。对于 K 极化波（其中波传播矢量 K 平行于物体长轴），E 耦合较弱，但 H 耦合较强。因此，当频率低于谐振频率时，E 极化比吸收率最大，H 极化最小，K 极化居中。

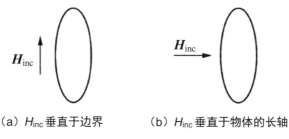

（a）H_{inc} 垂直于边界　　　（b）H_{inc} 垂直于物体的长轴

图 4-5　置于准静态磁场中的介质物体

注意，在吸收体的不同位置的场存在一定的独立性。在低频，吸收体某一部分的内场被其他部分强烈影响，能量因为吸收体的尺寸、形状及相对于入射场的方向而出现分布不均匀的现象。在中频，内场可以看作是在边界处的部分入射波和部分反射波，两波的叠加导致体内场强分布的明显变化，同时电场和磁场彼此无法独立而耦合在一起。在高频，内场在吸收体的不同部分则很少耦合，下面将详细介绍。

4.1.3　高频内场特性

当频率非常高时，与物体的大小相比，入射波的波长非常小，此时电磁波可以看作是射线。在这种情况下，对于有损耗的物体因为入射波穿透深度随着频率的增加而迅速减小，其影响主要是表面效应，也就是所谓的趋肤效应。穿透深度取决于电导率和频率。例如，在 10GHz 时，趋肤深度小于 5mm。在这些非常高的频率下，身体某一部分的场受到身体其他部分的影响非常轻微。

4.1.4　计算方法

理论上，任何被电磁场辐射的物体的内场都可以通过求解麦克斯韦方程组获得。但在实践中，计算是非常困难的，只在一些非常特殊的情况下，如在球体或无限长的圆柱体这类理想模型内才能做到。由于计算比吸收率的数学复杂性，可以采用多种技术组合获得不同模型在不同频率下的比吸收率。每一种技术都在有限的参数范围内提供信息，结合此信息，针对许多可用模型，可以合理地在较宽的频率范围内将比吸收率描述为频率的函数。

频率不超过约 30MHz 的情况下，长波长近似方法被用于计算人体大小的球体模型。扩展边界条件法（extended boundary condition method，EBCM）被用于计算类人的球体模型，其频率可达 80MHz。迭代扩展边界条件法（iterative extended boundary condition method，IEBCM）是 EBCM 的扩展，已被用于计算频率高达 400MHz 的球体模型。对于圆柱形模型（适用于人体大小的躯体或四肢）的经典麦克斯韦方程组解可被用于计算大约 500MHz～7GHz 的 E 极化和大约 100MHz～7GHz 的 H 极化的比吸收率。采用基于几何光学的近似方法，可获得约 7GHz 以上的比吸收率结果。格林函数积分方程的矩量法用于求解高至 400MHz 的电场（适用于人体大小的模型）。对于 K 极化，表面积分方程技术（surface integral equation，SIE）的方法适用于频率大约为 400MHz、模型由一个两端被半球覆盖的截断柱体组成的计算。

在各种远场和近场源中，可以利用数值模拟技术确定毫米级分辨率的解剖学模型中的比吸收率和电流分布。在力矩法（MM）、有限元法（FEM）、时域有限元法（FETD）、广义多极技术（GMT）、体积-表面积分方程法（VSIE）、导纳和阻抗等多种方法中，时域有限差分（FDTD）方法已成为从几 MHz 到几千 MHz 范围内生物电磁模拟使用最广泛的方法。另外，FDTD 方法的一种扩展，频率相关的时域有限差分方法（$(FD)^2TD$），可计算组织频率弥散的影响，实现宽带生物电磁模拟。该方法可计算 1GHz 量级的超短平面波脉冲在体内的比吸收率和电流分布。下面简要介绍其中常用的几种技术。

1. 长波长近似方法

当辐射对象的长度大约是波长的 2/10 或更小时，在此频率范围内比吸收率的计算是基于一阶近似项展开的电场和磁场的幂级数。这被称为摄动法，因为它基于产生的场与静态场只有很小变化的事实。本方法可用于推导模拟人类和动物的均匀圆球和椭球模型中的比吸收率方程。

2. 拓展边界条件法

拓展边界条件法（extended boundary condition method，EBCM）是基于积分方程和电磁场在球谐函数中展开的矩阵公式。该方法由 Waterman 提出，随后被用于计算模拟人与动物的长椭球体模型的比吸收率。EBCM 在数值计算能力范围内是精确的，但受限于目前的数值问题，该方法仅适用于频率低于约 80MHz 时计算人的长椭球模型。在人体长椭球体模型的比吸收率计算中，30MHz 左右长波长近似法和 EBCM 给出相同的结果，之后，长波长近似开始变得不准确。

3. 迭代扩展边界条件法

随着计算水平的发展，EBCM 已拓展为迭代扩展边界条件法（IEBCM），该技术能在人体长椭球体模型中计算出高至 400MHz 的比吸收率。该模式与传统模式有两个主要不同之处。它利用多个球谐展开，这使得在更高的频率下加长的物体能更好地收敛，并且它使用迭代方法，从一个近似解开始，收敛到解。IEBCM 的这两个特性大大扩展了其计算范围。

4. 柱面近似

当计算频率范围的波长相比辐射模型（椭球）长度非常小时，可用无限长圆柱的适当长截面计算的比吸收率近似椭球的比吸收率。暴露模型椭球体的长度和长轴与短轴的比值决定其可用的最低近似频率。对于人体大小的球体，当波长约为球体长度的 4/10 时，产生 E 极化的频率下限。

5. 矩量法

电场格林函数积分方程的矩量法用于计算块模型中的内部电场，由于构成该模型的数学单元是立方体所以称之为块模型。用该方法计算的全身平均比吸收率与用椭球体模型计算的比吸收率非常接近。尽管块模型的优点是，它比球体模型更接近人体，因为它可以模拟手臂、腿和头部，但使用这种方法计算的内部场空间分布的计算精度取决于块模型的位置。显然，此方法的计算精度是有限的，因为每个数学单元中的电场近似为一个常数，而这个近似场不能描述两种不同电介质材料之间接触界面是曲面时的边界条件，或身体表面的情况（自由空间-人体组织边界）。改进的矩量法使用四面体作为数学单元，在四面体单元中定义特殊的基函数，以确保在不同介质之间的界面处，法向电场满足正确的边界条件。

Hagmann 基于矩量法技术，开发了利用人体块模型预测区域平均比吸收率的改进方法。由于人类个体的身体大小和形态存在显著差异，区域平均可能比理想化人类模型中个体块的比吸收率更有意义。这些技术确保收敛性，没有数值不稳定性，也增加建模的灵活性。

6. 表面积分方程技术

表面积分方程（surface integral equation，SIE）技术是一种基于物体表面感应电流积分的电磁场方程公式，用于计算平均比吸收率，主要用于 K 极化和由两端被半球覆盖的截断圆柱体组成的模型。此模型的平均比吸收率是否与球体的平均比吸收率接近，取决于圆柱体半球模型相对于球体的尺寸选择方式。

7. 时域有限差分法

时域有限差分法（finite difference time-domain method，FDTD）是求解电磁场相互作用问题的数值方法。它使用几何网格，通常是从真实人类或动物的 CT 或 MRI 扫描中得到的矩形盒状单元（体素）。每个单元边缘的本构参数可以独立设置，以便对具有不规则几何形状和非均匀介电成分的物体进行分析。FDTD 方法应用广泛，包括人体内平面波暴露的比吸收率和感应电流计算、平行板介质加热器的泄漏场暴露、EMP 暴露、用于热疗的孔径环形相控阵和偶极子天线、手机对头部的辐射耦合、在磁共振成像（MRI）机中暴露于射频磁场，以及暴露于电力线磁场等。

FDTD 计算已经在远场和近场源中得到广泛验证。对于远场源，已将模拟结果与方形和圆形圆柱体、球体、平板、分层半空间，甚至飞机等复杂几何体的分析结果进行比较。对站立人体内感应电流的计算与测量结果进行比较得到很好的结果。在图 4-6 所示的例子中，将基于 MRI 的人体接地模型暴露在 60Hz 电磁场下，E_{inc}=10kV/m（垂直极化，正面入射），B_{inc}=33.42μT，计算得出通过各截面的垂直电流。该数据与 Deno 数据（如曲线底部的黑点所示）非常一致。

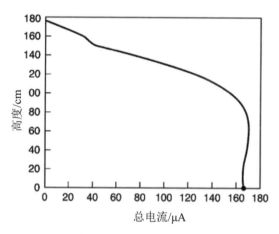

图 4-6　基于 MRI 的人体接地模型暴露在电磁场下通过各截面的垂直电流

对于近场源，将模拟结果与层状半空间、层状盒体和均匀球体前偶极子天线的解析、实测或矩量法所得的结果方法进行比较。此外，FDTD 方法已通过贴近人体头部的移动电话的真实近场测试结果进行验证，分析结果与实验结果吻合较好。根据应用的不同，人体模型可能是基于实际解剖结构的粗略近似模型或详细网格模型。开发适用于 FDTD 剂量学计算的模型虽然简单，但并不容易。MRI 和 CT 扫描提供了灰度体素图，但许多组织具有相同或相似的灰度，主要器官以外的许多区域需要结合解剖学知识以确定其属于哪些组织，如脂肪、液体、空气。即使可以使用一些自动组织定义程序，但大部分组织定义任务仍需要由训练有素的解剖学家手动识别。此外，由于 FDTD 计算过程中需要使用组织介电特性，即介电常数和电导率，以及每个体素的质量密度，因此需要了解每个体素的这些特性。许多组织特性已经在很宽的频率范围内进行了测量。所有组织都是高度频散的，一些组织，如骨骼、心脏、骨骼肌，在低于 1MHz 的频率下表现出各向异性。仍需对组织特性进行更多测量，因为随着个体、年龄、健康状况、温度、体内与体外等因素的变化，组织特性的变化仍存在不确定性。

FDTD 方法以离散时间步长在每个单元边缘求解麦克斯韦微分方程。由于不涉及矩阵解，因此可以分析大尺寸带电几何体。目前，涉及数百万细胞的三维复杂生物几何形状的 FDTD 解决方案已成为常规案例，例如，手持无线电收发机接触相关的比吸收率分布研究。FDTD 既可用于开放区域的计算，例如，在平面波暴露条件下人体内的感应比吸收率和电流分布；也可用于封闭区域的计算，如横向电磁单元内的计算。商用 FDTD 软件可从多个来源获得，其中一些软件还提供人体头部和身体 FDTD 网格模型。商业软件包为查看 FDTD 网格提供图形用户界面。一些软件提供交互式网格编辑，另一些软件则允许从 CAD 程序导入对象。

计算过程中 FDTD 以不同的方式激发。最常见的是，一个或多个网格边缘上的电场由时间的解析函数决定，如高斯脉冲或正弦波。然后，作为一个驱动电压源，例如，可以用于激励天线，如金属盒上的短单极子，使其近似于手持无线电收发器。这个单极子天线可以由一个电压源驱动，位于网格边缘的单极子基地旁边的盒子顶部。Kunz、Luebbers 和 Taflove 都介绍过射频源建模的方法。Picket-May 等介绍了各种 FDTD 源，包括电流源或平面波作为激发源入射到物体上。

激励的时间变化模式可以是脉冲的，也可以是正弦的。脉冲的优点是可以获得宽频率的响应。然而，为了获得准确的结果，必须考虑计算中生物材料的频率依赖性。许多方法可以解决这个问题，可以计算脉冲激励的瞬态电磁场振幅，如 $(FD)^2TD$。如果仅需要单一频率或几个频率的结果，可首选正弦波激励。特别是在需要整个身体的结果时，如比吸收率分布，因为存储整个身体网格的瞬态结果，并应用快速傅里叶变换计算比吸收率与频率的关系，需要极大的计算机存储量。

8. 广义多极技术

20 世纪 80 年代，几个小组开发了广义多极技术（generalized multipole

technique，GMT）。GMT 是指通过若干组函数逼近每个计算区域内的未知场的方法，与矩量法不同的是，在它们各自的计算区域或边界内没有奇点。该方法在计算区域边界的离散点上匹配展开式，形成一个具有稠密矩阵的超定方程组。超定系数通常在 2～10 之间。系统利用最小二乘法求解，通常使用 QR 分解方法。

GMT 的特点是全局展开函数在边界处非常平滑，因此接近边界的精度非常高，这对于剂量学应用非常重要。其最大优势在于，可以利用最小二乘法产生的残余误差验证结果的质量。由于最大误差通常出现在边界处，因此可以精确地确定整个解的精度。因此，GMT 可以进行非常可靠的剂量学评估。由于该方法与其他分析方法密切相关，因此可以精确模拟场强中多个数量级的散射问题。GMT 的局限性在于难以用于模拟真实世界的应用。GMT 与矩量法不同，在矩量法中，序列基函数相当于紧致电流，而 GMT 展开则相当于整个区域边界上的电流分布。对于几何结构复杂的物体，展开函数原点的选择和位置不是很明确，需要相当多的专业知识。

9. 阻抗法

阻抗法（impedance method）用于获得热疗应用中使用的时变磁场产生的功率沉积模式分布图，是一种使用阻抗网络对人体部分进行建模的方法。阻抗法将感兴趣的区域细分为多个单元，然后用等效阻抗替换每个单元，并应用电路理论找到由指定磁场在产生的网络中感应的电流。这种方法可以非常精细地模拟人体内大小为 0.5cm 或更小单元的不均匀性。此外，假设单个电单元有各向异性的电特性，这种方法允许对接口进行精确建模。

4.1.5　近场暴露比吸收率评估的理论思考

由暴露于近场源引起的人体内不同位置的比吸收率分布的确切数字模拟结果有助于评估其相应诱发比吸收率的数量级。相应的暴露可能在或不在辐射源的感应近场中。评估暴露类型（近场或远场），以及估算暴露人体内部比吸收率分布的可行性，有以下注意事项。

1. 感应近场暴露相关的射频耦合和比吸收率评估的理论思考

处于暴露源非辐射、感应近场中的人体内可能存在吸收降低或增强的情况。决定感应比吸收率大小的一个主要因素是射频源（有源辐射器或无源辐射器）与暴露物体之间的耦合类型和程度。对于物体（人）和暴露源之间的距离远小于一个波长的情况，E 和 H 的振幅随着分离距离的增加而迅速减小。

在紧邻暴露或天线的空间区域，场的无功分量占主导地位，超过辐射近场和辐射远场分量。在这里，有耗电介质物体与电磁场相互作用产生大部分能量沉积。此情况下的耦合可以近似为准静态电磁场问题。容性（电场）耦合提供将能量从暴露源附近的电场导入暴露物体的主要方式。磁场也可以感应射频能量（通过内部电流），从而产生额外的射频吸收。

2. 感应比吸收率的理论思考——近场与平面波照射

对于近场暴露情况，感应的空间平均或全身平均比吸收率几乎总是远小于归一化平面波暴露感应的全身平均比吸收率。唯一的例外是，与暴露源或间接暴露源直接接触时，在机体内产生较大的射频电流，随后通过机体流向射频接地。物体（人）和无源间接暴露源之间的耦合程度将决定空间局部比吸收率的吸收情况是增强还是减弱。

已有范式评估有源近场暴露源在通用模型中的感应比吸收率。这里，将人类暴露于近场源与暴露于平面波场进行比较。在吸收降低的情况下，这两种暴露情况都被归一化到各自的空间最大外部电场。特别是，使用人体的块模型进行数学分析，并使用可植入的电场探针和人体模型进行实验验证。这项研究让一个站立的人暴露在垂直极化、空间不均匀的电场中。电场分布被定义为沿垂直轴和水平轴的半余弦形状。该场被进一步定义为存在于人脚前方的侧向平面内，模拟射频热封口机的辐射暴露。包含场的平面垂直于暴露源中心和人体的中心之间绘制的假想线。最后，假设近场随距暴露源的距离增加而迅速衰减，从而实现二维分析。

结果表明，上述研究中产生的感应全身平均比吸收率显著低于平面波感应的全身比吸收率。由近场暴露和远场暴露引起的比吸收率之间的一般关系为

$$SAR_n = \frac{SAR_f}{\left[1+\left(\dfrac{A_v}{d_v}\right)^2\right]\left[1+\left(\dfrac{A_h}{d_h}\right)^2\right]} \qquad (4\text{-}8)$$

式中：A_v 和 A_h 为常数；d_v 为包含物体的平面内场的垂直成分（以波长为单位）；d_h 为包含物体的平面内场的水平成分（以波长为单位）。

近场感应的人体腹部的电场比平面波感应的相应腹部电场小 1/3。这意味着在近场情况下，局部比吸收率至少减少 9 倍。然而，近场暴露也能在身体的某些部位感应高比吸收率。在 27MHz 时，上述研究发现腿部的比吸收率比全身平均比吸收率高 3 倍。应该注意的是，上述研究是在明显减少吸收的情况下进行的，因此与射频源的耦合较弱。

4.2 时域有限差分法

4.2.1 FDTD 原理

电磁场计算方法最早可以追溯到 1864 年,由麦克斯韦提出的电磁场理论和方程。150 多年中,国内外的学者围绕电磁分布的求解问题做了大量的工作,随着电磁场时域计算技术不断发展,大量具有不同特色和优势的时域计算方法被提出。在数值计算方法中,通常以有限求和代替积分,以差分代替微分,即将电磁场问题由求解积分方程和微分方程的问题转化为代数求和,以及差分方程的问题。数值分析方法具有普遍适用性,弱化了电磁场求解问题中对电磁场专业理论和高级数学知识的要求,许多复杂的电磁场问题,数值方法计算可获得高精度的数值解。目前国内外备受关注,且应用广泛的时域数值方法包括时域有限差分方法(FDTD)、时域有限体积方法(FVTD)、传输线矩阵方法(TLM)、时域积分方程方法(TDIE)、时域有限元方法(FETD)、多分辨率时域技术(MRTD)和时域伪谱算法(PSTD)等。FDTD 方法是近年来发展势头较猛的时域计算方法之一。1966 年,K. S. Yee 提出著名的 Yee 氏网格,建立如图 4-7 所示的空间网格,及 FDTD 方法的基本原理。FDTD 在生物电磁学中应用广泛,早在 1975 年 FDTD 就被用于人眼的微波热效应分析。FDTD 方法中,电磁场分量在时间和空间上采取抽样离散的方式,每个电场分量被 4 个磁场分量环绕,每 4 个磁场分量被 4 个电场分量环绕。FDTD 方法以麦克斯韦旋度方程,即微分形式为基础,对时间和空间的一阶偏导数进行中心差分近似,转化为显式差分运算,从而实现在时间和空间上对连续电磁场数据进行抽样离散。FDTD 方法能描述时域电磁场的传播特性有效,只要给出计算问题的初始条件和边界条件,即可应用 FDTD 方法迭代递推得到各个时间点和空间点的电磁场分布。但起初,由于数值色散特性问题、算法的数值稳定问题、计算区域截断和计算精度等问题未能得到解决,以及由于缺乏高性能计算工具,FDTD方法一度进展缓慢,仅应用于电磁兼容和电磁散射领域,没有引起足够的重视。随着吸收边界条件,尤其是完全匹配层的提出和不断改善,各种个性化网格划分技术,内存使用优化技术,抗误差累计技术等的快速发展,FDTD 方法日趋成熟,其应用面也越来越广。

FDTD 方法采用中心差分近似时间和空间的一阶偏导数,以线性化差分形式描述方程,电磁场所在空间单元以离散时间单元在时间轴上递推,提供高精度的电磁计算结果,具有普遍的适用性。

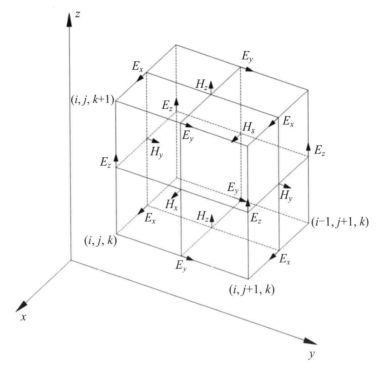

图 4-7　体素交错网格上显示 E 和 H 的矢量分量

FDTD 方法适用于计算稳态和瞬态电磁场问题。在瞬态激励源作用下，可获得电磁场问题的宽频带电磁特性。FDTD 方程具有显式格式，随时间单元递推，在计算区域内模拟电磁波与计算模型的相互作用和传播过程，内存使用量与空间单元网格数成正比。FDTD 方法计算过程不需要矩阵求逆，不会出现类似于矩量法分析电磁场问题时的诸多限制。因此，FDTD 方法所需的内存使用量和计算时间等要小得多。虽然早期 FDTD 方法只能应用于较简单的模型计算，但随着应用数学、计算机软硬件的不断发展，在高性能计算机系统支持下，也可使用 FDTD 方法分析计算较复杂的电磁场问题。

目前，FDTD 发展迅猛，该方法在科学界引起很大的关注。众多科学家发表关于 FDTD 方法的使用、改进和拓展的文章，还出版了众多关于 FDTD 基本原理和进一步的改进、使用的书籍。

FDTD 的基本实现是通过时间和空间离散的交替算法求解离散麦克斯韦方程。在笛卡儿坐标系中，场矢量电场（E）和磁场（H）随空间变量 x、y、z 和时间变量 t 变化。求解问题空间离散成体素 $X = i\Delta x$，$Y = j\Delta y$，$Z = k\Delta z$，和时间 $t = n\Delta t$。i、j 和 k 分别是体素索引，n 是时间步长的索引。对每个场分量，使用中心差分，可以获得 6 个显式有限差分方程。注意，电场分量相对于磁场分量错开了半个时间步长。例如在时刻（$n+1/2$）的 H_z 是由在时刻（$n-1/2$）的 H_z 和所在立方体边沿上的 n 时刻电场值计算获得的，也就是 $E_{x_{i+1/2,j,k}}^n$，$E_{x_{i+1/2,j+1,k}}^n$ 和 $E_{y_{i,j+1/2,k}}^n$，$E_{x_{i+1,j+1/2,k}}^n$。因此，法拉第定律可将电场的线积分与在网格中的磁场正交分量进行联系。同样，安培定律用于更新的电场。麦克斯韦旋度方程时空交错步进被称为蛙跳算法，该算法包括每个电场分量和磁场分量的更新方程。如式（4-9）和式（4-10）所示，对于 E_y 和 H_z 分量，更新方程可写为

$$E_{y_{i,j+1/2,k}}^{n+1} = A_{y_{i,j,k}} E_{y_{i,j+1/2,k}}^n + B_{x_{i,j,k}} \left(H_{x_{i,j+1/2,k+1/2}}^{n+1/2} - H_{x_{i,j+1/2,k-1/2}}^{n+1/2} \right) -$$
$$B_{z_{i,j,k}} \left(H_{z_{i+1/2,j+1/2,k}}^{n+1/2} - H_{z_{i-1/2,j+1/2,k}}^{n+1/2} \right) \tag{4-9}$$

$$H_{z_{i+1/2,j+1/2,k}}^{n+1/2} = H_{z_{i+1/2,j+1/2,k}}^{n-1/2} + C_{y_j} \left(E_{y_{i+1,j+1/2,k}}^n - E_{y_{i,j+1/2,k}}^n \right) - C_{x_i} \left(E_{x_{i,j+1,j+1/2,k}}^n - E_{x_{i,j+1/2,k}}^n \right) \tag{4-10}$$

这些方程的系数，即更新系数由式（4-11）～式（4-15）决定。

$$A_{y_{i,j,k}} = \left(1 - \frac{\tilde{\sigma}_{y_{i,j,k}} \Delta t}{2\tilde{\varepsilon}_{y_{i,j,k}}} \right) \Big/ \left(1 + \frac{\tilde{\sigma}_{y_{i,j,k}} \Delta t}{2\tilde{\varepsilon}_{y_{i,j,k}}} \right) \tag{4-11}$$

$$B_{x_{i,j,k}} = \left(\frac{\Delta t}{\tilde{\varepsilon}_{x_{i,j,k}} \Delta x_i} \right) \Big/ \left(1 + \frac{\tilde{\sigma}_{x_{i,j,k}} \Delta t}{2\tilde{\varepsilon}_{x_{i,j,k}}} \right) \tag{4-12}$$

$$B_{z_{i,j,k}} = \left(\frac{\Delta t}{\tilde{\varepsilon}_{z_{i,j,k}} \Delta z_k} \right) \Big/ \left(1 + \frac{\tilde{\sigma}_{z_{i,j,k}} \Delta t}{2\tilde{\varepsilon}_{z_{i,j,k}}} \right) \tag{4-13}$$

$$C_{x_i} = \frac{\Delta t}{\mu_0 \Delta x_i} \tag{4-14}$$

$$C_{y_i} = \frac{\Delta t}{\mu_0 \Delta y_j} \tag{4-15}$$

假设在整个计算域无磁性损失，并采用自由空间磁导率 μ_0。$\tilde{\varepsilon}$ 和 $\tilde{\sigma}$ 是在网格边缘上不同电场分量对应的有效介电常数和电导率。它们通过平均周围体素介电特性计算。图 4-8 显示的 E_y 分量的时域有限差分网格由 4 个不同的电介质网格包围。$\tilde{\varepsilon}$ 和 $\tilde{\sigma}$ 的分量更新方程为

$$\tilde{\varepsilon}_y = \frac{\varepsilon_1 \Delta x_1 \Delta z_2 + \varepsilon_2 \Delta x_2 \Delta z_2 + \varepsilon_3 \Delta x_1 \Delta z_1 + \varepsilon_4 \Delta x_2 \Delta z_1}{(\Delta x_1 + \Delta x_2)(\Delta z_1 + \Delta z_2)} \tag{4-16}$$

$$\tilde{\sigma}_y = \frac{\sigma_1 \Delta x_1 \Delta z_2 + \sigma_2 \Delta x_2 \Delta z_2 + \sigma_3 \Delta x_1 \Delta z_1 + \sigma_4 \Delta x_2 \Delta z_1}{(\Delta x_1 + \Delta x_2)(\Delta z_1 + \Delta z_2)} \tag{4-17}$$

$\tilde{\varepsilon}$ 和 $\tilde{\sigma}$ 的定义已考虑可变网格步骤，完美电导体边缘的更新系数被限定为边缘上的电场分量始终保持为 0。

为了确保时间步进算法的稳定，选择的时间步长必须满足 Courant 条件或 Courant、Friedrich 和 Levy（Courant 收敛限制）条件。对于体素边长为 Δx、Δy、

Δz 的三维网格，当波在介质中的最大传播速度为 v 时，时间步长Δt 应满足式（4-18）的要求。

$$v\Delta t \leqslant \frac{1}{\sqrt{\dfrac{1}{(\Delta x)^2}+\dfrac{1}{(\Delta y)^2}+\dfrac{1}{(\Delta z)^2}}} \tag{4-18}$$

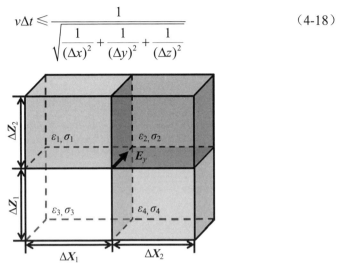

图 4-8　由 4 个不同的电介质网格包围的 E_y 分量的时域有限差分网格

在网格中的电场和磁场分量在每个时间步长进行更新，这些更新系数的计算基于有效介电常数。

对于可变网格，Δx、Δy、Δz 分别是 x、y、z 的函数，最大稳定时间步长由最小的时间步长的体素得出。

FDTD 网格中数值模型的相速度随模态波长、传播方向及网格离散化而变化，导致计算区域范围内的仿真色散。这种数值误差可能导致脉冲失真、人为各向异性和伪折射等的一些不真实的物理结果。网格尺寸$(\Delta x, \Delta y, \Delta z)$通常选择方法适用的最高频率下的有效长度$(\Delta x, \Delta y, \Delta z) \leqslant 0.1\lambda$，其中$\lambda$选取在最大电密度材料穿透频率下的波长。这样得到的数值色散值在大多数情况下可被接受，波传播中任意方向的相速度误差不超过-1.3%。此时，一个正弦仿真波行进 2λ后的滞后相位误差约为 $9.4°$。这个误差是随波的传播距离线性累积的。为了准确描述更小的几何特征，FDTD 体素中至少有一部分网格要远小于 0.1λ。

4.2.2　体素大小和时间步长

单元尺寸的选择是应用 FDTD 的关键，体素的空间分辨率直接影响建模的准确性和计算效率，需要使用尽可能大的体素，以便在保证结果准确的前提下，优化计算效率。一般来说，FDTD 体素的尺寸要小于研究的最小波长的 1/10，这样能够确保数值色散误差在可接受的水平之内。但是选用这个最大尺寸有可能不足以刻画细小的结构，例如，大多数无线设备的天线和关键辐射结构。选择更小的体素尺寸则导致计算资源（内存和仿真时间）突破上限。虽然一些设备具有简单的天线元件，可以很容易地建模，但也有一些设备的天线或其他辐射结构中可能具有复杂和微小的组件，如果不使用更小的体素尺寸，则很难建模。

为了平衡建模准确性和计算效率，可在天线和设备的某些关键的辐射结构位置使用较小的网格，而使用较大的网格结构计算模型其余的部分，即非均匀网格结构。通常的 FDTD 算法已被改进以允许不同介电性质的材料边界横向通过由不同网格尺寸组成的区域。此外，还要确保从非均匀网格结构中产生的任何数值反射保持在最低限度，以保持计算精度。

4.2.3　计算要求

时变的激励可以是脉冲或正弦波。使用脉冲激励的优点是能得到较宽频率范围内的响应。为了获得准确的结果，计算时必须考虑生物材料介电特性的频率依赖特性。脉冲激励瞬变电磁场的幅度计算方法很多，读者可自行学习参考。若结果只涉及单一频率或少数频率时，可使用正弦波作为激励。存储全身网格的瞬变电磁场结果并应用快速傅里叶变换计算全身比吸收率分布需要大量的计算机内存空间，此时使用正弦波激励可以很方便地获得比吸收率全身分布的结果。对几个特定频率的评估可以使用离散傅里叶变换（DFT）。此方法为仅需要计算几个频率而不是整个频谱的计算提供了合理有效的方法。

应用 FDTD 的关键是体素尺寸的选择。体素的空间分辨率直接影响建模的准确性和计算效率，需要使用尽可能大的体素，以便在保证结果准确的前提下，优化计算效率。在给定波长下，体素尺寸可确定为该波长的 1/10（当然也可以更小以获得更好的准确性）。据此，结合问题几何形状的物理尺寸，可以确定整个问题空间的体素总数（记为 Nc）。假设每个体素边缘的材料信息存储量为 1 个字节（INTEGER*1），并形成研究介电材料的唯一索引数组。可以根据下式获得以字节为单位（假设单精度字段变量）的计算机存储的估计值。

$$storage = Nc \times \left(6\frac{components}{cell} \times 4\frac{bytes}{component} + 3\frac{edges}{cell} \times 1\frac{byte}{edge} \right) \tag{4-19}$$

式中：*components* 是电场和磁场分量矢量。如果包括磁性材料，必须考虑该材料 6 个边的阵列。例如，对于每 300 万的 FDTD 体素大约需要 100MB 的内存空间。

以浮点操作表示的计算成本根据下式计算，其中，15 是基于经验得出的合理假设，N 是时间步长的总数。

$$operations = 6 \times \left(\frac{components}{cell}\right) \times 15 \left(\frac{operations}{component}\right) \times Nc \times N \qquad (4\text{-}20)$$

还有其他的特殊 FDTD 算法能够提供准确、有效的材料特性建模，形成复杂的形状，以及天线和薄金属板等类型的组件。

4.2.4　稳定性

基本 FDTD 的更新方程在时间步长不大于 Courant 收敛限制条件时稳定。在 Courant 收敛限制稳定条件下减小时间步长对基本 FDTD 算法的稳定性和准确性没有影响。在某些特殊情况下，如用其他方法替代 FDTD 时，为了得到稳定的结果，可能需要将时间步长减小到 Courant 收敛限制以下。例如，针对各向异性、非线性材料，针对校正模型更新参数的修改，针对非均匀网格法等。

4.2.5　吸收边界

一般在开放空间内，用 FDTD 方法计算电磁波与物体的相互作用，需要根据吸收边界条件截断计算空间。理想的吸收边界条件可以吸收任意角度的入射波而不形成反射。目前已经研究和验证了多种吸收边界条件，可根据目的选择应用。这些吸收边界条件能提供从 0.5%～5%范围的有效反射系数。为使反射尽量小，边界通常距离射频源和散射体一个波长左右，从而大大增加计算空间及计算量。1994 年，Berenger 引入一种新的边界——完全匹配层。当完全匹配层的终止条件设计得当时，几乎不发生反射，从而实现模型简单并且计算量小。引入完全匹配层算法后优化并加速了 FDTD 方法。

4.2.6　远场变换

FDTD 可以直接计算近场的电磁场分布。由于内存限制，难以直接通过扩展计算空间的尺寸从而进行远场计算，因此开发了近—远场转换技术。早期的技术是频域变换，但仅在一个频率上有效。后来引入一种使用快速傅里叶变换的宽带方法实现近—远场的转换。这两种方法都使用表面等效定理，该定理表明，给定表面外的电磁场，可由在该表面上的等效切向电场和磁场精确地表示。对于 FDTD 计算，所有几何物体周围的封闭表面都可认为是远场区域。

当计算结果达到收敛时，通过在 2 个时间步长包含的远场区域上的切向场分量确定单频结果。第二次时间步长在相位上落后第一次步长 90°。这样后处理器将瞬时场转换为单频复数表面电流矢量，并计算任意角度下的远场。另外也可以通过离散傅里叶变换获得特定频率下的远场变换表面上的复数表面电流。对于宽带激励，必须在运行之前指定远场角度，并在每个时间步长计算每个角度的远场分量。后处理支持几个频率下计算远场区域。这种方法需要更多的计算工作量，但只需要一次计算就可以得到多个频率的结果。

4.2.7 源和负载建模要求

FDTD 计算可以使用多种激励源，包括电压源、电流源、集总电阻、电容和电感等。另外，平面波也可以作为激励源。在设备的 FDTD 模拟中，一般选择电压或电流源。电压源或电流源是由时间的解析函数决定的，例如高斯脉冲或正弦波。电压源可以作为网格中的某一电场边，电流源或附加源可当作包围这一电场边缘四边的磁场。这种类型的源也可以通过在每个时间步长将源信号的幅值与电场边的幅值相加表示。无论哪种情况，都可以在源中添加一个电阻，以更好地匹配负载，从而减少模拟的收敛时间。在图 4-9 中以图例的方式说明电压源的组成。如果源电阻 R_s 为 0，源通常被称为硬源。

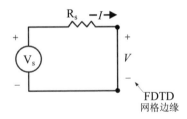

图 4-9 时域有限差分电压源与电阻

这里的源是一个电压波形，它产生的电流通过内部源电阻，在输出端产生对应于 FDTD 电场网格边缘的电压。内部源电阻提供一种匹配源负载和反射能量耗散的方法。源电阻同进行散射参数计算的参考阻抗相同。相应的也可以使用带并联电阻的等效电流源。

通过计算流经源的电流及电阻带来的电压降可以将阻抗包含在源电压中。图 4-10 表示源电压与周围磁场的位置关系，围绕着源电压有 4 个磁场产生的电流。对于电压源应用于 z 向电场分量的特定情况，电场可由电压表示为

$$E_z = \frac{f(t)}{\Delta z} + \frac{R_s}{\Delta z}\left\{\left[H_y(i+1/2) - H_y(i-1/2)\right]\Delta y - \right|$$

$$\left[H_x(i+1/2) - H_x(i-1/2)\right]\Delta x\right\} \tag{4-21}$$

式中：$f(t)$ 为电压波形；R_s 为源电阻。

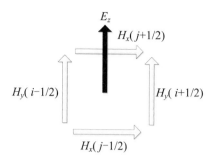

图 4-10　4 个磁场分量包围的电场分量源

计算中可以施加任何宽频波形的信号。为了保持时域精度，波形的频率含量不应超过 FDTD 方法的精度要求，一般为每波长 10 个体素。在许多计算中，使用正弦源或高斯脉冲波形作为激励。使用正弦波源可简化 SAR、功率和效率的计算。此外，因为人体组织的介电特性随频率变化，使用正弦波源消除了对这些材料使用频率依赖模型的复杂性。

如需要考虑电阻负载，式（4-21）中的函数 $f(t)$ 可设定为 0。计算中将包括流经电阻的电流的影响。如果要考虑电感或者电容的匹配电路，可以按 Piket-May 的方法处理。

4.2.8　参数计算

S 参数即散射参数，常用于描述高频 N 端口装置，在比吸收率计算中非常重要。例如，可直接通过 FDTD 方法模拟 MIMO 天线。S 参数的定义如下。

给定 N 端口每一端口 i 的复数电压 $V_i(f)$ 和电流 $I_i(f)$，每个频率的 S 参数可按下式计算。

$$a_i = \frac{V_i(f) + R_{Oi}I_i(f)}{2\sqrt{R_{Oi}}}$$

$$b_i = \frac{V_i(f) - R_{Oi}I_i(f)}{2\sqrt{R_{Oi}}}$$

（4-22）

R_{Oi} 是端口的特性阻抗，则 S 参数为

$$S_{ij} = \frac{b_i}{a_j}\Big|_{a_{k \neq j} = 0}$$

（4-23）

单频信号的复数电压和电流可以通过对单频仿真信号进行正交抽样获得，也可以通过对宽频仿真信号进行傅里叶变换获得。

4.2.9　非均匀网格

体素尺寸的选择要求其能够准确反映模型的细微结构。一般要求体素小于

λ/10。在某些情况下，需要更小的 FDTD 体素剖分特定区域。例如，不同区域其材料的介电参数不同，或具有重要的几何特性。但是其他区域没有必要采用相同尺寸的网格进行剖分。

这种情况最常见的解决方法是使用非均匀正交结构化网格。用这种方法，体素的尺寸为在每个方向上的整数索引函数。例如，把 $x_i = i\Delta x$ 变为 $x_i = x_{i-1} + (i-1)\Delta x$。这就可以定位更小的体素。它的重要优势之一是，只要最小体素的时间步长满足 Courant 条件，它就是稳定的。

因为体素尺寸存在变化，特别要注意将场分量定位在中心以保证电场和磁场的更新方程具有二阶准确度。不过，尽管局部场分量的更新仅具有一阶准确度，只要选择合适的差分方程，全局场的结果仍然具有二阶准确度。

4.3 使用 FDTD 计算比吸收率

电场位于 FDTD 网格体素边缘，X、Y 和 Z 方向的功率分量也因此可被定义在上述的空间位置上。通过合成这些功率组分，并使用合适的数学过程，可计算比吸收率。

通过将所有 12 个场分量线性内插到体素中心，并结合体素中心的组织密度和电导率定义功率损耗。由于在内插法中的各场分量都是体素表面的切向分量，即使体素位于不同材料或组织的接触面上，该结构关系仍然成立。内插法与 FDTD 方法精度相同，不会导致结果精确度降低。

为了使用 12 场分量的方法对单一 FDTD 体素进行比吸收率计算，可使用线性内插法将单独体素边沿上的电场复向量平均到体素中心，如

$$E_x = \frac{1}{4}(E_{1x} + E_{2x} + E_{3x} + E_{4x}) \tag{4-24}$$

$$E_y = \frac{1}{4}(E_{1y} + E_{2y} + E_{3y} + E_{4y}) \tag{4-25}$$

$$E_z = \frac{1}{4}(E_{1z} + E_{2z} + E_{3z} + E_{4z}) \tag{4-26}$$

体素边缘电场分量的位置如图 4-11 所示。下式中比吸收率在计算中使用的电导率 σ_{voxel} 和密度 ρ_{voxel} 为在各自体素中的指定值。

$$SAR = \sigma_{voxel} \frac{|E_x|^2 + |E_y|^2 + |E_z|^2}{2\rho_{voxel}} \tag{4-27}$$

由于只有体素的切向分量场用于内插，因此可以忽略相近体素间的材料特性或各自边缘的更新系数。式（4-27）分母的系数 2 考虑了复电场的幅度。

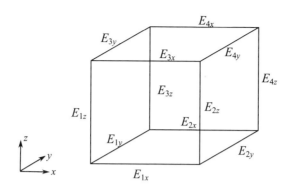

图 4-11　体素边界的场分量

FDTD 仿真的一般流程如图 4-12 所示，下面将详细介绍。

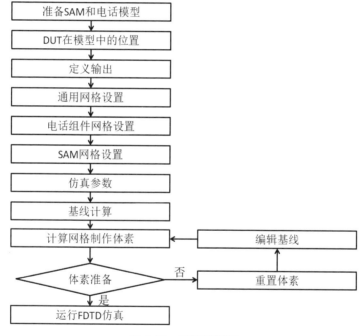

图 4-12　计算流程图

4.3.1　人体模型

使用 FDTD 计算无线通信设备的比吸收率时需要用到与第 3 章所述比吸收率测量同样的人体模型。计算头部比吸收率时使用的特定拟人人体模型（SAM）和计算身体比吸收率时使用的平坦模型应满足 IEC 62209-1528 标准中的要求。

由于标准的 FDTD 方法依赖于笛卡儿坐标系下的 Yee 单元，曲面的阶梯化是需要特别考虑的问题，尤其是在计算人体模型的情况下。作为一般原则，要求被测设备（DUT）与 FDTD 的一个坐标轴平行对齐，人体头部模型应围绕所述网格旋转，以限制设备的阶梯效应。在计算平面模型时，最好使用 FDTD 软件内置的绘图工具绘制模型。

1. 仿真头部模型

SAM 模型是基于标准化的 CAD 数据集，IEEE 网站提供该模型的 IGES 文件。CAD 文件包含两部分：一个 2mm 厚的塑料外壳和一个代表组织模拟介质的材料。并定义三个参考点，位置分别在嘴部和左右耳。

在旋转头部模型之前需要将头部模型紧贴 DUT，以使耳与嘴之间的连线平行于坐标平面。第一步，建议将 SAM 模型转动使耳参考点位于坐标原点（0，0，0）。如果模型是垂直的，即直立的，则首先围绕连接双耳朵参考点的直线进行旋转，可能需要额外的旋转使平耳结构平行于坐标平面。该旋转能够使耳朵参考点与 DUT 接触，以便 DUT 在耳部的定位。图 4-13 展示该模型方向。

图 4-13　手机模型定位之前的 SAM 方向

SAM 组织模拟材料的介电参数在标准 IEC 62209-1528 中给出，与表 3-1 中的参数相同。比吸收率测量使用的 SAM 外壳采用的玻璃纤维和标准要求中外壳的损耗是 $\tan\delta=0.05$。表 4-1 中给出 SAM 外壳的介电特性。

表 4-1　基准材料的介电参数

材　　料	835MHz		1900MHz	
	ε_r	$\sigma/$（S/m）	ε_r	$\sigma/$（S/m）
塑料（外壳）	4.0	0.04	4.0	0.04
橡胶（天线罩）	2.5	0.005	2.5	0.005
SAM 塑料外壳	5.0	0.0016	5.0	0.0016
SAM 组织模拟材料	41.5	0.97	40.0	1.40

2. 身体模型

用于仿真的身体模型是满足 IEC 62209-1528 标准中要求的平坦模型。其最小尺寸要求是主轴长度为 400mm 和 600mm 的椭圆，该仿真模型的组织材料的深度为 150mm。

4.3.2　导入 DUT 的 CAD 模型并进行网格划分

FDTD 仿真结果的准确性低于 FDTD 对 DUT 近似网格的准确性。考虑到 DUT 的复杂性和建模时间的有限性，生成 FDTD 网格的唯一可行方法是导入 DUT 的 CAD 文件，并在 CAD 文件的不同部分进行自动网格划分。典型的 CAD 文件包含成百上千个组件，FDTD 软件必须将适当的材料分配给每个组件后进行网格划分。将具有相同材料组件归为一组，之后分配材料给不同的组件组可以辅助这个过程。接触或重叠的组件或组件组划分网格时要详细说明网格的顺序才能正确地划分网格。例如，导电印刷线可位于电介质材料的表面，如果在介电材料网格划分之前划分印刷线，则介电材料有可能覆盖印刷线。要解决这个问题，要么按正确的顺序划分网格（先划分介电材料，后划分导电印刷线），要么定义材料的优先级（导电材料的划分优先级高于介电材料）。

网格划分前，必须指定网格单元尺寸，可通过 CAD 对象或对象组自动或手动等多种方法完成。为了提供准确的网格，并在要求节省计算机内存和运行时间时通常使用分级网格，也称为自适应或非均匀网格。分级网格允许 FDTD 网格单元的尺寸在某一维随位置变化。这种方法允许在需要的地方使用较小的网格以便准确地描述小而重要的 CAD 对象。较小网格经常在天线区域使用。

虽然分级网格方法是一个好的开端，但在使用时还需要注意以下问题。由于个别 CAD 对象是由单独的面整合而成的，表面不连接。这些单独表面的交界处没有准确地连接，可能存在缝隙。在沿着网格坐标划分网格时，如果遇到缝隙，网格划分算法可能将缝隙后的体素定义为另一个对象。该问题可通过愈合对象解决，但如果 CAD 对象的缝隙过大，则很难得到精确的 FDTD 网格。

划分网格完成后，预览和检查计算结果是很重要的。例如像天线区域等一些重点区域的网格结果需要检查。

DUT 模型通常包含超过 100 个零部件，结构复杂。作为最低要求，重要部件如天线、基底、印制电路板（printed circuit board，PCB）、显示屏、电池、其他的相对较大的金属部件和支撑天线的电介质必须被包括在模型中。由 CAD 工具导出的模型格式可以导入计算电磁学的工具。模型输出之前，所有部件必须组装并彼此对准。

在 DUT 模型和人体数字模型加入模型空间之前，必须确定所有部件材料的参数。为了节省计算资源，建议删除对射频场不产生任何影响的 DUT 部件。此外，相同的材料且具有物理接触的部分，可以统一成为一个整体。

DUT 模型中最重要的部分是金属组件，因为它们对射频场的影响最大。建议把较大的金属部件做成单独的实体，以便应用特定的网格设置。尤其天线模型必须是一个单独的实体，才能获得尽可能准确的网格结果。模型金属部件的对准和连接须特别注意，以防人为浮接的发生。通常印制电路板不能在 CAD 模型中得到很好的还原，最好用几个薄金属与介电材料层交错体现。也可以将其建模为一个厚实的金属固体，因为这样做不会造成比吸收率低估。

如果使用经典的 FDTD 间隙点源，必须有在 DUT 中建立源间隙的空间。因此有必要移除馈点，为间隙留出空间，如图 4-14 所示。

最重要的是，应正确地设定组成手机模型的部件材料参数。因此 CAD 工程师要熟悉所选材料并进行最终检查。手机里的塑料材料的介电常数，尤其是电导率是影响比吸收率结果准确性非常重要的因素。

总之，导入和预处理手机模型的建议和推荐程序如下。

（1）导入天线和印制电路板，为馈电点或其他源模型，如同轴线连接的天线和功率放大器输出波导模型预留空间。

（2）按重要程度和设定的材料参数导入其他部分。

在相对于人体模型定位手机模型之前的最后一步是旋转模型空间中的整体模型，以便让手机的长轴沿着任一网格坐标轴并使扬声器的中心位于坐标原点（0，0，0）。手机模型如图 4-15 所示。

图 4-14　用插入的源缝隙替代　　图 4-15　相对于人体模型定位之前的
　　　　现实的馈点例图　　　　　　　　　　　手机模型方向

4.3.3　相对于人体模型定位手机模型

1. 头部模型

DUT 模型和 SAM 导入相同的 FDTD 模型空间后，根据目前使用的比吸收率测量标准进行定位。耳朵参考点和扬声器导入后均位于原点，如图 4-16（a）

所示。在此阶段，模型可能重叠，手机靠近扬声器的部分会延伸进入 SAM 中。如果出现这种情况则应将手机模型向远离 SAM 的方向移动。

　　然后，设置标准化的贴脸位置，围绕右耳参考点旋转头部模型（这里以 x 轴为旋转轴），使得手机的任意部分碰触模型表面，如图 4-16（b）所示。由于直接观察接触点比较困难，因此采取 0.5° 步进旋转。

（a）将 DUT 放置在 SAM 耳朵参考点　　（b）旋转 DUT 直到底部刚好接触 SAM 脸颊位置

图 4-16　定义贴脸位置建议采取的步骤

　　执行以下两个步骤设置标准化的 15° 的倾斜位置。

　　（1）围绕耳朵参考点旋转模型（以 x 轴为旋转轴）15°，如图 4-17（a）所示。

　　（2）手机模型大概率会伸入人体模型的耳部；平移模型直到它们仅为表面接触，如图 4-17（b）所示。

（a）SAM 旋转 15° 远离 DUT　　　（b）放大耳朵和 DUT 的视图

图 4-17　倾斜位置

2. 身体模型

按照 IEC 62209-1528 规定的步骤定位 DUT 与身体平坦模型。图 4-18 展示

DUT 与平坦模型距离 15mm 的例子。

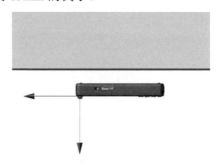

图 4-18　DUT 与平坦模型距离 15mm 的计算设置

　　完成 DUT 和人体模型相对定位后形成仿真所需的建模空间。用户可根据实际需要选择合理的建模空间，如可以考虑只在存在 DUT 的一半体积内进行数值仿真。图 4-19 是包含 DUT 模型和 SAM 的右侧贴脸位置的全仿真建模空间的示意图，外部的大长方体代表整个计算区域，内部的小长方体代表拟寻找和计算峰值空间比吸收率平均值的子空间。

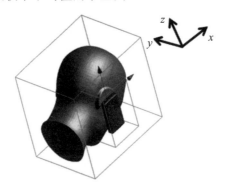

图 4-19　仿真全模型空间示例

4.3.4　网格构建

　　在计算之前需要在建模空间内生成 FDTD 网格。对于 FDTD 方法，在限制内存空间的条件下创造足够小的网格非常具有挑战性。通常是由具有最高介电常数的材料中的波长确定所需的最小网格步长，但计算移动电话时，最小网格步长应根据最小组件或最小间隔距离确定。真实情况下，通信终端和人体具有 0.2～1mm 的间隔距离，从而最小网格步骤应该是间隔距离 1/3 的距离或更小，即 0.07～0.33mm。对于围绕电话和 SAM 的自由空间，大约 $\lambda/30\sim\lambda/10$ 的步长是足够的。

1. 天线

DUT 的天线是建模过程中最重要的部分，网格的选择必须根据天线的参数细节确定。网格必须和天线的所有内侧和外侧边缘在平行于笛卡儿坐标的三个方向匹配。GSM和 UMTS 频段的多频带贴片天线的典型外观如图 4-20 所示。该天线以设备顶端深黑色示意于图中。

图 4-20 　多频带贴片天线示意图

在图 4-20 中可以看出天线的形状是相当复杂的，因此网格步长的选择应该考虑所有细节的问题。由于天线的左分支和中间的间隙仅有 0.5mm，因此网格步长不应超过 0.17mm。当天线具有寄生元件，通常在较高的频带，使用的网格步长要小于到该元件距离的一半。推荐使用至少 3 个网格单元模拟该间隙，否则在该间隙中的寄生元件的切向场将难以被模拟。使用保角变换网格可以显著减少或消除阶梯误差，此时每个单元可以变形，并且不必与计算网格正交。

2. 射频源

天线的数值模型可使用电场或磁场源在馈电点产生适当的场分量。单极、螺旋和贴片天线可以通过天线的馈电点激励电场分量，通常被认为与真实天线一样。在大多数情况下，馈电点可以嵌入天线和功率放大器带状线的连接处。这里假设此部分的原始 CAD 模型已被移除，并且为馈电点提供了足够的空间。如果使用电流源激发天线，天线馈电点周围的磁场分量可以在该位置产生感应电流。使用源电阻可以减少达到稳定状态的时间。在计算和选择的过程中源位置的场条件可以通过忽略感应场获得，符合模拟条件时，该感应磁场可被添加到激励场。

包含集成电路元件源模型的参数可由射频放大器末级电路仿真结果或 DUT 的设计数据导出。

功率放大器和匹配振荡回路内部电阻导致的电阻损失可以系统化地被认为是无损的。通过对集成电路元件足够准确的建模，天线与射频放大器之间可预期的电阻损耗可以直接被包含在设备模型中。

通过比较不同设备工作配置下天线反射系数的相位和振幅验证设备模型。该信息还可以用于确定当电话放在头部模型旁边或其他条件时天线的输入阻抗。FDTD 应在具有预期共振频率 10%的模拟环境中计算天线的共振。

3. 印制电路板

印制电路板是一个夹层结构，由几个金属层夹着介电层组成。正确计算印制电路板的损耗是十分重要的，但是需要 0.1mm 或更小的网格步长。所以通常情况下印制电路板可以被建模为一个金属固体，这不会导致低估比吸收率结果。

除了对天线和关键辐射结构的高精度建模，某些天线匹配元件也要在该模型中考虑天线的反射系数。天线的性能、输出负载、功率反射都与天线匹配元件密切相关。功率放大器输出端的低输出阻抗常通过电抗元件与天线连接用于阻抗匹配。这些匹配元件的性能与常用的通过 50Ω 传输线将天线和 50Ω 电压源连接的性能有本质区别。在大多数情况下这些电抗元件会消耗能量，如果不进行适当屏蔽，这些电抗元件可能会辐射能量。

4. 液晶屏

显示屏通常由几个玻璃层组成，为简单起见将其合并为一个固体。如果显示屏包含金属部件，则这些金属部件应被设计成独立的组件。

液晶屏通过几个点安装在印制电路板上，且它们之间存在狭窄间隙。网格步长必须足够小以合理解决这种间隙，并且有必要增加液晶屏周围的分辨率处理其周围的空气间隙。因为高表面电流将流过金属部件，所以这样做是很有必要的。如果液晶屏没有适当地连接印制电路板，可能会产生完全不同的场分布从而生成不同的比吸收率分布。

5. 电池和其他较大的金属部件

电池由几部分组成，但由于外表面通常是一层薄金属箔，因此可以被视为金属组件。

手机其他金属部件包括摄像机外壳、转子振动器、外部天线连接器等。开始 FDTD 仿真之前组件的体素必须经过仔细检查。检查较大金属部件间的人为间隙是非常重要的，即使经过仔细检查，CAD 模型的零件不完全对齐、亚毫米间隙引起的人为间隙也是难以避免的。在这种情况下，可能需要手动将大金属部件替换为具有相同外部尺寸的盒子。此外，DUT 前面或设备内部的薄金属体素必须检查人为间隙。组件之间的柔性夹层也是很重要的，例如在翻盖的键盘和 LCD 或印制电路板之间。

6. 塑料外壳

塑料外壳的网格或多或少由壳体内部件的网格给定，因此不用考虑这部分网格。但是检查手机碰触人体模型位置的网格是很有必要的。如果网格太粗糙，可能导致手机与 SAM 模拟组织材料的距离错误。

7. 模型网格

为了减少离 DUT 最近的 SAM 的区域中的阶梯效应，围绕左右耳和 DUT 周围、一直到 50mm 深度的组织模拟材料中所有方向上的网格步长是 0.5～

1mm。对 SAM 的其他部分，在频率不高于 2GHz 时，相对耳的区域内可以采用取值范围为 3～5mm 的网格步长。网格步长小于组织模拟材料中波长的 1/5，取 $\lambda_0\big/\sqrt{(\varepsilon_r(f))}$（$\lambda_0$ 是自由空间波长，$\varepsilon_r(f)$ 是材料的介电常数）通常就足够了。

4.3.5　设置仿真参数

1．边界条件

可按 4.2.5 节的要求设置可用于 FDTD 网格的吸收边界条件（absorbing boundary condition，ABC）。

2．源信号

载波频率、带宽和持续时间为源信号即模型的能量输入的重要特性。载波频率通常为该天线共振频率，但在选择输入信号的带宽时必须考虑输入信号的最大网格步长和源与吸收边界的距离。带宽设定时应考虑最低频率，使得在最长波长时吸收边界与 DUT 具有合理的间隔。

必须选择可以使头部模型处于稳定状态的输入信号持续时间。例如谐波正弦信号，时间步长的总数为 15 个周期恰好为波通过所有网格步数的总和。源波形的带宽很小，这对步长和边界距离通常没有影响。然而对于脉冲输入信号，例如高斯脉冲或经调制的高斯脉冲，必须仔细选择其带宽以满足这些要求。使用较宽带激励和多频段天线时必须注意，以防出现生物组织的频率色散问题。

4.3.6　FDTD 仿真计算

FDTD 仿真是一个耗时的过程，但是它可以同时运行多个计算。因此标准程序要求能够进行批处理计算。900MHz 或 1800MHz 的总网格尺寸范围在 1500～3000 万体素，模拟时间一般需要若干小时。一些软件厂商提供了可以插入 PCI 接口的加速卡。采用加速卡计算时域有限差分方程时速度通常能够提升 5 倍以上。

计算位于标准化头部位置的手机（头部左、右两侧紧贴和倾斜手机位置）的中间信道、最低和最高信道，给出的最小计算数为每频段 6 个。

如果比吸收率是要计算的唯一参数，在仿真过程中可以通过不保存磁场文件以减少 50%内存开销。

4.3.7　平均比吸收率

目前，安全标准和限值导则采用时间和全身平均的比吸收率与峰值空间平均比吸收率（psSAR）作为限值，两者都不允许被超出。psSAR 通常是在一个立方体体积内对一定质量的人体组织的平均，如四肢、躯干、头部或外耳等。躯干组织或是四肢组织使用不同的平均质量。在计算躯干组织平均比吸收率或四肢组织平均比吸收率时，只考虑当前计算组织的比吸收率值。若一个立方体既包含躯干组织又包含四肢组织，则应分别计算。具体地说，计算一个属于躯干组织立方体的空间平均比吸收率时，该立方体中包含的四肢组织都应被忽略。同样，当计算四肢组织立方体的空间平均比吸收率时，可以将其中的躯干组织当作背景处理。比吸收率计算立方体的方向应与数值计算程序的坐标轴对齐。

安全标准定义了一个属于四肢组织的区域范围。如 ICNIRP 导则定义了两种组织类型：1 型组织（上臂、前臂、手部、大腿、小腿、足部、耳廓、眼角膜、眼前房、眼虹膜、表皮、真皮、脂肪、肌肉、骨头中的组织）和 2 型（头部、眼部、腹部、背部、胸部和骨盆中的所有组织，1 型组织以外的组织），并分别设定了干预不良健康效应阈值。平均算法根据这个定义区分躯干和四肢组织。计算平均比吸收率的软件同时提供适当的方法用于鉴别四肢组织和躯干组织。

对于体内组织，应在具有一定质量的立方体内计算空间平均比吸收率。这个立方体的质量与目标组织质量的误差在±0.0001%以内。为了节省计算时间，也可以应用其他不同的标准。在这种情况下，需要通过将 psSAR 的收敛作为目标质量公差的函数表明 psSAR 的收敛性。

为了确定 psSAR，在初始化过程中，所有体素应被标为"未使用"。第一步，系统性地遍历所有体素，也就是，首先定义体素中心，然后向各个方向进行扩展，直到总质量达到目标质量值。当扩展到立方体外层体素时，可能只要扩展到体素的一部分。包含部分目标组织质量的体素应采用线性内插法计算。如图 4-21 所示，如果得到的立方体中包含的背景材料的占比小于或等于 10%，并且所有的面都属于一个组织（完全包含在该组织体素内）或贯穿目标组织（一部分属于该组织体素），则这个立方体应被归类为有效的立方体。否则不能用于计算 psSAR。在平均过程中，应保留所有被平均比吸收率计算使用过（已使用）的位置参数。使每个有效平均立方体空间比吸收率均被分配到中心位置。平均立方体中的所有体素都应被标记为已使用，表明它们至少有一个场分量在平均过程中被使用到。部分包含在平均立方体中的体素，对比吸收率的计算有一定的作用，但是不能被标记为使用，这些体素需要使用线性内插法计算其空间平均比吸收率。第一次扫描结束时，体内深处的体素通常被作为一个有效平均立方体的中心，同时靠近表面的多个体素被标记为已使用，但此时无法确定其空间平均比吸收率。平均值和已使用的体素的结果如图 4-22 所示。

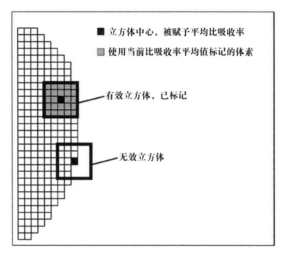

图 4-21　部分包含体素对目标质量的贡献

（用于平均的立方体中可能存在的不同体素类型）

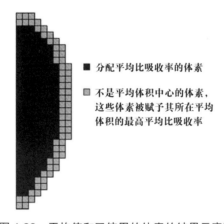

图 4-22　平均值和已使用的体素的结果示意图

　　对标记为已使用，但从未在均匀立方体中心出现过的位置，应在计算过程中赋予它们包含其在内的平均立方体的最大 *psSAR* 值。

　　只有不完全包含在任何有效平均立方体的位置才被标记为未使用。对于所有未使用的位置，将继续进行第二轮扫描以构建新的立方体。未使用的位置将被置于立方体的某个表面中心，立方体的其他五个面将平均地扩展到各个方向直至立方体包含的质量接近目标质量，而不管立方体包含多少占比的背景材料，如图 4-23 所示。以未使用位置为中心点形成的表面作为一个表面形成的 6 个可能的立方体中，那些比最小的立方体体积大但不超过 5%的立方体的比吸收率将被计算。最后，将记录比吸收率峰值。体素状态的定义如表 4-2 所示。

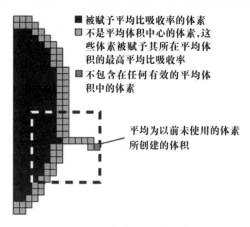

图 4-23 未使用区域示意

表 4-2 比吸收率平均中的体素状态

体 素 标 签	定 义
未使用	根据平均算法对体素初始状态进行初始化（在第一轮扫描后仍然未使用的体素将用于构建以它们为某一表面的立方体）
已使用	完整包含在含有有效的体素的平均立方体中的体素
有效地	位于背景材料占比≤10%、且立方体的任何一个面不完全属于背景材料的平均立方体中心的任何体素

如果组织的总质量比目标质量小，则 *psSAR* 定义为组织吸收的总能量除以整个组织的质量。例如，对于儿童外耳部进行的 10g 平均比吸收率计算就属于这种情况，因为儿童耳部的质量通常小于 10g。

图 4-21 中，上方的立方体为中心位于高亮体素的平均立方体。通过围绕中心的体素生成平均值，并将其赋予该高亮位置。下方的平均立方体不被标记为有效的，因其包含的背景材料占比超过了 10%。

与图 4-22 类似，但部分体素突出，代表经过第一轮扫描后仍留在末端的未使用体素。围绕这些未使用体素经过调整构建新的平均立方体，使未使用体素位于该立方体的外表面。

在获取最大 *psSAR* 的同时应给出其计算的不确定度和出现位置。此外，也应该给出出现最大比吸收率平均立方体的两个顶点坐标。第一个顶点被定义为立方体所有 6 个点中坐标（*x*，*y*，*z*）值最小的那个点，第二个顶点是坐标（*x*，*y*，*z*）值最大的那个点。

4.4　基准测试验证模型

4.4.1　835MHz 和 1900MHz 的通用方盒手机

2003 年 IEEE SCC-34 启动的 SAM 头比较项目中使用方盒手机作为测试基准结构。它是一个简单的方盒子，可以定位在 SAM 的右耳位置。手机和模型如图 4-24 所示。基准手机包括一个完全导电体（perfect electric conductor，PEC）盒体，表面为 1mm 的塑料层，顶端有一个有线单极天线。手机的尺寸如图 4-25 所示。天线的长度 L_A 适用于两个特定的测试频率：在 835MHz 为 71mm，1900MHz 为 36mm。天线的长度包括 1mm 源间隙和 1mm 天线的橡胶涂层。扬声器输出位于机箱顶部下 10mm 的位置。

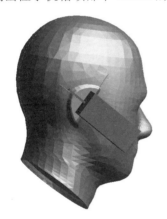

图 4-24　SAM 和 1900MHz 通用方盒手机模型

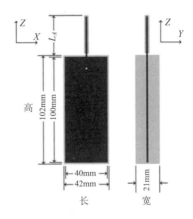

图 4-25　方盒手机模型尺寸

表 4-3 给出基准模型的材料介质参数。

表 4-3　基准材料的电介质参数

材　　料	835MHz		1900MHz	
	ε_r	$\sigma/$（S/m）	ε_r	$\sigma/$（S/m）
塑料（外壳）	4.0	0.04	4.0	0.04
橡胶（天线罩）	2.5	0.005	2.5	0.005
SAM 塑料外壳	5	0.0016	5	0.0016
SAM 组织模拟里料	41.5	0.9	40.0	1.4

比吸收率模拟计算结果如表 4-4 所示（所有结果都归一化为天线输入 1W 功率）。注意，给出的数据是实验室间比对结果的平均值，而不是解析值。与该平均值偏差小于 30%是可接受的数值模拟结果。

表 4-4　基准手机的最大 1g 和 10g 比吸收率

频率/MHz	耳　侧	位　置	SAR_{1g}/（W/kg）	SAR_{10g}/（W/kg）
900	右侧	贴脸	7.5	5.3
		倾斜	4.9	3.4
1800		贴脸	8.3	4.8
		倾斜	12.0	6.8

4.4.2　GSM/UMTS 移动电话

该基准测试模型基于标准 IEC 62704-3 提供的 CAD 文件。其目的是测试所选择的 FDTD 软件对复杂模型的处理能力。该模型的结构与真手机非常相似。由于模型的复杂性，不能由软件直接创建，需要导入。基准模型如图 4-26 所示。该模型根据表 4-5 中给定的材料参数由金属和塑料组件构成。用于插入源馈电点的间隙位于天线和印制电路板中间。

图 4-26　通用的 GSM/UMTS 移动电话

表 4-5　通用 GSM/UMTS 手机材料的介电性能

固件名称	材　料	900MHz		1800MHz	
		ε_r	σ/（S/m）	ε_r	σ/（S/m）
天线支架	塑料	3	0.0011	3	0.0021
天线	铜	PEC		PEC	
背壳	塑料	3	0.0011	3	0.0021
电池	铝	PEC		PEC	
电池导线	铜	PEC		PEC	
连接器 1	铜	PEC		PEC	

续表

固件名称	材料	900MHz		1800MHz	
		ε_r	σ/（S/m）	ε_r	σ/（S/m）
馈入连接器	铜		PEC		PEC
前壳	塑料	3	0.0011	3	0.0021
接地连接器	铜		PEC		PEC
LCD	玻璃	4.82	0.0013	4.82	0.0026
LCD 接地	铝		PEC		PEC
印制电路板	铜		PEC		PEC
屏蔽	铝		PEC		PEC
屏蔽 2	铝		PEC		PEC
屏蔽 3	铝		PEC		PEC
扬声器	铝		PEC		PEC
印制电路板子层	铜		PEC		PEC

比吸收率模拟计算结果如表 4-6 所示（所有结果都归一化为天线输入 1W 功率）。注意，给出的数据是实验室间比对结果的平均值，而不是解析值。与该平均值偏差小于 30%的数值模拟结果是可接受的。

表 4-6　通用 GSM/UMTS 手机的 1g 和 10g 的峰值比吸收率结果

频率/MHz	耳侧	位置	SAR_{1g}/（W/kg）	SAR_{10g}/（W/kg）
900	右侧	贴脸	8.0	5.8
		倾斜	6.2	4.8
1800		贴脸	8.2	5.0
		倾斜	10.3	5.8

4.4.3　多波段贴片天线手机

图 4-27 和图 4-28 为具有双频段贴片天线的手机模型。该模型可以模拟手机的共振频率、馈电点阻抗和功率分配等信息。手机的所有金属部件建模为理想导体。外壳建模时可以：① 作为一种无损介质（ε_r=3）；② 有损介质（ε_r=3，σ=5mS/m）。这个基准模型对网格和体素的大小或对源和信号类型都没有限

图 4-27　具有双波段贴片天线的手机模型

制，具体数据如表 4-7 所示。该基准模型可以在标准 IEC 62704-3 网站下载 SAT

格式文件。

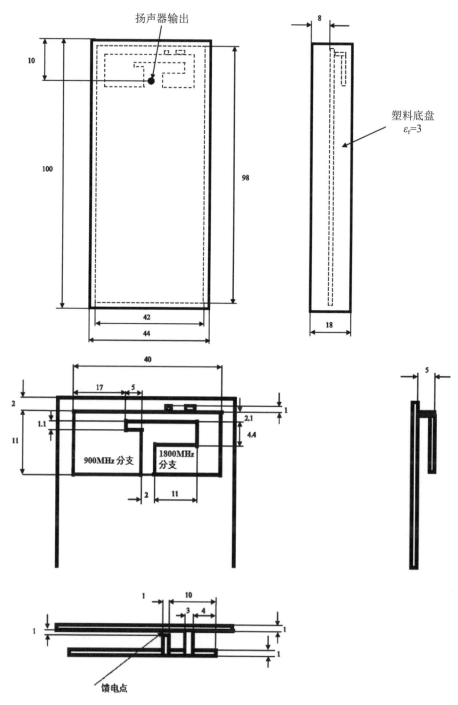

图 4-28 双频段贴片无线手机模型尺寸（单位 mm）

表 4-7　通用移动电话的输出参数限制

量	结　果	限　制
网格尺寸		—
最小网格天线步进		—
最大网格天线步进		—
最小整体网格步进		—
最大整体网格步进		—
较低的谐振频率（无损）/MHz		825～875
较高的谐振频率（无损）/MHz		1750～1800
Re{Z}较低谐振（无损）/Ω		150～250
Im{Z}较低谐振（无损）/Ω		−100～−50
Re{Z}较高谐振（无损）/Ω		30～50
Im{Z}较高谐振（无损）/Ω		40～60
功率预算较低的共振（无损）		>98%
功率预算较高的共振（无损）		>98%
较低谐振频率（有损）/MHz		825～875
较高谐振频率（有损）/MHz		1750～1800
Re{Z}较低谐振（有损）/Ω		150～250
Im{Z}较低谐振（有损）/Ω		−100～−50
Re{Z}较高谐振（有损）/Ω		30～50
Im{Z}较高谐振（有损）/Ω		40～60
功率预算较低的共振（有损）		>95%
功率预算较高的共振（有损）		>95%

4.4.4　Neo 自由跑步者手机

这个基准测试基于免费提供的 Neo 自由跑步者手机 CAD 文件，如图 4-29 所示，该文件可以在 https://www.openmoko.org/wiki/CAD_models 下载。该款手机的天线是弯曲的，为测试 FDTD 网格划分的阶梯效应提供了很好的案例。

图 4-29　Neo 自由跑步者手机的 CAD 模型

与网上的 CAD 模型不同，FDTD 仿真对某些元素进行了修改，具体如表 4-8 所示。不同材料的介电性能在 900MHz 和 1800MHz 被认为是相同的。

表 4-8　Neo 自由跑步者手机材料的介电性能

序　号	固 件 名 称	900/1800MHz	
		ε_r	$\sigma/$（S/m）
1	天线（GSM-ANTENNA and GSM-ANTENNA-FEED）	1	PEC
2	天线支撑（GSM-ANT-BOTTOM）	2.33	0.01
3	外壳（GTC01-A-MCB01_2、GTC01-A-MCB01_4、GTC01-A-MCF01_5、GTC01-A-MCF01_10、GTC01-A-MFM01_10、GTC01-A-MPB01_4、GTC01-A-MPF01_9）	3	0.01
4	印制电路板（CT0GPS-A-MPM1）	1	PEC
5	电池（BATTERY-1200 MAH-WELLDONE）	1	PEC
6	电池连接器（BATT-CONN-OCTEK-03JAX）	1	PEC
7	LCD（ID-GTC-LENS-PRE）	4.80	0.01
8	扬声器（SPEAKER-16D-PSS_2、SPEAKER-16D-PSS_3、SPEAKER-16D-PSS_6、SPEAKER-16D-PSS_7））	1	PEC
9	扬声器连接器（PIN__W__ANY_1）	1	PEC
10	接收器（RECEIVR-8x2-PHILIPS）	1	PEC
11	振子（VIBRATOR_2113TOP0）	1	PEC

Neo 自由跑步者手机包含同一 CAD 模型的 3 个版本，均可被考虑用于数值模拟：① 基础版，② 中间版，③ 完整版。图 4-30 所示的基础版由以下元素组成：天线、天线支撑、印制电路板和所有构成塑料外壳的元素（包括薄膜），即表 4-8 中的元素 1～4，匹配频率为：780～910MHz；1670～1970MHz。图 4-31 所示的中间版，除了基本版本的元素外，还包括以下元素：电池、电池连接器、LCD、扬声器和扬声器连接器，即表 4-8 的元素 1～9，与基础版匹配频率相同。图 4-32 所示的完整版，除了中间版本的所有元素外，还包括以下元素：接收器和振子，即表 4-8 中的元素 1～11，匹配频率为：780～910MHz；1670～1980MHz。

图 4-30　基础版 Neo 自由跑步者手机 CAD 模型

图 4-31　中间版 Neo 自由跑步者手机 CAD 模型

图 4-32　完整版 Neo 自由跑步者手机 CAD 模型

基础版、中间版和完整版模型的自由空间回波损耗实验室间对比如图 4-33 所示（详见彩图）。

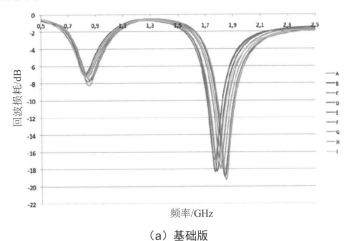

（a）基础版

图 4-33　各版手机 CAD 模型的自由空间回波损耗

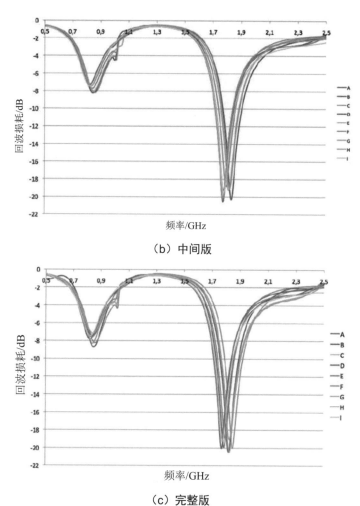

（b）中间版

（c）完整版

图 4-33　各版手机 CAD 模型的自由空间回波损耗（续）

比吸收率模拟计算结果如表 4-9 所示（所有结果都归一化为天线输入 1W 功率）。注意，给出的数据是实验室间比对结果的平均值，不是解析值。与该平均值偏差小于 30% 的数值模拟结果是可接受的。

表 4-9　Neo 自由跑步者手机的峰值 1g 和 10g 比吸收率结果

频率/MHz	耳　侧	位　置	SAR_{1g}/（W/kg）	SAR_{10g}/（W/kg）
900	右侧	贴脸	5.6	4.2
		倾斜	2.7	2.0
1800		贴脸	7.9	4.6
		倾斜	2.9	2.0

4.5　FDTD 仿真不确定度评估

4.5.1　不确定度评估的一般要求

在移动电话的比吸收率测量中，通过基站模拟器控制 DUT 发射，模拟实际使用状态。用于比吸收率测量的设备（模型、组织模拟材料等）在当前技术条件下具有高精度和最小的不确定度。因此所有不确定度的影响因素都被确定。测量的优势在于，不确定度只依赖于测量设置，而与 DUT 无关。也就是说，不确定度的上限可根据测试设备而定，而且对在任何位置的任何 DUT 有效。

使用 FDTD 数值仿真计算比吸收率的优势是对测试设置几乎没有限制。数值仿真允许使用非均匀组织模型，而实验室测量则需要拥有光滑表面的高度简化的同材质模型。但在另一方面，数值仿真需要对 DUT 建模。因为影响手机近场的元素数量几乎是无限的，所以完整评估不确定度几乎是不可能的。只有当具有已知不确定度的 DUT 测量与仿真并行进行时，才能确定比吸收率仿真评估的不确定度，如表 4-10 所示。这些测量可通过简单的方法实现。

表 4-10　实验测量和数值仿真比吸收率评估的不确定度贡献因子

不确定因素	比吸收率测量评估	比吸收率数值评估
DUT	如果是在实际使用状态下测试，则不需要额外的不确定度评估	必须和相应的测量同时进行 DUT 模型的有效性评估和相关的不确定度计算。例如，可用一个能代表实际使用状态的简化测量设置进行测量
测试设备（人体模型，探头等）	测量不确定度独立于 DUT 性能。测量设置和协议依据人体模型参数优化。后者受校准、组织模拟材料、模型形状、定位公差等因素影响	即使对于非常复杂的场景，只要仔细验证数值工具，因测试设置导致的计算不确定度就非常小
额外验证	测量系统检查和验证，对于确保测量准确性和测试设备正常是至关重要的	无

总之，数值仿真不确定度可以分为以下两类。

（1）DUT 建模的不确定度，如由仿真参数（网格划分、收敛性等）引入的不确定度。

（2）DUT 模型的数值表征引入的不确定度，如由模型的简化（省略部分结构、未知的介电特性等）引入的不确定度。

所有建模与仿真软件应使用本章第 4.6 节的算例进行验证。

4.5.2 仿真参数引起的 DUT 模型不确定度

建模时建议按标准流程设置测试配置，如与人体模型相关的吸收边界条件的类型和位置，人体模型的最大网格分辨率等，并确定相应的不确定度。这样，当模型的定位改变后，只需要对定位不确定度进行重新评估。当网格变化后，只需要重新评估网格不确定度，诸如此类。仿真算法和 DUT 模型渲染的不确定度分量概算如表 4-11 所示。

表 4-11 仿真算法和 DUT 模型渲染的不确定度分量概算表

不确定度分量	公差/%	概率分布	除数（Div）	c_i	不确定度%	v_i 或 v_{eff}
定位		R	1.73	1		
网格分辨率		N	1	1		
吸收边界		N	1	1		
功率预算		N	1	1		
收敛		R	1.73	1		
比吸收率平均质量公差		R	1.73	1		
模型介电参数		R	1.73	1		
合成标准不确定度（k=1）						

注：1. 表中 N、R 为正态、矩形概率分布，Div 为用于获取标准不确定度的除数。

2. 除数是概率分布和自由度（v_i 和 v_{eff}）的函数。

3. c_i 是灵敏度系数，被用于将成分的不确定度变量转换成比吸收率变量。

应当考虑的不确定度如下。

1．定位

将模型和源之间的距离按照±1 最小体素网格数变化。评估因此引起的与目标比吸收率的偏差，该偏差对应的不确定度满足矩形分布。如果网格的修改导致 DUT 和人体模型产生与实际不符的交叉，应只在不引起这类交叉的方向评估定位不确定度。

2．网格分辨率

细化体素网格分辨率将引起：

（1）色散、折射/反射的数值精度增加；

（2）在保留几何细节的区域，加强对场的表达；

（3）比吸收率后处理中减少内插的误差。

（1）中提到的数值色散的误差在关于网格尺寸的一系列标准的应用范围内可以忽略不计。（2）和（3）中描述的现象将显著影响仿真结果。

评估网格分辨率的影响可将沿各轴的网格步长缩小 2～4 倍进行。如果因内存限制，不能同时减少步长，则可以轮流对 x、y 和 z 轴中的一轴网格细化。记录因此引起的与目标比吸收率的偏差。不确定度依最大偏差而定。如果网格细化是轮流进行的，则应记录各方向细化获得最大值的 RSS。

3．吸收边界条件

吸收边界的类型对结果有很大的影响。可以采用将吸收边界沿各坐标方向分别远离内部物体 $\lambda/4$ 进行评估。需要记录目标值（如 $psSAR$）的偏差。

4．功率分配

应记录输入计算区域的源功率，并与在计算区域内被电损介质吸收的功率和被吸收边界吸收的功率之和进行比较。因为比吸收率与功率呈线性关系，功率分配引起的误差与比吸收率误差呈线性关系。记录满足正态分布的误差作为不确定度。

对于多信号源共同工作的状态，要确认所有的端口被正确加载。为计算多通道系统的完全 S 参数而利用基准阻抗加载未被激励的端口时，建议分别激励每个端口。这样，给定激励矢量的比吸收率和总功率预算可以通过任意激励矢量和负载域的叠加计算。

5．收敛

1）谐波仿真

记录在期望的目标区域（如最大 $psSAR$ 所在的立方体）内，随时间变化的电场矢量分量。在每个步进时刻，记录矢量绝对值。仿真充分收敛后，最后两个局部最大值与其平均值之间的差异不应超过 2%，而且局部最大值应出现在相同的体素内。如果仿真无法运行足够长的时间以达到 2% 的限制，则可以适当放宽限制，但需要对该特定应用的条件予以说明。该不确定度分布服从矩形概率分布。因为通常事先无法预知目标值所在的位置，建议在几个位置同时记录时域信号值，以避免重复模拟。

2）傅里叶变换的时域仿真

脉冲信号常用于宽带仿真的激励信号，结果需要进行傅里叶变换。对于不确定度的评估，时域信号的离散傅里叶变换计算应通过增加窗口长度（窗口起

始时刻 $t_0=0$、结束时刻 $t_w=1.25nT$）得到。T 为评价频率的周期，n 为整数，其值不断增加直到 t_w 到仿真时间结束或达到收敛条件。仿真充分收敛后，最后两个局部最大值与其平均值之间的差异不应超过 2%，而且局部最大值应出现在相同的体素内。如果仿真无法运行足够长的时间以达到 2%的限制，则可以适当放宽限制，但需要对该特定应用的条件予以说明。该不确定度分布服从矩形概率分布。

6. 比吸收率的平均质量公差

进行质量平均时允许采用质量超过用于平均的立方体 0.0001%的体素以便节省计算时间。如果公差大于 0.0001%则要进行说明，并要通过对 *psSAR* 作为函数的变化率的评估验证 *psSAR* 的收敛。

7. 人体模型的介电特性

人体模型内组织的介电特性会产生不确定度。可以使用组织的最小和最大介电常数和电导率（共 4 种不同的组合）评估 *psSAR* 的不确定度。这 4 种情况下得到的 *psSAR* 与使用介电常数和电导率的标称值得到的 *psSAR* 的最大偏差用来估算该不确定度。

4.5.3 开发 DUT 数值模型的不确定度和验证

比吸收率与 DUT 的电流分布密切相关，其不确定度因此受限于 DUT 建模的准确度。对一个真实的 DUT 进行准确数值建模，并评估其不确定度则取决于测试或照射评估的实际配置。很多情况下，照射发生在 DUT 距离人体非常近时，而且 DUT 与人体互动很频繁。使用 FDTD 仿真此类互动时，很重要的一点是不要预先定义 DUT 模型的辐射电流分布，DUT 天线馈入点的模型一定要馈入具有代表性的射频功率源，这个源应能保证 DUT 与人体交互相关的所有部件对电流分布的影响都能在模型中复现。可以通过在特定的参考位置对 DUT 产生的电磁场同时进行测量和仿真以验证模型的准确性。

在某些情况下，可采用惠更斯盒等技术方法简化 DUT 建模。这类模型通常不包含交互产生的不确定度。需要单独评估这部分不确定度。

为了尽可能从其他不确定度分量中分离 DUT 建模的不确定度，并尽可能减少用于不确定度分析的测量设置和仿真模型之间的差异，参考测量设置最好只保留对 DUT 正常工作至关重要的设置。如果事先无法确定输出功率，则选择与最大输出功率对应的射频信号或信号调制。测试设置要尽可能简单，测试次数要尽可能减少。根据 DUT 与人体模型之间的最小距离 d 的不同，以下两类场景需要分别讨论。

（1）$d>\lambda/2$ 或 $d>0.2\mathrm{m}$：此时可通过空间电磁场强度测量技术评估电磁辐射。

（2）$d<\lambda/2$ 和 $d<0.2\mathrm{m}$：此时可通过比吸收率测量技术评估电磁辐射。

下面将具体介绍这两类场景不确定度的评估方法。

1．DUT 建模的不确定度（$d>\lambda/2$ 或 $d>0.2\mathrm{m}$）

当参考场分布信息不明确、无法用解析法计算时，如果 DUT 到人体的距离不近于电磁辐射评估的距离，完全可以通过实验对 DUT 产生的场进行验证。沿着平行于 DUT 主轴的一条线，以不大于 $\lambda/4$ 或 $0.1\mathrm{m}$（取二者之较小值）的步长测量电场和磁场，并与数值模拟数据比较。通过矩形分布评估比吸收率的不确定度，可表示为

$$SAR_{\mathrm{uncertainty}}\left[\%\right]=100\times\mathrm{MAX}\left(\frac{\left|E_{\mathrm{ref}}^{2}(n)-E_{\mathrm{num}}^{2}(n)\right|}{E_{\mathrm{ref\,max}}^{2}},\frac{\left|H_{\mathrm{ref}}^{2}(n)-H_{\mathrm{num}}^{2}(n)\right|}{H_{\mathrm{ref\,max}}^{2}}\right) \quad （4\text{-}28）$$

式中：$SAR_{\mathrm{uncertainty}}$ 为百分数形式的不确定度；E_{ref} 为位置 n 处由实验确定的入射电场或其准确的解析值；H_{ref} 为位置 n 处由实验确定的入射磁场或其准确的解析值；E_{num} 为位置 n 处由数值计算确定的入射电场；H_{num} 为位置 n 处由数值计算确定的入射磁场；$E_{\mathrm{ref\,max}}$ 为所有位置上测量确定的最大入射电场或准确解析值；$H_{\mathrm{ref\,max}}$ 为所有位置上测量确定的最大入射磁场或准确解析值。

对固定在接地面上的 DUT，参考接地面用于代表 DUT 预期的工作条件。此时电磁场测量和模拟的参考点位于地平面之上。

如果 DUT 是利用惠更斯盒技术或任何其他等效的方法得到的已知电流分布的近似模型，如其产生的入射场也是已知的，并不跟随 DUT 与人体模型之间的交互而改变。此时如果被照射物体离天线的距离在 $2\mathrm{m}$ 或一个波长内时（以较小者为准），则应另行评估模型的准确度。在这种情况下，应基于测量的磁场评估 DUT 的不确定度。应将 H 场探头置于靠近暴露人体模型的 DUT 天线附近进行测量，并与相同条件下计算出的数值结果进行比较。不确定度分布符合矩形分布的公式为

$$SAR_{\mathrm{uncertainty}}\left[\%\right]=100\times\mathrm{MAX}\left(\frac{\left|H_{\mathrm{ref}}^{2}(n)-H_{\mathrm{num}}^{2}(n)\right|}{H_{\mathrm{ref\,max}}^{2}}\right) \quad （4\text{-}29）$$

进行这些评估要求测量时应最大限度地减少外界干扰。使用遵循相关的参考文档或适当规程的仪器，提供足够的测试细节，以确定其不确定度。可根据表 4-12 评估 DUT 建模的不确定度。

表 4-12　DUT 建模的不确定度预算

不确定度分量	公差%	概率分布	除数（Div）	c_i	不确定度%	v_i 或 v_{eff}
DUT 建模不确定度		N	1	1		
人体模型的不确定度（适用时）		N	1	1		
测量设备和过程的不确定度		N	1	1		
复合标准不确定度（k=1）						

注：1. 表中 N 为正态概率分布；Div 为用于获取标准不确定度的除数。

　　2. 除数是概率分布和自由度（v_i 和 v_{eff}）的一个函数。

　　3. c_i 是灵敏度系数，被用于将成分的不确定度变量转换成比吸收率变量。

2. DUT 建模的不确定度（$d<\lambda/2$ 和 $d<0.2m$）

在源的感应近场区，场与人体模型直接耦合可能对发射机产生影响。在这种情况下，确定 DUT 建模不确定度的唯一方法是测量比吸收率。这样人体模型的不确定度将纳入 DUT 建模的不确定度中。可以使用简化的比吸收率测量，如使用平坦模型，可以最大程度地忽略模型的不确定度。如果使用复杂的人体模型就要单独评估模型对 DUT 建模的影响。评估时应从平面波入射坐标系的各个方向和两个正交方向对人体模型进行辐射，也就是进行 12 次评估。评估的最大不确定度可被视为人体模型的不确定度。

为了确定散射的效果，使用不同的 DUT 到模型的距离代表不同的负载条件。不确定度应通过比吸收率在 3 种距离的幅值和分布的偏差确定。首先要选择 DUT 和模型之间的默认距离 d_0，这是由制造商给定或相关标准规定的预期使用距离。这个距离应在($d<\lambda/2$；$d<0.2m$)范围内。另两个距离选择 $0.5d_0$ 和 $1.5d_0$。如果默认距离 d_0 是 0，则应在($d<\lambda/2$；$d<0.2m$)范围内最大距离和最大距离一半的位置上进行评估。如 $1.5d_0$ 超出($d<\lambda/2$；$d<0.2m$)范围，则应当在 $0.75d_0$ 处评估。

在每个距离 d，根据式（4-30）评估比吸收率（SAR）不确定度。

$$SAR_{\text{uncertainty},d}\,[\%] = 100 \times \text{MAX}\left(\frac{\left| SAR^2_{\text{ref}}(n) - SAR^2_{\text{num}}(n) \right|}{SAR^2_{\text{ref max}}} \right) \tag{4-30}$$

式中：SAR_{ref} 为位置 n 处由实验测定的局部 SAR（非平均）或准确解析值；SAR_{num} 为位置 n 处由数值计算确定的局部比吸收率；$SAR_{\text{ref max}}$ 为所有位置下由实验测定的最大比吸收率或准确解析值。

只需要记录 3 个距离中最大的比吸收率不确定度。

3. 模型验证

模型的验证步骤如下。

（1）根据 4.5.2 节的要求评估数值模型满足 4.5.3 节要求的不确定度 U_{sim}。

（2）根据表 4-12 确定测量的不确定度 U_{ref}。

（3）如果模型内所有超过比吸收率最大值的 5%的点上的比吸收率测量值 v_{ref} 和仿真值 v_{sim} 之间的偏差在 U_{ref} 和 U_{sim} 的合成不确定度范围内，即如式（4-31）所示，$E_n \leqslant 1$，对于任何参考点，表 4-12 中的合成不确定度为 DUT 模型的不确定度。如果偏差没有在预期的不确定度内，DUT 模型是无效的，需要进行修改。

$$E_n = \sqrt{\frac{(v_{sim} - v_{ref})^2}{(v_{sim}U_{sim(k=2)})^2 + (v_{ref}U_{ref(k=2)})^2}} \leqslant 1 \qquad （4\text{-}31）$$

4.5.4　不确定度预算

总不确定度如表 4-13 所示。无线设备比吸收率评估的数值和实验研究表明，数值模拟和实验方法的偏差通常可以保持在 30%内。

表 4-13　数值仿真不确定度预算

不确定度分量	公差%	概率分布	除数（Div）	c_i	不确定度%	v_i 或 v_{eff}
与仿真参数相关的 DUT 模型不确定度		N	1	1		
与 DUT 建模相关的不确定度		N	1	1		
合成标准不确定度（$k=1$）						
扩展标准不确定度（$k=2$）						

注：1. 表中 N 为正态概率分布；Div 为用于获取标准不确定度的除数。

　　2. 除数是概率分布和自由度（v_i 和 v_{eff}）的一个函数。

　　3. c_i 是灵敏度系数，被用于将成分的不确定度变量转换成比吸收率变量。

4.6　FDTD 代码验证

代码验证可以分为两个等级。

（1）代码准确度验证。代码准确度验证通过一些方法确定 FDTD 算法是否正确运行并在有限的数值精度内提供准确的结果。此外，该方法被用于确定原始 Yee 算法的准确性和有效性，如介质分界面的数值模型、吸收边界条件和某些后处理算法等。该方法也可以直接用于评估某些特殊技术，如倾斜边界的近似子细胞建模、细微结构、子切片技术等的性能。

（2）典范基准验证。所有的典范基准可以直接与相应物理问题或其数值表征的解析解相比较。这些方法以非常基本的方式验证 FDTD 算法执行的特性。如果不提升代码的整体质量，就不大可能改善某个 FDTD 算法软件运行这些典范基准时的表现。典范基准验证可以评估代码的累积精度，以及不同模块交互作用后代码的适用性，如网格生成、计算内核、源的表示、后置处理程序的数据提取算法等。

4.6.1　代码准确度验证

1．自由空间特性

代码的自由空间特性的评估可验证 Yee 方法是否正确执行，时间步长、介电材料及其特性是否正确等。Yee 算法的频散分析理论定义了自由空间特性，并且定义了数值波数在时间步长（柯朗因子）和传播方向上作为体素尺寸与波长之比的函数。正如麦克斯韦方程，Yee 算法能够独立求解 TE 和 TM 极化波。通过模拟被 TE 和 TM 模式激励的矩形波导可以获得作为这些参数和极化特性的函数的数值波数。使用宽带激励能够计算用频率和传播方向（包括平面波的感应近场部分）表征的矩形体波导内介质的色散特性。波导的基础 TE 和 TM 模式可以利用二维 FDTD 算法求解。因此，波导可以使用二维结构建模，其可以认为是两个传播角度随频率变化的对称平面波的叠加。在低于波导截断频率的情况下，算法的数值特征可以是传播方向的函数。定义一个较大的基准频率范围，这样代码验证将不针对某个特定频率，而在整个频率范围上都有效。波导的网格分为均匀网格和非均匀网格两种。为了完整评估，波导须分别定位在坐标轴 3 个方向和绕轴旋转的方向（每个极化方向和网格共进行 6 次仿真）。使用均匀网格时，Yee 算法仿真计算结果的色散误差不能大于±2%。

在非均匀网格中无法为数值色散提供类似的解决方案。非均匀网格数值色散计算的误差不能超过±10%。

下面介绍具体计算方法。

1）矩形波导的定义

波导被定义为被完美导体墙壁截断的二维结构。x- 方向的宽度为 $w=120\text{mm}$。所有的方向和大小对应的坐标系如图 4-34 所示。激励垂直于波导方向，位于 $z_0=0$ 处。源与场的距离为 60mm。根据计算区域选择波导长度的截取位置，使得感应场不影响记录点。为在三个方向上均执行 FDTD 算法，y 轴方向也需要离散化。通过计算仿真时间步长 Δt 并更新场，这对数值色散仅有间接影响。当比较色散的仿真结果和理论数值时，需要使用时间步长 Δt。

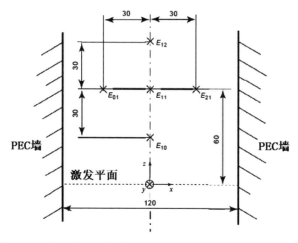

图 4-34　对齐的矩形波导和 TE 极化下记录的 E_y 分量的位置

对于 TM 极化，E_x 和 E_z 分量对应的位置通过体素偏移半个步长得到。

2）TE 极化

在基本 TE 模式中，波导在 x-方向必须以完美电导体（PEC）边界条件终止。使用 TE_{10} 模式的解析值对源位置的 E_y 分量进行激励，推荐使用硬源激励模式。硬源激励能加强网格边界的电场强度。电场强度与激励信号成正比。可按下式计算源位置 E_y 分量的激励。

$$E_y = E_0 \sin\frac{m\Delta s\pi}{w} \qquad (4\text{-}32)$$

式中：E_0 为任意电场振幅；m 为源组件的索引；Δs 为网格步长；w 为波导宽度。

对于非均匀网格，$m\Delta s$ 应替换为初始网格边界的中心位置。

也可以采用其他方法进行场激励。但无论采用何种激励，在记录场的位置只能存在基本传播模式，因为高阶模式或寄生模式会导致无法正确评价传播常数。

3）TM 极化

在基本 TM 模式中，波导在 x-方向必须以完美电导体（PEC）边界条件终止。最基本的 TM 模式是 TM_{11} 模式。可按下式计算源位置 E_x 分量的激励值。

$$E_x = E_0 \cos\frac{m\Delta s\pi}{w} \qquad (4\text{-}33)$$

式中：E_0 为任意电场振幅；m 为源组件的索引；Δs 为网格步长；w 为波导宽度。

同理，对于非均匀网格，$m\Delta s$ 应替换为初始网格边界的中心位置。

4）均匀网格

在均匀网格的仿真中，网格步长在 x-和 z-方向为 10mm。y-方向上的网格步长可根据对时间步长的计算的影响自行确定。

5）非均匀网格

x-和 z-方向应使用以下网格线：0.0mm、0.5mm、1.4mm、3.1mm、6.3mm、12.0mm、15.0mm、18.0mm、22.7mm、30.0mm、45.0mm、52.5mm、60.0mm 和 75.0mm。其余部分网格，应使用 15mm 的恒定网格步长。在 x-方向上，这些线指向波导的左边界（$x=-60mm$），在 z-方向，这些线指向坐标系的原点（$z=0$）。网格步长从 0.5～15mm 不等，这样可以节省仿真时间，但是在较大的网格单元内增大仿真色散误差。x-轴的远点是一侧的波导壁，z 轴的远点就是激励源所在的位置。y-方向上的网格步长可根据对时间步长的计算的影响自行确定。

6）激励

使用 TE 和 TM 模式激励波导。信号 $f(t)$ 应为高斯包络的正弦波，覆盖 500MHz～2GHz 的频率范围。这个频率范围覆盖了 TE 和 TM 模在波导内的感应场和远场传播范围，因此充分表征数值色散。其信号可定义为

$$f(t) = \sin(\omega_0 t) \exp\left\{ \left[(t - t_0)/\tau \right]^2 \right\} \tag{4-34}$$

仿真使用的参数建议如下：

$$\omega_0 = 2\pi f_0 = 2\pi 1200\text{MHz}$$
$$t_0 = 1\text{ns}$$
$$\tau = 0.2\text{ns}$$

选取的仿真时间应足够大，以至于得到的信号残余波动小于源信号振幅的 0.1%。仿真最后 5% 的时间中的信号峰值除以整个计算时间中的信号峰值即为信号残余波动。对于 30m 长的波导，仿真时间取 100ns 是适合的。更短的波导或者更短的仿真时间都会牺牲仿真结果的准确性。

7）介电参数

波导应模拟 3 种均匀各向同性的材料。

$$\varepsilon_r = 1.0；\quad \sigma = 0.0\text{S/m}$$
$$\varepsilon_r = 2.0；\quad \sigma = 0.0\text{S/m}$$
$$\varepsilon_r = 2.0；\quad \sigma = 0.2\text{S/m}$$

8）记录的信号

在如图 4-34 所述的指定位置，记录场分量（TE 模式为 E_y，TM 模式为 E_x，E_z）。TM 模式中，可以选择 x-和 z-方向的相邻分量。提取的信号应直接对应于 Yee 网格的相应边缘，避免使用内插的数据。应从频域提取模拟获得的时域信号。如果被评估的 FDTD 代码能直接将时域信号变换到频域，那就直接使用该代码进行变换。否则，应使用 DFT 进行信号变换，并禁止零填充。

9）计算数值色散

根据以上记录的信号数据，通过傅里叶变换场计算数值波数 $k_{x,\text{num}}$ 和 $k_{z,\text{num}}$。

$$k_{x,\text{num}} = -\frac{\text{j}}{\Delta s} \ln \frac{E_{01} + E_{21} - \sqrt{-4E_{11}^2 + (E_{01} + E_{21})^2}}{2E_{11}} \qquad (4\text{-}35)$$

$$k_{z,\text{num}} = -\frac{\text{j}}{\Delta s} \ln \frac{E_{10} + E_{12} - \sqrt{-4E_{11}^2 + (E_{10} + E_{12})^2}}{2E_{11}} \qquad (4\text{-}36)$$

式中：Δs 为记录的各信号分量之间的距离（30mm）。

取结果虚部在（-π，π）之间的主值，数值波数的计算公式为

$$k^2 = k_x^2 + k_z^2 \qquad (4\text{-}37)$$

通过求解 Yee 算法的色散关系得到均匀网格条件下的参考数值波矢

$$\left(\frac{k\Delta s}{\omega \Delta t}\right)^2 \sin^2 \frac{\omega \Delta t}{2} = \sin^2 \frac{k_{x,\text{num}}\Delta s}{2} + \sin^2 \frac{k_{z,\text{num}}\Delta s}{2} \qquad (4\text{-}38)$$

式中：Δs 为网格步长；Δt 为时间步长；ω 为频率。

k 是介质中的理论计算得到的正确波数，公式为

$$k = \sqrt{\omega \mu_0 (\omega \varepsilon_r \varepsilon_0 + \text{j}\sigma)} \qquad (4\text{-}39)$$

波导数值模型中的 $k_{x,\text{num}}$ 等于下式给出的物理对应值为

$$k_x = \frac{\pi}{w}$$

$$k_z = \sqrt{k^2 - k_x^2} \qquad (4\text{-}40)$$

10）报告数据

数值波数应为频率的函数。在 500MHz～2GHz 的频率范围内，以不大于 1MHz 的步长评估所有的波数。对于均匀网格，评估理论数值波数实部和虚部（仅有损介质有虚部）的最大偏差。对于非均匀网格，评估波数实部和虚部（仅有损介质有虚部）与物理波数的最大偏差。

可按照表 4-14 的格式，将波导分别指向 3 个坐标轴，并沿轴旋转 90°，在正负两种入射方向下评估波数，也就是重复 12 次评估。

表 4-14　波导数值色散特性结果的评估报告

物　理　量	代码合格限值	TE			TM		
ε_r		1	2	2	1	2	2
σ/（S/m）		0	0	0.2	0	0	0.2
数值 f_{cutoff}/MHz		1247	882	n.a.	1247	882	n.a.
均匀网格 Re{k_z}仿真结果实部与参考值之间的最大偏差	±2%						
均匀网格 Im{k_z}仿真结果虚部与参考值之间的最大偏差	±2%	n. a.	n. a.		n. a.	n. a.	

续表

物 理 量	代码合格限值	TE		TM	
均匀网格 Re{k_x} 仿真结果实部与参考值之间的最大偏差	±2%				
非均匀网格 Re{k_z} 仿真结果实部与物理参考值之间的最大偏差	±10%				
非均匀网格 Im{k_z} 仿真结果虚部与物理参考值之间的最大偏差	±10%	n. a.	n. a.	n. a.	n. a.
非均匀网格 Re{k_x} 仿真结果实部与物理参考值之间的最大偏差	±10%				

注：n. a.（not applicable）表示不适用。

2. 平面介质边界

沿网格轴导向与主网格线重合的平面介质接口可使用前述波导结构（同样的波导、激励、网格等）进行评估。使用 10mm 分辨率的均匀网格，在距离激励 120mm 或更远的位置引入介质边界。介质边界垂直于 PEC 壁并将波导划分成两个区域。激励源所在的区域使用介电常数 $\varepsilon_r=\varepsilon_1=1$。其他区域的介电常数设置为 $\varepsilon_r=\varepsilon_2=4$。仿真无损耗介质（$\sigma=0$）的 TE 和 TM，以及有损耗介质（$\sigma=0.2$S/m）中的 TE。介质区域延伸到计算域的边界，在模拟过程中对波导长度的选择应满足从计算域截断层的反射不会到达记录场结果的位置。

在介质边界处随频率变化的反射系数的闭式表达式分别为

$$r_{TE} = \frac{\sin k_{1z}\Delta s - \sin k_{2z}\Delta s}{\sin k_{1z}\Delta s + \sin k_{2z}\Delta s} \tag{4-41}$$

$$r_{TM} = \frac{\varepsilon_1 \tan \dfrac{k_{2z}\Delta s}{2} - \varepsilon_2 \tan \dfrac{k_{1z}\Delta s}{2}}{\varepsilon_1 \tan \dfrac{k_{2z}\Delta s}{2} + \varepsilon_2 \tan \dfrac{k_{1z}\Delta s}{2}} \tag{4-42}$$

式中：Δs 是网格步长，k_{1z} 和 k_{2z} 分别是介质 ε_1 和 ε_2 中的仿真波数，可以通过式（4-40）得到。注意，使用式（4-40）计算 k_{2z} 时，需要使用介质 ε_2 中的电场分量，也就是计算的位置应沿 Z 轴平移 120mm。

在电介质 ε_1 和 ε_2 中用 k_{1z} 和 k_{2z} 表示数值波数并根据式（4-36）计算。对于均匀网格，依 Yee 算法计算的反射系数偏差不得超过 2%。

使用以下方法评估数值反射系数。

1）反射系数的提取

正向波 E_p 及反射波 E_r 的幅度为

$$E_{\mathrm{p}} = \left[E_{10}\mathrm{e}^{-\mathrm{j}k_z(2z_r - z_0 - z_{11})} - E_{11}\mathrm{e}^{-\mathrm{j}k_z(2z_r - z_0 - z_{10})} \right] \Big/ \psi \qquad (4\text{-}43)$$

$$E_{\mathrm{r}} = \left[E_{11}\mathrm{e}^{-\mathrm{j}k_z(z_{10} - z_0)} - E_{10}\mathrm{e}^{-\mathrm{j}k_z(z_{11} - z_0)} \right] \Big/ \psi \qquad (4\text{-}44)$$

$$\psi = \mathrm{e}^{-\mathrm{j}k_z[2(z_r - z_0) + z_{10} - z_{11}]} - \mathrm{e}^{-\mathrm{j}k_z[2(z_r - z_0) + z_{11} - z_{10}]} \qquad (4\text{-}45)$$

其中 Z_{r} 和 Z_0 分别为边界和激励源的位置。Z_{10} 和 Z_{11} 是电场探头的位置，k_x、k_{1z} 和 k_{2z} 为使用式（4-39）、式（4-40）计算得到的数值波矢量的分量。振幅反射系数 r 为

$$r = \frac{E_{\mathrm{r}}}{E_{\mathrm{p}}} \qquad (4\text{-}46)$$

2）报告数据

仿真反射系数 r 为频率的函数。评估时在 0.5~0.6GHz 波导截至频率以下的感应模式和在 1.3~2GHz 的传播模式，频率的最大步长最好都不超过 1MHz。对于均匀网格，评估其实部和虚部（仅适用于有耗介质）与理论计算波数的最大偏差和反射系数。结果要求如表 4-15 所示。与前类似，同样本评估需要重复 12 次。

表 4-15　数值反射系数仿真评估结果

物　理　量	代码合格限值		TE	TM
ε_{r}		4	4	4
σ/（S/m）		0	0.2	0
Re$\{k_{2z}\}$仿真值实部与参考值的最大偏差 1.3GHz<f<2GHz	±5%			
Im$\{k_{2z}\}$仿真值虚部与参考值的最大偏差 0.5GHz<f<0.6GHz	±5%		n.a.	n.a.
Re$\{r\}$仿真值实部与参考值的最大偏差 1.3GHz<f<2GHz	±5%			
Im$\{r\}$仿真值虚部与参考值的最大偏差 1.3GHz<f<2GHz	±5%		n.a.	n.a.
Re$\{r\}$仿真值实部与参考值的最大偏差 0.5GHz<f<0.6GHz	±10%			
Im$\{r\}$仿真值虚部与参考值的最大偏差 0.5GHz<f<0.6GHz	±10%		n.a.	n.a.

4.6.2　吸收边界条件

1. 对齐吸收边界条件

在介质边界条件下评估数值反射的过程可用于吸收边界条件性能的评估。

假设计算域是均匀的真空（$\varepsilon_r=1$，$\sigma=0$）材料，使用待评估的吸收边界条件在距离激励 $z=120$mm 的位置截断计算域，然后按上节方法定义吸收边界条件的反射系数，使用 10mm 的均匀网格和指定的非均匀网格，在 0.5～3GHz 频率范围内以不大于 1MHz 的步长进行评估。如图 4-35 所示，最大允许反射系数是频率的函数。宽带激励用于表征随入射角变化的反射系数。

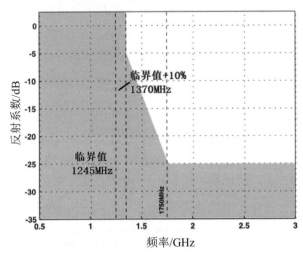

图 4-35　对齐吸收边界条件下允许的功率反射系数（灰色区间）

2. 计算域边角部位的吸收边界性能

如图 4-36 所示，将波导倾斜 45°，用来评估计算域边角部位的吸收边界条件反射性能。只需使用步长 7mm 的均匀网格进行评估。假定阶梯状波导的宽度为 118.8mm $=12\times7\times\sqrt{2}$mm。为了方便建模与软件中的网格划分，可设波导宽度为 120mm。如使用 120mm 的波导，尺寸和频率必须进行等比例缩放。图 4-36 显示了 TE 模波导的设置和需要记录的 E_y 的位置。TE_{10} 模可以通过在被激励的 E_y 分量上施加解析场激发，TM_{11} 模式可以通过在被激励的 E_x 和 E_z 或 H_y 分量上施加解析场激发。注意在记录的位置上只能有基本传播模式，任何高阶模或寄生模式的存在将导致无法评估传播常数。

对于 TM 极化，平移半个体素得到 E_x、E_z 或 H_y 等的记录位置。均匀网格的步长是 7mm。源和记录位置的间距是 $(m+2)\times29.7$mm $=(m+2)\times3\times7\times\sqrt{2}$ mm，记录位置和边界的间距是 $(n+2)\times29.7$mm $=(n+2)\times3\times7\times\sqrt{2}$ mm，m、n 为任意正整数。

数值波数应在整个频率范围（0.5～2GHz）进行评估。

边角部位的反射系数不能超过图 4-37 中灰色空间的范围。

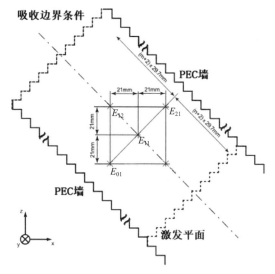

图 4-36　TE 模波导计算域边角部位设置

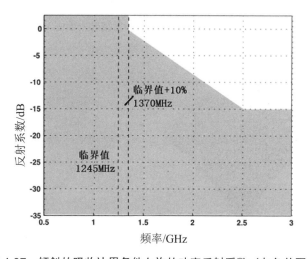

图 4-37　倾斜的吸收边界条件允许的功率反射系数（灰色范围）

4.6.3　SAR 平均

如图 4-38 和图 4-39 所示，比吸收率平均算法验证的几何形状称为 SAR Star。该模型包含一个立方体，立方体的每个面上有一个圆锥体，圆锥体的底部由直径相对较小的插座支撑。模型包括芯部和壳体两个不同密度的材料。芯部材料密度 2000kg/m³，相对介电常数 12，电导率 0.15S/m。立方体嵌入在 SAR Star 的正中心。壳体材料密度 1000kg/m³，相对介电常数 41，电导率 0.8S/m。

两者之间有 5mm 的间隙，间隙为背景材料，是无损耗材料，相对介电常数为 1，密度为 0，对平均体积没有贡献。

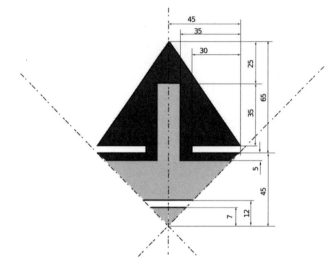

图 4-38　平均算法验证几何结构平面图

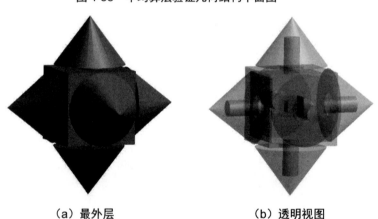

（a）最外层　　　　　　　　　（b）透明视图

图 4-39　SAR Star 的 3D 视图

该结构包括前文提到的构建所有平均体积的情况（使用的体素、未使用的体素、有效的体素等）。分别采用均匀网格（$\Delta x = \Delta y = \Delta z = 1\text{mm}$）或者步长在 1～5mm 间变化的非均匀网格对其进行划分。划分时注意将网格线与结构外边缘线对齐。使用频率 900MHz 的入射平面波照射该结构，入射场的 E 应与坐标系 x 轴对齐，H 应与 SAR Star 坐标系 y 轴对齐，k 指向坐标系 z 轴正方向。计算局部和峰值空间平均比吸收率。平均算法与目标值之间的偏差不能超过 $\pm 0.0002\%$。

芯部材料和嵌入立方体为浅灰色，壳体材料为深灰色，背景材料为白色。

4.6.4　典范基准验证

1．通用偶极子

使用宽带激励对 1GHz 半波长偶极子的馈电点的阻抗进行评估。如果仿真软件提供谐波仿真模式，在 1GHz 下增加一次额外的谐波模式评估。偶极子长度为 150mm，直径为 4mm，馈电间隙大小为 2mm。在距离偶极子各个方向 200mm 处利用吸收边界条件截断评估网格。宽带模拟覆盖的频率范围为 0.5～1.5GHz。分别在 0.5GHz、1.0GHz 和 1.5GHz 进行激励，参考值用矩量法导出。可采用 2mm 步长的均匀网格或者最小步长为 1mm（缺口一半的大小）、最大步长为 10mm 的非均匀网格。

评估的量和最大允许误差如表 4-16 所示，功率预算定义为辐射功率相对馈电点馈入功率之间的偏差。

表 4-16　偶极子评估结果

物　理　量	仿真结果（均匀网格）	仿真结果（非均匀网格）	公　　差
1GHz 的 Re{Z}			$40\Omega < \mathrm{Re}\{Z\} < 140\Omega$
1GHz 的 Im{Z}			$30\Omega < \mathrm{Im}\{Z\} < 130\Omega$
Im{Z} = 0 的频率			$850\mathrm{MHz} < f < 950\mathrm{MHz}$
0.5GHz 的功率预算			<5%
1.0GHz 的功率预算			<5%
1.50GHz 的功率预算			<5%

2．终止于吸收边界条件的微带传输线

应评估横电磁波传播场景的反射系数，微带传输线的波阻抗和传播常数。微带传输线具有 50Ω 的特征阻抗。衬底无损且相对介电常数为 3.4。微带传输线的几何形状如图 4-40 所示。对于 50Ω 的阻抗，传输线的宽度 w 和衬底的高度 h 分别为 2.8mm 和 1.2mm。

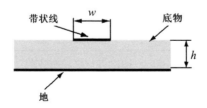

图 4-40　微带传输线示意图

微带传输线使用非均匀网格建模，网格最小步长为 0.1mm，最大步长 1mm。传输线的厚度相对于所述几何形状的其他尺寸可以忽略不计，因此，可以把它

当作一个无限薄的薄片进行网格化。应在微带传输线与网格对齐的方向进行评估，并在吸收边界以内截止。可以使用频率覆盖范围从 0.5～2.0GHz 的宽带激励信号，也可以使用单边或使用准横电磁波模式直接激发，记录沿着微带传输线、彼此间隔 30mm 的三个点处的电压和电流。第一个点到源的距离应至少为 30mm。评估传播常数及反射系数。为了避免杂散组件的耦合，电压和电流记录点应与源保持足够的距离。计算波阻抗时，必须考虑因蛙跳网格导致的电压和电流相位差。应报告的结果如表 4-17 所示。对于所有的物理量，应当报告 0.5～2.0GHz 的频率范围内的最大误差。

表 4-17　微带传输线评估结果

物　理　量	参　考　值	偏　　差	允　　差
Re{Z}	50Ω		45Ω < Re{Z} < 55Ω
Im{Z}	0		−2Ω <Im{Z}< 2Ω
反射系数	−∞		<−20dB

3. 使用通用手机和 SAM 计算比吸收率

可以使用 4.4.1 节定义的通用手机和 SAM 分别在 835MHz 和 1900MHz 下评估贴脸和倾斜位置的 1g 和 10g *psSAR*。其与表 4-18 所列参考值的偏差应在 50%以内。

表 4-18　接受功率为 1W 时通用手机在 SAM 产生的 *psSAR* 值

物　理　量	835MHz 贴脸	835MHz 倾斜	1900MHz 贴脸	1900MHz 倾斜
1g *psSAR*/（W/kg）	7.5	4.9	8.3	12.0
10g *psSAR*/（W/kg）	5.3	3.4	4.8	6.8

4. 系统性能检查装置

标准 IEC 62209-1528 中定义的用于系统性能检查的偶极子和平坦模型可用于验证 FDTD 软件。在 900MHz 和 3000MHz 下进行仿真，各参数如表 4-19 和图 4-41 所示。人体模型内组织模拟液体的高度为 150mm。

表 4-19　装置的机械参数

频率/ MHz	T/ mm	D/ mm	L/ mm	H/ mm	S/ mm	W/ mm	X/ mm	Y/ mm	Z/ mm
900	2.0	3.6	149.0	83.3	15.0	4.0	360.0	300.0	150.0
3000	2.0	3.6	41.5	25.0	10.0	4.0	200.0	160.0	150.0

注：T 为人体模型壳体的厚度；D 为偶极子臂和套管直径；L 为偶极子长度；H 为套管长度；S 为组织模拟液底部到偶极子臂中心点的直线距离；W 为套管臂之间的距离；X 为模型长度（沿偶极子轴线方向）；Y 为模型宽度；Z 为组织模拟液深度。

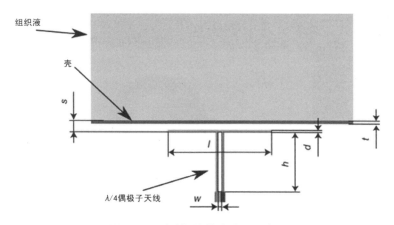

图 4-41　系统性能检查装置示意图

应该评估 1g 和 10g *psSAR* 及在输入点的阻抗。*psSAR* 和输入点阻抗的实部与表 4-20 中参考数值的偏差不应超过±10%。输入阻抗的虚部偏差应在±5Ω以内。

表 4-20　归一化为 1W 前向功率的 *psSAR* 和馈入点阻抗

频率/MHz	1g *psSAR*/（W/kg）	10g *psSAR*/（W/kg）	Re {*Z*}	Im{*Z*}
900	11.0	7.07	49.9	2.3
3000	65.4	25.3	53.4	−4.0

4.7　SAM 暴露于通用手机的计算示范和实例

本节将使用 SEMCAD X Matterhorn 软件生成和模拟 SAM 暴露在普通通用手机下的平均峰值比吸收率，随后以比吸收率分布和远场模式对结果进行可视化。SEMCAD 是瑞士 SPEAG 公司推出的一款专业面向电磁兼容、天线系统设计和生物电磁学的三维全电磁仿真设计软件。它源于瑞士联邦理工学院（Swiss Federal Institute of Technology）开发的交变方向隐式时域有限差分（ADI-FDTD）算法，旨在全面解决无线电设备、生物医疗、汽车电子等领域的电磁兼容安全性问题。其采用可视化的操作界面，图 4-42 是头部模型和手机建模的操作界面。其中，工具窗口、功能拓展窗口、参数设置窗口、设置窗口根据不同的功能选择呈现不同的适用工具。功能拓展窗口用于项目模型、激励源、网格等功能设置。参数设置窗口用于设置模型大小和材料属性等。设置窗口用于属性设置。方位指示标用于指示显示图片的三维方向。图形显示窗口用于显示建立的分析模型。

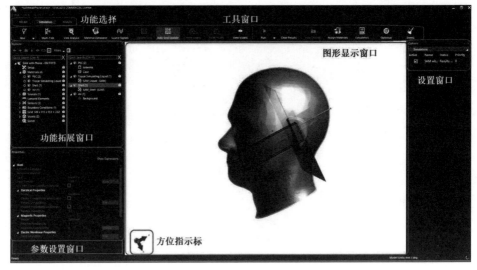

图 4-42　头部模型与普通通用手机模型操作界面

计算通用流程如下。

（1）绘制普通通用手机模型。

（2）导入并定位头部 CAD 模型。

（3）建立单源谐波电磁仿真。

（4）可视化一些重要的场量。

（5）计算比吸收率分布。

（6）远场模式可视化。

4.7.1　模型准备

计算模型包括两部分：普通手机模型，由外壳、天线和信号源组成；头部模型，由充满组织模拟液的外壳组成。

1．环境准备

（1）在软件中单击 File（文件）建立一个新的项目（Project）。

（2）在功能选择窗口，选择进入 Model（模型）选项卡。

2．手机模型绘制

（1）选择绘制长方体功能。

（2）定义绘图起点，单击 Position（位置），分别在相应位置输入 x, y, z 坐标值，如 "-20，-16，10"。单击确认，创建一个长方体。

（3）设置手机模型大小：在 Size（尺寸）X、Y、Z 中输入需要的手机尺寸，如 40mm、16mm 和-140mm。

（4）在资源管理器窗口中选择刚绘制的长方体，将其重命名为"机箱（Case）"。

（5）选择绘制圆柱体功能。

（6）定义绘图起点，单击 Position 分别在相应位置输入 x, y, z 坐标值，如"-12，-8，11"。单击确认，创建一个圆柱体。

（7）设置天线模型大小：在 Size（尺寸）半径、高中输入需要的天线尺寸，如 1.25mm 和 79mm。

（8）在资源管理器窗口中选择刚绘制的圆柱体，重命名为"天线"。

（9）选择 Point（绘制点）功能。

（10）定义绘图起点，单击 Position 分别在相应位置输入 x, y, z 坐标值，如"-12，-8，10"。单击确认，创建一个点。

（11）再次单击 Position 输入框，输入"-12，-8，11"并确认，创建一个点。

（12）再次单击 Position 输入框，输入"0，0，0"并确认，创建一个点。

（13）完成绘图过程。

（14）选择最后创建的点，其默认命名为"点 3"，重命名为"扬声器点"。这个点标志着耳朵接触手机的位置。

（15）选择绘制线功能。

（16）在之前创建的"点 1"和"点 2"之间创建一条连接线。

（17）将绘制的"线 1"重命名为"源"。

（18）将"点 1"和"点 2"删除。

手机模型绘制完成，如图 4-43 所示。

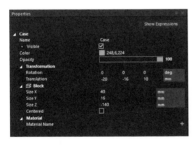

图 4-43　手机绘制参数设置与模型参考图

3. 导入 SAM 头部模型

（1）单击功能区中的 Import/Export（导入/导出）并选择导入。

（2）在对话框窗口中，导航到 SEMCAD X Matterhorn 教程文件夹并打开 SAM_Head.sab。所有教程的几何模型都可以在 SEMCAD X Matterhorn 教程文件夹的子目录"\教程项目\CAD 文件"中找到，该文件夹位于系统的"公共文档"文件夹的"\SEMCAD\19.2\文档\教程"中。教程文件夹也可以直接从 Windows 开始菜单所有程序 SEMCAD V 19.2 文档浏览文档。

（3）选择导入默认设置。

（4）在资源管理器窗口中添加了一个新的模型组，并名为 SAM，包含 SAM 外壳（SAM_Shell）、SAM 模拟液（SAM_Liquid）和参考点/面，在 3D 窗口中显示头部模型，如图 4-44 所示。

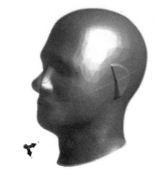

图 4-44 导入的头部模型参考图

4. SAM 头部模型定位

（1）为电话模型和 SAM 头部模型分别创建一个工作坐标系，选择 WCS 功能进行操作。

（2）在 3D 窗口单击两次，创建两个工作坐标系对象。

（3）在资源管理器窗口中选择第一个新创建的对象，其默认名称为 WCS 1，将其重命名为 WCS Phone。

（4）在 Properties（属性）窗口中，将 Transformation（转换）中的 Rotation（旋转）和 Translation（平移）的所有值设置为 0。

（5）在资源管理器窗口中选择第二个新创建的对象，其默认名称为 WCS 2，将其重命名为 WCS 头。

（6）将工作坐标系放置在头部模型所需的位置：在 Properties 窗口中将 Rotation 设置为"11.3，60.1，-82"，Translation 设置为"-82，-27.1，27.8"。

（7）至此，手机模型和头部模型工作坐标系统配置完成，可进行两个模型位置的校准。在资源管理器窗口中选择 WCS 头。

（8）用 Ctrl 键选择 SAM 文件夹和 WCS 头中的所有对象。并确保最后选择的对象是 WCS 头。

（9）单击 Tools（工具）功能中的 Align（对齐）。

（10）单击资源管理器窗口中的 WCS 手机，将其与目标对象（WCS 头）对齐。

（11）在 Options（选项）窗口中，选中 Align Position（对齐位置）和 Align

Orientation（对齐方向）的所有复选框，以便对齐对象所有组件。

（12）勾选两个 Piovt Boxes（枢轴框）。

（13）单击 Options 窗口中的"应用"按钮。

（14）单击 3D 窗口的任何地方，完成对齐操作。

手机模型相对于 SAM 头部模型定位完毕，如图 4-45 所示。

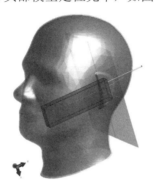

图 4-45　导入的头部模型和手机模型定位参考图

4.7.2　仿真设置

在功能选择窗口，进入 Simulation（仿真）界面。

1．准备

（1）在资源管理器中生成基于时域有限差分法的单个源电磁仿真项目：选择"EM FDTD | Single"。

（2）在资源管理器窗口中选择刚建立的项目，并将其重命名为"SAM 和手机（SAM with Phone）"。文件夹保留后缀为"EM FDTD"表示的类型。

（3）单击 Ribbon（功能区）中的 Multi-Tree（混合树）并选择。

2．设置

（1）单击 Setup（设置）。

（2）将 Simulation Time（模拟时间）更改为 10 个周期。

（3）保持所有其他设置不变。

3．材料

（1）单击 Materials（材料）。

（2）在 Multi-Tree | Model（混合树|模型）窗口中选择 Case（机箱）和 Antenna（天线），将它们拖放到 Materials 文件夹中。

（3）选择新创建的 Material Settings（材料设置）文件夹，将其重命名为 PEC。

（4）在 Properties 窗口中，将 Type（类型）更改为 PEC。

（5）在 Multi-Tree | Model 窗口中选择 SAM_Shell（SAM 外壳），并将其拖放到 Materials 文件夹中。

（6）选择新创建的"材料设置"文件夹，将其重命名为 Shell。

（7）在 Properties 窗口，更改"Rel.介电常数"为 3.7，其他参数保持不变。

（8）对 SAM_Liquid（SAM 模拟液）重复上述三个步骤，指定电导率为 0.97，Rel.介电常数为 41.5。将"材料设置"文件夹重命名为 Tissue simulation Liquid（组织模拟液），如图 4-46 所示。

图 4-46　材料参数设置示意图

4．源

（1）单击 Sources（源）。

（2）在 Multi-Tree | Model 窗口选择 Sources，并将其拖放到 Sources 文件夹中。在对话框中选择 Edge Source（边缘源）。

（3）选择新创建的"边缘源设置"文件夹。

（4）在 Properties 窗口中，将 Excitation（激励信号）设置为 Harmonic（谐波），并将 Frequency（频率）设置为 9×10^8Hz。

（5）保持所有其他设置不变。

源设置如图 4-47 所示。

5．传感器

（1）单击 Sensors（传感器）。

（2）其中，Field Sensor Settings（场传感器设置）中的 Overall Field sensor

（所有场传感器）和用于监控边缘源的边缘传感器已自动创建。只需右击 Sensors 并选择 New Far-Field Sensor（新建远场传感器）。

图 4-47　源设置示意图

（3）暂不需要改变传感器设置。

传感器设置如图 4-48 所示。

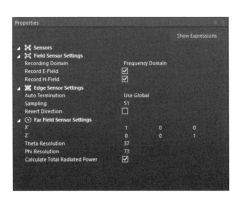

图 4-48　传感器设置示意图

6．边界条件

（1）单击 Boundary（边界条件），确认 Global ABC Mode（全局 ABC 模式）为 UPML/CPML。

（2）在属性窗口中将 Strength（强度）更改为 Low（低）。

设置完毕，如图 4-49 所示。

7．网格

（1）单击资源管理器窗口中的 Grid（网格）。

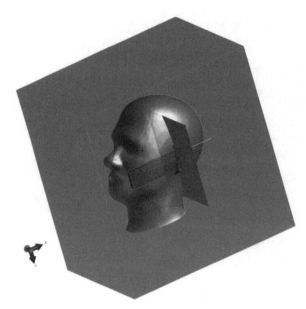

图 4-49　边界条件设置模型参考图

（2）单击功能区中的 Auto Grid Update（自动网格更新）启用自动网格更新。

（3）选择 Automatic Default（自动默认）并在 Properties 窗口中将 Refinement（细化）设置为 Fine（精细）。

（4）通过 New settings | Manual（新设置|菜单）创建两个额外的手动网格设置。

（5）将 Antenna（天线）从 Automatic Fine（自动精细）文件夹拖到第一个手动设置的文件夹中。

（6）设置此手动文件夹：在 Properties 窗口中，将 Maximum Step（最大步长）设置为 2，将 Geometry Resolution（几何分辨率）设置为 1，始终保持三个轴设置为耦合。

（7）将 Case（机箱）从 Automatic Fine 拖放到第二个手动设置的文件夹中。

（8）设置此手动文件夹：在 Properties 窗口中设置最大步长为 3，几何分辨率为 1，始终保持三个轴设置为耦合。

（9）此刻总的网格大小是 149×115×153 = 2.622（MCells），如图 4-50 所示。

8．体素

（1）在资源管理器窗口中单击 Voxels（体素）。

（2）单击 New settings | Automatic（新设置|自动）创建额外的自动体素设置文件夹。

（3）从 Automatic（自动）中将 SAM_Liquid 拖放到新创建的 Automatic 1

（自动1）文件夹中。

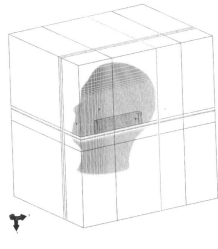

图 4-50　网格设置与模型参考图

（4）选择该文件夹，并在 Properties 窗口中将 Priority（优先级）更改为 1。如果模型中有对象重叠，需要指定重叠中的哪个对象需要被体素化。设置 SAM_Liquid 优先级高于 SAM_Shell（SAM 外壳），即 SAM 模拟液在体像素化过程中具有优先性。

（5）单击功能区中的 Create voxels（创建体素）创建体素。

（6）单击功能区中的 View Voxels（查看体素）可显示/隐藏 3D 窗口中任何模型实体或模型组的体素，如图 4-51 所示。

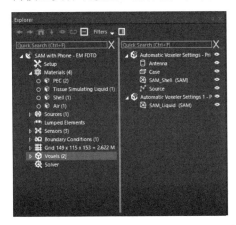

图 4-51　体素设置示意图

9. 解算器

（1）单击 Solver（解算器）。

（2）将 Parallelization Handling（并行处理）设置为 Automatic（自动）。

（3）根据系统上可用的 GPU 或 aXware 选择合适的 Kernel（内核）。

10. 运行仿真

单击 Run | Run（运行）启动仿真。右下角弹出窗口信息，确认仿真提交求解器。仿真的所有设置将被锁定。单击屏幕右下角的图标，打开任务管理器可查看求解器的进度。在弹出窗口中，通过单击图中箭头可展开最后提交的任务。单击 Monitoring（监视器）可跟踪求解器的进度。当模拟完成时，将出现提示信息。运行结果如图 4-52 所示。

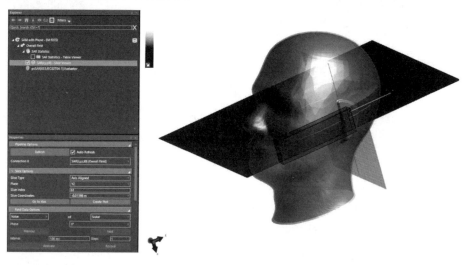

图 4-52　运行结果和模型参考图

4.7.3　分析

在功能选择窗口，从 Simulation（仿真）切换到 Analysis（分析）选项卡，进入分析和模拟结果可视化。

1. 比吸收率

（1）在资源管理器窗口中单击 SAM with Phone（SAM 和手机模型），在输出视图窗口中选择 Overall Field（所有场），单击 Sensor Extractor（传感提取器）。

（2）在 Properties 窗口中选中 Normalize Frequency-Domain Results（归一化频率范围结果）复选框。确保 Reference（参考值）为 EM Input Power(f)（EM 输入功率(f)），Target Value（目标值）设置为 1w。单击 Refresh（刷新）按钮。

（3）选择 Dosimetry（剂量测量）下的 SAR Statistics（比吸收率统计）。

（4）在资源管理器窗口中选择 SAR Statistics，再选择 Output window（输出窗口）中的 SAR Statistics，显示模拟中每个模型实体的比吸收率。

（5）在资源管理器窗口中选择 Overall Field，在输出视图窗口中选择 SAR(x,y,z,f0)。

（6）选择 SAR(x,y,z,f0)可在资源管理器窗口查看切片结果。在 Slice Options（切片选项）部分，设置 Plane（平面）为 YZ，然后单击 Go to Max（前往最大）。

（7）选中可视化选项部分中的 Smooth（平滑）复选框。

（8）将颜色条切换到 dB 刻度，右击选择 Update Visible Max (dB Reference)（更新最大可视化）。生成的比吸收率分布如图 4-53 所示。

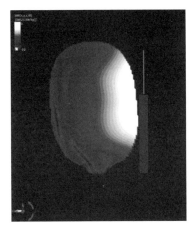

图 4-53　900MHz 时 YZ 平面比吸收率分布

（9）在资源管理器窗口中选择 Overall Field，选择 psSAREv。

（10）在资源管理器窗口中选择 psSAR[IEEE/IEC 62704-1] Evaluator，在 Properties 窗口中确认 Target Mass（目标质量）设置为 1g，禁用 Uncertainty Regions（不确定区域）复选框。

（11）在 Output 窗口中选择 IEEE/IEC 62704-1 Avg.SAR(x,y,z,f0)，单击 Slice Viewer viaViewers（通过查看器切片查看器）。1g 峰值平均比吸收率开始计算。右下角任务管理器符号的旋转和颜色变为粉红色。计算可能需要几分钟，这取决于计算机的速度。

（12）在资源管理器窗口中的切片查看器选择 IEEE/IEC 62704-1 Avg. SAR(x,y,z,f0)。在 Slice Options（切片选项）部分，设置 Plane 为 YZ，然后单击 Go To Max。

（13）右击 3D 窗口中的颜色条，选择更新可见最大（dB 参考）。生成的比吸收率分布如图 4-54 所示。

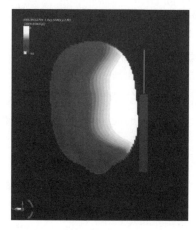

图 4-54　根据 IEEE/IEC 62704-1 标准计算 YZ 平面 900MHz 下的比吸收率分布

2. 远场

（1）在资源管理器窗口中单击 SAM with Phone，在输出的视图窗口中选择 Far-Field（远场），单击 Sensor Extractor（传感提取器）。

（2）在资源管理器窗口中选择 Far-Field，再在 Output View（输出视图）窗口中选择 "EM 远场(theta,phi,f0)"，在 Viewer（查看器）菜单中单击 Spherical Field Viewer（球面场查看器）。

（3）在资源管理器窗口中选择 "EM 远场(theta,phi,f0)"，并在 Properties 窗口的 Field Data Option（场数据设置）区域中，选择矢量的大小为 "Abs. Magnitude"，以获得远场可视化结果，如图 4-55 所示。

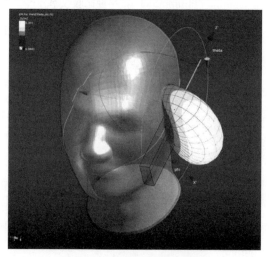

图 4-55　900MHz 时远场模式

4.7.4 计算实例

使用 SEMCAD X 软件计算某真实手机 CAD 模型对 SAM 头部模型的暴露情况，并与同款手机测试结果进行比较。手机模型如图 4-56 所示，包含天线、印制电路板等部件。在底部设计主天线，支持 EGSM900、DCS1800、WCDMA B1、B8 波段。物理印制电路板设计为 10 层结构。此外，还需完成电磁发射的测试激励源、固体和频率传感器及网格生成设置。信号源为正弦波，归一化功率与真实电话传导功率相同。在验证辐射性能后，将手机定位在头接触和身体接触进行比吸收率评估。真实手机测试采用 DASY4 系统进行。

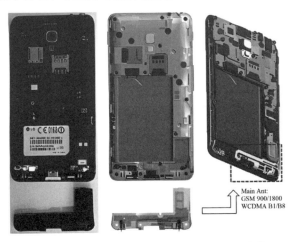

（a）物理模型　　　（b）数值模型　　　（c）天线位置

图 4-56　被测手机模型

功率的仿真和测试对比结果如表 4-21 所示。可以看出仿真结果均高于测量结果，两者相差 15%左右。

表 4-21　仿真和测试结果对比

频　　段	频率/MHz	发射功率/dBm	测量结果/dBm	仿真结果/dBm
EGSM900	897	33.30	27.30	28.21
DCS1800	1747	30.50	26.50	27.48
WCDMA B8	897	23.10	17.50	18.01
WCDMA B1	1950	23.24	18.00	19.26

根据最大比吸收率值估算比吸收率分布和热点位置，头部结果如表 4-22 所示，可以看出头部比吸收率分布略有差异，但热点位置相同。身体结果如表 4-23 所示，可以看出所有的仿真和测量结果基本相同。

表 4-22　头部比吸收率分布结果

频　　段	位　　置	测 量 结 果		仿 真 结 果	
E-GSM 900 （897MHz）	左侧贴脸	0.267		0.275	
	右侧贴脸	0.314		0.283	

表 4-23　身体 SAR 分布结果

频　　段	位　　置	测 量 结 果		仿 真 结 果	
E-GSM 900 （897MHz）	正面身体	0.326		0.297	
	背面身体	0.529		0.477	

参 考 文 献

[1] KUNZ K S, LUEBBERS R J.The Finite-Difference Time-Domain Method for Electromagnetics[M]. Boca Raton,: CRC Press, 1993.

[2] TAFLOVE A. Computational Electrodynamics: Finite-Difference Time-Domain Method[M]. Boston: Artech House, 1995.

[3] PICKET-MAY M A, TAFLOVE A, BAEON J, et al. FD-TD modeling of digital signal propagation in 3-D circuits with passive and active loads[J]. [S.l.]: IEEE Transactions on Microwave Theory and Techniques, 1994, 42(8): 1514-1523.

[4] COURANT R, FRIEDRICH S K, LEWY H.Über die partiellen Differenzeng leichungendermathematischenPhysik[J]. [S.l.]: MathematischeAnnalen, 1928, 100: 32-74.

[5] International Electrotechnical Commission, Human exposure to radio frequency fields from hand-held and body-mounted wireless communication devices - Human models, instrumentation, and procedures - Part 1: Procedure to determine the specific absorption rate (*SAR*) for hand-held devices used in close proximity to the ear (frequency range of 300 MHz to 3 GHz): IEC 62209-1 [S], [S.l.]: IEC, 2005.

[6] Institute of Electrical and Electronics Engineers, IEEE Recommended Practice for Determining the Peak Spatial-Average Specific Absorption Rate (*SAR*) in the Human Head from Wireless Communications Devices: Measurement Techniques: IEEE Std. 1528-2003[S], [S.l.]: IEEE, 2003.

[7] Institute of Electrical and Electronics Engineers, IEEE Recommended Practice for Measurements and Computations of Radio Frequency Electromagnetic Fields With Respect to Human Exposure to Such Fields, 100 kHz–300 GHz: IEEE Std. C95.3™-2002[S], [S.l.]: IEEE, 2002.

[8] JEONG C, YOOK J G, LEE B K. Verification and validation in computational simulations of Specific Absorption Rate for a multi- band handheld device, August 21-25, 2016 [C]. Seoul: URSI Asia-Pacific Radio Science Conference,2016.

[9] Guru B S，Hiziroglu H R．电磁场与电磁波[M]．2 版．周克定，等，译．北京：机械工业出版社，2008．

第 5 章

毫米波电磁辐射评估

频谱是一种极为宝贵的资源。目前 6GHz 以下的通信频谱已经饱和。随着技术的进步和人类对高速率的进一步追求,移动通信领域使用毫米波在 5G 时代成为可能。

2019 年,在世界无线电通信大会(WRC-19)上,各国就 5G 毫米波频谱使用达成共识:全球范围内将 24.25~27.5GHz、37~43.5GHz、66~71GHz 共 14.75GHz 带宽的频谱资源,标识用于 5G 及国际移动通信系统(IMT)未来发展。大量连续带宽的毫米波频谱资源将为 5G 技术在相应场景下的大规模应用提供有效支撑,满足对于业务速率和系统容量的极高要求,为 5G 相关产业链的发展奠定基础,从而加速全球 5G 系统部署和商用步伐。目前我国主推的 26GHz 和 40GHz 频段的相关研究工作也已经全面展开。

在 6~300GHz 这一范围,一般使用吸收功率密度作为基本限值衡量其电磁辐射。考虑到吸收功率密度评估的复杂性,可以使用入射功率密度作为参考限值衡量。

本章 5.1 节将介绍功率密度相关的定义和限值,5.2 节、5.3 节将分别介绍入射功率密度测量和仿真的评估方法,5.4 节介绍 MIMO 终端辐射上限的简易评估方法,5.5 节介绍使用红外线热成像法评估吸收功率密度的技术,5.6 节关注 6~10GHz 过渡频段的特殊考虑。

5.1 吸收功率密度和入射功率密度

随着电磁场频率的增加,暴露及由此引发的温升发生在更浅表的人体组织。在超过约 6GHz 后,发热现象基本只出现在皮肤层。例如,对于 6GHz 和 300GHz 的频率,通常 86%的功率分别在皮肤表面下 8mm 和 0.2mm 处被吸收。所以针对更下层组织的比吸收率与这一频率范围相关性并不大。相反,吸收功率密度(S_{ab})则可用于量度组织吸收的功率,准确估算浅表温升。

在身体表面定义吸收功率密度为

$$S_{ab} = \iint_A \mathrm{d}x\mathrm{d}y \int_0^{Z_{\max}} \rho(x,y,z) \cdot SAR(x,y,z)\mathrm{d}z / A \tag{5-1}$$

式中：$\rho(x,y,z)$ 为机体组织在点（x,y,z）的密度（kg/m^3）；$SAR(x,y,z)$ 为点（x,y,z）上的比吸收率（W/kg）；z 为评估点与身体的距离（m），$z=0$ 时位于身体表面；A 为平均面积（m^2）；$Z_{\max}$ 为区域相关的深度，此处 $Z_{\max}$ 远大于趋肤深度，可以用无穷大代替。

更严格的，基于坡印廷矢量的吸收功率密度定义为

$$\boldsymbol{S}_{ab} = \iint_A \mathrm{Re}[\boldsymbol{S}]\mathrm{d}s / A = \iint_A \mathrm{Re}\left[\boldsymbol{E} \times \boldsymbol{H}^*\right]\mathrm{d}s / A \tag{5-2}$$

式中：$\boldsymbol{S}$ 为坡印廷矢量（W/m^2）；$\mathrm{Re}[X]$ 为复数 X 的实部；$\boldsymbol{E}$ 为组织中电场强度的有效值（V/m）；$\boldsymbol{H}$ 为组织中磁场强度的有效值（A/m）；$\mathrm{d}s$ 为积分区域 A 的法线方向的积分变量。

在 6～300GHz 这个范围，ICNIRP 导则给出的头部和躯干及肢体的不良健康效应的干预阈值（1 型和 2 型组织分别为 5℃和 2℃）对应的局部暴露水平为 200W/m^2（任意 6min 内 4cm^2 正方形表面积的平均吸收功率密度）。与比吸收率基本限制一样，鉴于科学不确定度、各人群在热生理机能上的差异及环境条件和身体活动水平的不同，职业暴露的缩减因子取值 2，进而得到职业暴露基本限值 100W/m^2（即任意 6min 内 4cm^2 正方形表面积的平均吸收功率密度）。

由于无法要求普通公众了解电磁场暴露并减少自身暴露风险，而且此类人群的热生理机能差异也更大。ICNIRP 导则选取 10 作为公众暴露的缩减因子，将基本限值降低至 20W/m^2（即任意 6min 内 4cm^2 正方形表面积的平均吸收功率密度）。

此外，针对频率大于 30～300GHz 的电磁场引起的聚焦波束暴露，1cm^2 正方形表面积的平均吸收功率密度不得超过空间平均为 4cm^2 的基本限值。

依据距离发射天线的远近、天线最大尺寸 D 和波长 λ，可以将电磁场划分为以下 3 个区域。

（1）反应近场：距离天线小于 $\lambda/2\pi$、紧密环绕天线周围的空间区域，其中电场和磁场主要构成是天线和周围介质之间的反应能量的交换部分，这里电场和磁场相位差是 90°。

（2）辐射近场：距离天线大于 $\lambda/2\pi$ 而小于 $\dfrac{2D^2}{\lambda}$、介于反应近场和远场之间的空间区域，其中电磁场的主要分量是代表能量传播的分量，其中场的角分布取决于到天线的距离。

（3）远场：距离天线大于 $\dfrac{2D^2}{\lambda}$ 的区域，其中电磁场的主要构成是能量的传播的部分，场的角分布与到天线几何中心的距离基本没有关系，主要的电场

和磁场分量之比定义为常数，等于自由空间波阻抗 377Ω。

在反应近场范围内，因为电场和磁场紧密相关，不能使用参考限值而必须使用基本限值评估其符合性。当频率高于 24GHz 时，可以使用参考限值即入射功率密度评估电磁辐射。

入射功率密度定义为坡印廷矢量的模。

$$S_{inc} = \left| E \times H^* \right| \tag{5-3}$$

式中：E 为组织中电场强度的有效值（V/m）；H 为组织中磁场强度的有效值（A/m）。

在远场或者横电磁平面波时，入射功率密度为

$$S_{inc} = \frac{|E|^2}{z_0} = z_0 |H|^2 \tag{5-4}$$

式中：z_0 为自由空间波阻抗，z_0 等于 377Ω。

可知，S_{inc} 与 S_{ab} 关系为

$$S_{inc} = \left(1 - |\Gamma|^2\right) S_{ab} \tag{5-5}$$

式中：Γ 为由人体组织介电特性、人体表面形状、电磁场入射角和极化方向等共同决定的反射因子。

5.2 功率密度测量方法

频率靠近 6GHz 时，对于在距身体仅几 mm 处工作的无线终端而言，人体可能仍然暴露于反应近场或辐射近场。此时必须使用基本限值即吸收功率密度评估其符合性。当频率高于 24GHz 时，近场范围的空间范围减小，远场暴露条件占主导地位，此时可以使用参考限值，即入射功率密度评估电磁辐射。

在远场条件下，入射场和平面波等效功率密度对测量设备的要求大大降低。

5.2.1 功率密度评估方案

为评估功率密度，首先需要确定评估表面，即评估无线设备发射的空间平均功率密度（sPD）的虚拟表面。从被测设备到评估表面之间的距离称为评估间距。当评估间距大于远场区域时仅需测量电场或磁场的幅度，并将局部功率密度近似为 $E^2 / (377\Omega)$ 或 $H^2 \times (377\Omega)$。

通常远场区域的边界是通过 $2D^2/\lambda$ 得到的，这里 D 为天线的尺寸，λ 为波长。这种边界的定义对于远场区域的评估是非常保守的，并导致在场测试和估

计中出现不必要的负担。近期的一个方程给出一个不太保守的估计为

$$\lambda \times \left(\frac{\pi D}{\lambda}\right)^{0.8633} \times \left[0.1673\left(\frac{\pi D}{\lambda}\right)^{0.8633} + 0.1632\right] \tag{1-6}$$

式中：D 是在所选配置中工作的天线的最大线性尺寸；λ 为波长。

　　远场区域的边界选定值如表 5-1 所示。当间隔距离比表 5-1 给出的距离要近时，电场和磁场的幅度和相位必须确定，以评估峰值入射功率密度。总场（幅度和相位）可以直接测量，也可以通过相位重建或通过一个场（如磁场）的幅度和相位计算得到另一个场（如电场）。评估流程如图 5-1 所示。

表 5-1　适用平面波等效近似的被测设备天线和评估表面之间的最小评估距离

天 线 尺 寸	最小间隔距离
$D = \lambda/3$	0.35λ
$D = \lambda$	1.6λ
$D = 2.5\lambda$	6.8λ
$D = 5\lambda$	21λ

注：D 是在所选配置中工作的天线的最大线性尺寸。

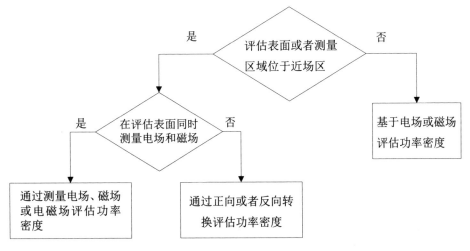

图 5-1　功率密度评估方案的流程图

5.2.2　重建算法

　　如图 5-2 所示，重建算法可用于将测量区域中的场转换为已知不确定度的评估表面上的坡印亭矢量。这其中可以包括中间步骤，例如，从电场计算得到磁场（反之亦然），或者从测量数据中检索场信息（如从幅度中获取相位）。

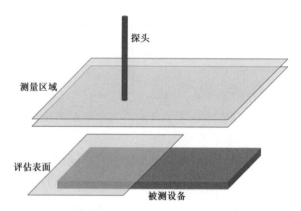

图 5-2　使用重建算法的通用测量设置的简化图

重建算法包括以下一种或多种技术。

（1）从测量数据中获取场的信息，例如，从幅度计算相位，计算矢量分量，或从电场中估计磁场（反之亦然）。

（2）如果评估表面距离测量区域比被测设备更远，则场需要沿着传播方向进行正向转换。

（3）如果评估表面比最接近的测量表面更靠近被测设备，则场需要沿着传播反方向进行反向转换。

1.　获取局部场分量和功率密度的方法

重建算法的输入是电场和/或磁场信息。电磁场是具有 6 个自由度的复数值：对应每个电场和磁场分量的幅度和相位。然而，麦克斯韦方程在无源、均匀、线性、非磁性和各向同性介质中可简化为具有 4 个自由度的矢量亥姆霍兹方程。因此，为了确定电磁场，只要测量任意两个独立的复数域分量就足够了，例如，如果要在谱域中计算缺失量，则测量点必须满足采样和域范围要求以计算平面波谱。

通常将电场的 2 个复分量作为测量数据，并使用平面波谱关系计算缺失量。同样，也可以测量磁场的 2 个或 3 个分量，并从中推导出电场，甚至可以直接测量电磁场的所有分量。

所有这些方法在理论上都是等效的，选择哪种方法完全取决于可用的技术解决方案，以及它们的效率、准确性和对测量噪声的灵敏度。

1）无相位法

基于麦克斯韦方程的电磁场重建方法的优点之一是其有唯一解。这种方法利用复数场相量。如果不能直接测量电场和/或磁场的相位，则可以使用例如干涉或迭代程序（如 Gerchberg-Saxton 算法）从场幅度的多次测量的数值重建它们，或使用 Anderson 和 Sali 的变体，从 2 个平行平面的幅度测量中恢复相位。

然后，可以使用重建的相位数据和幅度信息作为场展开或逆源方法的输入。在不确定度评估中应考虑相位重建算法的误差。

当相位信息不能从场测量中得到时，可以考虑关于辐射场的先验知识，或从场幅度的多次测量中进行数值重建。为此，可以使用干涉测量或迭代程序，如 Gerchberg-Saxton 误差减少算法或其导数，从 2 个扫描表面的幅度测量中恢复相位。使用 2 种不同的探头天线，但允许一个扫描表面足以进行重建。迭代方法的收敛性很大程度取决于初始猜想是否接近正确的相位分布。然后，可以使用重建的相位数据和幅度信息作为场展开或逆源方法的输入。幅度测量不准确可能导致重构误差。

2）利用电场极化椭圆测量的方法

作为无相位方法的一种变体，重构算法可以用于电场极化椭圆的测量计算。为了确定椭圆的极化，可从不同角度位置的幅度测量得到所有场分量的相对相位。这些极化信息通过对相位重构问题施加附加约束，提高收敛速度并降低不确定度。

Pfeifer 等对此方法进行了描述，通过使用小型的最小扰动探头（即射频透明探头），测量非常接近被测设备表面的电场幅度，包括在感应近场区域。这样做的优点是不必求解反向转换（传播方向）的逆问题。可以在人体接触的地点进行测量。该方法已用于毫米波频率的近场（$>\lambda/5$）功率密度重建，并得到验证。

3）直接近场测量

探头技术的进步（如微型、非金属探头可以显著降低被测设备上的扰动）使重建算法的作用不再那么重要。如果能够评估表面的直接近场测量，则仅需进行有限的后处理甚至不必进行后处理。对于后一种情况，不确定度评估不包含重建算法这个分量，而仅包含测量设置的误差。

2. 场的正向转换（传播方向）

沿着传播方向正向转换最常见的应用是通过近场测量计算远场。然而，测量位置和远场之间的区域中的近场也可能是有意义的。因此，在近场测量中对被测设备的所有重要辐射进行测量采样是关键。可用于正向变换的技术通常有以下两个方法：场展开法和场积分方程法。近期又增加了靠近近场运行的方法（参见 Pfeifer 等的方法）。

近场测量精度对探头提出更高的要求，因为探头应受到最小的干扰，即产生最小散射或射频穿透。如果探头与被测设备耦合产生的不确定度分量很重要，或者在测试过程中任何接近的传感器被无意激活或停用，则应酌情强制激活或停用接近的传感器，或在接近的传感器不受影响且应用反向传播技术的距离位置进行测量。

1）场的展开方案

测量区域的测量数据按模式展开，即根据矢量波动方程解的基础展开。选择展开是为了使基函数在测量表面上正交；因此，可以根据测量区域的不同，分别使用平面波、球面波或圆柱波展开。另一方面，测量表面的选择通常是由被测设备特性和测量要求决定的。可以从一个基函数传递到另一个基函数，例如，像 Cappellin 等的报告，从球面波展开传递到平面波展开。

在提到的基展开的上述基础扩展中，平面波谱分解（plane wave spectrum decomposition，PWS，也称为角谱分解）是目前使用最广泛的评估人体射频场暴露的方法。

平面波展开将场分解为基函数（平面波），其在空间中的传播已知，如 Balanis 所述。利用二维快速傅里叶变换可以有效地计算连续平面上的场。因此，平面波展开法的计算成本没有积分方程法高，积分方程法需计算每个观测点的场。利用 PWS 进行场重建时的误差与测量区域的大小直接相关。此外，随着场的传播，快速傅里叶变换计算所需的空间样本数量必须与传播距离成比例关系，以避免混叠误差，它可以应用菲涅耳变换实现。不确定度评估中应包括场展开误差的情况。

典型的利用光谱传播器的平面波展开算法包括以下步骤。

（1）设 P_0 为测量区域平面。在幅度上测量 P_0 上的电场（或磁场）。测量或重建相位。应选择与目标平面（评估面）P_1 平行的 P_0。

（2）将测量值转换为谱域，通过平面波展开（如通过离散傅里叶变换）正向传播到目标平面 P_1。

（3）通过离散傅里叶逆变换将电（或磁）矢量场转换成空时域。由于倏逝波对应的谱分量对计算场的影响有限，可以忽略不计。

2）场的积分方程法

场积分方程或辐射积分将闭合表面上的表面电流密度和该表面外任何位置的辐射电磁场联系起来。这可用于如下的正向变换（传播方向）。

使用场等效原理，可以根据测量或重建电场和磁场的幅度和相位计算等效的电场和磁场表面电流密度。

对于时谐电磁场，电场积分方程（EFIE）或磁场积分方程（MFIE）可用于计算空间中任何点（在计算电流密度的表面之外）的辐射电磁场。

一般情况下，需要知道闭合表面上的等效电感和磁感电流密度，但在实际应用中，当场和表面电流的贡献可以忽略时，同样可剔除上述等效电感及磁感电流密度的作用。对于远场的计算，方程可以简化。

与场展开法相比，对测量位置的结构基本没有限制，并且可以在计算等效
电流密度的表面外的空间中的任何点处，对场进行评估。

3．场的反向传输（传播方向）

正向变换是较易实现的，而反向转换（传播方向）是不稳定且不适定的。
另一方面，对于目前正在使用的许多测量系统，当测量需要在被测设备附近进
行时，探头与被测设备之间的间隔距离可能造成严重影响，甚至危及结果的可
靠性。在这些情况下，探头校正技术算法是必要的。Lundgren、Scialacqua 和
Sasaki 等最近开发并测试了反向变换方法，最大限度减少探头接近被测设备的
影响。这些技术允许直接测量场幅度和相位，避免相位重建引入的不确定度。

从概念上讲，测量更简单，因为测量不在离被测设备较远的地方进行，也
不在近场进行。场探头不必是射频穿透的，可以排除对接近传感器系统的干扰
（如果距离大于接近传感器的范围），并且不需要进行调查。通过计算方法可
确定评估表面的被测设备附近的数据。然而，这种类型的运算是一个数学上不
适用的问题：虽然存在一个函数映射近场到远场，但实际上它是不可逆的。

在文献中，这类问题被称为反问题，几十年来，在应用数学和工程领域对
这类问题的研究一直十分活跃。反问题不接受精确（封闭形式）解，只有近似
解。因此，如 Alvarez、Persson 和 Gustafsson、Hansen 提出许多方法和途径，
根据具体问题和算法的细节每一种方法都有自己的优缺点。因此，将测量区域
映射到距离被测设备较近的表面通常需要使用正则化技术，这类不确定度分量
需要包含在不确定度评估中。

现有解决电磁学反问题的方法可分为两大类：场展开法和源重建（或逆
源）法。

1）场展开法：平面波展开

场展开法可用于正向和后向变换。PWS 分解是目前使用最广泛的评估人体
射频场暴露的方法。

在数学上，可以直接执行面向被测设备的平面波展开（反向变换）。然而，
在这种情况下，从场数据确定倏逝波的过程是一个不稳定的过程，在 PWS 分
解中任意小的场误差都会产生指数级的误差。

平面波展开仍然是评估人类暴露于无线设备辐射的一种广泛使用的方法。
它包括在距离被测器件足够大的测量平面上，测量与时间无关的电磁场的幅度
和相位，从而使测量系统引起的扰动变得可以忽略。然后，通过重建算法将测
量值反向转换到实际需要评估电磁场的位置。

在谐波状态中，功率密度可以表示为复坡印亭矢量的实部，坡印亭矢量的
时间平均值表示在一段时间内通过给定表面的电磁能量流。在距离源较近的位

置（不足一个波长），电场和磁场的反应部分可能有助于时间平均坡印亭矢量（尽管它对总辐射功率 *TRP* 没有贡献）。换句话说，如果从远场区域的测量结果应用反向变换（传播方向）到近场区域，则不能使用 PWS 重建反应场分量。这是因为倏逝模式在远场区域已经衰减。应描述由反投影引起的误差。

2）逆源法

使用平面波展开代替反向变换的另一种方法是震源重建方法。这与上节中描述的问题正好相反：给定（根据测量）表面外的辐射场，重建表面的等效电流密度。这个问题也被称为逆源法，除了天线测量，它还出现在许多科学和工业领域，如生物医学成像、层析成像、传输方程等。因此，由于这些方法得到广泛的研究，所以几乎不可能列出所有已开发的算法和变体。

在电磁领域中，输入数据的问题通常是从被测设备照射的电场复数值，与给定测量表面相切。初级输出是开放或闭合重建表面上的电场或磁场等效电流，其通常选择在被测设备附近。然后，这些等效电流辐射与在测量点处测量相同的场，然后用作源，以计算在感兴趣的空间区域中从被测设备辐射的复电磁场。

主要的技术难点是如何从辐射场数据中获得等效电流分布。首先利用矩量法进行 EFIE、MFIE 或合成场积分方程（combined field integral equation，CFIE）。因此，未知电流可以用一组基函数近似表示，其中脉冲基函数、三角形基函数或 Rao-Wilton-Glisson 基函数是最常用的选择。然后用共轭梯度迭代法求解得到的线性方程组 $Ax=b$。众所周知，基于 CFIE 的问题公式是最普遍的，可以得到更稳定的解决方案，且具有更高的重建精度。

在数学上，这是一个不适定的问题。如果输入数据的相位已知（也就是已测量），则这个问题是线性的。

如果输入数据只有幅度测量可用，那么问题就变成非线性优化问题。然而，即使在线性情况下，矩阵 *A* 仍然是病态的，因此需要一个正则化程序。最常用的数学方法包括：奇异值分解（SVD）、L^2 - L^1 - L^0 最小化、Tikhonov 正则化、Morozov 正则化等。

与场展开方法相比，这些方法不对分析平面的形状和结构或测量数据的位置提出要求。然而，具有等效电流的表面的离散化及测量数据的质量和位置可能对所得的等效电流具有很大影响。

4. 解析参考函数

无论使用何种重建技术和测量方法，都可以使用解析参考函数对重建算法进行验证。解析参考函数满足麦克斯韦方程组，并验证电磁场传播定律的场分布。由基本电偶极矩 $p(r')$ 辐射的参考复矢量电场 $E(r)$ 和磁场 $H(r)$ 的一般解析公式为

$$E(r) = \Sigma_{r'} \nabla_r \left\{ \nabla_r \left[\boldsymbol{p}(r') \frac{\mathrm{e}^{-jk_0|r-r'|}}{4\pi|r-r'|} \right] \right\} + k_0^2 \boldsymbol{p}(r') \frac{\mathrm{e}^{-jk_0|r-r'|}}{4\pi|r-r'|} \tag{5-7}$$

$$H(r) = \Sigma_{r'} \frac{-\mathrm{j}}{2\pi\mu_0 f} k_0^2 \left[\nabla_r \left(\frac{\mathrm{e}^{-jk_0|r-r'|}}{4\pi|r-r'|} \right) \times \boldsymbol{p}(r') \right] \tag{5-8}$$

式中：$r(x,y,z)$ 为场观测点；$r'(x',y',z')$ 为偶极子单元的位置；$\boldsymbol{p}$ 为在 $\boldsymbol{p} \cdot \boldsymbol{e}_x$，$\boldsymbol{p} \cdot \boldsymbol{e}_y$，$\boldsymbol{p} \cdot \boldsymbol{e}_z$ 空间中定义的偶极矩。

表 5-2～表 5-4 给出可用的参考函数和 $psPD$ 的目标值。$psPD_{n+}$、$psPD_{tot+}$ 和 $psPD_{mod+}$ 的含义如下节所述。

表 5-2　解析参考函数和相关的 $psPD_{n+}$ 目标值的列表

频率/ GHz	关联文件 (*.fct)	天线描述	评估表面距离 2mm		评估表面距离 5mm	
			1cm^2 平均面积的 $psPD_{n+}$/ (W/m^2)	4cm^2 平均面积的 $psPD_{n+}$/ (W/m^2)	1cm^2 平均面积的 $psPD_{n+}$/ (W/m^2)	4cm^2 平均面积的 $psPD_{n+}$/ (W/m^2)
30	1_ref_func_mmw_ 30GHz.fct	简化腔馈电偶极子阵列	0.871	0.733	0.986	0.632
60	2_ref_func_mmw_ 60GHz.fct	简化腔馈电偶极子阵列	0.949	0.331	0.793	0.291
30	3_ref_func_mmw_ 30GHz.fct	简化插槽阵列	0.988	0.931	1.06	0.987
60	4_ref_func_mmw_ 60GHz.fct	简化插槽阵列	0.991	0.707	1.03	0.682
30	5_ref_func_mmw_ 30GHz.fct	LEAT 天线阵列的 4 块贴片	0.952	0.345	0.768	0.30

表 5-3　解析参考函数和相关的 $psPD_{tot+}$ 目标值的列表

频率/ GHz	关联文件 (*.fct)	天线描述	评估表面距离 2mm		评估表面距离 5mm	
			1cm^{2}平均面积的 $psPD_{tot+}$/ (W/m^2)	4cm^2 平均面积的 $psPD_{tot+}$/ (W/m^2)	1cm^2 平均面积的 $psPD_{tot+}$/ (W/m^2)	4cm^2 平均面积的 $psPD_{tot+}$/ (W/m^2)
30	1_ref_func_mmw_ 30GHz.fct	简化腔馈电偶极子阵列	1	0.829	1.04	0.679
60	2_ref_func_mmw_ 60GHz.fct	简化腔馈电偶极子阵列	1	0.400	0.798	0.318

续表

频率/GHz	关联文件 (*.fct)	天线描述	评估表面距离 2mm		评估表面距离 5mm	
			1cm^2 平均面积的 $psPD_{tot+}$/ (W/m^2)	4cm^2 平均面积的 $psPD_{tot+}$/ (W/m^2)	1cm^2 平均面积的 $psPD_{tot+}$/ (W/m^2)	4cm^2 平均面积的 $psPD_{tot+}$/ (W/m^2)
30	3_ref_func_mmw_ 30GHz.fct	简化插槽阵列	1	0.939	1.08	0.999
60	4_ref_func_mmw_ 60GHz.fct	简化插槽阵列	1	0.714	1.04	0.691
30	5_ref_func_mmw_ 30GHz.fct	LEAT 天线阵列的 4 块贴片	1	0.393	0.801	0.342

表 5-4　解析参考函数和相关的 $psPD_{mod+}$ 目标值的列表

频率/GHz	关联文件 (*.fct)	天线描述	评估表面距离 2mm		评估表面距离 5mm	
			1cm^2 平均面积的 $psPD_{mod+}$/ (W/m^2)	4cm^2 平均面积的 $psPD_{mod+}$/ (W/m^2)	1cm^2 平均面积的 $psPD_{mod+}$/ (W/m^2)	4cm^2 平均面积的 $psPD_{mod+}$/ (W/m^2)
30	1_ref_func_mmw_ 30GHz.fct	简化腔馈电偶极子阵列	1.1363	0.9241	1.0898	0.7128
60	2_ref_func_mmw_ 60GHz.fct	简化腔馈电偶极子阵列	1.0424	0.4191	0.8289	0.3284
30	3_ref_func_mmw_ 30GHz.fct	简化插槽阵列	1.0190	0.9529	1.0893	1.0087
60	4_ref_func_mmw_ 60GHz.fct	简化插槽阵列	1.0148	0.7272	1.0509	0.6993
30	5_ref_func_mmw_ 30GHz.fct	LEAT 天线阵列的 4 块贴片	1.0815	0.4282	0.8326	0.3586

5.2.3　后处理程序

空间平均功率密度（sPD）是在 r 位置评估复坡印亭矢量 S 的函数。根据电磁场的极化和主要的入射方向，或者被测设备暴露于近场的情况，有三个不同的公式用于确定空间平均功率密度。式（5-9）、式（5-10）和式（5-13）的被积函数中的加权函数通过将这些区域的被积函数按比例缩小到 0，避免评估表面功率密度向外分布的区域的贡献，或者由于与坡印亭矢量方向几乎平行的表面的数值不准确而产生的贡献。

1. 评估表面沿表面法线传播方向的入射功率密度（sPD_{n+}）

在评估表面的表面法线的传播方向上的功率密度（sPD_{n+}）应使用式（5-9）计算。

$$sPD(r_0) = \frac{1}{\hat{A}(r_0)} \int_{A(r_0)} \text{Re}\{\boldsymbol{S}(r)\} \cdot \boldsymbol{n}_A(r) \cdot \Theta\big[\text{Re}\{\boldsymbol{S}(r)\} \cdot \boldsymbol{n}_A(r)\big] d\hat{A}(r) \quad (5\text{-}9)$$

式中：$\text{Re}\{\boldsymbol{S}(r)\}$ 为在 r 位置的复坡印亭矢量 $\boldsymbol{S}$ 的实部；$\boldsymbol{n}_A(r)$ 为在 r 位置评估表面的法向量，其指向评估表面且 $\|\boldsymbol{n}_A(r)\|=1$；$\Theta(x)$ 为 x 的亥维赛（heaviside，单位阶跃）函数；$\hat{A}(r_0)$ 为在 r 位置的评估表面；r_0 是这个位置的中心点。

2. 评估表面总入射功率密度（sPD_{tot+}）

在评估表面的总传播功率密度（sPD_{tot+}）应使用式（5-10）、式（5-11）和式（5-12）计算。

$$sPD(r_0) = \frac{1}{\hat{A}(r_0)} \int_{A(r_0)} \text{Re}\{\boldsymbol{S}(r)\} \cdot \Xi\big\{\cos^{-1}\big[\boldsymbol{n}_R(r) \cdot \boldsymbol{n}_A(r)\big]\big\} d\hat{A}(r) \quad (5\text{-}10)$$

$$\boldsymbol{n}_R(r) = \text{Re}\{\boldsymbol{S}(r)\}\big/\big\|\text{Re}\{\boldsymbol{S}(r)\}\big\| \quad (5\text{-}11)$$

$$\Xi(\theta) = \begin{cases} 1 & \theta \leqslant 0 \leqslant 85° \\ 1 - \dfrac{\theta - 85°}{5} & 85° \leqslant \theta \leqslant 90° \\ 0 & \theta \geqslant 90° \end{cases} \quad (5\text{-}12)$$

$\big\|\text{Re}\{\boldsymbol{S}(r)\}\big\|$ 是复波印亭矢量 $\boldsymbol{S}$ 在位置 r 处的实部幅值。

3. 考虑感应近场效应的评估表面总入射功率密度（sPD_{mod+}）

sPD_{mod+} 的量级是基于总功率密度，同时还考虑了坡印亭矢量的虚部以解释在感应近场区域的非传播能量的传递为

$$sPD(r_0) = \frac{1}{\hat{A}(r_0)} \int_{A(r_0)} \Big[\big(\big\|\text{Re}\{\boldsymbol{S}(r)\}\big\| \cdot \Xi\big\{\cos^{-1}\big[\boldsymbol{n}_R(r) \cdot \boldsymbol{n}_A(r)\big]\big\}\big)^2 +$$

$$\big(\big\|\text{Im}\{\boldsymbol{S}(r)\}\big\|\big)^2\Big] d\hat{A}(r) \quad (5\text{-}13)$$

$\big\|\text{Im}\{\boldsymbol{S}(r)\}\big\|$ 是复波印亭矢量 $\boldsymbol{S}$ 在位置 r 处的虚部幅值。

4. 后处理步骤

后处理方案包含以下步骤。

（1）确定评估表面上的坡印亭矢量（例如使用场重建算法）。在平面波近似等效的情况下，可以通过使用远场的场阻抗特性 η_0 测量电场或磁场的强度，以直接计算得到功率密度。

（2）根据式（5-9）、式（5-10）和式（5-13）得到的坡印亭矢量确定功率密度。例如根据式（5-10），功率密度由坡印亭矢量通过式（5-14）得到。

$$\boldsymbol{S}_{\text{tot}} = \frac{1}{2}\text{Re}\left\{\left(E_y H_z^* - E_z H_y^*\right)\boldsymbol{e}_x + \left(E_z H_x^* - E_x H_z^*\right)\boldsymbol{e}_y + \left(E_x H_y^* - E_y H_x^*\right)\boldsymbol{e}_z\right\} \quad (5\text{-}14)$$

式（5-14）中

$$E = \left[\text{Re}\left(E_x\right) + \text{jIm}\left(E_x\right)\right]\boldsymbol{e}_x + \left[\text{Re}\left(E_y\right) + \text{jIm}\left(E_y\right)\right]\boldsymbol{e}_y + \left[\text{Re}\left(E_z\right) + \text{jIm}\left(E_z\right)\right]\boldsymbol{e}_z$$

$$H = \left[\text{Re}\left(H_x\right) + \text{jIm}\left(H_x\right)\right]\boldsymbol{e}_x + \left[\text{Re}\left(H_y\right) + \text{jIm}\left(H_y\right)\right]\boldsymbol{e}_y + \left[\text{Re}\left(H_z\right) + \text{jIm}\left(H_z\right)\right]\boldsymbol{e}_z$$

式（5-14）也可以写为

$$\boldsymbol{S}_{\text{tot}} = \sqrt{S_x^2 + S_y^2 + S_z^2} \quad (5\text{-}15)$$

其中

$$S_x = \frac{1}{2}\text{Re}(E_y H_z^* - E_z H_y^*)$$

$$S_y = \frac{1}{2}\text{Re}(E_z H_x^* - E_x H_z^*)$$

$$S_z = \frac{1}{2}\text{Re}(E_x H_y^* - E_y H_x^*)$$

（3）在所需的平均区域上，对功率密度进行空间平均，以确定评估表面的空间平均功率密度（sPD）。

（4）确定峰值空间平均功率密度（psPD），以及所有次级峰值空间平均功率密度的数值。

5. 后处理方案的要求

后处理方案要满足下面的要求。

（1）整个评估表面的功率密度应根据测量区域的场测量（如使用场重建）确定，并具有满足要求的分辨率，以确保峰值空间平均功率密度（psPD）的不确定度在系统制造商规定的范围内。

（2）功率密度应根据坡印亭矢量确定（除非平面波等效近似有效）。

（3）功率密度应在相关暴露标准或国家法规定义的平均区域（如 1cm^2 或 4cm^2）上进行空间平均。

（4）应记录峰值空间平均功率密度（psPD）和所有次级峰值的数值和位置，或者需要提供空间平均功率密度（sPD）的分布。

（5）后处理方案的不确定度需要确定。

（6）应评估不确定度的有效限值（如与频率、测量区域等的关系）。

（7）后处理方案需要由系统制造商提供，其中要包含不确定度和限值。

5.2.4　毫米波测量系统

可采用与比吸收率测试类似的单探头系统进行功率密度测量。系统框图如

图 5-3 所示。由毫米波探头、测量服务器、扫描系统（含 EOC、机械手臂及控制器、DAE 等）、被测设备支架和包含后处理软件的测试计算机组成。后处理软件需要包含场重建算法；测量系统需要使用测量的场分量和功率密度（即通过场重建建立）确定在评估表面上的空间平均功率密度（*sPD*），并计算峰值空间平均功率密度（*psPD*）。

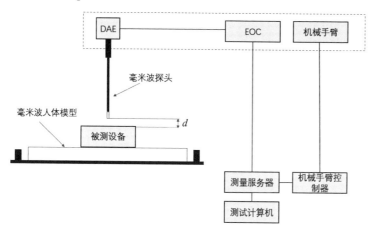

图 5-3　功率密度测量系统框图

也可以使用多探头测量系统。无论单探头还是多探头，作为测量的核心组件，探头都应可测量电场或磁场或两者都可，且应能测量场的相位。

一款基于假矢量的探头如图 5-4 所示，它可以在测量场的幅度的同时给出极化椭圆。传感器角度误差很小，可以通过校准修正在高频下基底带来的场干扰。探头包含两个 0.8mm 的偶极子传感器，最小测量距离可以达到 2mm。

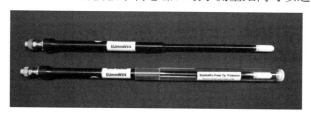

图 5-4　某型号功率密度探头示意图

5.2.5　相对系统检查

与比吸收率测试类似，在进行功率密度评估前，应按照要求对测量系统进行相对系统检查。使用一个目标值已知的天线进行相对系统检查，通过检查评估场探头的性能、场探头的校准、扫描系统、测量仪器和后处理程序。

有三种天线可用于系统检查：锥形喇叭天线、腔馈偶极子阵列和带插槽阵列的锥形喇叭天线。

锥形喇叭天线如图 5-5 所示。在孔径的中心，喇叭天线在 y 方向提供线性极化的电场，并在 x 方向提供线性极化的磁场，例如近似远场的特性。喇叭天线使用同轴馈电或波导馈电。

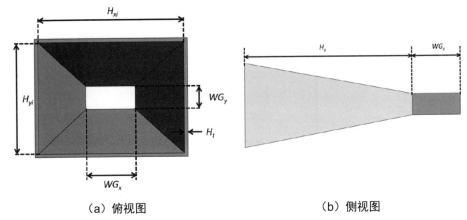

（a）俯视图　　　　　　　　　　　　　（b）侧视图

图 5-5　锥形喇叭天线的示意图

系统检查的源指定为 4 个频率：10GHz、30GHz、60GHz 和 90GHz。不同频率对应的锥形喇叭天线的尺寸如表 5-5 所示。回波损耗应优于 20dB。微波源馈入喇叭天线的谐波应小于 -20dBc。

表 5-5　不同频率对应的锥形喇叭天线的主要尺寸

频率 /GHz	没有模板的喇叭典型增益/dBi	沿 x 轴（内部）方向的喇叭孔径 H_{xi}/mm	沿 y 轴（内部）方向的喇叭孔径 H_{yi}/ mm	喇叭长度 H_z/mm	喇叭厚度 H_t/ mm	波导宽 WG_x/ mm	波导高 WG_y/ mm	波导长 WG_z/ mm
10	15	67.6 ± 0.2	49.5 ± 0.2	108 ± 0.2	1.53	22.86 ± 0.1	10.16 ± 0.05	30
30	20	40.79 ± 0.1	31.73 ± 0.1	47.24 ± 0.1	1.25	7.112 ± 0.1	3.556 ± 0.05	11
60	20	21.33 ± 0.1	16.65 ± 0.1	24.77 ± 0.1	1.25	3.759 ± 0.1	1.880 ± 0.05	6.2
90	20	14.2 ± 0.1	11 ± 0.1	17.20 ± 0.1	1.25	2.54 ± 0.1	1.27 ± 0.05	10.6

表 5-6 提供基于锥形喇叭天线高分辨率 CAD 文件的数值仿真目标值。所有的目标值都是在距离喇叭孔径 d=10mm 和 d=150mm 的平面得到的最大值，对应 0dBm 的总辐射功率 TRP。$E_{max}=\max(|E_{tot+}|)$ 和 $H_{max}=\max(|H_{tot+}|)$ 分别是根据式（5-10）得到的电场和磁场区域的最大值。$\max(S_{n+})$、$\max(S_{tot+})$ 和 $\max(S_{mod+})$ 是根据式（5-9）、式（5-10）和式（5-13）得到的最大局部功率密度。$psPD_{n+}(1cm^2)$、$psPD_{n+}(4cm^2)$、$psPD_{tot+}(1cm^2)$、$psPD_{tot+}(4cm^2)$、$psPD_{mod+}(1cm^2)$ 和 $psPD_{mod+}(4cm^2)$ 是在 $1cm^2$ 和 $4cm^2$ 的圆形表面区域分别得到的最大峰值平均

功率密度。

表 5-6　锥形喇叭天线在不同频率的目标值

f/GHz	d/mm	最大电场 E_{max}/ (V/m)	最大磁场 H_{max}/ (A/m)	最大局部功率密度 max (S_{n+}) max (S_{tot+}) max (S_{mod+})/ (W/m²)	最大平均功率密度（1cm²） $psPD_{n+}$ $psPD_{tot+}$ $psPD_{mod+}$/ (W/m²)	最大平均功率密度（4cm²） $psPD_{n+}$ $psPD_{tot+}$ $psPD_{mod+}$/ (W/m²)
10[a]	10	15.7	0.0426	0.672	0.661	0.623
	150	6.36	0.0171	0.112	0.111	0.109
10[b]	10	24.6	0.0704	1.73	1.59	1.25
	150	4.78	0.0126	0.0605	0.0602	0.0596
30	10	23.2	0.0629	1.48	1.30	1.11
	150	8.95	0.0243	0.219	0.215	0.205
60	10	37.4	0.104	4.06	3.08	2.08
	150	9.57	0.0261	0.263	0.256	0.240
90	10	49.2	0.135	6.85	5.20	2.36
	150	10.1	0.0273	0.284	0.260	0.248

注：所有结果都归一化为 0dBm 的总辐射功率 TRP，并且与连续波或调制信号无关。

应在对被测设备进行评估的同一套功率密度测量系统上进行相对系统检查，这样可以确保测量系统的所有组件都对被测设备测试是有效的。

5.2.6　选择评估表面

评估表面是用于评估被测设备发射的空间平均功率密度（sPD）的虚拟表面。对于 6GHz 以上的频率，限值标准如 ICNIRP 导则中给出的是任意 6min 内 4cm² 或者 1cm² 正方形表面积的平均吸收功率密度限值。评估表面的位置和方向应根据被测设备的设备位置和应用方式确定。下文提到的面指平均区域，该平均区域是评估表面的一部分。需要考虑以下不同的评估面。

（1）评估躯干或身体其他局部平坦区域暴露的平面，对应于比吸收率测试所用平坦模型（包括椭圆平面模型）的内表面，评估距离（从被测设备到评估表面的距离）是间隔距离（从被测设备到模型外表面的距离）加上 2mm 的模型外壳厚度；如果可以证明应用较小表面是合理的，则平面可以小于椭圆模型的内表面。

（2）置于耳廓部位的评估表面，是在耳廓处进行修改的 SAM 内壳，如图 5-6 所示。

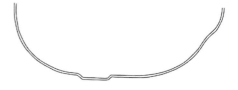

（a）用于比吸收率评估的 SAM
（除耳廓外所有壳体的厚度都为 2mm，
耳廓处厚度为 6mm）

（b）用于功率密度评估的 SAM
虚拟模型（所有壳体的厚度都为 2mm，
包括耳廓处）

图 5-6　用于比吸收率评估和功率密度评估的 SAM 模型的横截面图

对于开放的评估面，如（1）中所述的平坦模型表面，表面法向量指向远离被测设备的方向。对于闭合的评估面，例如（2）中所述 SAM 内壳的修改版本，曲面法向量指向由曲面包围的体积内部。

5.2.7　入射功率密度评估方案

被测设备的总暴露是由功率密度评估和暴露的组合确定的，入射功率密度评估方案流程如图 5-7 所示，包括以下步骤。

步骤 1：选择频段。

步骤 2：为步骤 1 的频段选择一个测量区域，在这个区域根据被测设备的位置定义评估表面，以确定功率密度。

步骤 3：在步骤 2 中选定的测量区域中，确定所有的天线配置。对于类型 1 的相干信号，配置包括阵列或子阵列的所有适用的相位和幅度组合。如果已知幅度和相位组合的码本，则应用码本。

步骤 4：评估步骤 3 中确定的天线配置中的最大暴露情况。可采用以下任何一种方法。

（1）测量的穷举搜索：如果实际应用的天线配置数量有限，则测量所有的这些天线配置，在其中选出最高的 $psPD$ 配置。

（2）测量的优化策略：根据天线配置的子集进行测量，使用优化策略评估所有配置。通过相位补偿技术结合优化技术（Reboux 等）将所需测量的数量限定为天线阵列或天线子阵列的独立配置的数量，优化策略可以确定 $psPD$ 的上限和最大误差。如有必要，可重新测量确定的最大配置，或使用保守的最大值满足符合性的要求。

（3）仿真的穷举搜索：对步骤 3 中确定的所有天线配置进行数值仿真，以确定最高的 $psPD$ 测试配置。此时按 5.2.8 节中的要求测量相应配置。

（4）仿真的优化策略：根据所有独立天线数值仿真的优化策略，以得到最高的 $psPD$ 的测试配置。此时按 5.2.8 节要求测量相应配置。

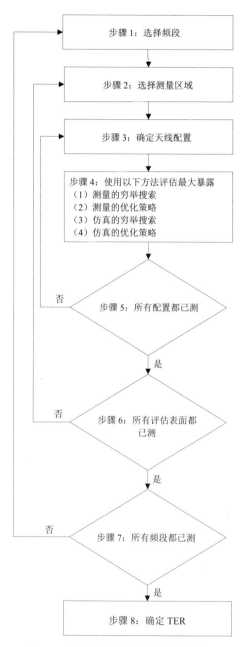

图 5-7　入射功率密度评估方案流程图

步骤 5：当所有的天线配置（如子阵列）都已完成测试时，返回步骤 3。

步骤 6：当所有的评估表面都已完成测试时，返回步骤 2。

步骤 7：当评估完所有的频段时，返回步骤 1。

步骤 8：确定总暴露比（TER），包括来自同时传输模式的暴露之和。

5.2.8 结合仿真时的评估方案

被测设备的数值仿真评估可用于确定一组幅度和相位组合中最大暴露的情况。基于这些信息，可按以下步骤进行进一步的测量评估。

（1）在给定的频段和测量区域，定义最高的仿真 $psPD$ 结果，用 $psPD_{sim,max}$ 表示，对于所有的仿真 $psPD$，用 $psPD_{sim,i}$ 表示，其中 $i=1\sim N$，为幅度和相位的组合。

（2）在步骤 1 确定的最大测试配置，测量功率密度，用 $psPD_{meas,max}$ 表示。

（3）测量满足式（5-16）条件的所有测试配置的功率密度。

$$psPD_{sim,i} > psPD_{sim,max} \times \left(B_{sim} - \sqrt{B_{sim}^2 - 1} \right) \tag{5-16}$$

其中

$$B_{sim} = \frac{1}{1 - (1.64 U_{sim,rel})^2} \tag{5-17}$$

式（5-17）中的 $U_{sim,rel}$ 是仿真工具在给定频段的相对不确定度（$k=1$）。例如，对于相对不确定度为 10%的仿真工具，需要对所有超过 $psPD$ 80%的仿真天线配置，使用完整的功率密度进行评估。

（4）如果有遗漏，继续测量满足式（5-18）条件的所有测试配置的功率密度。

$$psPD_{sim,scaled,i} > psPD_{limit} \times \left(B_{sim} - \sqrt{B_{sim}^2 - 1} \right) \tag{5-18}$$

式中：$psPD_{sim,scaled,i}$ 是按 $psPD_{meas,i} / psPD_{sim,i}$ 比例最大值缩放的仿真数据。

（5）验证在相同的频带、测量区域和天线配置下进行的所有测量和仿真 $psPD$，其都在式（5-19）给出的仿真和测量的合成不确定度（$k=2$）的范围内。

$$E_n = \sqrt{\frac{\left(psPD_{sim,scaled,i} - psPD_{meas,i} \right)^2}{\left(psPD_{sim,scaled,i} \times U_{sim(k=2)} \right)^2 + \left(psPD_{meas,i} \times U_{sys(k=2)} \right)^2}} \leqslant 1 \tag{5-19}$$

式中：E_n 为标准差；U_{sim} 是在给定频段和测量区域，仿真码本的扩展不确定度（$k=2$）。U_{sys} 是在给定频段和测量区域，测量系统的扩展不确定度（$k=2$）。

（6）如果 $E_n > 1$，则测试结果与限值的差距小于测量系统的相对不确定度的所有配置均需测量。

5.2.9 评估步骤

与比吸收率测量类似，功率密度评估包含以下步骤。

（1）初始基准测量：在测量区域内的一个点上测量局部电场或磁场，该点的场强在最大值的 3dB 内，或至少比噪声级高 20dB。本参考基准将用于评估测量期间被测设备的输出功率漂移。如果最大场强值的位置，或者比噪声级至少高 20dB 的位置是未知的，则可以使用预扫描找到这个相应的位置。不需要对预扫描中点的大小、分辨率或数量提出要求，因为预扫描仅用于找到适合的基准测量点。

（2）场扫描：在测量区域上对相应的场进行扫描。根据应用的测量系统，以及评估表面是否在远场区域，采用不同的测量技术。只要不增加测量不确定度，则可以使用组合扫描减少总测量时间。例如，探头在测量区域上连续移动时，首先执行扫描，然后测量子区域中的离散点，该子区域中离散点的场至少为适用暴露限值的-17dB。

（3）检查是否捕获峰值：根据步骤 2 中的场计算评估表面的 sPD，并确保准确评估得到 psPD。计算 psPD 的平均面积 A_{av}（由适用的暴露限值或监管要求规定）。这个步骤应进行两次检查。第一次检查是确保已测量足够大的区域，同时 psPD 不在评估表面的边界上。扫描区域的范围应确保电场或磁场的最高截断水平应低于制造商的规范要求，以满足规定的重建不确定度的要求。在边界上检查 psPD 仅适用于评估表面是虚拟模型的子区域这种情况。如果评估表面是完整的虚拟模型，则扩展测量区域不改变 psPD 的位置。第二次检查是确保场重建不受测量区域大小的影响，不影响 psPD 的结果。这可以通过检查两次 psPD 结果的收敛性检验。使用现有测量数据的子集，计算第二个 psPD（如移除测量区域边缘的所有结果）。这两个峰值空间平均功率密度 psPD 之间的差异应在测量区域截断的不确定度范围内。如果这些检查中有一项失败，则需要扩展测量区域并返回步骤 2。这两次检查建议由测试系统制造商通过自动程序进行，否则需要手动操作。在进行步骤 2 中的扫描时，可以进行空间平均功率密度 sPD 的计算和峰值空间平均功率密度 psPD 的精度确定，以便在不停止扫描的情况下完成测量区域的各类扩展。

（4）功率密度：在评估表面记录 sPD（用于多个发射器的暴露评估）及 psPD（单个发射器的评估）的位置和值。

（5）第二次基准测量：在步骤 1 选择的相同位置测量局部电场或磁场。被测设备的功率漂移被估算为步骤 1 和步骤 5 中取得的场强幅度平方的差。

（6）功率的缩放：将功率密度调整为适用频段的工作模式和信道的最高值。

测量流程如图 5-8 所示。

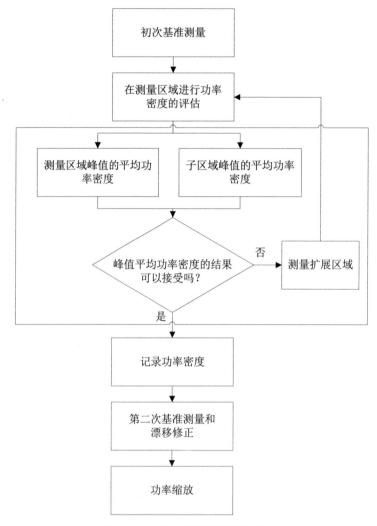

图 5-8 入射功率密度测量流程图

5.2.10 多源暴露的合成

对于被测设备有多个天线或发射器（单个或多个天线）同时发射的情况，此时的暴露需要进行合成，使用总暴露比（用 TER 表示）评估其符合性。总暴露比是将所有的比吸收率（SAR）测量值和功率密度的测量值分别与其各自的限值进行归一化后，再进行合成计算得到的。对于非相干信号的一般表达式为

$$TER(r) = \sum_{n=1}^{N} \frac{SAR_{\text{avg},n}(r)}{SAR_{\text{limit},n}} + \sum_{m=1}^{M} \frac{sPD_m(r, f_m)}{S_{\text{limit},m}(f_m)} \tag{5-20}$$

式中：r 为评估表面的点；$TER(r)$ 为点 r 处的总暴露比；$SAR_{avg,n}(r)$ 为在点 r 处的第 n 个空间平均 SAR；$SAR_{limit,n}$ 为 $SAR_{avg,n}(r)$ 的限值；$sPD_m(r, f_m)$ 为处于频率 f_m 的点 r 处的第 m 个空间平均功率密度 sPD；$S_{limit,m}(f_m)$ 为根据暴露导则，频率 f_m 的功率密度限值。TER 应低于 1 以确保符合性。

3.8 节已经讨论过比吸收率非相关信号及相关信号同时发射的评估方法。功率密度的同时发射评估方法与之类似，本节将重点讨论设备同时工作在低频和高频，同时使用比吸收率和功率密度评估的合成方法。按下列步骤评估总暴露比。

（1）选择包含点 r 的合适的评估表面。这个评估表面适用于所有功率密度和比吸收率测试。

（2）对评估表面的每个点 r，评估 n 个空间平均比吸收率的值 $SAR_{avg,n}(r)$ 和 m 个 sPD 中的每个值 $sPD_m(r,f_m)$。如何在平坦表面定义 $SAR_{avg,n}(r)$ 和 $sPD_m(r,f_m)$ 如图 5-9 所示。根据适用的标准，空间平均值集中在 r 点，例如，比吸收率为 1g 或者 10g，功率密度为 2cm×2cm 的正方形（举例）。如果峰值空间平均比吸收率对应的是不接触评估表面的立方体，则立方体应投影到评估表面，而不改变峰值空间平均比吸收率的值。如何在 SAM 内表面定义 $SAR_{avg,n}(r)$ 和 $sPD_m(r,f_m)$ 如图 5-10 所示。在 SAM 的耳廓处，比吸收率的评估表面与功率密度的评估表面是不同的，这意味着用于合成的界定点也是不同的，如图 5-10 中的 r_1 处。在其他位置则点 r 对于比吸收率和功率密度的合成是相同的，如图 5-10 中的 r_2 处。

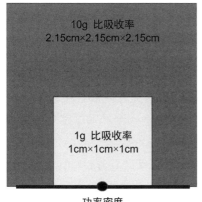

（a）侧面图

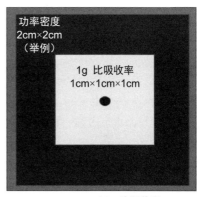

（b）俯视图

图 5-9　在平坦模型点 r 处的比吸收率和功率密度

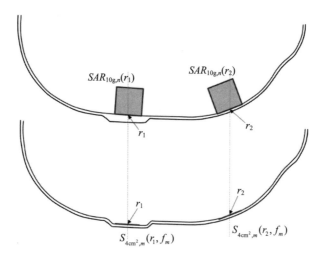

图 5-10　在 SAM 模型上比吸收率和功率密度的点的合成

（3）将每个 $SAR_{avg,n}(r)$ 与其限值 $SAR_{limit,n}$ 进行归一化。

（4）将每个 $sPD_m(r,f_m)$ 与其限值 $S_{limit,m}(f_m)$ 进行归一化。

（5）在评估表面每个点 r 处（$m=1 \sim M$）将所有的 sPD 测量值线性相加。如果某些 sPD 的分布未知，则应将相应的 $psPD$ 加到空间合成分布的 $psPD$ 中；除非 $psPD$ 处于不同的位置，此时添加对总的 $psPD$ 增大不到 5%。

（6）在评估表面每个点 r 处（$n=1 \sim N$）按照 3.8 节的方法合并所有比吸收率测量值。

（7）TER 是在评估表面所有点 r 上的最大值，可以根据下式得到

$$TER(r) = \max_r \left\{ \sum_{n=1}^{N} \frac{SAR_{avg,n}(r,f_n)}{SAR_{limit,n}} + \sum_{m=1}^{M} \frac{sPD_m(r,f_m)}{S_{limit,m}(f_m)} \right\} \qquad (5\text{-}21)$$

只有当评估表面所有位置 r 的 N 个空间平均 SAR 分布 $SAR_{avg,n}(r,f_n)$ 和 M 个空间平均功率密度分布 $sPD_m(r,f_m)$ 是已知的，式（5-21）才可以直接使用。

（8）如果 $psSAR$ 的空间分布是未知的，但 M 个空间平均功率密度 sPD 分布是已知的，则使用下式计算。

$$TER = TER_{SAR} + TER_S = \frac{psSAR_{combined}}{psSAR_{limit}} + \max_r \left\{ \sum_{m=1}^{M} \frac{sPD_m(r,f_m)}{S_{limit,m}(f_m)} \right\} \qquad (5\text{-}22)$$

作为最保守的评估，式（5-22）中的 TER_S 也可以不考虑空间位置，通过峰值空间平均功率密度 $psPD$ 的和计算。也就是对 $psSAR$ 和 $psPD$ 各自峰值暴露的比率直接求和。

注意：在耳廓处，比吸收率平均立方体和功率密度平均面积的合成点在空

间上是不同的（如 r_1）。在除此之外的点，比吸收率和功率密度的合成点（如 r_2）是相同的。

5.3　功率密度仿真方法

支持毫米波的无线设备的配置通常非常复杂，此时使用穷举法进行测试过于烦琐，与此相比数值仿真更灵活。将仿真和测量相结合，评估既准确又节省时间。

第 4 章已经介绍使用时域有限差分法（FDTD）或有限元法（FEM）进行仿真计算的通用要求，而确定被测设备配置、评估表面及测量值的要求则如 5.2 节所述。因此本节将重点介绍被测设备建模的要求和仿真软件验证的要求。

5.3.1　无线设备模型开发

建立用于功率密度评估的被测设备数值模型，在计算域中有大量细节需要决策。由于现有设备数量众多，且该领域的技术创新水平较高，因此无法给出模型建立的通用指南。以下仅提供被测设备建立的一般步骤。

（1）被测设备的模型应基于其原始 CAD 数据，以避免在对电介质或导体建模时出现错误或不准确。根据 CAD 数据建立的被测设备数值模型可能需要对可用数据进行单独简化或扩展，因此无法对 CAD 数据和数据导入程序提出具体要求，但应对数值模型进行验证以使其与原始被测设备保持一致。

（2）所有导电部件应集成到 CAD 模型中，因为即使远离天线的导体也可能寄生耦合并充当辐射元。如果使用设备截断，则应特别注意。

（3）鉴于频率依赖性，辐射元和射频传输线环境中所有主要部件的介电特性应正确建模。尽可能记录有关介电特性的参考文献。

（4）如果各向异性电介质与其射频特性相关，则应将其包括在被测设备模型中。

（5）如果金属损耗与其射频特性或功率归一化相关，则应将其包括在被测设备模型中。

（6）如果馈电或匹配网络场不限于封闭环境，则需要对其进行建模。否则，集总源可以直接放置在天线馈电点。对带有集成多频段天线的手持设备的仿真表明，对馈点匹配的仿真和测量数据通常很难获得良好的一致性。然而，将暴露评估结果归一化到天线辐射功率 P_R 会产生令人满意的准确性。

（7）计算机系统应具有足够的计算资源（工作内存、处理器、存储器），以模拟整个被测设备模型和评估面。在某些情况下，被测设备模型可能被截断。应注意不要截断模型的感应场。这应通过比较天线或天线阵列元件的输入反射系数或识别存储被测设备无功能量的体积证明。后者可通过比较局部电场和磁场振幅与自由空间波阻抗之比确定。截断模型的不确定度应在不确定度预算中说明。

4.3.2 节中建立被测设备模型的要求虽然是基于 FDTD 方法的，但具有足够的通用性，在建立适用毫米波仿真的模型并适用 FDTD 或者 FEM 法时也可参考。

5.3.2　功率归一化

被测设备中的不同功率基准面及其数值模型如图 5-11 所示。源 P_A 处的可用功率经由传输线和/或匹配电路被引到天线，该匹配电路由于电路中的阻抗失配和可用功率在电路中的耗散而导致损耗（P_M），之后输出天线可接收的输出功率 P_O。天线本身可能发生额外损耗，因此被测设备发出的功率称为辐射功率 P_R。

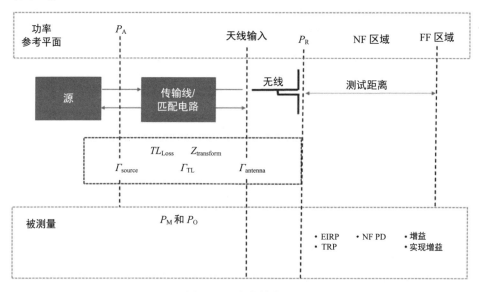

图 5-11　功率基准面

注意，在图 5-11 中：P_A 为源的可用功率；P_M 为匹配传输线的功率；P_O 为天线接收的输出功率；P_R 为辐射功率；Γ_{source} 为源的反射系数；Γ_{TL} 为传输线或匹配电路的反射系数；$\Gamma_{antenna}$ 为天线反射系数；TL_{loss} 为传输线中的功率损耗；$Z_{transform}$ 为传输线或匹配电路的传输矩阵；FF 为远场；NF 为近场。

通常，被测设备的数值模型具有简化的馈电或匹配网络，这可能导致：

（1）天线馈电点阻抗的特定偏差；

（2）交叉耦合的不准确表达；

（3）在介质或传导中传输损耗的差异。

虽然这些量在数值模型中始终可用，但并不要求它们是实际被测设备的精确表示。此外，被测设备的馈电或天线端口可能无法用于传导功率测量。在一般情况下，只有 $EIRP$ 或被测设备的 P_R 可通过实验评估，以量化 P_R。许多文件将 P_R 称为总辐射功率或 TRP。

所有的量（坡印亭矢量、PD、sPD、$psPD$ 和 $mpsPD$）均应归一化到辐射功率 P_R 等级，以评估数值功率密度，并验证被测设备数值模型。如果被测设备的馈电或天线端口可用于传导功率测量，则辐射功率 P_R 可通过 P_A 或 P_M 计算，前提是被测设备中的所有损耗均具有规定的不确定度。

5.3.3　数值模型验证

使用 5.2 节规定的类似设备进行数值模型的验证。根据各自的不确定度，将归一化到 P_R 等级的测量和仿真结果进行比较，确定数值模型的有效性。

需在被测设备可工作的每个频段的中心频率，对被测设备的近场进行数值和实验评估。对于每个可单独操作或控制的天线、天线阵列或子阵列，应在每个适用频段内进行一次验证仿真和测量。

应按照以下步骤对被测设备的数值模型进行验证。

（1）将实验 sPD 归一化到测量的 P_R 等级上，指定为 $v_{\mathrm{ref},n}$。

（2）确定近场评估的测量不确定度 U_{ref}。

（3）将数值的 sPD 归一化到仿真 P_R 等级上，指定为 $v_{\mathrm{sim},n}$。

（4）确定 PD 评估的数值不确定度 U_{sim}。

（5）在每个点 n，$v_{\mathrm{ref},n}$ 或 $v_{\mathrm{sim},n}$ 大于最大测量值或仿真值 $\max\limits_{n}\left(v_{\mathrm{ref},n}, v_{\mathrm{sim},n}\right)$ 的 5%处，通过式（5-23）验证点 n 测量值 $v_{\mathrm{ref},n}$ 和仿真值 $v_{\mathrm{sim},n}$ 之间的偏差是否在 U_{ref} 和 U_{sim} 的合成不确定度范围内。

$$E_n = \sqrt{\dfrac{\left(v_{\mathrm{sim},n} - v_{\mathrm{ref},n}\right)^2}{\left(v_{\mathrm{sim},n} \times U_{\mathrm{sim},k=2}\right)^2 + \left(v_{\mathrm{ref},n} \times U_{\mathrm{ref},k=2}\right)^2}} \leqslant 1 \qquad （5\text{-}23）$$

如果偏差在合成不确定度范围内，例如，对于每个需要考虑的点都满足 $E_n \leqslant 1$，则被测设备模型视为有效。如果偏差不在预期不确定度范围内，则被测设备模型无效，应进行修正。

5.3.4　数值仿真软件的要求

用于计算峰值空间平均功率密度（*psPD*）的数值软件的特性如下。

（1）基于麦克斯韦方程组求解器、使用 FDTD 或 FEM 方法。

（2）用于表示被测设备电气相关部分和附近物体的建模环境和网格生成器，电场和磁场在指定的几何分辨率下呈现，仅受计算机可用内存限制。

（3）各向同性理想导体的表述。

（4）各向同性介质材料的表述，相对介电常数 $\varepsilon_r \geq 1$，电导率 $\sigma \geq 0$。

（5）单轴各向异性介电材料的表述，相对介电常数 $\varepsilon_r \geq 1$，电导率 $\sigma \geq 0$。

（6）金属导体中的各向同性电损耗 $\sigma < \infty$，以金属薄片或细丝为代表。

（7）将频域仿真结果插值到计算域内的指定点。

（8）频域内针对指定数量的仿真结果，使用指定的复杂比例因子，对电场矢量和磁场矢量进行叠加，如用于相控阵列天线波束控制的评估。

（9）在指定网格上指定数量的叠加仿真结果中，考虑电介质和金属导体损耗的耗散功率计算。

（10）使用可指定的复杂比例因子（包括 P_R 的评估）叠加可指定数量的仿真结果的远场方向图，如用于评估相控阵天线的波束控制。

（11）按要求计算 *sPD* 和 *psPD*。

（12）按要求计算 *mpsPD*。

5.3.5　数值仿真软件代码验证

使用 FDTD 或 FEM 方法计算无线设备功率密度 *psPD* 的数值软件，除了本书第 4 章介绍的代码验证要求外，还需要进行额外的验证评估，以验证插值和叠加算法、金属损耗和各向异性电介质的正确实施。这些是对相控阵系统进行有效数值评估必需的。此外，还应验证计算 *psPD* 算法的实施情况。各验证所需的参考结果可在 IEC 官方网站查询。

1. 矢量场分量的插值和叠加

应通过评估三个半波偶极子（D1、D2 和 D3）的场验证矢量场分量插值和叠加的正确实施，这三个偶极子以 24GHz 的频率同时工作在不同的振幅和相位偏移。偶极子的长度应为 6.2mm。第一个偶极子的轴应与坐标系的 z 轴对齐，第二个偶极子的轴应与坐标系的 x 轴对齐，以其原点上的馈电点为中心，第三个偶极子的轴应与坐标系的 y 轴对齐。馈电点应位于偶极子的中心。应将其建模为具有有限内阻的硬件源或电压源。馈电点中心之间的距离为 7.0mm。配置如图 5-12 所示。在 FDTD 仿真中，x 轴与偶极子 D1 和 D3 中心的馈电点相交。为了避免这种交叉，可以由 2 个具有相同信号的系列源对馈电点进行建模。偶极子 D2 的馈电点也可以由 2 个系列源模拟。

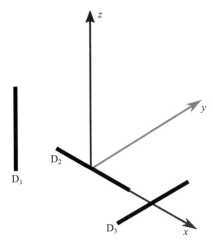

图 5-12　3 个半波偶极子的配置示意图

偶极子建模为完全导电的细丝，即其轴线上的电场应为 0，因此可以假设其直径明显小于其横截面中网格边缘的长度。或者采用 0.05mm 的直径。网格边或顶点的长度可由软件或用户选择。

使用表 5-7 中给出的不同源、振幅和相位配置激励偶极子。3 个偶极子应连续激励。使用被测软件的内置后处理功能叠加电场和磁场。

表 5-7　矢量场分量的插值和叠加

振幅和相位	与 10mm 立方体上参考值的最大偏差		与 16mm 立方体上参考值的最大偏差	
	电 场 振 幅	磁 场 振 幅	电 场 振 幅	磁 场 振 幅
配置 1 D_1: $A = 1V$, $\varphi=0°$ D_2: $A = 0.5V$, $\varphi=90°$ D_3: $A = 2V$, $\varphi=180°$				
配置 2 D_1: $A = 2V$, $\varphi=0°$ D_2: $A = 2V$, $\varphi=90°$ D_3: $A = 2V$, $\varphi=0°$				
配置 3 D_1: $A = 1V$, $\varphi=180°$ D_2: $A = 0.5V$, $\varphi=90°$ D_3: $A = 2V$, $\varphi=180°$				

在 2 个立方体表面上评估电场和磁场的 x、y 和 z 矢量分量，边缘长度分别为 10.0mm 和 16.0mm，以原点为中心。在立方体的表面上，评估点定义在间距为 0.5mm 的直线网格上。应将使用被测软件计算的所有电场和磁场矢量场分量与立方体 6 个直线网格上的参考结果进行比较。电场和磁场振幅与参考结果的最大允许偏差为 10%，最大偏差超过 10%的应在表 5-7 中评估和报告。

2. 远场模式和辐射功率的计算

对于表 5-7 中规定的连续和同时激励的所有偶极子配置，计算远场模式和辐射功率 P_R。对于连续激励，在计算 P_R 之前，使用被测软件的内置功能叠加场。对于 φ 和 θ，应以整个立体角上的电场为单位，以 10°为步长，从 0°开始计算整个立体角上的远场模式。参考结果基于使用矩量法获得的仿真结果的平均值。场振幅和总辐射功率与参考结果的最大允许偏差为 10%，最大偏差大于 10%的应在表 5-8 中评估和记录。

表 5-8　P_R 的计算；辐射功率和远场模式的电场振幅

激　　励	幅度和相位	计算功率/W	参考功率/W	远场模式电场幅度与参考值的最大偏差
连续波	D_1: A = 1V, φ=0° D_2: A = 0.5V, φ=90° D_3: A = 2V, φ=180°		0.0230	
	D_1: A = 2V, φ=0° D_2: A = 2V, φ=90° D_3: A = 2V, φ=0°		0.0527	
	D_1: A = 1V, φ=180° D_2: A=0.5V, φ=90° D_3: A=2V, φ=180°		0.0230	

3. 有损导体的实现

应通过对复传播常数为 k_z、在矩形波导中 TE_{10} 模的传播振幅衰减进行建模评估具有有限导电性的金属导体的实现。

应在内部横截面为 7.112mm×3.556mm，频率范围为 25～40GHz 的 R320 波导的数值模型中评估复传播常数 k_z。对于 FDTD 方法，应使用宽带信号，衰减常数 $Im\{k_z\}=\alpha$ 作为频率的函数进行评估。对于 FEM，评估步长为 250MHz 的离散频率。所有方向和尺寸对应于图 5-13 中规定的坐标系。激励垂直于波导的方向放置。从源到记录场的距离为 1.778mm。波导长度的选择确保由计算域截断引起的杂散场不会到达记录场的区域。

波导壁建模为电导率 σ 为 10^5S/m、10^6S/m 和 10^7S/m 的导体。波导填充相对介电常数 ε_r 为 1 和 2 的无损介电材料。对于每种配置，波导应使用均匀或非均匀网格进行网格划分，至少具有表 5-9 中规定的最小网格步长。

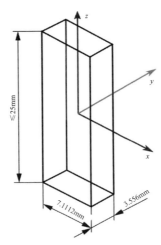

图 5-13　R320 波导

表 5-9　每种方法的最小细网格和粗网格边长

方　　法	细网格边长/mm	粗网格边长/mm
FDTD	0.0889	0.3556
FEM，最低阶	0.1	0.3
FEM，第二低阶	0.2	0.5
FEM，第三低阶	0.5	1.0

如图 5-14 所示，源位置处的 E_y 分量使用 TE_{10} 模式的分析解激励。可通过将源位置的 E_y 分量设置为根据下式计算的值激发模式

$$E_y = E_0 \sin \frac{x\pi}{w} \tag{5-24}$$

式中：E_0 为电场矢量的指定振幅；x 为电场矢量的 x 分量的位置；w 为波导管的宽度（7.112mm）。

可使用场激励的替代方法，例如，使用特定求解器确定波导或预配置源中的传播模式（如果软件支持）。在任何情况下，只有基本传播模式存在于场记录的位置，因为高阶模式或伪模式的存在会阻碍传播常数的评估。在图 5-14 中规定的位置记录 E_y 分量。复传播常数 k_z 可使用下式从图 5-14 中位置记录的场分量计算得出。

$$\alpha = \mathrm{Im}\left[-\frac{\mathrm{j}}{\Delta s} \ln \frac{E_{10} + E_{12} - \sqrt{-4E_{11}^2 + \left(E_{10} + E_{12}\right)^2}}{2E_{11}} \right] \tag{5-25}$$

式中：Δs 是分量记录位置之间的距离（1.778mm）。

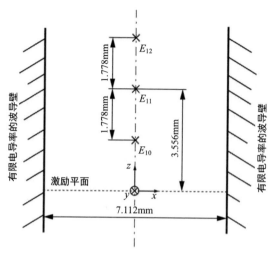

图 5-14 R320 波导的横截面

对于 FDTD，应评估和报告波导轴线沿坐标系 3 个轴定向的所有结果，对于围绕波导轴的 2 个不同方向需要将波导旋转 90°。α 应仅评估沿正轴方向的传播。

对于表 5-10 中的每个波导配置，衰减常数 α 与其参考值的最大偏差作为频率的函数进行评估。参考值为

$$\alpha = 8.686 \frac{1}{b\eta} \sqrt{\frac{\omega\mu_0}{2\sigma}} \frac{\left[1 + \frac{2b}{a}\left(\frac{f_c}{f}\right)^2\right]}{\sqrt{1 - \left(\frac{f_c}{f}\right)^2}} [\mathrm{dB/m}] \qquad (5\text{-}26)$$

式中：ω 为角频率；μ_0 为自由空间磁导率；σ 为波导壁的电导率；a 为波导宽度（表示为 w）；b 为波导高度；η 为波导中电介质的波阻抗；f 为频率；f_c 为波导的截止频率；常数 8.686 将衰减系数计算结果的单位从 Np 转换为 dB。

α 与其参考结果的偏差应小于或等于表 5-10 中给出的公差。

表 5-10 数值偏移特性的评估结果记录表

波 导 配 置		代码符合性的限制					
波导轴（传播方向）和围绕波导轴的方向（仅 FDTD）		x 轴					
ε_r		1	2	1	2	1	2
$\sigma/(\mathrm{S/m})$		10^5	10^5	10^6	10^6	10^7	10^7
仿真 α 与基准细网格的最大偏差	10%						
仿真 α 与基准粗网格的最大偏差	15%						

注：数值评估的最大偏差应在整个仿真频率范围（25～40GHz）内进行评估。

4．各向异性电介质的实现

各向异性电介质的评估使用图 5-13 规定的矩形 R320 波导填充单轴各向异性电介质。电介质具有以下电介质特性。

（1）沿 x 轴和 y 轴 ε_r=3.0、σ=0.01S/m，沿 z 轴 ε_r=1.0、σ=0。

（2）沿 x 轴和 z 轴 ε_r=3.0、σ=0.01S/m，沿 y 轴 ε_r=1.0，σ=0。

（3）沿 y 轴和 z 轴 ε_r=3.0、σ=0.01S/m，沿 x 轴 ε_r=1.0，σ=0。

使用 TE_{10} 模式激励波导，并针对上述配置（1）～（3）确定波导轴方向上的数值传播常数。

注意：TE10 模式的指数对于配置（2）可能不同，这取决于正在验证的软件的特性。

在各向异性电介质中记录电场的位置距离减少至 1.0mm。如果无法将波导激励置于各向异性电介质中，则至少最小长度为 5.0mm 的波导部分应填充各向异性电介质。然后可将激励置于波导的自由空间部分。

波导轴的方向沿坐标系的 3 个轴排列。在 FDTD 仿真中，各向异性电介质不得由 FDTD 网格边缘应用的不同各向同性材料替代。

使用测试软件计算的结果在表 5-11 中报告。

表 5-11 各向异性电介质表示的评估结果

波 导 配 置	代码符合性的限制			
坐标轴，传播方向	x、y 或 z 轴			
单轴电介质配置		（1）	（2）	（3）
仿真 Rekz 与参考细网格的最大偏差	5%			
仿真 Imkz 与参考细网格的最大偏差	10%		—	
仿真 Rekz 与参考粗网格的最大偏差	10%			
仿真 Imkz 与参考粗网格的最大偏差	15%		—	

注：数值评估的最大偏差应在整个仿真频率范围（25～40GHz）内进行评估。

5．sPD 和 psPD 的计算

在平均面积为 1cm^2 和 4cm^2 的平面和非平面评估面上评估 sPD 和 psPD 的分布。入射场分布由复坡印亭矢量规定，为

$$S(x,y,z) = \begin{pmatrix} S_5(x,y) + jS_6(x,y) \\ S_3(x,y) + jS_4(x,y) \\ S_1(x,y) + jS_2(x,y) \end{pmatrix} \exp(-\alpha|z|) \qquad (5\text{-}27)$$

式中：α 等于 10Np/m；$S_i(x,y)$ 使用表 5-12 中参数集 i 按下式计算

$$S_i(x,y) = \frac{1}{2\pi\sqrt{1-\rho_1^2}}\exp\left[-\frac{x^2 - 2\rho_1 xy + y^2}{2\varsigma^2(1-\rho_1^2)}\right] +$$

$$A\frac{1}{2\pi\sqrt{1-\rho_2^2}}\exp\left[-\frac{(x-d_x)^2 - 2\rho_2(x-d_x)y + y^2}{2\varsigma^2(1-\rho_2^2)}\right]$$

（5-28）

表 5-12　式（5-28）入射功率密度分布的计算参数

参 数 设 置	ρ_1	ρ_2	d_x/m	A	ς^2/m^2
1	0	0	0	0	0.001
2	0.85	0	0	0	0.0015
3	0.75	0.98	0.03	0.15	0.0025
4	0.8	−0.98	0.07	0.1	0.0025
5	0.08	−0.08	0.07	0.9	0.00015
6	−0.95	−0.09	0.07	0	0.001

图 5-15 显示了使用表 5-12 的 6 个参数集根据式（5-27）计算得到的坡印亭矢量分量在以坐标系原点为中心的面积为 20cm×20cm 表面的分布。

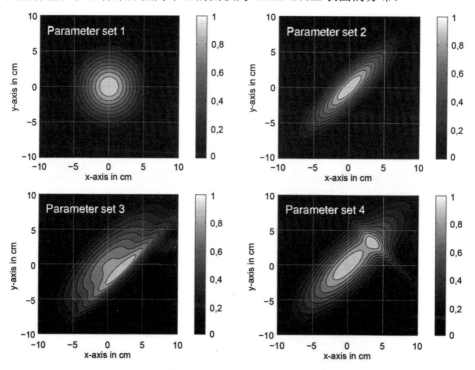

图 5-15　不同参数集的坡印亭矢量分量分布图

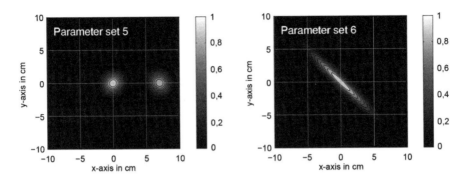

图 5-15　不同参数集的坡印亭矢量分量分布图（续）

1）平面表面

为了验证在平面表面上功率密度平均算法的实现，使用大小为 $1cm^2$ 和 $4cm^2$ 的平均面积，在以原点为中心的 20cm×20cm 方形评估面顶点评估 sPD 的分布。sPD 评估的评估面和顶点坐标如下。

（1）x 轴和 y 轴的范围：-10～10cm。

（2）z 轴上的位置：0。

（3）x 方向的网格步长：2.0mm。

（4）y 方向的网格步长：2.0mm。

对于 $1cm^2$ 和 $4cm^2$ 的 2 个平均面积，根据定义功率密度的式（5-9）～式（5-13）评估 6 种配置的 sPD。相对于 $psPD$，sPD 的最大允许偏差为 2%。

2）非平面表面

在 4 种试验几何形状的表面上评估 sPD 和 $psPD$ 的分布；这些测试几何形状如下。

（1）如图 5-16 所示 SAR Star 的 3 个修改版本。

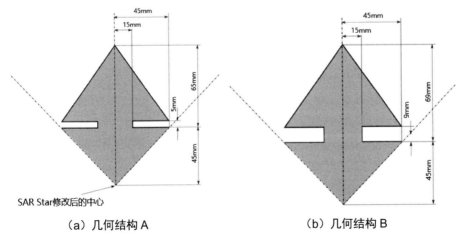

（a）几何结构 A　　　　　　　（b）几何结构 B

图 5-16　SAR Stars 的对称 1/4 的横截面

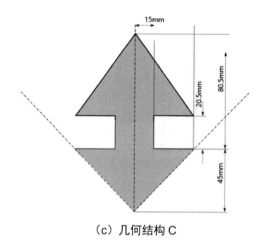

（c）几何结构 C

图 5-16　SAR Stars 的对称 1/4 的横截面（续）

（2）SAM 的修改版本。

为了验证在非平面表面功率密度平均算法的实现，在测试几何体外表面的三角化版本的三角形顶点上评估 sPD 的分布，平均面积为 $1cm^2$ 和 $4cm^2$。

对于 $1cm^2$ 和 $4cm^2$ 的 2 个平均面积，根据式（5-9）～式（5-13）对 sPD 进行评估；即对 4 种试验几何形状中的每种进行 6 种配置评估。

允许与参考结果存在以下偏差。

（1）对于 SAM 和 SAR Star 几何结构，psPD 与参考结果的最大允许偏差为 1%。

（2）对于 SAM，按照 psPD 归一化的 sPD 与参考结果的最大允许偏差为 5%。

（3）对于 SAR Star 几何结构，且最大 2000 个顶点，sPD 与参考结果的最大允许偏差为 40%。对于其余顶点按照 psPD 归一化的 sPD 与参考结果的最大允许偏差为 5%。

6．根据表面等效原理进行场外推

当计算软件使用表面等效原理计算在计算域外的电场和磁场时，对于前面给出的配置，应在边长为 24.0mm 的立方体表面计算电场和磁场的 x、y 和 z 矢量分量，通过应用表面等效原理使用边长为 20.0mm 立方体表面的仿真结果。2 个立方体应以坐标系原点为中心，与参考结果的最大允许偏差为 10.0%。

5.4　毫米波 MIMO 终端电磁辐射暴露上限评估

毫米波谱和多输入多输出（multiple-Input multiple-output，MIMO）波束赋

形技术是提升 5G 系统容量，缓解频谱资源紧缺，提升通信数据传输速率的重要手段。这些技术在提升通信性能的同时，也为电磁辐射评估效率提出新的挑战。移动终端的电磁场符合性测试通常需要在理论最大暴露条件下进行，MIMO 技术的引入使得现有测量方案更低效，评估过程更复杂。

MIMO 作为 5G 无线通信的关键技术之一，其通过改变 MIMO 天线单元的相位和幅度配置（也称码本），进行波束赋形提高通信质量。在 MIMO 系统电磁辐射安全性评估时，要根据天线激励的码本顺序评估所有可能波束的功率密度，这种评估流程非常低效。因此，为提高 MIMO 系统的评估效率，通常使用场组合方法。一些研究仅使用场幅度组合，该方案测量系统简单，但可能导致非常保守的组合场强。同时使用场的幅值和相位的场组合可以提供精确的组合场，但需要复杂的测量系统。Xu 等采用半定松弛算法可以精确评估确定平面的平均功率密度的上限。但是用户在实际使用时，由于终端 MIMO 单元布局位置和用户使用场景的差异，导致在面向应用场景的 MIMO 终端暴露上限评估时，无法给出目标平均区域（即 ICNIRP 和 IEEE C95.1 规定的 4cm^2 或 1cm^2）的位置。因此，对于毫米波 MIMO 的暴露上限评估，是需要兼顾 MIMO 配置和待评估表面位置的多因素优化问题。

采用矢量场叠加的方案进行 MIMO 暴露上限评估，对于天线阵列，空间电场 E 和磁场 H 可分别由各子天线在空间激发的电场 E_i 和磁场 H_i 叠加形成，为

$$E(r) = \sum_{i=1}^{M} \omega_i E_i(r), \quad H(r) = \sum_{i=1}^{M} \omega_i H_i(r) \tag{5-29}$$

式中：r 是三维空间的位置；E_i 和 H_i 是第 i 个天线在空间激发的电场和磁场；M 为 MIMO 系统中的天线单元数量；ω_i 是天线的复权重，为

$$\omega_i = |\omega_i| \mathrm{e}^{\mathrm{j}\phi_i} \tag{5-30}$$

式中：幅度 $|\omega|$ 和相位 ϕ 分别反应各子天线的馈入功率和相位配置，复数单位 $\mathrm{j} = \sqrt{-1}$。

对于功率密度 PD 指标，连续区域 A 上多个天线产生的 PD 可以表示为

$$PD = \frac{1}{2A} \int_A \mathrm{Re} \left\{ \left[\sum_{i=1}^{M} \omega_i E_i(r) \right] \times \left[\sum_{i=1}^{M} \omega_i H_i(r) \right]^* \right\} \cdot n \mathrm{d}A \tag{5-31}$$

式中：n 表示垂直于区域 A 的单位法向。可以通过确定复权重的组合评估多天线暴露的上限。

确定 MIMO 设备暴露上限，其本质是确定一组复权值组合 $\Omega = \left\{ |\omega|_1, |\omega|_2, \cdots, |\omega|_M, \varphi_1, \varphi_2, \cdots, \varphi_M \right\}$，使得在目标区域的功率密度达到最大。该过程可进一步描述为最优化问题，即

$$u = \max_A PD(\Omega)$$

$$s.t.\begin{cases} |\omega_i| \in [0,1] \text{且} \sum_{i=1}^{M} |\omega_i| = 1 \\ \varphi_i \in [-\pi, \pi] \end{cases} \qquad (5\text{-}32)$$

采用差分进化算法（DE）进行优化，DE 具有较强的全局收敛能力和鲁棒性，且不需要借助问题的特征信息，适于求解一些利用常规的数学规划方法无法求解的复杂环境中的优化问题。

DE 包含以下 4 个主要步骤：种群初始化、变异、交叉、选择，重复迭代这 4 个步骤直至满足迭代终止条件。在本方法中，将 L 个天线单元的幅度、相位，连同评估平面的中心点三维坐标作为问题空间的维度，共 $3+2L$ 个维度，得到适应度函数模型为

$$\max f\left(\{x^j\}\right), \{x^j\} = \{x, y, z, |w_1|, |\varphi_1|, \cdots, |w_{L-1}|, |\varphi_{L-1}|\} \qquad (5\text{-}33)$$

式中：$x_L^j \leqslant x^j \leqslant x_U^j$，$x_L^j$ 和 x_U^j 分别表示第 j 个维度变量定义域范围。

1. 种群初始化

在问题空间随机产生 M 个 N 维的解向量个体，第 i 个个体表示为 $\boldsymbol{X}_{i,t} = \left[x_{i,t}^1, x_{i,t}^2, \cdots, x_{i,t}^j, \cdots x_{i,t}^{11}\right]$，其中 t 表示迭代轮次，j 表示个体的维度。在开始迭代前，对第 i 个个体的维度 $x_{i,0}^j$ 按下式规则随机初始化

$$x_{i,0}^j = x_L^j + \text{rand}(0,1) \times \left(x_U^j - x_L^j\right) \qquad (5\text{-}34)$$

式中：$i = 1, 2, \cdots, M$；x_L^j 和 x_U^j 分别表示第 j 个维度的下限和上限。

种群规模越大则包含的个体信息越丰富，有利于全局最优解寻优，但是计算量相应地也会增长；种群规模过小可能使搜索陷入局部极值而停滞。一般来说，为了平衡两者以达到更高的效率，种群规模设置在维度的 4～10 倍。

2. 变异

从种群中随机选择 3 个个体 $\boldsymbol{X}_{\alpha,t}, \boldsymbol{X}_{\beta,t}, \boldsymbol{X}_{\gamma,t}$，使得 $\alpha \neq \beta \neq \gamma \neq i$，按下式生成变异个体

$$\boldsymbol{V}_{i,t} = \boldsymbol{X}_{\alpha,t} + F_i \times \left(\boldsymbol{X}_{\beta,t} - \boldsymbol{X}_{\gamma,t}\right) \qquad (5\text{-}35)$$

式中：$\boldsymbol{X}_{\beta,t} - \boldsymbol{X}_{\gamma,t}$ 称为差分向量；F_i 是缩放因子，一般在 $[0,2]$ 之间，通常取 0.5。它反映的是算法的寻优能力：值越大则全局搜索速度越快，同时跳出局部最优的概率越大；值越小则局部搜索能力越强，收敛越快。也可根据个体的适应度按下式进行自适应变化

$$F_i = F_U - (F_U - F_L) \times \frac{f_m - f_w}{f_b - f_w} \qquad (5\text{-}36)$$

式中：F_L 和 F_U 是自定义的缩放因子下限和上限；f_b、f_m 和 f_w 分别是选中的 3 个个体的适应度按从大到小排列。变异得到的个体必须满足解个体在问题空间的

约束条件。

3. 交叉

个体的每个维度 $x_{i,t}^j$ 都有一定概率 $cr_i \in [0.1]$ 和变异个体在对应维度 $cr_i \in [0.1]$ 上发生数值互换，交叉后得到的变异个体称为试验向量，每个维度为

$$u_{i,t+1}^j = \begin{cases} v_{i,t+1}^j & \text{如果 } \mathrm{rand}(0,1) \leqslant cr_1 \text{ 或 } j = j_{\mathrm{rand}} \\ x_{i,t}^j & \text{其他} \end{cases} \qquad (5\text{-}37)$$

cr 反映的是个体和变异个体交换信息的程度。若通过自适应算法调整交叉概率，为

$$cr_i = \begin{cases} cr_U - (cr_U - cr_L) \times \dfrac{f_i - f_{\min}}{f_{\max} - f_{\min}} & \text{如果 } f_i < \overline{f} \\ cr_U & \text{其他} \end{cases} \qquad (5\text{-}38)$$

式中：f_i 是个体 $\boldsymbol{X}_i$ 的适应度；$f_{\min}$、$f_{\max}$ 和 $\overline{f}$ 分别是当前种群中最差、最优和平均的适应度；cr_L 和 cr_U 是自定义的交叉概率的下限和上限，一般分别设置为 0.1 和 0.6。

4. 选择

经过变异和交叉之后，根据贪心算法原理在父代个体和试验向量之间按下式选择适应度更优的个体作为下一代

$$\boldsymbol{X}_{i,t+1} = \begin{cases} \boldsymbol{U}_{i,t} & \text{如果 } f(X_{i,t}) < f(U_{i,t}) \\ \boldsymbol{X}_{i,t} & \text{其他} \end{cases} \qquad (5\text{-}39)$$

基于 DE 算法的毫米波 MIMO 电磁辐射暴露上限评估方案评估空间采样率对评估结果的影响，以及不同优化算法的评估效率和鲁棒性，对如图 5-17 所示的毫米波 MIMO 终端数字模型，其结果如图 5-18 所示。

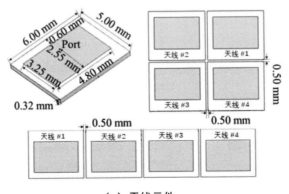

（a）天线元件

图 5-17 毫米波 MIMO 终端数字模型

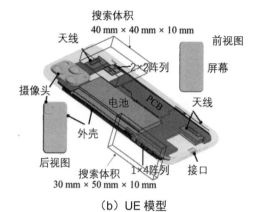

（b）UE 模型

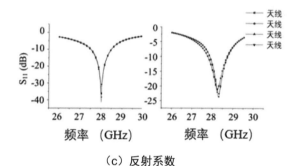

（c）反射系数

图 5-17 毫米波 MIMO 终端数字模型（续）

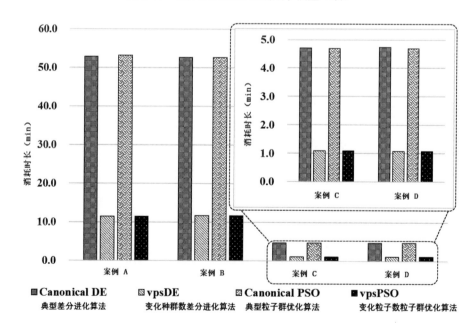

图 5-18 不同优化算法的优化性能对比

5.5　红外线热成像法评估毫米波吸收功率密度

在毫米波测试系统研究方面，5.2 节介绍的系统是一种基于伪矢量传感器探头的功率密度测量方法，该方法使用电场极化椭圆信息构建电场相位，再计算磁场和功率密度，该技术已用于功率密度测量的商用系统中。除此之外，还有通过直接测量电场和磁场，采用双探针法评估功率密度的方案；使用传统的平面 NF 天线测量系统在相对较远的距离处测量电场，然后应用平面波谱展开计算较近距离处的功率密度的方案。以及基于 EQC 方法开发的一种快速功率密度测量方法，缩短了总测量时间。这些工作使评估 5G 毫米波移动终端的测量功率密度成为可能。但是，上述方案测试效率较低，测试探头需要远离被测天线以缓解干扰。此外，评估结果均是自由空间中的暴露水平，与 ICNIRP 和 IEEE C95.1 中规定的基本限值评估方案也存在差异。

受生物组织吸收电磁能量温度升高的研究启示，近年来相关研究开始关注基于红外热成像技术的毫米波电磁辐射测量方案，该方案具有高空间分辨率（亚毫米）和快速（秒级）测量功率密度的优点，可以提升测试效率。数值计算结果表明，毫米波频段皮肤表面吸收功率密度为 $1W/m^2$，温度上升约为 0.01℃，这表示若采用红外热成像技术进行功率密度评估时，采集模块需要具有较高的热灵敏度。下面将介绍的方案使用一款具有高热灵敏度（18mK）的红外相机和专门设计的平面固体皮肤等效模型，通过温度—功率密度的耦合公式，评估在 60GHz 的 MIMO 阵列天线和锥形喇叭天线的辐射水平。

使用高分辨率红外相机测量等效皮肤吸收功率密度，测量装置如图 5-19 所示。

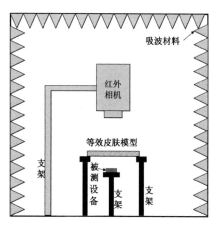

图 5-19　使用高分辨率红外相机测量毫米波场景示意图

使用热灵敏度不低于 0.01℃高空间分辨率为像素的红外摄像机记录模型上表面的加热模式动态。红外摄像机位于被测设备的另一侧。以不低于 50 帧/秒的采样率记录热图像序列，测量验证过程在一个紧凑的暗室内进行，暗室内覆盖毫米波吸收体。

采用该技术，工作在 60GHz 的贴片天线和喇叭天线（见图 5-20）的实验结果表明，采用该方案测量功率密度，准确率可以达到 99.4%（见图 5-21）。

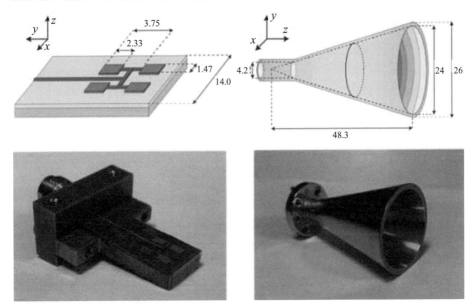

图 5-20　实验中采用的天线模型和实物

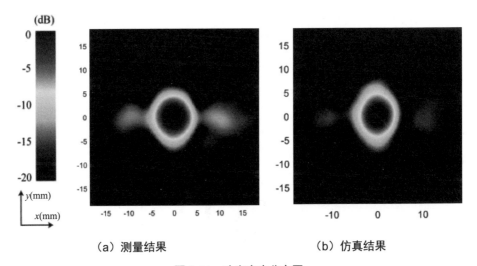

（a）测量结果　　　　　　　　　（b）仿真结果

图 5-21　功率密度分布图

5.6　6～10GHz 过渡频段的特殊考虑

局部射频暴露限值在不同的射频频段是不同的。在 ICNIRP 导则（1998）中，比吸收率的适用频率上限是 10GHz，10GHz 以上使用功率密度作为局部暴露限值。计量指标发生变化的频率在导则中被称为过渡频段。虽然没有理想的过渡频段，但 ICNIRP 导则（2020）还是决定将过渡频段从 10GHz 降到 6GHz，以便提供更为准确的总暴露量评估。

这是因为射频能量在人体组织中随着频率的增大而趋肤深度变小。在 6GHz 趋肤深度为 8.1mm 而 10GHz 为 3.9mm，在 30GHz 的趋肤深度更是降低到 0.92mm。由于趋肤深度的快速下降造成射频能量将逐渐被人体表皮层组织吸收，所以度量从 10g 单位体积的比吸收率过渡到 $4cm^2$ 或 $1cm^2$ 单位面积的功率密度。

从第一套成熟的商业比吸收率测量系统推出至今已有超过 20 年的历史，多年来随着技术更新、标准进步，其测量技术日趋成熟。如最新版的 IEC/IEEE 62209-1528 标准适用的频率范围为 4MHz～10GHz，和 ICNIRP 导则（1998）的要求是匹配的。

如前几节所述，商用毫米波电磁辐射测试系统刚刚面世，在实际应用中存在以下几个问题。

（1）毫米波功率密度测试方案相较于比吸收率测试方案要复杂得多，也由此造成测试时间的急剧增加。

（2）5G FR2 频段主要是 n257、n258 和 n260 三个频率区间，其频率处于 26.5～40GHz。当频率高于 24GHz 时，这些系统使用参考限值，即入射功率密度评估电磁辐射，而不是基本限值吸收功率密度。

（3）3GPP Release 16 TS 38.101-1 中将 5G NR FR1 的频率扩展到 7125MHz，并可能在未来将频率扩展到更高的频率。同时 WiFi 6 和 WiFi 7 技术已经增加 6GHz 的频段（5.925～7.125GHz）。而在大于 6GHz 低于 10GHz 的频率范围应该使用吸收功率密度评估其电磁辐射。

为解决这些问题，目前对于 6～10GHz 这个频率区间，一种使用比吸收率测试系统测量比吸收率然后转化为吸收功率密度的方案得到了业界的普遍认可。本节将介绍这个方案。

本方案将首先测量得到满足 ICNIRP 导则和 IEEE C95.1-2019 要求的峰值空间平均比吸收率（$psSAR$），然后直接转换成峰值空间平均吸收功率密度（$psAPD$），从而得到相应的功率密度数据，以便进行符合性的评估。

这个方案首先假设模型表面的发射功率主要受通信技术的传播模式控制，

几乎所有传送到身体的能量都能被模型表面相应的 10g 或 1g 立方体吸收，并且立方体的侧壁没有明显的功率泄露。此时可以通过评估比吸收率分布得到吸收功率密度。

为完成从 $psSAR$ 到 $psAPD$ 的转换，$psAPD$ 所在的在模型表面和组织模拟液交界处的平均区域，需要和 $psSAR$ 立方体的表面相重合的给定区域，将 $psSAR$ 进行转换得到 $psAPD$，为

$$psAPD_{Aav} = psSAR_{avg.mass} \times F_{APD,a} \tag{5-40}$$

$$F_{APD,a} = \frac{2\rho\ell_c}{\sigma\delta\left(1 - e^{\frac{-2\ell_c}{\delta}}\right)} \times \mathrm{Re}\left(\frac{1}{\eta}\right) = \frac{\rho\ell_c}{\left(1 - e^{\frac{-2\ell_c}{\delta}}\right)} \tag{5-41}$$

式中：$F_{APD,a}$ 为近似转换因子；ρ 为组织模拟液的密度；ℓ_c 为 SAR 平均立方体的边长；η 为组织模拟液的波阻抗；σ 为组织模拟液的电导率；δ 为组织模拟液的趋肤深度。

$psSAR$ 根据使用的比吸收率测量或计算标准，按照表 5-13 给出的平均质量在立方体中测量得到，其表面积对应于 $psAPD$ 的平均区域的表面。

表 5-13 从 $psSAR$ 到 $psAPD$ 的近似转换因子

$psAPD$ 的平均区域/（Aav/cm²）	$psSAR$ 的平均质量/g	近似转换因子 $F_{APD,a}$/kg·m⁻²
1	1	10
4	8	20

目前本方案适用于任意空间平均比吸收率（$sSAR$）到空间平均吸收功率密度（$sAPD$）的转换，一般可得到保守的符合性结果。

参 考 文 献

[1] International Commission on Non-Ionizing Radiation Protection. ICNIRP guidelines for limiting exposure intime-varying electric, magnetic, and electromagnetic fields(up to 300 GHz)[J]. [S.l.]: Health Physics, 1998, 74(4): 494-522.

[2] International Commission on Non-Ionizing Radiation Protection. ICNIRP guidelines for limiting exposure intime-varying electricand magnetic fields(1 Hz to 100 kHz)[J]. [S.l.]: Health Physics，2010, 99(6): 818-836.

[3] International Commission on Non-Ionizing Radiation Protection. ICNIRP guidelines for limiting exposure to electromagnetic fields(100 kHz to 300 GHz)[J]. [S.l.]: Health Physics, 2020,

9-13.

[4] IEEE. IEEE standard for safety levels with respect to human exposure to electric, magnetic, and electromagnetic fields, 0 Hz to 300 GHz: IEEE Std. C95.1[S]. [S.l.]: IEEE, 2019.

[5] HASHIMOTO Y, HIRATA A,MORIMOTO R,et al. On theaveraging area for incident power density for human exposure limits at frequencies over 6 GHz[J] [S.l.]: Phys Med Biol, 2017, 62: 3124-3138.

[6] FOSTER K R, ZISKIN M C, BALZANO Q. Thermal modeling for the next generation ofradiofrequency exposure limits: commentary[J]. [S.l.]: Health Physics, 2017, 113:41-53.

[7] PFEIFER S, FALLAHI A, XI J T, et al. Forward Transformationfrom Reactive Near-Field to Near and Far-Field at Millimeter-Wave Frequencies[J]. [S.l.]: Applied Sciences, 2020, 10(14): 4780.

[8] SAMARAS T, CHRIST A, KUSTER N. Assessment of the epithelial or absorbedpower density above 6 GHz using *SAR* measurement systems[J]. [S.l.]: Bioelectromagnetics, 2020.

[9] CHRIST A, SAMARAS T, NEUFELD E, et al. Limitations of IncidentPower Density as a Proxy for Induced Electromagnetic Fields[J]. [S.l]: Bioelectromagnetics, 2020, 41(5): L348-359.

[10] CARRASCO E, COLOMBI D, FOSTER R K, et al. Exposureassessment of portable wireless devices above 6 GHz[J]. [S.l.]: Radiation protection dosimetry, 2019, 183(4): 489-496.

[11] International Electrotechnical Commission (IEC) Technical Committee 106, Conversion Method Of Specific Absorption Rate To Absorbed Power Density For The Assessment Of Human Exposure To Radio Frequency Electromagnetic Fields From Wireless Devices In Close Proximity To The Head And Body- Frequency Range Of 6 GHz To 10 GHz: IEC DPAS 63446 ED1[S]. [S.l.]: IEC, 2022.

[12] FALL A K, BESNIER P, LEMOINE C, et al. Experimental Dosimetry in a Mode-Stirred Reverberation Chamber in the 60- GHz Band[J]. [S.l.]: IEEE Transactions on Electromagnetic Compatibility, 2016, 58(4): 981-992.

[13] ZIANE M, ZHADOBOV M, SAULEAU R. High-Resolution Technique for Near-Field Power Density Measurement Accounting for Antenna/Body Coupling at Millimeter Waves[J]. [S.l.]: IEEE Antennas and Wireless Propagation Letters, 2021, 20(11): 2151-2155.

第 6 章　时间平均算法电磁辐射符合性评估

电磁辐射暴露的限值均为一段时间内的平均值，如全身平均比吸收率限值定义为任意 30min 内的平均值，局部比吸收率和 S_{ab} 为任意 6min 内的平均值。虽然限值本质上是基于一段时间的平均值，但传统的无线终端设备无法连续计算，且限制其时间平均输出功率。因此，电磁辐射符合性评估要求在整个测试过程中被测设备持续以固定的功率发射。而这样的方法通常需要降低设备的最大功率满足其在最坏情况下射频暴露的符合性，从而影响设备的使用性能，对于工作在更高频段的 5G 终端而言尤甚。为确保新一代无线终端设备的实时射频暴露满足相关限值或法规的要求，最新的电磁辐射测量技术引入动态功率控制（dynamic power control，DPC）和时间平均暴露（exposure time average，ETA）的概念。所谓 DPC-ETA，是在考虑所有相关的设计和工作容差后，基于电磁暴露的限值设置终端设备的功率控制参数，并将射频调制解调器记录的功率在规定的某一连续时长进行平均，然后同时根据瞬时功率和时间平均功率确定实际的射频暴露。基于这一概念，各智能手机芯片制造商陆续推出支持时间平均算法的射频调制解调芯片。例如，高通骁龙 X70 芯片搭载的 Smart Transmit 和 MTK 天玑 9000+芯片搭载的 TA 功能，均使用时间平均技术。

如果终端设备的射频调制解调芯片采用时间平均算法，则认证实验室需要在传统的电磁辐射符合性评估中增加一系列的验证测试。即通过综合测试仪（radio commuhication tester，RCT）控制发送的测试序列，通过传导功率或辐射功率的实测值对 DPC-ETA 响应进行记录。然后对比测试序列（通常分为准静态和动态）的预期表现和归一化功率测量结果间的关系，验证算法是否有效。算法验证时测试序列和传导功率的测量只需在选定的几个配置下进行。

在电磁辐射暴露的符合性测试中，6GHz 以下和 6GHz 以上的电磁场分别采用不同的物理量（即比吸收率 SAR 和功率密度 PD）进行评估。因此，对于时间平均算法验证，同样需要按照这样的频率划分设置验证测试方案。

6.1　应用于 6GHz 以下频段的验证方案

作为一项新技术，DPC-ETA 仍处于发展变化中，亟待标准化。本节将以

IEC TR 63424-1 为基础,结合 ISED 和 FCC 的认证要求,简要介绍该技术在 6GHz 以下频段的电磁暴露符合性评估。

与比吸收率采用静态的功率配置进行符合性评估不同,时间平均算法可通过控制和管理无线终端的发射功率以动态功率的配置进行评估。因此,用于控制参数的设置尤为重要。

6.1.1　控制参数

对于功率控制参数的设置,应根据法规政策评估所有可能影响 DPC-ETA 运行的相关容差。每个无线工作模式、频带、暴露条件或测试距离、天线配置、瞬时最大功率（P_{max}）、最大时间平均功率（P_{limit}）、中间或非强制输出功率阈值（P_{ctrl}）、比吸收率目标值（SAR_{target}）及时间平均窗（T_W）都对应一组单独的 DPC-ETA 参数。当无线网络请求无线终端改变输出功率时,时间平均算法根据情况选择接受功率改变请求或限制功率涨幅,并允许瞬时功率略高于 P_{limit}。终端设备的工作参数也可以与存储的标称值有所偏差,只是该偏差值必须在目标比吸收率或时间平均输出功率的容差范围内。

用于 6GHz 以下频段的时间窗（T_{sar}）可根据频率设定为某一固定时长,但最长不超过 6min。例如,FCC 根据频率的不同设置了不同的 T_{sar}（$f<$3GHz 为 100s,3GHz$<f<$6GHz 为 60s）,而 ISED 和 ICNIRP 则规定将时间平均窗均设置为 360s。通常,时间平均算法可在各通信模式（如 TDMA、TDD 和 FDD）之间无缝运行。除了功率控制参数和平均时长的取值,同一时间平均算法适用于所有无线模式、频段和传输配置。

被测设备的所有参数（P_{max}、P_{limit} 和 P_{ctrl}）的实测值均不超过其各自对应的指定值,算法才可视为有效。若因为被测设备或测量容差的问题使得 P_{limit} 不稳定或不正确,对测量结果进行归一化处理时则可能出现一些预期外的偏差并导致结果不一致（如归一化比值$>$1.0）。因此,应确保所有的 P_{limit} 实测值准确可靠。

各控制参数可以通过网络状态启动,也可以由主机设备的工作要求触发。具体的 DPC-ETA 功率控制参数如下。

P_{max}：最大瞬时输出功率,为任何时刻下发射机支持的最大输出功率。存储在被测设备中的 P_{max} 通常是不考虑容差的标称值,算法验证中 P_{max} 则需考虑所有与 DPC-ETA 相关的容差（称为 P_{max} 指定值）。P_{max} 实测值可以高于或低于该标称值,但不能超过 P_{max} 指定值且需满足容差条件。

P_{limit}：T_{sar} 内的最大平均输出功率。存储在被测设备中的 P_{limit} 通常是不考虑容差的标称值，算法验证中 P_{limit} 则需考虑所有与 DPC-ETA 相关的容差（称为 P_{limit} 指定值）。P_{limit} 实测值可以高于或低于该标称值，但不能超过 P_{limit} 指定值且需满足容差条件。

SAR_{target}：指定的最大 1g 或 10g 峰值空间平均比吸收率（$psSAR$）的目标值，以确保被测设备运行状态的比吸收率符合性。在验证算法时，若 $P_{limit} < P_{max}$，SAR_{target} 与 P_{limit} 实测值相对应；若 $P_{limit} > P_{max}$，SAR_{target} 则与 P_{max} 实测值相对应。其定义为

$$SAR_{target} < SAR_{regulatory\_limit} \times 10^{\frac{-totaluncertainty}{10}} \tag{6-1}$$

式中：$SAR_{regulatory\_limit}$ 为法规政策要求的限值；$totaluncertainty$ 为比吸收率测量的不确定度。

如果终端设备具有无法支持时间平均算法的无线接入技术（RAT）且与支持时间平均算法的 RAT 可以同时发射，例如 WLAN、蓝牙（blue tooth，BT），这部分的比吸收率与支持时间平均算法的 RAT 之间应满足式（6-2）的要求。

$$reported\_SAR\_without\_DPC\_ETA + SAR_{target} \times 10^{\frac{totaluncertainty}{10}} \leqslant SAR_{regulatory\_limit} \tag{6-2}$$

式中：$reported\_SAR\_without\_DPC\_ETA$ 为不支持时间平均算法的 RAT 的扩展比吸收率。此时的 SAR_{target} 应尽量小，以保证同时传输符合法规的限值。

P_{ctrl}：某些 DPC-ETA 方案的可选参数，是能够维持设备持续连接的标称功率水平。

DPC-ETA 功率控制特性随着无线模式使用的参数及每个无线模式中参数（P_{max}、P_{limit} 和 P_{ctrl}）之间的偏移而变化。功率控制变化决定 DPC-ETA 如何达到所需的时间平均稳态条件。一般来说，P_{max} 到 P_{limit} 和 P_{limit} 到 P_{ctrl} 的范围是根据无线模式的比吸收率特性进行设置的。对于比吸收率较大的配置，为了保证比吸收率符合性，P_{limit} 一般较小。P_{limit} 通常比 P_{max} 小几个分贝。不过如果比吸收率较小，也可能出现 P_{limit} 大于 P_{max} 的情况，此时输出功率受限于 P_{max}，无须对单独的无线模式进行算法验证。

各个控制参数在不同的 DPC-ETA 方案中可以采用不同的命名，但在进行算法验证之前需要确认每个参数的功能是否与上述内容相同。标称参数一般存储在设备或射频调制解调器的非易失性存储器中，正常情况下终端设备的用户无法访问。

图 6-1 是一个简单的 DPC-ETA 方案各功率关系的示意图。图中，设备支持的最大瞬时输出功率（P_{max}）为 282.5mW；最大的时间平均功率（P_{limit}）为 126mW；蓝线表示的瞬时功率在 0s 时为 0mW，最小和最大时分别为 50mW 和 240mW，设置脉冲序列的占空比，保证在每个周期有 120s 处于最大功率等级，剩

余的 330s 处于最小等级；时间平均功率（$P_{average}$）则是在瞬时功率曲线（$P_{instant}$）上采用 360s 时间窗取平均值得到，0～360s 功率值一直上升，360s 后时间平均功率以周期（450s）变化。虽然，最大瞬时功率（240mW）高于 P_{limit}，但 DPC-ETA 可确保时间平均功率始终低于 P_{limit}。

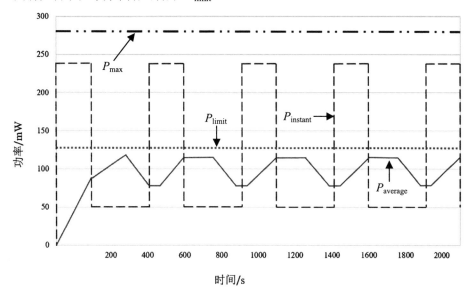

图 6-1　DPC-ETA 输出功率特性的简单示意图

6.1.2　比吸收率特征表

确认 SAR_{target} 后，在禁用 DPC-ETA 算法的情况下采用工厂测试模式（factory test mode，FTM）的最大功率或 RCT 请求最大功率进行比吸收率测量。若某一制式/频段支持多种调制技术（如 LTE 具有 QPSK、16-QAM 和 64-QAM），只需测量一种调制。对于每个频段，需分别评估低、中、高信道的比吸收率，并选择三个信道中比吸收率最高的用于该频段。最后将对应的每个无线配置和使用场景的功率等级归纳成表，并且根据暴露场景使用不同的设备状态编号（device state index，DSI）配置不同的时间平均功率。比吸收率特征表需涵盖被测设备支持的全部 RAT 的无线模式及使用场景。

以一个具有三个天线且支持 GSM850/1900、WCDMA B2/B5、LTE Band2/4/5/7/41、Sub6 NR N2/7/41/66、BT、Wi-Fi（2.4G）的时间平均无线终端为例。表 6-1 为该设备各暴露场景和 DSI 对应的 SAR_{target} 列表，表 6-2 则是该设备的比吸收率特征表。

表 6-1　SAR_{target} 列表

暴露场景	触发条件	DSI	$SAR\_design\_target/$ (W/kg)	备注
头部语音模式	听筒打开	1	0.78（1g SAR）	WCDMA、LTE
头部语音模式	听筒打开	1	0.69（1g SAR）	Sub6 NR
身体佩戴和热点模式	听筒关闭	13	0.78（1g SAR）	WCDMA、LTE
身体佩戴和热点模式	听筒关闭	13	0.69（1g SAR）	Sub6 NR
肢体数据模式	听筒关闭	3	2.14（10g SAR）	WCDMA、LTE
肢体数据模式	听筒关闭	3	1.19（10g SAR）	Sub6 NR

注：总不确定度（total uncertainty）：2/3/4G（除 LTE B41）= 1.1；Sub6 NR/LTE B41 = 1.55。

表 6-2　比吸收率特征表示例

频段	天线	P_{limit}/dBm			P_{max}[①]/dBm
		头部语音模式	肢体数据模式	身体佩戴和热点模式	
		DSI 1	DSI 3	DSI 13	
GSM B850	0	32.5	32.5	27.5	32.5
GSM B1900	1	29.5	29.5	24.5	29.5
WCDMA B2	1	24.0	20.9	16.5	24.0
WCDMA B5	0	24.5	24.5	18.3	24.0
LTE B2	1	23.5	20.6	16.2	23.5
LTE B4	2	24.3	21.4	17.0	24.3
LTE B5	0	24.5	24.5	19.5	24.5
LTE B7	1	21.9	21.9	16.9	24.0
LTE B41 PC2	1	24.8	24.8	19.8	26.0
LTE B41 PC3	1	23.3	23.3	18.3	24.5
Sub6 5G N2	1	23.5	21.2	16.8	23.5
Sub6 5G N7	2	19.6	19.6	14.6	24.3
Sub6 5G N41	2	18.8	18.8	13.8	25.1
Sub6 5G N66	1	23.5	21.2	16.8	23.5

① 此处的 P_{max} 为标称值。

6.1.3　功率控制分段

　　DPC-ETA 参数通常用于在三个功率控制片段中配置测试序列及关联响应实测值与其预期表现。准静态测试序列中功率变化的初始和最终时间平均功率可在稳态条件下根据 RCT 功率请求的范围（幅度）及 DPC-ETA 响应确认。

DPC-ETA 响应与其预期表现的一致性可通过检查功率的实测值确认。同时，为了确认 DPC-ETA 的运行一致性，准静态测试序列与动态测试序列中包含几个相似的功率阶段。

其中 IEC 列出的典型功率控制分段如下。

（1）主动功率控制：该段对应的状态为功率请求在 $P_{max} \leftrightarrow P_{limit}$ 范围内或 DPC-ETA 现有的功率控制底限无法维持以 P_{limit} 连续传输时。DPC-ETA 可以降低瞬时功率且主动将时间平均功率限制为 $\leq P_{limit}$。T_w 内的功率实测值和时间平均功率不得超过 P_{limit} 及其允许的容差。在达到主动功率控制段之前，初始条件可在最小功率 P_{min} 和 P_{max} 之间的任何位置开始。取决于 T_w 和 $P_{max} \leftrightarrow P_{limit}$、$P_{limit} \leftrightarrow P_{ctrl}$ 和 $P_{ctrl} \leftrightarrow P_{min}$ 等之间的偏移范围，不同的算法实现可能有不同的功率调整和 DPC-ETA 响应。

（2）正常功率控制：该段对应的状态通常为功率请求在 $P_{limit} \leftrightarrow P_{ctrl}$（或等效水平）范围内且可以维持连续传输时。测量准静态测试序列时，DPC-ETA 应将稳态时间平均功率维持在 P_{limit} 和 P_{ctrl} 范围内。在正常功率控制分段中，DPC-ETA 功率控制参数的范围、偏移量和 T_w 的值，连同初始条件一起都对 DPC-ETA 的功率调整（增加和减少）产生影响。

（3）被动或无效功率控制：该段对应的状态为功率请求在 $P_{ctrl} \leftrightarrow P_{min}$ 范围内时。在该分段中，通常只有为了将时间平均功率维持在低于 P_{ctrl} 或其等效值水平以下而执行来自 RCT（网络）的功率更改请求，否则并不需要 DPC-ETA 进行额外的功率调整。此时一般处于良好传播条件下，采用较低功率便可维持传输。在被动功率控制段中，准静态序列中的功率请求达到稳态的时间随着 T_w 和 DPC-ETA 功率控制参数和偏移量而变化。功率调整和 DPC-ETA 响应也随着测试序列中功率请求的初始及最终功率水平而变化。

6.1.4 算法验证

为了简化测试要求，比吸收率符合性和算法验证的评估通常分开进行。本节中的算法验证方法将配合 IEC/IEEE 62209-1528:2020 中的比吸收率测量程序完成符合性测试。虽然每个芯片制造商的 DPC-ETA 算法都有差异，但总体运行特性应基于这里所述的功率控制参数。DPC-ETA 允许设备在短时间内的瞬时功率高于 P_{limit}（最高可到 P_{max}），同时还能确保在指定 T_{sar} 内任意时刻的时间平均比吸收率的符合性，且满足 SAR_{target} 和 P_{limit} 的容差条件。

较为实用的方法是按照功率控制参数范围找出测试配置组合，通过功率控制测试序列从无线模式、暴露条件及网络运行配置验证算法的有效性。当所有无线配置和 RAT 均使用同一算法时，可选择各无线配置和暴露条件中较为保守的功率控制参数组合进行验证。同时，为了确保获取最大时间平均结果，所有测量都应在足够的时长内进行，需要包含至少两个或多个参考时长。

对于发生在不同条件下（例如，不同的无线运行模式、具有相同或不同 T_w 的频段、不同的暴露或使用场景、具有不同 P_{max} 和/或 P_{limit} 的其他条件）的切换，为了确认时间平均算法的功率控制具有连续性，针对单射频传输一般需要验证以下场景。

（1）发射功率的改变：验证在 RCT 发出不同功率请求时时间平均算法的有效性。

（2）RAT 切换：验证当被测设备在具有不同 P_{limit} 的 RAT 之间进行切换时时间平均算法的有效性。如从 LTE Band2 切换至 WCDMA Band2。

（3）频段切换：验证当被测设备在具有不同 P_{limit} 的频段之间进行切换时时间平均算法的有效性。如从 LTE Band5 切换至 LTE Band2。

（4）DSI 切换：验证当被测设备在不同工作模式之间切换时时间平均算法的有效性。如从佩戴状态切换到热点模式（即，当热点模式打开时）或从肢体模式切换到佩戴状态（抓握传感器触发关闭）等。

（5）掉话重连：验证时间平均算法在掉话后仍能确认设备先前的连接状态和发射功率的特性。

（6）天线切换：当被测设备支持分集天线（ASDiv）技术时，验证时间平均技术对天线切换的有效性。

除了上述场景外，ISED 的标准中还额外要求对 TDD 与 FDD 切换及调制方式切换（如 64QAM 切换到 QPSK）的场景进行验证。但类似 Smart Transmit 这种制式/频段/天线/设备状态的所有调制方式均使用同一 P_{limit} 的 DPC-ETA 方案，可将调制方式切换的验证省略。此外，FCC 根据建议不同的频段使用不同的时间窗时长，Smart Transmit 在针对 FCC 的验证中还有一个时间窗切换，而在 ISED 的验证中则无须考虑该场景（因为 ISED 只存在 360s 时间窗）。

若设备还有支持其他不受控于 DPC-ETA 的发射机（如 Wi-Fi 和 BT）时，同时传输则由主机设备根据发射机的暴露比之和，或者其他时间平均及功率控制标准进行管理。设备通常会针对不同暴露条件（如距离或位置）或按照 Wi-Fi/BT 的要求发起功率控制参数更改，以便为主机设备留出足够的裕度，使同时传输的比吸收率符合性得到保证。当所有 WWAN 都具有同传降功率时，则需验证 DPC-ETA 在 WWAN 的应用，保证整个传输过程中 1g 或 10g 比吸收率不超过 $SAR\_design\_target *10^{backoff(\text{dB})/10}$ 且处于设备不确定度以内。

　　另外，如果被测设备同时支持 NSA 和 SA 模式下的 Sub6 NR，则可以选择采用 SA 模式进行发射功率改变的验证。如果采用 NSA 模式，则需验证比吸收率切换的场景。即验证当仅存在 LTE 时的比吸收率、同时存在 LTE 和 Sub6 NR 时的比吸收率及仅存在 Sub6 NR 时的比吸收率在切换时时间平均算法的有效性及总时间平均射频暴露的符合性。

　　针对各验证场景，通常每个 RAT 需要选择至少一个频段进行测量。根据比吸收率特征表，如果某无线模式的 P_{limit} 大于 P_{max}，因为发射机的功率无法超过 P_{max}，此时 DPC-ETA 算法无效，所以无须对该配置进行算法验证。对于除此以外的其他配置，各监管机构的选择标准则略有不同。IEC 规定，当 $P_{max} > P_{limit} > （P_{max} -3\mathrm{dB}）$ 时，选择 P_{max} 和 P_{limit} 差值最大的配置进行测试。因为这种情况通常对应更大的比吸收率或更严格的算法验证配置（为测试序列的默认测试配置）。当不存在 $P_{limit} < （P_{max} -3\mathrm{dB}）$ 的情况时，选择 P_{limit} 最接近（$P_{max} -3\mathrm{dB}$）差值的配置作为默认测试配置。此外，在该情况下，如果（$P_{max} - P_{limit}$）小于设备不确定度且同时小于 3dB 时，则需要另行选择配置。其余满足 $P_{limit} < （P_{max} -3\mathrm{dB}）$ 的无线模式，可根据具体的监管机构或要求判断是否需要进行测量。在余下的各无线模式中，对应 P_{max} 和 P_{limit} 之间差值最大的无线模式称为测试序列的附加测试配置。如果多个无线配置满足默认测试配置或附加测试配置的条件，则选择其中对应 P_{limit} 和 P_{ctrl} 之间差值最小的配置。FCC 和 ISED 的要求相对简单。例如，Smart Transmit 针对 FCC 的选择策略是在具有最大 P_{limit} 和最小 P_{limit} 的两个配置之间切换。ISED 要求从一个 P_{limit} 比 P_{max} 小 2～4dB 的配置切换到一个具有更小 P_{limit} 的配置。对于发射功率改变的场景，ISED 要求尽量在每个制式中选择一个 P_{limit} 比 P_{max} 小 2～4dB 的频段，并建议对于不同制式尽可能不要重复选择同一频段号进行测量；FCC 的验证则需要每种制式选择两个频段，即具有最小 P_{limit} 和最大 P_{limit} 的两个配置（均满足 $P_{limit} < P_{max}$），且 P_{max} 比 P_{limit} 至少大 1dB 即可。

　　在所有场景中，对于无法全部选择 $P_{limit} < P_{max}$ 的情况，应至少保证有一个配置能满足要求。

6.1.5　传导功率测量

　　传导功率测量配置如图 6-2 所示，传导功率的测量设备包括测试电脑、RCT、功率计探头、定向耦合器、合路器等。RCT 与测试电脑之间采用 GPIB 线连接。测试电脑通过 GPIB 指令控制 RCT 的请求功率，并通过功率计探头记录被测设备天线端口的传导功率。动态功率场景下的请求功率与设置的测试序列相关。而针对各切换场景和掉话重连场景，RCT 需全程请求最大功率发射，待被测设备的功率水平达到稳定状态后，才开始执行切换或掉话重连。

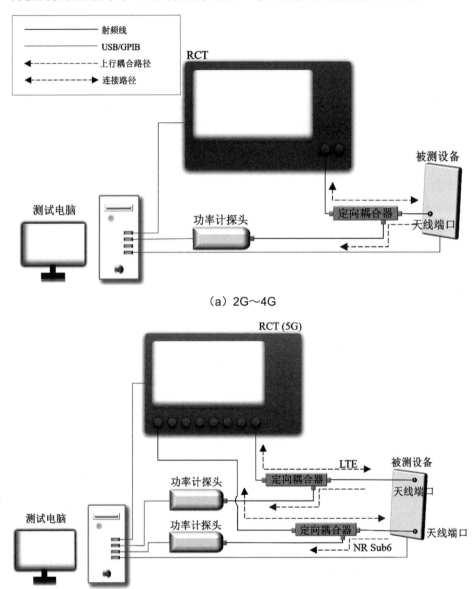

（a）2G～4G

（b）Sub6 NR（NSA）

图 6-2 算法验证的传导功率测量配置

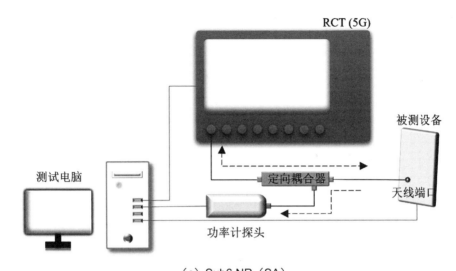

（c）Sub6 NR（SA）

图 6-2　算法验证的传导功率测量配置（续）

为了验证射频暴露的符合性，需将传导功率的测量结果通过式（6-3）转换为 1g 比吸收率或 10g 比吸收率。

$$SAR_{1g}或SAR_{10g}(t) = \frac{conducted\_Tx\_power(t)}{conducted\_Tx\_P_{limit}} \times (SAR_{1g}或SAR_{10g}@P_{limit}) \quad (6\text{-}3)$$

式中：SAR_{1g} 和 SAR_{10g} 分别为 1g 和 10g 比吸收率；$conducted\_Tx\_power$ 和 $conducte\_Tx\_P_{limit}$ 分别为瞬时传导功率实测值和 P_{limit} 下的传导功率实测值；SAR_{1g} 和 $SAR_{10g}@P_{limit}$ 为静态传输场景中的最差情况比吸收率。

以 Smart Transmit 为例，针对 FCC 和 ISED，其各验证场景的测量结果示例如下。

1. 发射功率变化

ISED 将测试序列分为启动组和伪随机组。其中，启动组的一个序列要求启动后以 P_{max} 发射至少 400s，再以 $P_{limit}/2$ 发射至少 400s；另一个序列则要求启动后以 0dBm 发射 400s，再接着以 P_{max} 发射 400s。伪随机组则需要根据 $P_{req} = P_{max}(P_{limit}/P_{max})^x$ 随机进行 150 次独立的功率请求（x 来自形状参数和比例参数分别为 2 和 0.8 的韦伯分布），P_{req} 表示 RCT 的请求功率。每次功率请求的持续时长满足 $T_{req} = 2(1+2y)$，其中 y 是介于 0～1 的均匀分布的随机值。Smart Transmit 根据 FCC 的建议，设定 2 个发射功率随时间变化的序列：序列 1 要求被测设备先以 P_{max} 实测值发射 80s，再以 $0.5P_{max}$ 实测值发射。与 ISED 功率请求及其时长具有随机性不同，Smart Transmit 针对 FCC 的序列 2 则规定各时段的具体功率，并合成两组镜像序列，如表 6-3 所示。

表 6-3　Smart Transmit 序列 2 的功率设置

持续时长/s	请 求 功 率
15	$P_{reserve}$ [①]$-2dB$
20	P_{max}
20	$(P_{limit}+ P_{max})/2$ 以 mW 为单位取平均值，并四舍五入到 0.1dB 精确度
10	$P_{reserve} -6dB$
20	P_{max}
15	P_{limit}
15	$P_{reserve} -5dB$
20	P_{max}
10	$P_{reserve} -3dB$
15	P_{limit}
10	$P_{reserve} -4dB$
20	$(P_{limit}+P_{max})/2$ 以 mW 为单位取平均值，并四舍五入到 0.1dB 精确度
10	$P_{reserve} -4dB$
15	P_{limit}
10	$P_{reserve} -3dB$
20	P_{max}
15	$P_{reserve} -5dB$
15	P_{limit}
20	P_{max}
10	$P_{reserve} -6dB$
20	$(P_{limit}+P_{max})/2$ 以 mW 为单位取平均值，并四舍五入到 0.1dB 精确度
20	P_{max}
15	$P_{reserve} -2dB$

① $P_{reserve}$ (dBm) = P_{limit}(dBm) $-Reserve\_power\_margin$(dB)，$Reserve\_power\_margin$ 是小于 P_{limit} 的余量，可为传输保留最小发射功率（$P_{reserve}$）。

　　在实际生成测试序列时，P_{max} 和 P_{limit} 为实际的测量值。图 6-3 和图 6-4 分别为 FCC 和 ISED 验证动态功率场景的功率测试结果，对比两组图中的请求发射功率（requested TX power，彩图中为灰线）可知两监管机构序列设置的不同。以下系统导出图详见二维码中彩图，其中红线为对应不同限值的平均功率限值（avg.pwr limit），蓝线为实测瞬时功率（measured inst.power），绿线为实测100s 平均功率（measured 100s-avg power）。

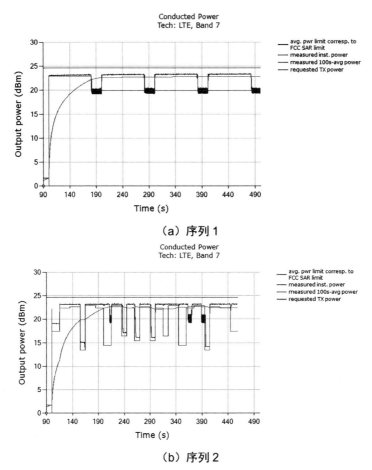

（a）序列 1

（b）序列 2

图 6-3　动态功率场景的功率测试结果（FCC）

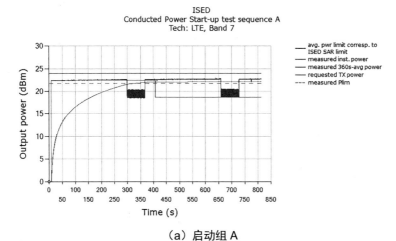

（a）启动组 A

图 6-4　动态功率场景的功率测试结果（ISED）

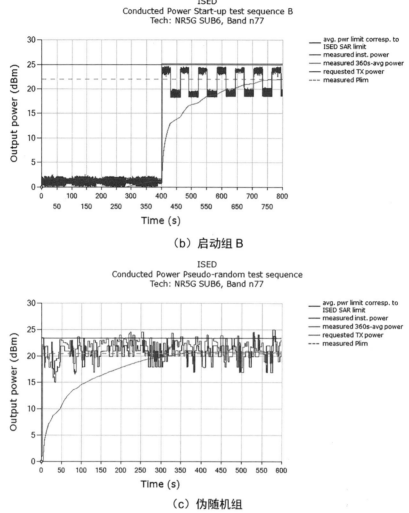

（b）启动组 B

（c）伪随机组

图 6-4　动态功率场景的功率测试结果（ISED）（续）

DPC-ETA 可以根据计算得到的时间平均功率对设备的输出功率进行限制（实测瞬时功率与请求发射功率应具有一定的相关性），确保不超过 P_{limit}（彩图中绿虚线（measured Plim））及允许的容差范围。

2. RAT 切换

图 6-5（a）中虚线圈表示 RAT 切换发生的时刻，切换前后的瞬时功率具有相似的变化趋势。此外，Smart Transmit 还通过后处理生成如图 6-5（b）所示的射频暴露计算结果，并且由该图可知，从 LTE band 2 切换至 WCDMA band 2 前后的比吸收率（归一化值，彩图中 horm 均为归一化）均不超过 1.0。因此，当设备的不同制式进行切换时（切换前后的时间平均窗也可以不同），

DPC-ETA 对功率的控制具有连续性。

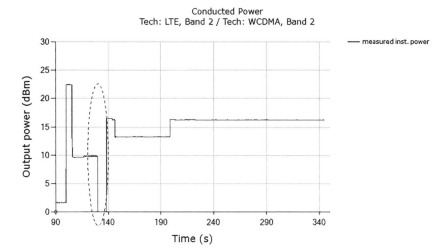

（a）RAT 切换的瞬时功率测量结果

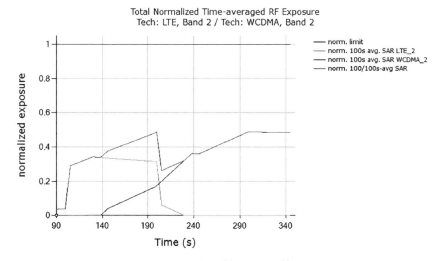

（b）RAT 切换的射频暴露计算结果

图 6-5　RAT 切换（FCC）

由于频段切换和天线切换场景的验证类似，不再单独举例。

3．设备状态切换

图 6-6（a）中表示在虚线圈处的时刻设备状态从头部语音模式切换到身体佩戴模式，切换前后的瞬时功率具有相似的变化趋势。从图 6.6（b）所示的射频暴露计算结果可知，切换前后的比吸收率（归一化值）均不超过 1.0。因此，当设备的状态发生切换时，时间平均算法能进行有效的功率控制。

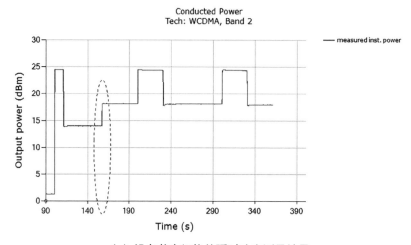

（a）设备状态切换的瞬时功率测量结果

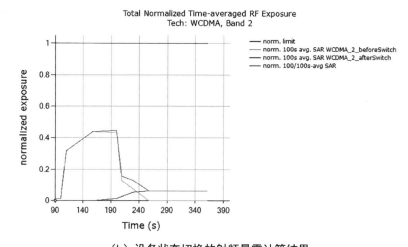

（b）设备状态切换的射频暴露计算结果

图 6-6 设备状态的功率测试结果（FCC）

4. 掉话重连

当通话断开重连后，DPC-ETA 仍能保证功率控制的连续性。即如图 6-7（a）所示，在任意的 100s 时间窗内时间平均算法都可确保设备的平均功率（彩图中绿线）不超过监管机构限值对应的平均功率值（彩图中红线）。从图 6-7（b）所示的射频暴露计算结果可知，掉话前后及整个时间窗内的比吸收率（归一化值）均不超过 1.0。

此外，对于同时传输中的 EN-DC 和载波聚合，时间平均技术应保证其总的时间平均电磁辐射暴露的符合性，且与比吸收率的来源无关。同样以 Smart Transmit 的选择标准为例，验证这类同步比吸收率传输场景时，对于具有相同时间窗的切换，LTE + Sub6 NR 及带间 ULCA 均选取一个频段组合进行测试；涉及不同时间窗时，除了尽量选择两个 P_{limit} 大于 P_{max} 的配置以外，还需满足 $(P_{\text{max}} - P_{\text{limit}}) < 2.2\text{dB}$。否则，至少需要具有 60s 时间窗的配置满足 $(P_{\text{max}} - P_{\text{limit}}) < 2.2\text{dB}$。

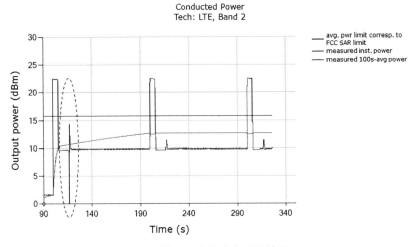

（a）掉话重连的功率测量结果

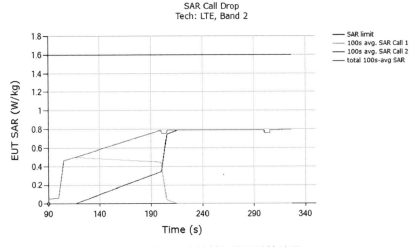

（b）掉话重连的射频暴露计算结果

图 6-7　掉话重连的功率测试结果（FCC）

图 6-8 为 LTE + Sub6 NR 的比吸收率切换测试结果示例。图 6.8（a）中，$t < 120\text{s}$ 时为 SAR_{sub6}；$120 < t < 240$ 时为 $SAR_{\text{sub6}} + SAR_{\text{LTE}}$；$t > 240\text{s}$ 时为 SAR_{LTE}。整个过程中功率均不超过各自限值。从图 6.8（b）所示的射频暴露计算结果可知，整个过程中的比吸收率（归一化值）均不超过 1.0。

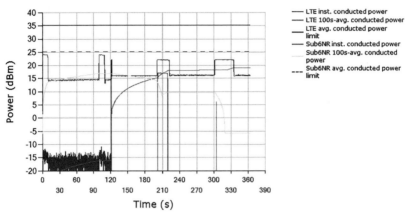

（a）SAR_{sub6} 与 SAR_{LTE} 切换的功率测量结果

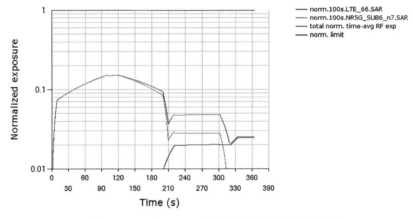

（b）SAR_{sub6} 与 SAR_{LTE} 切换的射频暴露计算结果

图 6-8　SAR 切换的功率测试结果（FCC）

6.1.6　通过比吸收率测量验证算法

由于传导功率的相对变化可能并不总是与比吸收率的变化等效。因此，为了提高验证的可信度，除了测量传导功率，验证测试还应涉及比吸收率测量。切换场景可能要求在测量过程中更换比吸收率探头，所以比吸收率测量只针对发射功率变化的场景。目前，较多采用单点比吸收率测量，所选的测量配置和工作状态应与对应的传导功率测量时相同。同时，在整个测量过程中，被测设备的摆放位置应保持一致且可复现。单点比吸收率的评估步骤及验证标准如下。

（1）确定最大比吸收率位置：禁用时间平均算法并将被测设备的输出功率设置为 P_{limit}，根据 IEC/IEEE 62209-1528 进行区域扫描，得到最大比吸收率位置。

（2）参考测量：被测设备保持与步骤 1 中相同的配置，在最大比吸收率位置进行单点比吸收率测量，得到 P_{limit} 下的单点比吸收率（$pointSAR_{P_{limit}}$）。

（3）瞬时测量：开启时间平均算法，由 RCT 根据功率变化场景下的测试序列发送功率请求，并在最大比吸收率位置处进行单点比吸收率测量，得到与时间相对的瞬时单点比吸收率数据 $pointSAR(t)$。

（4）时间平均比吸收率评估：根据下式，时间平均算法可将单点比吸收率转化为与时间相对的 1g 或 10g 比吸收率。最后，保证总的时间平均射频暴露始终小于 1.0，可表示为

$$SAR_{1g} 或 SAR_{10g}(t) = \frac{pointSAR(t)}{pointSAR_{P_{limit}}} * (SAR_{1g} 或 SAR_{10g} @ P_{limit}) \qquad （6\text{-}4）$$

$$\frac{\frac{1}{T_{SAR}} \int_{t-T_{SAR}}^{t} \left[SAR_{1g} 或 SAR_{10g}(t) \right] \mathrm{d}t}{regulatory\_SAR_{limit}} \leq 1 \qquad （6\text{-}5）$$

式中：$regulatory\_SAR_{limit}$ 为监管机构设置的比吸收率限值，如 FCC 的 1.6W/kg。

如图 6-9 所示，RCT 仍需与测试电脑相连，以控制其功率请求。图 6-10 为发射功率变化场景（FCC 动态功率序列 2）的比吸收率测试结果示例，下面曲线代表的时间平均比吸收率整个过程中没有超过由 FCC 规定的 1.6W/kg 限值。

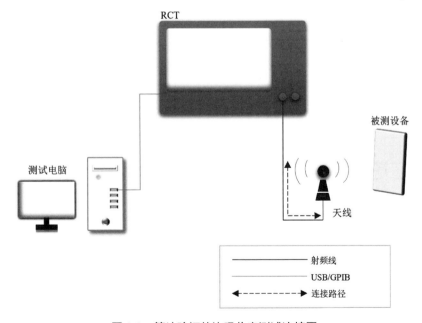

图 6-9　算法验证的比吸收率测试连接图

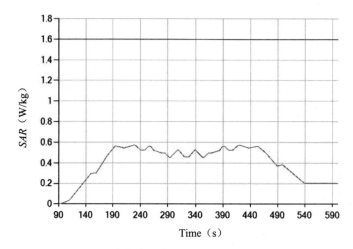

图 6-10　FCC 动态功率序列 2 的比吸收率测试结果示例

6.2　应用于 6GHz 以上频段的验证方案

目前，6GHz 以上 DPC-ETA 尚未有成熟的标准。本节将以支持 5G NR FR2 频段 DPC-ETA 的 Smart Transmit 为例介绍 6GHz 以上频段的验证方案。目前，采用 Smart Transmit 的 5G 终端均只支持 NSA 模式（当终端设备同时支持 SA 及 NSA 模式时，选择验证其中一个即可）。

支持 5G NR FR2 频段的无线终端一般包含多个毫米波天线阵列，在天线具有的 N 个波束中，有 M 个为单波束，余下的（N-M）个则为波束对（即两个波束同时处于激发状态）。PD 的测量较为耗时，对设备 6 个面的所有波束进行测量并不实际。因此，5G NR FR2 频段通常采用将电磁仿真与测量相结合的方式进行评估。

6.2.1　控制参数

5G NR FR2 频段增加的功率控制参数如下。

（1）PD_design_target：为了确保 PD 符合性的指定目标值。该值应小于监管机构制定的功率密度限值（设置时需考虑所有与终端设备设计相关的不确定度）。不确定度定义为

$$PD\_design\_target < PD_{regulatory\_limit} \times 10^{\frac{-totaluncerainty}{10}} \qquad (6\text{-}6)$$

（2）*input.power.limit*：天线端口每个波束的输入功率等级上限，与 *PD_design_target* 相对应。

（3）*DSI_PD_ratio*：可将 2mm 处实测 *PD* 缩小至所需 DSI 距离（如 10mm、15mm）处 *PD* 的比例，如式（6-7）所示。按照该比例缩小 *PD* 在总暴露比中的暴露占比，从而使时间平均算法中非毫米波 WWAN 部分的暴露裕度最大化。

$$DSI\_PD\_ratio = \max\left\{ \frac{sim.PD@DSI\_distance}{sim.PD@2mm} \right\} \tag{6-7}$$

6.2.2　码本

芯片厂商针对具体的无线终端进行辐射覆盖评估后生成码本，并提供一个不可读取的文件用于加载和存储码本信息。码本应涵盖该终端设备支持的所有波束，终端设备根据该码本对波束选择和使用进行控制。

在进行仿真时，终端厂商可通过特定的工具，根据对应的码本信息文件生成一个用于仿真的码本（codebook_sim）。为了直接对比仿真结果与测量结果，仿真码本需考虑走线损耗和走线延迟。

表 6-4 为某终端设备 A 的天线模组 1 中贴片（Patch）天线在 5G NR FR2 n257 的仿真码本。

表 6-4　5G NR FR2 n257 的仿真码本部分信息

频　　段	波束 ID	天 线 模 组	天 线 类 型	天线单元数量
257	0	1	Patch	1
	2			1
	4			1
	6			1
	8			2
	10			2
	11			2
	12			2
	13			2
	18			2
	19			2
	20			2
	24			5
	25			5
	26			5
	27			5

频　　段	波束 ID		天 线 模 组	天 线 类 型	天线单元数量
		28			5
		34			5
		35			5
		36			5
		37			5
		128			1
		130			1
		132			1
		134			1
		136			1
		138			2
		139			5
		140			2
		141			2
		146			2
		147			2
		148			5
257		152	1	Patch	5
		154			5
		155			5
		156			5
		162			5
		163			5
		164			5
		165			5
		0			2
	128	2			2
	130	4			2
	132	6			2
	134	8			2
	136	10			4
	138	11			4
	139	12			4
	140	13			4
	141	18			4
	146	19			4

频　　段	波束 ID		天 线 模 组	天 线 类 型	天线单元数量
	147	20			4
	148	24			10
	152	25			10
	154	26			10
257	155	27	1	Patch	10
	156	28			10
	162	34			10
	163	35			10
	164	36			10
	165	37			10

6.2.3　建模和功率密度仿真

一般建议对每个毫米波天线模组周围至少 2 个波长内的所有重要细节进行建模，其中包括但不限于外壳、毫米波天线模组、所有 Sub6 天线、印制电路板、屏蔽罩、大型组件、排线、电池等。

在评估毫米波射频暴露时应包含设备的 6 个表面。但根据具体的毫米波天线模组的位置和天线阵列相对于设备表面的方向，以及式（6-8），如果某一个或几个表面对最差情况下的 PD 不产生任何影响，则可能在 PD 计算中被排除。

$$PD_{surface} = \max \left\{ PD_{S1}, PD_{S2}, PD_{S3}, PD_{S4}, PD_{S5}, PD_{S6} \right\} \tag{6-8}$$

式中：PD_{S1}、PD_{S2}、PD_{S3}、PD_{S4}、PD_{S5}、PD_{S6} 分别为被测设备表面 S1、S2、S3、S4、S5、S6 的最大 PD。

具体的建模及仿真步骤如下。

（1）每个天线类型（偶极子天线和贴片天线）、每个天线极化方向（如有）及每个天线模组选择一个波束（即天线阵列配置）。针对支持 Smart Transmit 的毫米波天线模组，由于其波束对之间的相对相位不受控，仅在 UL SISO 配置中进行选择，且选择包含更多天线单元的单波束。例如，在具有 4 个贴片天线的单波束和具有 1 个贴片天线的单波束中，应选择前者。

（2）在给定的参考功率水平下（如 6dBm）同时进行 PD 的仿真和测量，得到在所选的天线配置（即所选波束）所在的表面及与天线阵列（已选波束）邻近表面上的仿真和实测的 PD 分布。例如，对于图 6-11 中的天线模组 1，需对表面 S1、S2、S3、S4 及 S6 进行 PD 评估。

（3）将步骤（1）中选择的所有天线阵列配置和步骤（2）中选择的所有表面的仿真和实测的单点 PD 分布进行关联分析，从而验证建模和仿真。由于毫米波频率下无法得到确切的材料属性，仿真中使用的外壳材料属性（非金属材料）仅为近似。因此，单点 *PD* 分布的相关性仅用于参考，并不用于验证建模。此外，波束的仿真 *PD* 和实测 *PD* 的差异可用于确定最差情况下的外壳影响。

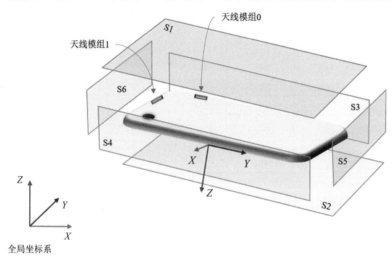

图 6-11 仿真模型

图 6-12（详见彩图）为天线模组 1 中贴片天线波束 ID 27（垂直极化）在 S2 上的测量和仿真单点 *PD* 分布。如图 6-12 所示，如果被选出的所有波束在需要评估的表面上的仿真单点 *PD* 分布与实测单点 *PD* 分布之间具有良好的一致性，那么仿真模型和仿真方法可用于该无线终端的 5G NR FR2 射频暴露评估。

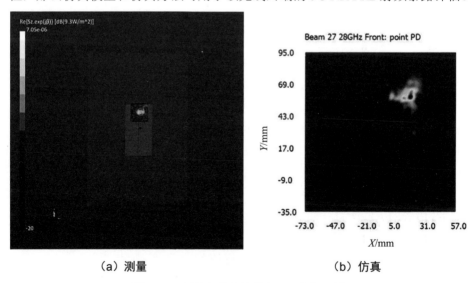

（a）测量　　　　　　　　　（b）仿真

图 6-12 测量和仿真的单点 *PD* 分布示例

6.2.4 *input.power.limit* 仿真

在给定的输入功率下对每个频段的高、中、低信道进行 *PD* 仿真评估。不同的芯片可能采取不同的参考功率，无线终端厂商应从芯片厂商获得该参考功率及相应的不确定度。

1．单波束的仿真 input.power.limit

（1）找出 $PD_{surface}$：找出 codebook_sim 中所有单波束（1～M）分别在三个信道上的最差 *PD*（$sim.PD_{surface}$）。

（2）分别计算 3 个信道的缩放因子。

$$S(i)_{\text{channel}} = \frac{PD\_design\_target}{sim.PD_{\text{surface}}}, i = 1, 2, \cdots, M \tag{6-9}$$

（3）找出低、中、高信道之间最差情况下的缩放因子。

$$S(i) = \min\left\{S_{\text{low}}(i), S_{\text{mid}}(i), S_{\text{high}}(i)\right\}, i = 1, 2, \cdots, M \tag{6-10}$$

（4）确定单波束 i 的仿真 *input.power.limit*（$sim.power_{\text{limit}}$）。

$$sim.power_{\text{limit}}(i)\text{dBm} = 10\lg(S(i)) + sim.input.power, i = 1, 2, \cdots, M \tag{6-11}$$

2．波束对的仿真 *input.power.limit*

如果无法控制波束对之间的相对相位，则最差情况下的缩放因子需要以数学方式确定。

对于一组给定的波束对（由 *beam_a* 和 *beam_b* 组成），需要每个频段的低、中和高三个信道和各指定的设备表面取得相应单波束的电场和磁场强度。在给定信道下，假设 *beam_a* 和 *beam_b* 之间的相对相位为 ϕ，波束对的总 *PD* 为

$$
\begin{aligned}
total\ PD(\phi) &= \frac{1}{2}\sqrt{\text{Re}\left\{PD_x(\phi)\right\}^2 + \text{Re}\left\{PD_y(\phi)\right\}^2 + \text{Re}\left\{PD_z(\phi)\right\}^2} \\
&= \frac{1}{2}\text{Re}\left\{(\boldsymbol{E}_a + \boldsymbol{E}_b e^{j\omega t}) \times (\boldsymbol{H}_a + \boldsymbol{H}_b e^{j\omega t})^*\right\}
\end{aligned} \tag{6-12}
$$

式中：$PD_x(\phi)$、$PD_y(\phi)$、$PD_z(\phi)$ 为总 $PD(\phi)$ 的 3 个分量；$\boldsymbol{E}_a$ 和 $\boldsymbol{H}_a$ 分别为 *beam_a* 的电场和磁场强度；$\boldsymbol{E}_b$ 和 $\boldsymbol{H}_b$ 分别为 *beam_b* 的电场和磁场强度。

对相对相位 ϕ 进行 0°～360° 的扫描（如以 5° 为步长）以确定最坏情况下的 ϕ（$\phi_{\text{worstcase}}$），从而得到该信道下该波束对在所有选定的表面中最大的总 $PD(\phi)$。按照这一流程确定 3 个信道的 $\phi_{\text{worstcase}}$，并根据下式获得 3 个信道中最差情况下的缩放因子。

$$S(i)_{\text{channel}} = \frac{PD\_design\_target}{total\ PD(\phi(i)_{\text{worstcase}})}, i = M+1, M+2, \cdots, N \tag{6-13}$$

$\phi_{\text{worstcase}}$ 因为信道和波束对的不同而变化，波束对 i 在 3 个信道中最小的缩

放因子(i)为

$$S(i) = \min\left\{S_{\text{low}}(i), S_{\text{mid}}(i), S_{\text{high}}(i)\right\}, i = M+1, M+2, \cdots, N \quad （6-14）$$

波束对 i 的 $sim.power_{\text{limit}}$ 的公式为

$$sim.power_{\text{limit}}(i)\text{dBm} = 10\lg(s(i)) + sim.input.power, i$$
$$i = M+1, M+2, \cdots, N \quad （6-15）$$

将 3 个信道的 $sim.power_{\text{limit}}$ 分别记为 $sim.power_{\text{limit}}\_L$、$sim.power_{\text{limit}}\_M$ 和 $sim.power_{\text{limit}}\_H$。$sim.power_{\text{limit}}$ 则可表示为

$$sim.power_{\text{limit}} = \min\left\{sim.power_{\text{limit}}\_L, sim.power_{\text{limit}}\_M, sim.power_{\text{limit}}\_H\right\} \quad （6-16）$$

3. 参考输入功率等级下的缩放因子和仿真 PD

针对每个波束（包括波束对）的所有 3 个信道，采用已得到验证的仿真方法，根据步骤（1）和（2）从仿真码本找出缩放因子（S）。同时，将已选表面上每个天线端口在固定的参考输入功率等级（如 6dBm）下的仿真 PD（4cm^2 平均）归纳成表。终端设备 A 的天线模组 1 中贴片天线在 5G NR FR2 n257 中信道的仿真 PD（4cm^2 平均）及缩放因子如表 6-5 所示。表中波束对均对应其最差情况下的相位（即 $\phi_{\text{worstcase}}$）。

表 6-5　终端设备 A 天线模组 1 中的贴片天线在 5G NR FR2 n257
中信道的仿真 PD（4cm^2 平均）及缩放因子

波束 ID	仿真 PD（4cm^2 平均）@ 2mm, 6dBm					缩 放 因 子
	S2	S1	S3	S4	S6	$S(i)$
0	3.47	0.11	0.08	0.47	0.59	1.729106628
2	3.34	0.08	0.18	0.31	0.48	1.796407186
4	3.38	0.11	0.13	0.24	0.59	1.775147929
6	2.98	0.22	0.06	0.21	0.88	2.013422819
8	2.42	0.12	0.09	0.17	0.78	2.166064982
10	4.91	0.25	0.22	0.38	1.47	1.221995927
11	6.41	0.24	0.19	0.3	1.41	0.936037441
12	6.79	0.21	0.13	0.92	1.57	0.88365243
13	4.97	0.22	0.24	0.46	1.43	1.207243461
18	7.08	0.24	0.38	0.16	1.62	0.847457627
19	7.19	0.2	0.05	0.52	1.63	0.83449235
20	5.7	0.32	0.11	0.5	1.83	0.933125972
24	13.78	0.78	1.45	0.88	4.48	0.435413643
25	14.66	0.78	0.56	0.64	4.51	0.407885792
26	15.43	1.06	0.08	0.33	5.24	0.388852884
27	15.63	0.76	0.27	4.29	5.14	0.383877159

续表

波束 ID		仿真 PD（4 cm² 平均）@ 2 mm, 6 dBm					缩 放 因 子
		S2	S1	S3	S4	S6	S(i)
28		11.39	0.5	0.72	2.78	2.22	0.523560209
34		14.11	0.75	1.32	0.96	4.85	0.425230333
35		14.15	0.86	0.14	0.64	4.73	0.424028269
36		15.61	0.93	0.13	1.82	5.03	0.379746835
37		12.53	0.45	0.5	3.55	3.52	0.471698113
	128	3.02	0.13	0.05	0.44	0.56	1.941747573
	130	3.04	0.12	0.07	0.26	0.72	1.675977654
	132	3.17	0.08	0.1	0.25	0.66	1.892744479
	134	3.56	0.14	0.08	0.4	0.69	1.685393258
	136	2.73	0.12	0.1	0.17	0.85	2.197802198
	138	5.46	0.28	0.19	0.63	1.41	1.02915952
	139	7.56	0.34	0.12	0.24	2.11	0.722021661
	140	6	0.3	0.07	0.97	1.58	0.925925926
	141	4.31	0.13	0.25	0.66	1.24	1.392111369
	146	6.18	0.34	0.34	0.4	1.98	0.970873786
	147	6.14	0.31	0.09	0.6	1.8	0.977198697
	148	4.74	0.16	0.15	1.13	1.01	1.158301158
	152	13.36	0.37	1.09	1.68	3.07	0.449101796
	153	18.37	1.18	0.52	0.45	7.17	0.326619488
	154	15.62	0.94	0.15	0.48	5.45	0.362318841
	155	14.21	0.57	0.32	4.7	4.53	0.422237861
	156	8.89	0.33	0.7	2.49	3.54	0.570342205
	162	17.52	0.75	0.87	0.93	6.16	0.342465753
	163	15.64	1.29	0.12	0.51	5.77	0.355239787
	164	16.21	0.74	0.22	2.42	5.42	0.370141888
	165	11.93	0.38	0.3	3.52	3.55	0.50293378
128	0	6.85	0.4	0.24	1.2	1.27	0.875912409
130	2	6.87	0.28	0.29	0.66	1.46	0.825309491
132	4	7.02	0.26	0.28	0.66	1.27	0.854700855
134	6	6.9	0.34	0.14	0.71	1.74	0.869565217
136	8	6.94	0.32	0.2	0.49	1.92	0.831024931
138	10	9.6	0.65	0.42	1.2	3.25	0.614754098
139	11	15.21	0.77	0.37	0.82	3.67	0.386847195
140	12	13.14	0.83	0.27	2.2	3.46	0.444773907
141	13	9.82	0.42	0.63	1.44	2.49	0.587084149

续表

波束 ID		仿真 PD（4 cm² 平均）@ 2 mm, 6 dBm					缩 放 因 子
		S2	S1	S3	S4	S6	S(i)
146	18	13.3	0.86	1	0.71	4.51	0.45112782
147	19	13.63	0.77	0.2	1.36	3.65	0.440205429
148	20	10.21	0.56	0.34	2.25	2.67	0.528634361
152	24	37.37	1.26	3.4	3.75	9.19	0.160556596
153	25	35.01	2.56	1.38	1.38	12.96	0.168776371
154	26	34.39	2.96	0.38	1.28	11.87	0.171379606
155	27	33.5	1.53	0.89	9.1	10.58	0.177777778
156	28	23.65	1.11	1.67	7.45	6.86	0.213219616
162	34	34.24	1.87	2.45	2.72	13.71	0.175233645
163	35	32.69	3.29	0.38	1.49	11.46	0.181543116
164	36	35.38	2.27	0.51	4.37	11.58	0.169587337
165	37	30.38	1.11	1.2	8.1	8.22	0.188264826

6.2.5 最差情况下的外壳影响

对于非金属材料，其本身的特性无法在毫米波频段准确表征。仿真模型的设备外壳的材料属性通常基于估计生成。由于外壳对 PD 的影响可能因电磁场传播的表面而不同，为了保守评估，一般选择被低估程度最大、表面量化最差的外壳影响。

毫米波天线被置于设备的不同位置，只有其周围的材料/外壳影响电磁场的传播，进而影响功率密度。此外，针对不同的天线阵列类型（如偶极子天线和贴片天线），电磁场在近场的传播特点有所不同。因此，应根据每个天线模组和每个天线类型确定最差情况下外壳的影响。

确定最差情况下的外壳影响（$\Delta_{\min}$）的流程如下。

（1）基于 PD 仿真，在每个频段的中信道、波束、天线模组和天线类型下找出最大 PD（4cm² 平均）对应的一个或多个表面。

（2）针对每个天线模组及每个天线类型下已选出的最差表面。首先应基于步骤 1 已选出的最差表面确定 $\Delta_{\min}$，然后根据下文生成 PD 特征表的流程导出所有波束的 *input.power.limit*。证明毫米波天线模组附近的所有其他表面，即步骤（1）中未选择的表面，与外壳材料损耗无关。即未选表面对设置的 *input.power.limit* 没有影响。对应 *sim.power*$_{\text{limit}}$，将所有单波束的仿真 PD 值（4cm² 平均）进行缩放，并找出每个未选表面上最差 PD 的波束。

在 *input.power.limit* 功率下对找出的各波束进行 PD（4cm² 平均）测量。

证明所有实测 PD（4cm² 平均）均低于 *PD_design_target*。

（3）如果存在实测 *PD*（4cm² 平均）≥仿真 *PD*（4cm² 平均）的表面，则该表面应进行 $\varDelta_{\min}$ 评估。然后根据下文生成 *PD* 特征表（所有波束的 *input. power.limit* 汇总）的流程重新评估新增加的表面上的 *input.power.limit*。

除了确定每个天线模组和每个天线类型的外壳影响外，还应针对不同天线极化评估最差情况下的外壳影响。为此，可通过对给定的极化方向进行波束测量根据极化方向进一步划分上述步骤，选择两个极化方向中具有最差值的一个。

根据上述步骤找到不同天线类型的最差表面后，分别比较各最差表面的仿真 *PD*（4cm² 平均）和实测 *PD*（4cm² 平均），从而得到每个天线模组不同天线模型的最差情况下的外壳影响 $\varDelta_{\min}$（$=\min\{sim.4cm^2.avg.PD - meas.4cm^2.avg.PD\}$）。

$\varDelta_{\min}$ 表示因玻璃/塑料外壳的材料特性的估算偏差而引起仿真中的射频暴露被最严重低估的情况。为了评估的保守性，在确定 *PD* 特征表中的 *input.power.limit* 时，各波束组都应使用对应的 $\varDelta_{\min}$ 最差情况修正。

根据表 6-5 中信息，对表 6-6 中所列波束在各对应的表面进行 *PD* 测量（测试条件与表 6-5 相同），可得到该终端设备的天线模组 1 中贴片天线在 5G NR FR2 n257 的 $\varDelta_{\min}$ 为 4.03。

表 6-6　终端设备 A 天线模组 1 中贴片天线在 5G NR FR2 n257 中信道的 $\varDelta_{\min}$

波束 ID		选 择 表 面	实测 *PD*（4cm² 平均）	仿真 *PD*（4cm² 平均）	$\varDelta_{\min}$
27		S2	3.38	15.63	6.65
26		S6	2.07	5.24	4.03
	153	S2	4.10	18.37	6.51
	153	S6	2.07	7.17	5.40

6.2.6　*PD* 特征表

PD 特征表详细列出所有波束的 *PD_design_target* 对应的天线端口的输入功率上限。理想情况下，如果不存在硬件相关的不确定度，则在考虑外壳影响（$\varDelta_{\min}$）后，可得到波束 *i* 的输入功率上限 *input.power.limit(i)*，它可表示为

$$input.power.limit(i) = sim.power_{\text{limit}}(i) + \varDelta_{\min}, i = 1, 2, \cdots, N \qquad (6\text{-}17)$$

如果仿真高估了外壳影响，那么 $\varDelta_{\min}$ 为负，即实测 *PD* 高于仿真 *PD*。为了满足符合性，应减小各天线单元通过仿真确定的输入功率。同样，如果仿真低估了损耗，则 $\varDelta_{\min}$ 为正（实测 *PD* 低于仿真 *PD*）。此时可增大各天线单元由仿真确定的输入功率，仍应满足 *PD* 符合性。

实际上硬件设计具有不确定度，而参考功率等级的不确定度 $TxAGC_{\text{uncertainty}}$ 已被涵盖在确定 $\varDelta_{\min}$ 的过程中。因此为了避免重复计算该不确定度，应将式（6-17）调整为

当$-TxAGC_{\text{uncertainty}} < \Delta_{\min} < TxAGC_{\text{uncertainty}}$

$$input.power.limit(i) = sim.power_{\text{limit}}(i), i = 1, 2, \cdots, N \qquad (6\text{-}18)$$

当$\Delta_{\min} < -TxAGC_{\text{uncertainty}}$

$$input.power.limit(i) = sim.power_{\text{limit}}(i) +$$
$$(\Delta_{\min} + TXAGC_{\text{uncertainty}}), \ i = 1, \ 2, \ \cdots, \ N \qquad (6\text{-}19)$$

当$\Delta_{\min} < TxAGC_{\text{uncertainty}}$

$$input.power.limit(i) = sim.power_{\text{limit}}(i) +$$
$$(\Delta_{\min} - TXAGC_{\text{uncertainty}}), \ i = 1, \ 2, \ \cdots, \ N \qquad (6\text{-}20)$$

上述 3 个公式适用于包含波束对在内的所有波束。此外，$TxAGC_{\text{uncertainty}}$ 由芯片厂商提供。

综上，当终端设备 A 的 $TxAGC$ 为 0.63 时，其天线模组 1 中贴片天线各波束的 $input.power.limit(i) = 6\text{dBm} + 10 * \log(S(i)) + 3.4, i = 1, 2, \cdots, N$。

6.2.7 验证场景及测量配置选择

时间平均技术与 RAT 的频段、模式、信道和天线配置（波束）无关。因此，终端设备支持的每种 RAT 只需选择一个频段/模式/信道进行验证即可。

1. 发射功率的变化

在 RCT 发出不同功率请求时，验证时间平均算法的有效性。为了增加可信度，一般需要对 2 个毫米波频段进行测量。与仿真相同，验证时应选择包含最多天线单元的单波束（因为这类波束具有更小的 $input.power.limit$）。此外，对于 NSA 模式，由于存在 Sub6 锚点，若时间平均技术在毫米波频段支持 DSI 应用特性，需考虑 DSI_PD_ratio。

2. 比吸收率与 PD 切换

当被测设备在具有不同 sub6 和毫米波频段之间进行切换时，验证时间平均算法的有效性。验证时应选择包含最多天线单元的单波束（因为这类波束具有更小的 $input.power.limit$）。该场景还可代替时间窗切换的验证场景。

3. 波束切换

当 EIRP 较高的波束切换到 EIRP 较低的波束时，验证时间平均技术的有效性。通常，进行切换的 2 个波束应属于同一天线模组。

4. 与 WiFi/BT 同时传输

当所有 5G NR FR2 频段都具有同传降功率时，则需验证 DPC-ETA 在 5G NR FR2 的应用，保证整个传输过程中 4cm^2 平均 PD（4s 时间窗）不超过 $\{[PD\_design\_target * 10^{(.backoff\,(dB)/10)/} (\text{FCC } PD \text{ limit})}\}$ 且处于设备不确定度以内。

6.2.8　辐射功率测量

　　验证中的各测试均是相对的，因此只需对被测设备的其中一个极化方向进行测量。如果终端设备支持多个码本，也只需要验证其中一个算法。此外，当终端设备支持发射极化多样性时，整个算法验证的过程中均应禁止该特性。如图 6-13 所示的功率测试连接图，除了包含支持 5G 频段的 RCT、功率计探头及定向耦合器等设备以外，毫米波频段的功率测量还必须使用屏蔽箱。NSA 模式下，屏蔽箱内的被测设备仍采用传导线与 RCT 连接。

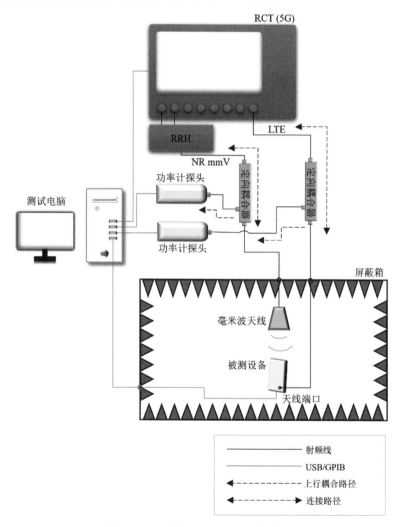

图 6-13　毫米波频段功率测试连接图

　　在动态功率和比吸收率与 *PD* 切换这两个场景下，整个测试过程不可改变被测设备在屏蔽箱中的位置。根据式（6-21）和式（6-22），将得到的瞬时传导功率和辐射功率分别转换为比吸收率和 PD 的归一化值，并保证总归一化时间平均射频暴露不超过 1，可表示为

$$SAR_{1g}(t) = \frac{conducted\_power(t)}{conduct\_power@P_{limit}} \times SAR_{1g}@P_{limit} \qquad （6-21）$$

$$4cm^2 PD(t) = \frac{radiated\_power(t)}{radiated_{power}@input.power.limit} \times$$

$$\qquad （6-22）$$

$$4cm^2 PD@input.power.limit$$

$$\frac{\frac{1}{T_{SAR}}\int_{t-T_{SAR}}^{t}\left[SAR_{1g}(t)\right]dt}{regulatory\_SAR_{limit}} + \frac{\frac{1}{T_{PD}}\int_{t-T_{PD}}^{t}\left[4cm^2 PD(t)\right]dt}{regulatory\_4cm^2 PD_{limit}} \leq 1 \qquad （6-23）$$

式中：$conducted\_power(t)$ 和 $conducted\_power@P_{limit}$ 分别为瞬时传导功率和 P_{limit} 下的传导功率测量值；$radiated\_power(t)$、$radiated\_power@input.power.limit$ 和 $4cm^2 PD@input.power.limit$ 分别为瞬时辐射功率、$input.power.limit$ 下的辐射功率及 PD（$4cm^2$ 平均）；$regulatory\_4cm^2 PD_{limit}$ 则为监管机构设置的 PD 限值；T_{PD} 为 6GHz 以上频段的时间窗，该值由监管机构设置（例如，FCC 规定，24GHz$<f<$42GHz 的时间窗为 4s）。

对于波束切换场景，则需要改变被测设备与毫米波天线的相对位置，在最佳的波束切换位置进行功率测量。此外，由于每个波束的 $input.power.limit$ 不同，验证标准可改写为

$$\frac{\frac{1}{T_{SAR}}\int_{t-T_{SAR}}^{t}\left[SAR_{1g}(t)\right]dt}{regulatory\_SAR_{limit}} + \frac{\frac{1}{T_{PD}}\left[\int_{t-T_{PD}}^{t1}4cm^2 PD_1(t)dt + \int_{t1}^{t}4cm^2 PD_2(t)dt\right]}{regulatory\_4cm^2 PD_{limit}} \leq 1 \quad （6-24）$$

式中：PD_1 和 PD_2 分别为切换前后的瞬时 PD（$4cm^2$ 平均）。

以下为 Smart Transmit 毫米波频段的功率测试结果示例。

1. 发射功率变化

如图 6-14 所示，被测设备从 5G NR FR2 切换到 LTE 时的动态功率测量。如图 6-14（a）所示，虽然 LTE 瞬时传导功率（LTE inst.conducted power，深蓝线）可能超过限值，但其时间平均传导功率均没有超过限值，总归一化时间平均射频暴露（total norm.time-avg RF exp，绿线）也不超过 1.0（见图 6-14（b））。因此，Smart Transmit 的功率控制功能在发射功率改变时有效。

2. SAR 与 PD 切换

由于该场景切换前后的时间窗不同，可替代 FCC 要求时间窗切换场景验证。

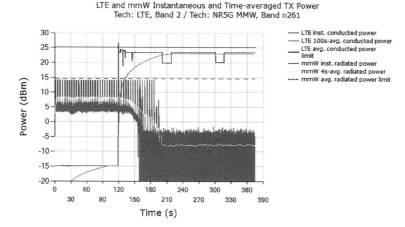

（a）LTE 与 5G NR FR2 的瞬时和时间平均功率测量结果

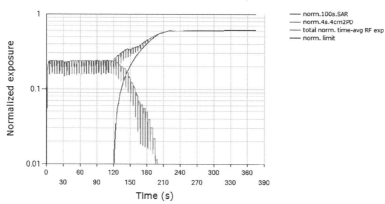

（b）LTE 与 5G NR FR2 的时间平均射频暴露计算结果

图 6-14　动态功率场景的功率测试结果

如图 6-15 所示，为考虑 *DSI_PD_ratio* 的情况下进行比吸收率与 *PD* 的切换。由图 6-15（b）可知，在 DSI 距离上的时间平均 TER（time-avg.TER@DSI distance，绿线）不超过 1.0，同时 2mm 距离的归一化 4s *PD*（norm.4s.4cm2PD@2mm，紫线）也不超过 1.0。因此，Smart Transmit 能在比吸收率和 *PD* 切换时有效控制功率发射。

3. 波束切换

如图 6-16（a）所示，进行切换的两个波束的时间平均功率均不超过各自的功率上限。同时，由图 6-16（b）可知，在 DSI 距离上的时间平均 TER 不超过 1.0，同时 2mm 距离的归一化 4s *PD* 也不超过 1.0。因此，Smart Transmit 的功率控制功能在发射功率改变时有效。

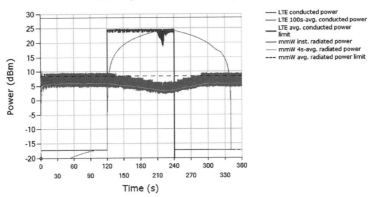

（a）比吸收率与 *PD* 切换的功率测量结果

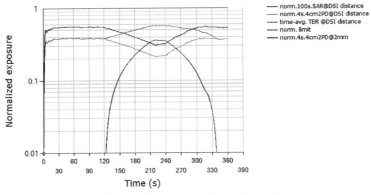

（b）比吸收率与 *PD* 切换的射频暴露计算结果

图 6-15　比吸收率与 *PD* 切换的功率测试结果（*DSI_PD_ratio*=0.7）

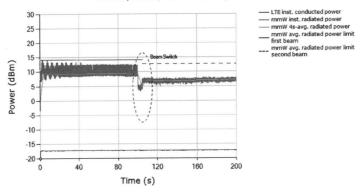

（a）波束切换的功率测量结果

图 6-16　波束切换的功率测试结果（*DSI_PD_ratio*=0.7）

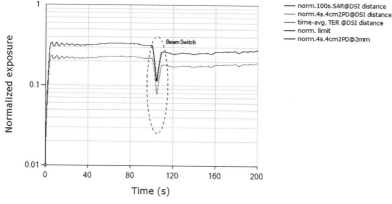

（b）波束切换的射频暴露计算结果

图 6-16　波束切换的功率测试结果（*DSI_PD_ratio*=0.7）（续）

4．与 WiFi 同时传输

如图 6-17（a）所示，即使出现毫米波瞬时辐射功率（mmW inst.radiated power，橘线）超过毫米波平均辐射功率限值（mmW avg.radiated power limit，红线）的情况，但无论 WiFi 开启（100s 左右）前后的毫米波 4s 平均辐射功率（mmW 4s-avg.radiated power，黄线）仍不超过红线。此外，在开启 WiFi 前后测得的 *PD*（2mm）变化为 1.8dB 不超过回退功率（2dB）± uncertainty，说明该功能在 WiFi 开启后仍正常运行。

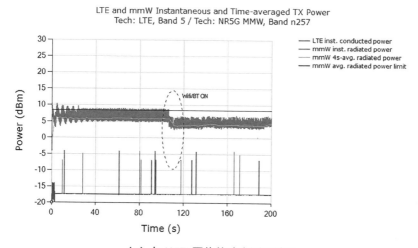

（a）与 WiFi 同传的功率测量结果

图 6-17　与 WiFi 同传时的功率测试结果（*DSI_PD_ratio*=0.7）

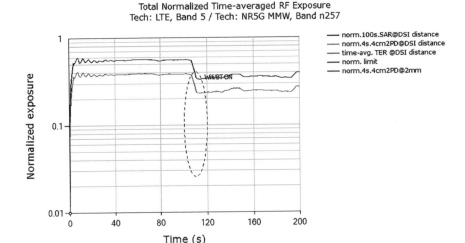

（b）与 WiFi 同传的射频暴露计算结果

图 6-17　与 WiFi 同传时的功率测试结果（*DSI_PD_ratio*=0.7）（续）

6.2.9　通过 *PD* 测量验证算法

验证时间平均技术的 *PD* 测量与普通的 *PD* 测量环境大体相同。如图 6-18 所示，非毫米波部分仍采用传导线与 RCT 连接，而毫米波部分则采用无线连接。因此，测量过程中应尤其注意被测设备的摆放，以避免毫米波探头的损坏。此外，由于验证的 *PD* 测量同时涉及 FTM 和信令两种模式，为了方便两个模式之间的切换，被测设备需要通过 USB 与测试电脑链接。

与 6GHz 以下的算法验证相同，*PD* 测量只涉及动态功率场景的验证。测量过程及验证标准如下。

（1）确定热点位置：采用 FTM 模式，在 *input.power.limit* 下进行快速扫描以确认电场强度最大的位置。

（2）参考测量：被测设备保持与（1）中相同的配置，被测设备仍以 *input.power.limit* 进行发射，进行时间平均测量，得到 *pointE_input.power.limit(t)*。

（3）最大功率测量：开启时间平均算法，由 RCT 发送功率请求最大功率，进行第二次时间平均测量，得到与时间相对电场强度数据 *pointE(t)*。

（4）时间平均 *PD* 评估：根据式（6-25），通过两次的时间平均测量值可得到 4cm^2 平均的 *PD*。最后，保证总的时间平均射频暴露始终小于 1.0，可表示为

$$4\text{cm}^2 PD(t) = \frac{\left[pointE(t)\right]^2}{\left[pointE\_input.power.limit(t)\right]^2} \times 4\text{cm}^2 PD\_input.power.limit \quad （6\text{-}25）$$

$$\frac{\dfrac{1}{T_{SAR}}\displaystyle\int_{t-T_{SAR}}^{t} SAR_{1g}(t)\text{d}t}{regulatory\_SAR_{\text{limit}}} + \frac{\dfrac{1}{T_{SAR}}\displaystyle\int_{t-T_{PD}}^{t} 4\text{cm}^2 PD(t)\text{d}t}{regulatory\_SAR_{\text{limit}}} \leqslant 1 \quad （6\text{-}26）$$

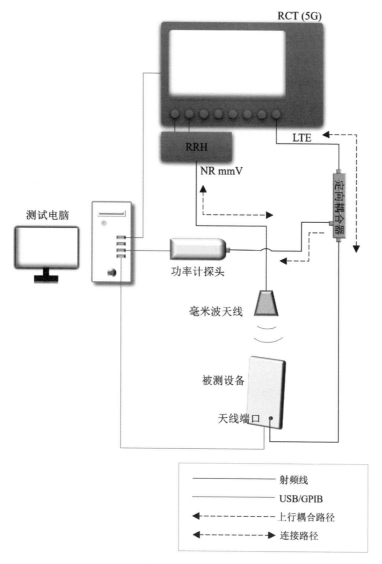

图 6-18　毫米波频段电磁辐射测试连接图

如图 6-19 所示，在 DSI 距离和 2mm 距离下的 DASY *PD*（归一化值）均不超过 1.0，Smart Transmit 的功率控制特性在实际的 *PD* 测量中也得到了验证。

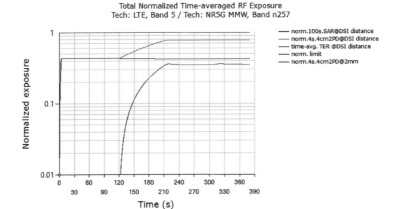

图 6-19 FCC 动态功率的 DASY PD 测试结果示例

参 考 文 献

[1] International Electrotechnical Commission. IEC TR 63424-1 Validation of Dynamic Power Control and Exposure Time.averagedAlogrithms, Part 1: Cellular Network Implementations for SAR at Frequenceies below 6 GHz[R]. [S.l.]: IEC, 2022.

[2] International Commission on Non-Ionizing Radiation Protection. ICNIRP Guidelines for Limiting Exposure to Electromagnetic Fields(100 kHz to 300 GHz)[J]. [S.l.]: Health Physics, 2020, 118(5): 483–524.

[3] ISED. Time-averaged Specific Absorption Rate (TAS) Assessment Procedures for Wireless Devices Operating in the 4 MHz to 6 GHz Frequency Band[S]. [S.l.]: ISED, 2021.

[4] Speag. Time-averaged *SAR* Measurements for Market Surveillance[EB/OL]. [2022-05-03]. https://speag.swiss/assets/downloads/products/dasy/application-notes/TimeAveraged*SAR*/AppNote-TAS-220502.pdf.

[5] Speag. Measurement Procedure for Time-averaged SAR with cDASY6[EB/OL]. [2022-05-03]. https://speag.swiss/assets/downloads/application-notes/AppNoteTimeAveragedSAR.pdf.

第 7 章

符合性评估通用方案

通信终端是提供通信业务的直接工具，为用户提供用户界面、完成业务功能和接入通信网络等服务。依据服务内容的不同，通信终端包括音频通信终端、图像通信终端、视频通信终端、数据通信终端和多媒体通信终端等。随着无线通信和互联网的发展，许多业务的终端也逐渐统一，以手机为代表的移动通信终端即是集大成者。随身便携的手机终端集成多个频率的射频单元，应用场景也日趋丰富。

不同频率的电磁波与人体的耦合机制不同，不同频率、不同距离下电磁场中的电场和磁场的关系不同；电磁辐射的限值也有基本限值和导出限值之分，基本限值一般比较难以直接测量，导出限值相对而言比较容易实现，不同限值可供选择的评估参数也不同。因此，对于不同场景的电磁辐射，需要采用不同的评估方法。本书前几章详细介绍了靠近人体使用的终端的电磁辐射评估适用的限值和方法，包括比吸收率和功率密度的测量和仿真方案。本章将讨论适用于一般终端的通用符合性评估方案。

7.1 节将介绍适用于通信终端的通用符合性评估方案，7.2 节介绍适用于小功率设备的豁免准则，7.3 节将以无线充电和短距离通信技术为例介绍电场和磁场的测量方法。

无论电磁辐射的评估方法怎样变化，都围绕着一个永恒不变的主题：根据不同频率、不同技术下电磁辐射的特点，以及设备的使用场景，在设备最大功率下，评估最差的电磁辐射情况，为使用者提供最大保护。

7.1 通用符合性评估方案

对于任意一种终端，该如何选择适用的电磁辐射符合性评估方案呢？一般可以采用基本限值评估某产品电磁辐射性能的符合性。然而，在大多数情况下，直接评估与基本限值的符合性很困难，此时可以将导出限值作为判断的限值。暴露于电场、磁场和电磁场的导出限值，都是源于基本限值，且假设暴露于现实中最坏情况下得到的。如果评估值满足导出限值，那么可以认为其也满足基本限值；如果评估值超出导出限值，并不一定意味着超出了基本限值，只是其符合性必须通过基本限值评估。因此，可以本着由易到难的原则，结合被测设备的具体特点，选择适用的评估方法。

7.1.1 选择评估方法

任意一种终端都可以参照表 7-1 中列出的一种或多种评估方法进行评估。其中，适用标准举例栏中的标准只是参考示例，也可以采用其他标准。

表 7-1 可用评估方法清单

评估方法	评估对象		适用范围及限值	适用标准举例
简化评估（针对特定情况）	最大输出功率（仅适用于 $f>10\text{MHz}$）	比吸收率	通过小功率排除等级推定局部/全身比吸收率评估符合性	IEC 62479
	EIRP	比吸收率	根据产品 EIRP、安装高度和与周围源的距离，推定各种类别的已安装设备满足比吸收率要求	IEC 62232
测量	场强	E 和 H/B	近场或远场。直接测量用于与导出限值进行比较或作为更详细评估的输入	IEC 62110 IEC 62233 IEC 62232 IEC 61786-2
	电流	接触电流	直接测量接触电流的物理特性	IEC TR 63167
	基本限值	感应电流/内部电场	待定	无
		比吸收率	利用模型测量比吸收率	IEC 62209-1 IEC 62209-2 IEC 62232
		功率密度	在远场区域，功率密度可以通过电场或磁场测量。对于超过 10GHz（或 6GHz）的频率范围，可以在测量面上用二维扫描测量功率密度	IEC 62232 IEC TR 63170

评估方法	评估对象		适用范围及限值	适用标准举例
计算	数值模型	源	通过计算特定距离的照射预测暴露量	IEC 62232
		人体	感应电流密度-感应电场	IEC 62226-2-1 IEC 62226-3-1 IEC 62233
			比吸收率：100kHz～10GHz 由于电刺激效应和热效应存在重叠的频率范围，因此感应电流/场强和比吸收率均应在重叠范围内进行评估	IEC 62232
	场强	远场（E 和 H/B）	远离源的电磁场。 不靠近身体使用且非常小的微波设备，或远距离使用的大型的低频发射器。 天线场的一个区域，其中角场分布基本上与到天线的距离无关。在这个区域（也称自由空间区域），电场强度和磁场强度在传播方向的平面上局部均匀分布，具有明显的平面波特征	IEC 62232
		近场（E 和 H/B）	离源很近的电磁场。 源辐射场和使用者之间可能存在相互作用	
	电流	接触电流	待定	
	基本限值	感应电流/内部电场	通过模型计算	IEC 62226-1 IEC 62226-2-1 IEC 62226-3-1
		比吸收率	带/不带模型的数值模拟测量结果评估 用模型代替人体	IEC IEEE 62704-1 IEC IEEE 62704-2 IEC IEEE 62704-3 IEC 62232
		功率密度	可以计算远场区域的功率密度	IEC 62232

设备的物理特性和预期用途可能对评估方法的选择产生影响。例如，靠近人体使用的发射器与固定安装在建筑物的发射机，其电磁暴露评估应采用不同的方法。

终端的符合性评估最好是根据现有的基础标准或特定的产品标准进行，如表 7-1 所列的标准。如果某一基础标准或特定产品标准中的评估方法不完全适用，或评估对象没有适用的基础标准或特定产品标准，则允许进行其他类型的评估，但是需要满足以下条件。

（1）评估报告中应说明采用的评估方法。

（2）评估报告中应给出评估的总的不确定度。

评估预期与外部天线一起使用的发射器的符合性时，应至少在实际最坏情况的组合（就人体暴露而言）下评估发射器和天线，以覆盖所有合理可预见的暴露。

7.1.2 无意辐射的评估频率范围

对于无意辐射的设备，电场或磁场暴露的符合性评估应根据设备内使用的最高频率或设备运行的最高内部频率，并参考 CISPR 标准按以下原则进行。

（1）如果设备的最高内部频率小于 10kHz，则评估应达到 400kHz。

（2）如果设备的最高内部频率小于 108MHz，则评估应达到 1GHz。

（3）如果设备的最高内部频率在 108～500MHz，则评估应达到 2GHz。

（4）如果设备的最高内部频率在 500MHz～1GHz，则评估应达到 5GHz。

（5）如果设备的最高内部频率在 1GHz 以上，评估应在内部频率的 5 倍或 6GHz 以内进行，以较大者为准。

7.1.3 评估步骤

由易到难，评估的具体步骤如下。

步骤 1：对设备进行定量分析，确定电磁辐射类型及预期使用条件。参考表 7-2 分析调查设备的哪部分会发出电磁场，即对设备项目的不同部分进行描述，以确定哪部分发射电磁场。

表 7-2 需要考虑的设备特性和参数

需要的信息	信息的详细描述
频率	发射频率
波形	波形和其他信息，如评估信号峰值和/或平均占空比
多个频率源	设备是否产生一个以上频率的场或高谐波含量的场 是否同时发射

续表

需要的信息	信息的详细描述
电场辐射	电压差和任何耦合部件，如在电压电位下带电的金属表面
磁场辐射	电流和任何连接部件，如线圈、传感器或回路
电磁场辐射	产生或传输高频信号和任何辐射部件，如天线、线圈、传感器和外部电缆
接触电流	暴露在电场中的导体，人体接触时流过人体的电流
全身暴露	设备产生的场，超出人体占据的区域
局部暴露	设备产生的场只延伸到身体占据的部分区域，或延伸到四肢占据的区域
持续时间/时间变化	发射占空比，设备使用或发射功率的开/关时间 产品运行过程中使用或发射功率的变化
一致性	场强在全身暴露或局部暴露的变化程度。应在没有实体在场的情况下测量或计算
远场/近场	辐射在近场还是远场区域
脉冲/瞬态场	发射的是调制脉冲还是重复脉冲信号 该场是否存在偶发或周期性的瞬变现象
物理尺寸	设备是否小到任何显著的暴露都只是局部暴露 与波长（工作频率）有关 它是否大到不同的部分会独立地对暴露做出贡献
功率	发射的功率 功耗 有天线系统时有效辐射功率
发射源与使用人员间的距离	设备在使用时与操作者或用户之间的空间关系
预期用途	这些设备通常使用方法 合理可预见的使用情况和制造商规定的预期使用情况，产生最大的辐射或吸收 工作条件 不同的使用是否影响设备与使用者之间的空间关系 使用设备是否影响暴露特性 设备能否成为系统的一部分
与源/使用者的交互性	如果设备离身体很近，发射场是否改变 设备在使用过程中是否与机体耦合

评估应在制造商规定的可预见或预期使用范围内的最差暴露条件下进行。

由于被测设备辅助设备产生的电磁场会影响测量结果，因此可以用最小的被测设备设置测量现场，其中该设置包含只需要被测设备运行所需的必不可少的设备。

测量应在制造商指定的用户位置和用户可预见的接近设备的区域进行。

出于实际原因，在与合理可预见的使用相一致的最大暴露等级（如最大额定负载、最大额定功率、最大速率或其他）设置下，进行设备评估是合适的。设备运行时间应充足，确保运行条件稳定。

通常用适当的间隔距离测量场强。一般来说，出于实际原因，使用制造商定义的特定间隔距离进行评估是可以接受的。

步骤 2：通过测量或计算进行分析。如果评估的数值，在综合考虑实际波形和频谱贡献的影响，以及任何允许的时间和空间平均后，电场强度或功率密度低于相关导出限值，则认为该设备满足相应标准的要求。如果没有，进行步骤 3。

步骤 3：测量或计算的场强或功率密度应与适用的产品标准（如发射类型、工作频率范围、限值）进行比较。如果暴露低于产品要求的符合性标准，则认为设备满足标准的要求。如果对要评估的电场、磁场或接触电流没有规定产品的符合性标准，或者规定了符合性标准但没有达到，则进行步骤 4。

某些产品的技术允许对设备产生的人体暴露情况进行推断，例如，可以推定其始终是磁场、始终是部分身体暴露等。从这些假设可以得出该产品或产品类型的符合性标准，例如如果磁场强度低于某个阈值，或如果功率低于某个阈值则该产品必然满足标准要求。

步骤 4：进行更进一步评估，包括更详细的测量、计算和源/暴露仿真模拟，以便与所有有关的基本限值进行比较。如果评估的暴露低于基本限值，则认为该设备满足标准的要求。如果不符合，则认为该设备不符合标准的要求。

以上步骤的流程图如图 7-1 所示。注意，图中步骤是可选的，如果可以证明在不评估导出限值的情况下满足基本限值，则可以跳过特定步骤。

如果组件嵌入设备并符合专门的电磁场评估标准，则可采用以下规程。

（1）如果组件不是主要的暴露源，则应对包括组件的设备整体电磁辐射性能进行评估。

（2）如果该组件是唯一主要的暴露源，且不受设备特性的影响，则认为该设备具有固有的符合性。

有些产品如手表、ADSL 调制解调器、计算机、电信设备和高保真系统等非无线电发射器产品，由于使用特定的某种技术，或使用的输入功率导致其产生的暴露不会超过基本限值。

如果对某一特定暴露存在一种以上同等有效的评估方法，那么可以只使用一种评估方法，此时应清楚记录，并说明做出选择的原因。

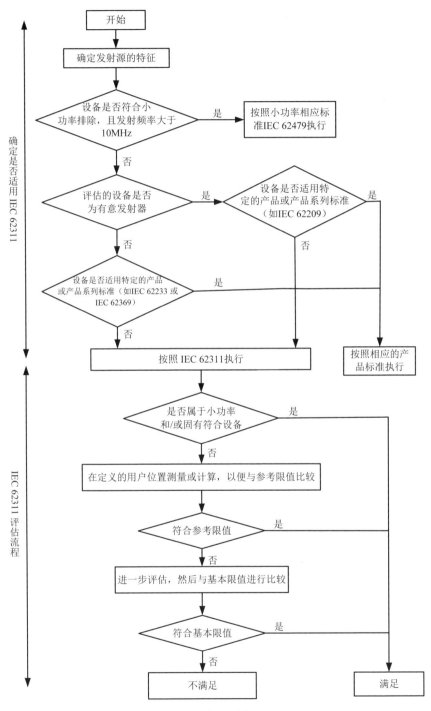

图 7-1　评估流程图

7.2　小功率豁免

确定设备的发射源特征之后，可以优先判定终端是否符合小功率豁免的情况。如果设备的发射机性能标准规定了最大辐射，或设备的输出功率限定在不可能超过适用限值的等级下，则可以判定设备固有符合相应限值的要求，无须进一步评估。

7.2.1　小功率豁免的一般原则

终端的电磁辐射性能与基本限值之间的符合性，可以通过测量或计算确定。如果设备使用的输入功率或设备的辐射功率非常小，那么设备产生的电磁场就有可能无法超过基本限值。本节介绍这种小功率设备的简单电磁场评估方法。本章中提到的小功率设备，特指有效天线功率和/或平均总辐射功率小于或等于小功率豁免等级的设备。

关于评估方法，可以使用任何一种与技术发展水平保持一致、可重现并给出有效结果的符合性评估方法。

关于天线配置，如果发射器使用一个以上的天线配置选项，则应评估产生最大有效天线功率和/或平均总辐射功率的发射器和天线的组合。

如果满足以下 4 种情况的任意 1 种，可以认为设备的电磁辐射性能满足符合性要求。

（1）典型的使用、安装和设备的物理特性使其必然符合适用的电磁场暴露等级，如音频/视频（A/V）设备、信息技术设备（ITE）和多媒体设备（MME）等无意辐射体，这些设备都没有无线发射器。

（2）电子或电气元件的输入功率等级，它在相关频率范围内的辐射电磁能量能力很低，有效天线功率和/或平均总辐射功率不超过下节中定义的小功率豁免等级。

（3）有效天线功率和/或平均总辐射功率受到发射器产品标准的限制，其发射器等级低于下节中定义的小功率豁免等级。

（4）测量或计算显示有效天线功率和/或平均总辐射功率低于下节中定义的小功率豁免等级。

如果这 4 类情况都不适用，那么应通过上节介绍的其他方法评估电磁辐射符合性。

小功率豁免的决策流程如图 7-2 所示。

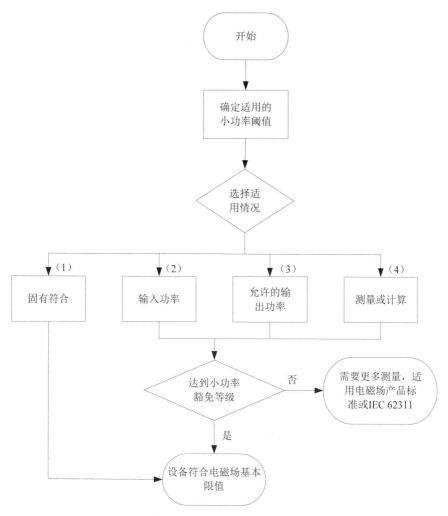

图 7-2　小功率豁免决策流程图

7.2.2　小功率豁免等级

小功率豁免等级的基本原理是：假设功率全部被人体吸收也不会超过限值，因此得出一个保守的 P_{max} 最小值。显而易见，P_{max} 是与适用的限值密切相关的。下面将介绍基于不同限值标准 P_{max} 的推导结果。

1. 基于 ICNIRP 和 IEEE 限值标准推导的小功率豁免等级

基于小功率豁免等级的基本原理，小功率豁免等级与 SAR 限值的关系为

$$P_{max}=SAR_{max}\times m \tag{7-1}$$

式中：SAR_{max} 是局部比吸收率限值；m 是平均质量。

同样，当使用功率密度作为基本限值时，P_{max} 最小值满足下式

$$P_{max} = Sa \qquad (7\text{-}2)$$

式中：S 是平均功率密度限值；a 是平均面积。

注意，IEC 62479-2010 中功率密度与 ICNIRP-2020 中功率密度的表述有所不同，ICNIRP-2020 中基本限值的功率密度用吸收功率密度 S_{ab} 表述，而 IEC 62479-2010 中功率密度用入射功率密度 S 表述，但是不影响 P_{max} 的推导。

表 7-3 是使用比吸收率作为基本限值时，推导出 P_{max} 的示例。

表 7-3　根据 ICNIRP、IEEE Std C95.1-1999 和 IEEE Std C95.1-2005
得出的基于比吸收率的 P_{max} 的示例

导则/标准	比吸收率限值，$SAR_{max}/$（W/kg）	平均质量/(m/g)	$P_{max}/$mW	照 射 分 类	对应的身体区域
ICNIRP	2	10	20	一般公众	头部和躯干
	4	10	40	一般公众	四肢
	10	10	100	职业人群	头部和躯干
	20	10	200	职业人群	四肢
IEEE C95.1-1999	1.6	1	1.7	非受控环境	头部、躯干、手臂、腿
	4	10	40	非受控环境	双手、手腕、脚和脚踝
	8	1	8	受控环境	头部、躯干、手臂、腿
	20	10	200	受控环境	双手、手腕、脚和脚踝
IEEE C95.1-2005	2	10	20	非受控环境	除四肢和耳朵外的身体部位
	4	10	40	非受控环境	四肢和耳朵
	10	10	100	受控环境	除四肢和耳朵外的身体部位
	20	10	200	受控环境	四肢和耳朵

2. 靠近人体使用的无线设备的替代小功率豁免等级的推导

式（7-1）假设在比吸收率限值为 SAR_{max} 时，一定质量 m 吸收的功率 P 由 $P_{max} = SAR_{max} \times m$ 给出，也就是设备辐射的功率全部被平均质量 m 吸收。然而在现实中，不是所有功率都被身体吸收，并且那些吸收的部分并不都集中在平均质量（也就是表 7-3 中的 1g 或 10g）中。基于式（7-1）得到的 P_{max} 是过于保守的。

如果无线设备的天线方向性与一个半波偶极子天线的方向性（也就是

2.1dBi）相比差距不大，此时，可以用下式得到较高的低功率豁免等级 $P_{max}{}'$

$$P_{max}{}' = \exp\left[AS + BS^2 + C\ln(BW) + D\right] \tag{7-3}$$

式中：S 为代表无线设备与使用者身体的最近距离（mm）；BW 为自由空间的天线频段宽度，使用百分比中的数字表示（例如，如果频段宽度为 10%，则在等式中的数字为 10）；A、B、C 和 D 为频率的三次方多项式，可以使用式（7-4）～式（7-11）得到。其中 f 为频率（GHz）。

依照 ICNIRP 导则及 IEEE Std C95.1-2005 的要求，比吸收率的限值 SAR_{max}=2W/kg，平均质量 m=10g，将式（7-4）～式（7-7）代入式（7-3），得到的部分 $P_{max}{}'$ 如表 7-4 所示。

$$A = (-0.4588f^3 + 4.407f^2 - 6.112f + 2.497)/100 \tag{7-4}$$

$$B = (0.1160f^3 - 1.402f^2 + 3.504f - 0.4367)/1000 \tag{7-5}$$

$$C = (-0.1333f^3 + 11.89f^2 - 110.8f + 301.4)/1000 \tag{7-6}$$

$$D = -0.03540f^3 + 0.5023f^2 - 2.297f + 6.104 \tag{7-7}$$

对于其他使用一个平均质量为 m=10g 的 SAR_{max}，最终的 $P_{max}{}'$ 应乘以 $SAR_{max}/2$（W/kg）的因子。

依照 IEEE Std C95.1-1999 的要求，比吸收率的非受控环境限值 SAR_{max}= 1.6W/kg，平均质量 m=1g，将式（7-8）～式（7-11）代入式（7-3），得到的部分 $P_{max}{}'$ 如表 7-4 所示。

$$A = (-0.4922f^3 + 4.831f^2 - 6.620f + 8.312)/100 \tag{7-8}$$

$$B = (0.1191f^3 - 1.470f^2 + 3.656f - 1.697)/1000 \tag{7-9}$$

$$C = (-0.4228f^3 + 13.24f^2 - 108.1f + 339.4)/1000 \tag{7-10}$$

$$D = -0.02240f^3 + 0.4075f^2 - 2.330f + 4.730 \tag{7-11}$$

对于使用 SAR_{max}＝8W/kg 的受控环境限值，最终的 $P_{max}{}'$ 应乘以因子 5。

表 7-4 中的值可用于得到在某些频段下期望的小功率豁免等级。例如，一个 GSM 移动电话通常以平均总辐射功率小于或等于 125mW 发射，带宽中心频率为 1795MHz（包括接收频段）。当-7dB 天线带宽至少覆盖 9.5%通信系统带宽时，如果设备固定在距离身体模型 5mm 处，应进行比吸收率测试；如果设备固定在距离身体模型 25mm 处（如使用 25mm 厚的佩戴附件时），则可以不进行比吸收率测试。

表 7-4 只是作为参考，读者仍需要通过调查以确定使用正确的 S、BW 和 f 值。本算法适用于多种常见的无线发射器，如蜂窝电话（GSM、CDMA、PCS 等）、陆地移动式发射机和无线局域网（WLAN）设备。对于广泛应用在便携无线设备内的各种典型天线（如偶极子天线、单极子天线、PIFA 天线和 IFAs

天线），该算法已被证明是保守的。

表 7-4　通过式（7-3）得到的一些典型无线通信频段相应的低功率豁免等级 P_{max}'

频率/GHz	带宽/%	空中接口	P_{max}' /mw			
			S=5mm		S=25mm	
			m=1g	m=10g	m=1g	m=10g
0.393	3.8	TETRA	97	292	265	526
0.420	4.8	TETRA	98	293	274	541
0.461	3.3	GSM	80	244	233	468
0.485	14.4	APCO	117	337	347	660
0.838	7.6	iDEN	48	148	198	399
0.859	8.1	IS-136	47	145	198	398
0.884	16.7	PDC	54	162	233	456
0.896	5.7	TETRA	40	127	176	360
0.918	4.8	iDEN	37	118	165	342
0.925	7.6	GSM	41	129	185	375
1.465	4.9	PDC	17	60	128	281
1.795	9.5	GSM	13	50	139	308
1.920	7.3	GSM	11	44	132	302
2.045	12.2	UMTS	11	44	146	330
2.350	4.3	WiBro	7.9	34	130	323
2.442	3.4	802.11b	7.3	32	130	328
3.550	14.1	WiMAX	6.7	37	244	657
5.250	3.8	WiMAX	6.8	53	258	845
5.788	1.3	WiMAX	6.2	52	164	564

7.3　电场、磁场测量

　　一般而言，靠近人体使用终端时，应该使用基本限值，如比吸收率或吸收功率密度评估其符合性。但比吸收率测量标准目前覆盖的频率范围为 4MHz～10GHz。当终端设备集成低于 4MHz 的发射源时，如具有无线充电功能的终端设备，如果不满足小功率固有符合的要求，就需要考虑通过电场、磁场的测量评估其符合性。

　　另一方面，随着物联网的广泛推广，各种使用短距离无线通信技术如电子物品监视（electronic article surveillance，EAS）、射频识别（radio frequency identification，RFID）、近场通信（near field communication，NFC）等的终端

设备也日益普及。这类设备使用时的典型场景一般离人体较远，此时也需要通过电场、磁场测量评估。

本节将以这两类技术为例，简要介绍电场、磁场测量的相关要求。

7.3.1 无线充电技术

无线充电采用的是无线功率传输（wireless power transfer，WPT）技术。所谓无线功率传输，顾名思义，是使用无线通信技术实现非接触式功率传输的技术。WPT 可以采用不同的设计和实现方式，按原理一般可分为电场耦合、磁场耦合、电磁辐射和超声波等充电方式。目前，在无线充电类应用上，通常采用的是感应耦合技术，这种技术一般需要一个或多个初级感应线圈，其工作频率和功率等级由具体应用的要求确定。感应线圈可用于便携式应用，如充电垫、嵌入家具中或安装在车辆中。WPT 设备对人体（用户和周围人员）产生的射频暴露，随着不同系统设计的固有因素而变化，因此，通常需要采用不同的评估方法证明产品的电磁辐射性能符合性。

与无线充电评估相关的标准，目前主要有 FCC 发布的 KDB 680106 D01 和 ISED 发布的 SPR-002。

1. KDB 680106 介绍

美国 FCC 发布的 KDB 680106 D01《低功率无线功率传输应用中的射频暴露注意事项》，主要涉及低功率、紧密耦合的感应功率传输技术，注意，这个标准不包括大功率设备、用于远距离功率传输的设备、具有高漏磁场的设备、依赖松散电感耦合和远距离耦合的磁共振功率设备及医疗设备。其对射频暴露要求主要包含以下几方面。

（1）需要根据被测设备的操作配置及用户和周围人员（旁观者）的暴露条件评估射频暴露，评估时主设备应设置为无线充电工作状态、最大输出功率下，并结合设备的操作特性确定暴露情况。——由于比吸收率限值不适用低于 100kHz 频率范围的无线功率传输应用，MPE 限值不适用低于 300kHz 频率范围的无线功率传输应用，因此需要根据 FCC 法规 Title 47 中第 1.1307（c）和（d）节确定射频暴露的符合性。——对于低于 100kHz 的无线功率传输应用，不管是便携式设备还是非便携式设备，如果要确定其射频暴露的符合性，KDB 可以提供相应的个案咨询。如果在设备暴露条件下，所有空间位置的测量和/或仿真计算的电场低于 83V/m，磁场低于 90A/m，即可以认为被测设备满足射频暴露的要求。

（2）根据无线充电设备的设计和实现方式，首先判断是否适用移动或便携式射频暴露条件。如果无线充电设备与人体之间的距离在 20cm 以内，那么该设备可能符合移动式设备的暴露条件。对于无线充电设备使用时可能暴露在人体 20cm 以下的某些情况，可适用 FCC 法规 Title 47 中第 2.1091（d）（4）节。

（3）对于桌面型无线充电设备，如无线充电垫，射频暴露评估时应假设间隔距离为 15cm。评估方法可采用电场、磁场场强测量，或数值仿真计算等方式。但是评估时应对设备的所有侧面和顶部进行测量，测量距离为 15cm（从探头中心到设备边缘）。工作频率为 100～300kHz，适用的限值为 614V/m 和 1.63A/m（根据 FCC 法规 Title 47 中第 1.1310 节表 1 中 300kHz 时的限值要求）；对于低于 100kHz 时，适用的限值为 83V/m 和 90A/m。

（4）对于 100kHz～6GHz 的便携式设备，可以根据比吸收率标准确定其暴露条件。现有的比吸收率测量系统和测试标准通常都适用于数 MHz 以上的测量，其他情况虽然可以采用仿真计算，但低频下仿真计算的局限性可能给评估带来限制。在这些情况下，包括低于 100kHz 的评估，可结合场强、辐射、传导功率测量，以及一些有限的仿真计算进行整体分析，评估其射频暴露符合性。

（5）根据工作频率，现有比吸收率和 MPE 测量标准可评估无线功率传输装置是否符合移动或便携式暴露条件。如果对射频暴露评估有任何疑问，应联系 FCC 实验室，并提供足够的技术细节，以确定是否有必要进行射频暴露评估，如果需要，再确定如何应用特定的测试程序。

对于采用感应耦合技术的无线充电应用，需要考虑以下技术因素。

（1）无线充电系统（或设备）的射频输出功率，会根据设计和实现要求而显著变化。在较低频率的无线充电设备通常需要较高的射频功率，例如，工作频率为 100kHz 时的无线充电设备，相比工作频率为 900MHz 需要更高的功率。对于无线充电设备，为达到可接受的充电效率，可以采用不同的能量耦合技术或辐射的元件实现。对于使用感应线圈的无线充电设备，其电磁辐射暴露性能可能随着给电设备和被充电设备中的初级和次级线圈的耦合效率而变化。当发射线圈和接收线圈之间紧密耦合、且周围只有足够小的磁场泄漏时，线圈可以在相对高的功率等级下工作，此时对电磁辐射暴露的影响最小。

（2）对于允许给多个客户端设备同时充电的无线充电系统（或设备），及短距离传输到客户端的设备，其能量传输效率和周围场的大小随着不同的负载条件而大幅度变化。所以，应根据客户端设备的组合和类型，评估不同条件下射频暴露的影响。

（3）除了典型的消费电子产品（如小型消费电子产品、手机和笔记本电脑）外，感应式无线能量传输技术已应用于医疗设备、植入设备、移动设备和电动汽车。对于这些不同的系统应用，在每种情况下都有必要检查设计和工作状态细节，以评估射频暴露问题，并确定是否需要进行评估或分析。这些都需要向 KDB 进行个案咨询确定具体评估细节。

（4）对于给客户端设备（如手机、笔记本电脑）进行充电的无线充电系统（设备），如果作为市场售后或可选配件时，那么作为客户端设备附加的配件，可能改变客户端设备的原有射频暴露特性，因此需要在不使用无线充电配件的情况下对比吸收率特性进行评估。如果客户端设备在无线充电的同时可以使用，则需要考虑同时发射的情况，并说明是否已进行此类评估，以及同时发射时，射频暴露特性是否有变化。这些都取决于单个客户端设备的设计和射频暴露特性，需要在设备认证期间对客户端设备进行额外的评估或分析。

2．SPR-002 介绍

加拿大 ISED 发布的 SPR-002《按 RSS-102 对有关神经刺激暴露进行符合性评估的补充程序》，包括 3kHz～10MHz 频率范围内带无线发射的任意无线电设备，包括但不限于电子防盗（EAS）系统、金属探测器、射频识别（RFID）激励器、读取器和标签、轮胎压力监测传感器（type pressure monitoring system，TPMS）、车辆安全系统和无线充电器。这个文件针对特定频段工作的无线电设备提供一般测试方法。下面主要介绍该文件中的重点和注意事项。

1）测试环境

文件要求测试环境应是开放区域，没有可以影响测量的金属物体。最好进行背景噪声的测量。

2）测量探头

文件要求测量探头的频率为 3kHz～10MHz，也可以减小频率范围而使用多个探头。如果发射器的特性已知，且在研究范围之外没有设备进行辐射发射，则频率范围可以小于 3kHz～10MHz。

最好采用三轴各向同性的探头，各向同性探头响应的平均偏差不得大于 1dB。如采用单轴探头需要在 3 个轴上求和。

测量探头能够测量磁场和电场，磁场和电场的单位分别是 A/m 和 V/m。

探头首选方案，采用选频探头，即具备分析带宽（resolution bandwidth，RBW）的功能，便于进行频率的选择性测量。测量带宽最好能涵盖测量信号的 99% 的占用带宽，如果使用的探头最大 RBW 小于测量信号的 99% 占用带宽（occupied bandwidth，OBW），此时的测量装置需要在信号带宽上提供功率积分功能。同时需要额外的监控时间，以确保测量到最大的场强。作为替代方案，也可以使用包含 3kHz～10MHz 的宽频探头（由于神经刺激的导出限值在整个频率范围内是平坦的，因此允许在整个频率范围内使用宽频探头）。使用宽频探头时应注意，由于不能给出单个频率分量的值，因此任何环境的情况都将纳入最终的测量结果。

另外，测量探头在 3kHz～10MHz 需要一个平坦的频率响应。探头天线的尺寸或直径不能超过 11.5cm。

3）测量方案

文件中介绍了 3 种评估方法：直接测量法、空间平均测量法及仿真计算。直接测量法最简单，用在测量位置得到的最大场强与导出限值比较即可；空间平均测量法适用于大回路中的非均匀场的情形，然后可以将空间平均值与 RSS-102 中概述的神经刺激暴露限值进行比较。

4）测量距离

文件中声明可采用制造商在用户手册中的间隔距离作为测量距离，但是声明的间隔距离应基于正常使用条件，并根据 RSS-102 中第 2.6 节确定，如果未声明间隔距离，则采用文件推荐的测量距离。另外，间隔距离指的是被测设备边缘到测量探头边缘的距离，这点与 KDB 680106 D01 是不同的，需要特别注意。

5）肢体暴露的考虑

由于基本限值是基于内部感应电场或内部吸收能量比吸收率。感应场与暴露区域成正比，因此主要暴露区域在肢体时，内部感应场将小于人体躯干中感应的场。

基于以上原因，在测量距离评估符合性时，对于肢体暴露的情况，可以使用表 7-5 中宽松的 RSS-102 神经刺激导出限值。

表 7-5　宽松的 RSS-102 神经刺激导出限值

暴露状态	宽松因子	电场/（V/m，rms）	磁场/（A/m，rms）
全身/躯干/头	1.0	83	90
腿	1.5	124.5	135
手臂	2.5	207.5	225
手/足	5.0	415	450

注：表中的电场和磁场大小仅为参考，不取代 RSS-102 中规定的限值。

6）测量的注意事项

对于直接测量法，文件中分别针对采用选频探头、宽频探头、单轴探头进行详细介绍。选频探头又分两种情况：分析带宽（RBW）大于占有带宽（OBW）99%和小于占有带宽（OBW）99%的情况。总的出发点就是，如何利用不同设备资源进行合理、准确评估。出于简便考虑，推荐采用宽频探头和选频能覆盖占有带宽 99%的探头；如果采用其他方式，需要引入更多的计算。

7）电场空间平均测量注意事项

电场空间平均是在人体垂直站立时的空间范围内实现的。在测试用例中，为了实现保守测量，假设人体高 1.8m，代表高大成年男性的身高。根据高度，应至少设置 5 个测量点，每个测量点间的间距为 40cm。应在整个 1.8m 区域进行扫描，确定最大电场等级。如果通过电场扫描确定的最大电场与先前测量的预定义的任意 5 个不在同一点，那么最大电场位置应构成附加测量点，在这种情况下，原来的测量点被排除。当暴露在时变和/或间歇场时，应特别注意评估场的空间平均值。每个测量点的停留时间足以捕捉波形的最大幅度，并将停留时间记录在测试报告中。测量点的布置如图 7-3 所示。

8）磁场空间平均的注意事项

磁场空间平均仅在覆盖发射天线的网格上执行。网格位于与发射天线平面平行的平面上。任何时候，网格都不应超过 60cm 高、30cm 宽，这个网格是躯干的平均大小。躯干的网格是九点网格，移动中心点应是最大 RMS 的等级。测量位置在空间平均整体范围内。

测量小尺寸环路时，不需要进行空间平均测量，测量探头的天线已经提供固有的平均值。这里的小尺寸环路指的是环路尺寸小于或等于 2 倍于测量探头尺寸的环路。

测量中等尺寸环路时，且环的总尺寸小于测量探头尺寸的 3 倍时，网格点的数量应减少到 5 个。中等尺寸的环路指的是大于测量探头尺寸的 2 倍，但小于人体躯干尺寸的环路，中等尺寸的环路在单个方向上可以比人体躯干尺寸大，但不是在 2 个方向上都大，即环路的高度可以大于 60cm。

大环指的是比人体躯干尺寸大的任何环路，大环的空间平均区域不超过人体躯干。用于大环的测量网格位于角点最大的位置，网格位于整个大环的多个位置。通常，在环形天线的一个边缘处存在最大值，其中网格的外边缘位于该边缘处。在这种情况下，中心的可变网格点保持固定在网格的中心点。平均网格的设置如图 7-4 所示。

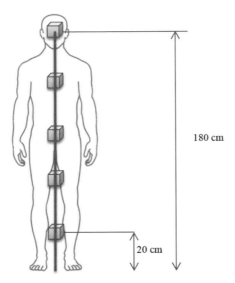

图 7-3　身体站立空间区域探头放置示意图

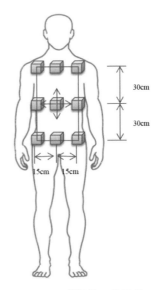

图 7-4　磁场的平均网格

9）桌面设备的测量注意事项

（1）被动型桌面设备。这类设备指的是放置在桌面上，使用时用户不在旁边的设备，如手机充电器。

被动型桌面设备测量时安装固定在实验桌的边缘，实验桌使用非金属材料制成，离地高度 80cm。用于测量时的辅助设备也需沿着实验桌边缘放置，每个部件的间隔距离至少 10cm。测量探头需要放置在离实验台边缘一个测量距离的位置。

一些间歇状态的设备，如无线充电器，当被充电设备从充电器移除后立即处于暴露的最大状态。测量时要考虑所有的工作状态。

（2）主动型桌面设备。这类设备指的是放置在桌面上或者嵌入桌面，使用者在桌子旁边停留一段时间，如笔记本电源。对于主动型桌面设备，通过下面 3 步确保其符合性满足 RSS-102 的要求。① 测量用户手部区域的暴露场：测量时，将评估探头放置在桌面上方预设的使用距离位置，测量的结果可能因手部宽松因子而降低。② 测量用户腿部区域的暴露场：测量时，将评估探头放置在桌面下方预设的使用距离位置，测量的结果可能因四肢宽松因子而降低。③ 测量用户核心区域的暴露场：测量时，将评估探头放置在桌面边缘位置。只有在测量上述所有位置，并都满足 RSS-102 要求时，设备才符合要求。

（3）其他设备类型要求及考虑。文件中也对落地式设备、地面安装式设备、手持式设备、墙上固定式设备等设备类型进行了介绍，并介绍了测量不同设备类型时的注意事项，因这部分目前在 5G 终端的应用比较少，这里不再赘述，需要的可以参考 SPR-002。

7.3.2 短距离无线通信技术

物联网即万物相连的互联网，是在互联网基础上延伸和扩展的网络，将各种信息传感设备与网络结合起来而形成的一个巨大网络，实现任何时间、地点，人、机、物的互联互通。通过电子物品监视（EAS）、射频识别（RFID）、近场通信（NFC）等短距离无线通信技术，按约定的协议，把任何物品与互联网相连接，进行信息交换和通信，以实现对物品的智能化识别、定位、跟踪、监控和管理。与这些技术相关的电磁辐射测量标准，除上述 ISED 发布的 SPR 002 外，主要有 IEC 62369-1-2008 和 YD/T 2380-2011。YD/T 2380-2011 修改采用 IEC 62369-1-2008，内容上基本相同。本节以 YD/T 2380-2011 为基础，对相关测量要求进行介绍。

1. 标准适用范围

标准规定人体暴露用于电子物品监视（EAS）、射频识别（RFID）等类似应用的装置发射的电磁场下的评估规程。适用于工作频率范围在 0～300GHz 的任意近距离电磁场发射设备。

2．设备评估的程序

标准提供了一种暴露评估的三阶段方法。由于不同阶段方法的复杂度不同，评估时可以挑选最适合设备和暴露情况的方法。其中基于基本限值（如比吸收率）进行测量和数值计算的方法，以及对多源同时发射场景的辐射评估要求，与手机类似，前面已介绍，此处不再赘述。以下将重点介绍基于导出限值的电场和磁场评估方法。

3．基于导出限值的评估

1）概要

测量仪器应与相关的用途匹配，而且能覆盖被测设备的发射频率范围。使用宽频测量仪表时，仪表的带宽能覆盖被测设备的发射频率范围。测量仪器可能有一个和限值相关的频率响应。所有测量仪器都应经过校准，并有合格的溯源结果。测试场所和辅助设备也需要校准。但是，对于现场测试，这几乎是不可能的。在测量中，如果使用未经校准的测试场地和设备，应非常谨慎地避免引入外部因素的干扰，以免影响实验结果。所有这些影响和补救措施都应在评估报告中记录，并列出由此带来的不确定度。

用于测量暴露等级的仪器可以使用商业化或专门为这一目的设计的产品。符合标准 IEC 61786 和 IEC 61566 的要求，如德国 Narda 公司生产的宽频电磁辐射测量仪、选频电磁辐射测量仪（ELT-400、NBM-550、EHP-200A、SRM-3006 等），北京森馥科技股份有限公司生产的宽频电磁辐射测量仪、选频电磁辐射测量仪（SEM-600、OS-4P 等）。

为了得到完整的暴露条件，如果需要同时使用几种测量仪器，包括宽频仪表、示波器或频谱分析仪等，出现不同仪器的频率范围相互重叠的情况是不可避免的。那么，要使暴露等级不必要地重复最小化。另外，需要使用频谱信息确定与频率对应电平的一致性，使用具备信号相关频域和时域特征的仪器进行测量。在时域测量时，需要确定与参考值相比较的频率内容。

测量时考虑发射的频率范围和时变调制方式，此外，还应注明发射的持续时间。在暴露允许时间平均的情况下，这些因素都需要考虑。对于脉冲信号，与限值相比较时，可能需要考察和计算最大瞬间场强，并将每一个频率的场电平求和与相应的暴露要求比较。

发射波长和人体位置之间的关系很重要，测量时需要考虑，因为这关系到是否需要单独测量电场和磁场。例如，在近场时，一般只需要测量磁场。

确保测得的是无干扰的场强。对于电场的测量，人体的存在显著影响场的分布，因此仪器应该放置在一个非导体的支架上。对于一些电场测量，使用光纤连接远程读取装置（或远离操作者的类似方法）是比较合适的方法。

如果被测设备的功率是可以调整的，那么应将设备设置到最大功率，或根据制造商的设置说明书进行调整。被测设备安置在与周边物体距离足够远的地方，以保证场强不受干扰。

2）与导出限值比较的直接测量

如表 7-6 所示，距离被测单元 X 处的所有场强都应进行测量。为了确定这一距离的最大电磁场的位置，可以进行预扫描。场强通过 3 个正交测量轴的矢量和确定，或通过调整单轴测量器给出最大值，并记录最大场强位置处的场强值。

表 7-6　不同类型设备的网格尺寸和距离

示 例 图 名	图号[7]	标准尺寸/cm[5]			提供的尺寸/cm[1],[8]		
		a/b/c	X	Z	高　度	宽　度	深　度
一般躯干网格	7-5	15	—	85	—	—	—
一般头部网格[2]	7-6	10	—	145	—	—	—
单个地面直立天线	7-7	15	20	85	120～160	—	40～80
成对地面直立天线	7-8	15	20	85	120～160	70～200	40～80
单个地板中的天线[6]	7-9	15	—	85	—	60～100	40～80
单个天花板中的天线	7-10	15	—	85	210～300	60～100	40～80
天花板和地板组合天线[6]	7-11	15	—	85	210～300	60～100	40～80
过道环形天线[6]	7-12	15	20	85	210～300	70～300	0.5～50
柜台或桌子安装天线[3]	7-13	15	30	85	70～90	20～40	20～40
垂直、墙上或框架上安装的天线	7-14	15	20	—	60～160	20～100	20～50
手持天线[4]	7-15	15	10	—	70～140	区域：100～200cm^2	

① 这些尺寸能代表大多数仪器的距离，有时可能超过这个距离。

② 头部网格大小和 Z 尺寸的总和是 175cm，对应使用的标准人的身高。

③ 距离 X 代表安装在柜台顶部的典型距离。如果在更近的距离操作，更可能应用职业暴露水平评估。

④ 如果用手持设备扫描人体，应使用合适的距离 X。对于近距离的扫描设备，距离 X 不超过 3cm 是合适的。

⑤ 对于不属于上面这些分类的设备，可以使用最近的适当的种类，或使用和上述原则相似的新配置。

⑥ 一些天线被埋在地板表面之下最小的距离，这个距离可以加到 Z 尺寸上，安装文件中仪器有清晰的说明。

⑦ 网格的位置和尺寸能反映探头中心的位置。图中灰色圆圈显示示例探头相对网格的位置。

⑧ 一些天线是圆形或椭圆形的，但是其大约尺寸能反映给出的矩形尺寸。

如果被测设备所有位置的发射都能满足导出限值，那么可以认为该设备满足限值要求，不需要进一步评估，否则需要使用非均匀介质模型根据基本限值进行评估。

3）与导出限值比较的空间测量

作为直接测量的替代方法，可以使用在典型的暴露体积内进行网格方式的测量，使需要的测量最少化。

对于标准涉及的设备类型，躯干是身体上最合适评估的区域，使用图 7-5 中的网格划分。网格的位置和被测单元相关，根据元件的典型用途而发生变化。网格的布局和尺寸应保持一致。在例外情况中，对头部的暴露占据主要地位，这时应采用图 7-6 中的网格，以确保得到更加保守的结果。

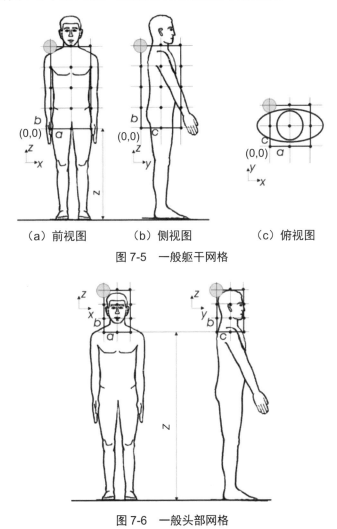

（a）前视图　　　（b）侧视图　　　（c）俯视图

图 7-5　一般躯干网格

图 7-6　一般头部网格

使用满足前述要求的测试方法，测量采用图 7-5～图 7-15 和表 7-6 中确定的网格样式。实际使用的网格位置和被测单元相关，取决于典型的设备配置。其他网格类型和上面提到的网格类型相比，通常代表被测单元的正常使用时的位置。

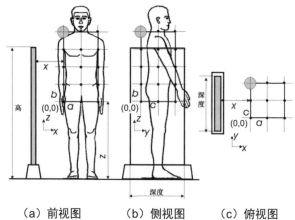

（a）前视图　　　（b）侧视图　　　（c）俯视图

图 7-7　单个地面直立天线

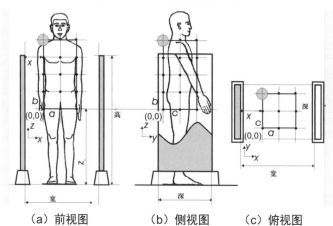

（a）前视图　　　（b）侧视图　　　（c）俯视图

图 7-8　成对地面直立天线

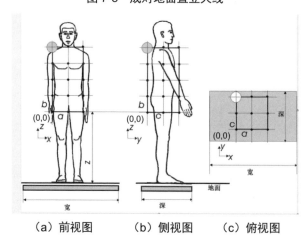

（a）前视图　　　（b）侧视图　　　（c）俯视图

图 7-9　单个地板中的天线

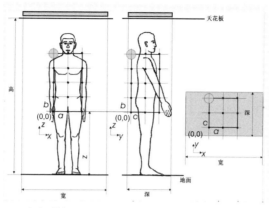

（a）前视图　　（b）侧视图　　（c）俯视图

图 7-10　单个天花板中的天线

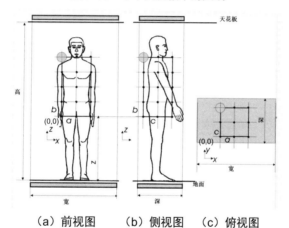

（a）前视图　　（b）侧视图　　（c）俯视图

图 7-11　天花板和地板组合天线

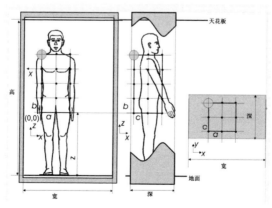

（a）前视图　　（b）侧视图　（c）俯顶视图

图 7-12　过道环形天线

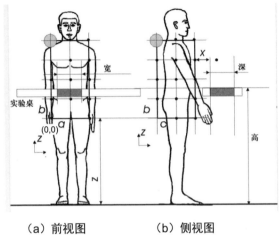

（a）前视图　　　　（b）侧视图

图 7-13　柜台或桌子安装天线

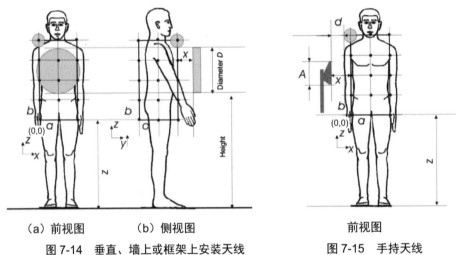

（a）前视图　　　（b）侧视图　　　　　　　　前视图

图 7-14　垂直、墙上或框架上安装天线　　　图 7-15　手持天线

应记录每个网格点的测量值，并与相应的导出限值相比较，并记录结果。

在一些暴露要求中，导出限值是基于暴露个体整个身体的空间平均值。在这些情况下，应计算测量值的合适的线性或二次平均值，并与相应的导出限值相比较，这一结果也应进行记录。

需要强调的是，尽管空间平均值适用于全身暴露的情况，但接近或超过导出限值的个别数值仍说明存在不满足局部基本限值的可能性。在这种情况下，需要使用更加复杂的算法确认是否能满足基本限值。

对于频率高于 300MHz 的情况，在彻底的远场环境中测量时，可按上述要求测量电场。

4）包括场非均匀性的建模和分析

无论近场还是远场评估，都可使用场的计算方法和导出限值进行比较的评估方法。有几个商业软件包可以用来对场的辐射图进行建模。这个模型首先应通过一个或多个相当的场测量进行验证，其比较结果应在合理的测量和建模不确定度之内。

标准涉及的设备通常在其频率内都是非均匀场。通常近场是在被测设备几米的范围内（具体取决于频率），因此所有的评估都应在近场中进行。

可使用精确的网格对场进行测量，效果比前面使用的方法要好。网格尺寸应和场的空间变化一致，这样可以在测量点之间进行内插。

5）现场测量

对已安装设备的电磁场进行现场测量时，应考虑以下几点。

（1）被评估的设备即使满足基本限值的要求，也可能产生超过导出限值的相关场，通常，对基本限值进行直接测量是不太可能的。

（2）背景噪声和环境中其他发射源对测量结果有显著的影响。

（3）有多种设备对总测量值有贡献量，可能造成总暴露超出相应的暴露要求，但真正被测设备的暴露在限值之下。

采用与导出限值对比的方式直接测量，如果测量结果超出用来对比的限值，就需要进一步评估。许多暴露导则和标准对职业人员和公众有不同的导出限值，评估时应使用相应的限值。

参 考 文 献

[1] ALIM, DOUGLASMG, SAYEMATM, FARAONE A, CHOUCK. Threshold power of canonical antennas for inducing *SAR* at compliance limits in the 300-3000 MHz frequency range[J]. [S.l.]: IEEE Trans. Electromag. Compat., 2007, 49(1): 143-152.

[2] SAYEMAT M, DOUGLAS M G, SCHMID G, et al. Correlating threshold power with free-space bandwidth for low directivity antennas[J]. [S.l.]: IEEE Trans.Electromag. Compat, 2008, 51(1): 25-37.

[3] IEC. Assessment of electronic and electrical equipment related to human exposure restrictions for electromagnetic fields (0 Hz to 300 GHz)[S]. Geneva: IEC2019.

[4] IEC. Assessment of the compliance of low power electronic and electrical equipment with the basic restrictions related to human exposure to electromagnetic fields (10 MHz to 300 GHz): 62479-2010 [S].Geneva : IEC, 2019.

[5] 邵小桃，郭勇，王国栋. 电磁场基础[M]. 北京：电子工业出版社，2017.

[6] FCC, RF Exposure Considerations for Low Power Consumerwireless Power Transfer Applications: KDB 680106 D01[S]. Washington: FCC, 2018.

[7] Innovation, Science and Economic Development Canada, Supplementary Procedure for Assessing Compliance with RSS-102 Nerve Stimulation Exposure Limits:SPR-002[S]. Ottawa: Innovation, Science and Economic Development Canada, 2016.

[8] 中华人民共和国工业和信息化部. 人体暴露于 RFID 设备电磁场的评估方法：YD/T 2380-2011[S]. 北京：人民邮电出版社，2011.

附录 A　ICNIRP 导则（2020）：限制电磁场暴露的导则（100kHz～300GHz）

A.1　摘　　要

　　射频电磁场（EMF）多应用于移动通信基础设施、电话、WiFi 和蓝牙等现代化设备中。由较高功率等级产生的射频电磁场对人体健康产生不良影响。于是，针对人体暴露于 300GHz 以下（包括射频电磁场的频谱）的时变电磁场的情况，ICNIRP 于 1998 年发布了《限制电磁场暴露的导则》。自此，大量的科学机构开始深入探究射频电磁场与不良健康状况之间的关系。相应地，随着时间的推移，射频电磁场的应用技术也实现了许多重大发展。因此，ICNIRP 对 1998 年出版的导则中射频电磁场部分的内容进行了更新。本文介绍的修订版导则将为暴露在 100kHz～300GHz 频段范围内的电磁场的人体提供相应保护。

A.2　介　　绍

　　本导则将为暴露于频率 100kHz～300GHz（以下简称射频）的电磁场的人体提供保护措施。本文取代 ICNIRP（1998）射频导则中的 100kHz～300GHz 频段部分以及 ICNIRP（2010）低频导则中的100kHz～10MHz 频段部分。虽然本导则的内容均基于目前最先进的科学，但相关的知识理论仍存在一定的局限，这也使得射频暴露限值的制定受到相应影响。因此，ICNIRP 随着相关科学知识的发展定期修订与更新导则的内容。本文在介绍各项限制或规定的同时也给出了相关的理论依据。其中，导则附录 A 为相关剂量测定的进一步描述，而附录 B 则详细讨论参考文献中提到的生物和健康效应[①]。

[①] 编者按：导则的附录 A 和附录 B 并未包含在本书中。感兴趣的读者可自行查阅 ICNIRP 网站的相关内容。

A.3   目的与范围

　　本导则的主要目的是建立电磁场暴露的限制准则，防止人体因短期或长期暴露于连续或非连续射频电磁场而遭受不良影响，从而对人们起到高度保护的作用。不过，本文的限制准则并不能覆盖所有暴露场景。一些可能利用电磁场的医疗手段及影响或扰乱人体内部电磁场的金属植入物等，都会直接（通过电磁场和人体组织之间直接的相互作用）或间接（通过中间传导物体）对人体产生影响。例如，射频消融和高温热疗等医疗手段，其产生的射频电磁场可能因为与有源植入式医疗器械之间存在无意干扰（请参阅 ISO 2012）或被体内存在的导电性植入设备改变，而对人体造成间接伤害。由于需要依靠专业医学知识权衡这些医疗手段的潜在危险与预期效益，ICNIRP 认为此类由医疗资格从业者处理的暴露场景（即对病人、看护者和抚慰人员，必要时也包括胎儿），以及医学诊疗流程中导电材料的使用，均超出本导则制定的准则范畴（详见 UNEP/WHO/IRPA 1993）。类似地，鉴于志愿者研究是由机构伦理委员会在考虑潜在的利害关系后获准进行的，这类研究的参与者也不属于本导则的覆盖范畴。不过，临床和研究场景中的职业暴露仍在导则的限制范围内。对于同样利用射频电磁场的医疗美容而言，若治疗过程不是由具备资格的医生进行操作，那么此时的人体暴露场景则受 ICNIRP 导则的管制，涉及任何潜在豁免的决策均为国家监管机构的职责。实际上，射频电磁场与电气设备之间存在更普遍的干扰（不仅是植入式医疗设备），其导致的设备故障也会间接影响人体健康。这种情况与电磁兼容性有关，不属于本导则的准则范畴（详细信息可参见 IEC 2014）。

A.4   限制射频暴露的原则

　　针对个体的电磁场暴露水平，本导则做了明确的量化规定，旨在保护人体免受由射频电磁场暴露造成的不良影响（均已得到验证）。为了确定各暴露水平，ICNIRP 首先找出涉及射频电磁场暴露对生物系统产生影响的出版文献，然后筛选其中对人体健康有害并已得到科学验证的生物效应。其中，后一项尤为重要。因为对于这类声称由射频电磁场造成的不良健康效应，ICNIRP 认为均需要进行独立的验证，不仅具有足够的学术质量，同时还符合当前的科学认知，才可作为证据用于制定射频暴露的限制准则，导则提到的证据则基于此背景。已验证的效应是指在各类被认为是由射频电磁场造成的不良效应中能符合证据定义的那些。依据这样的证据判定不良的健康效应，是为了确保本文制定的暴露限制准则并非基于某些未经证实的说法，而是具有真性的。当然，如果有其他充分的理论知识（如相关的生物相互作用机制的认知）能合理预见某不良健康效应的发生，则可以适当放宽判定要求。

针对各类已验证的效应，ICNIRP 提出不良健康效应的阈值，即能够对健康产生影响的最低暴露水平。这些阈值对典型的暴露场景及人群极为保守。针对无法直接从射频健康相关的文献中得到阈值或与射频健康文献无关的证据（间接）表明即使低于电磁场导出阈值仍有可能造成健康损害的情况，ICNIRP 设置了干预阈值。即为了提供适度的保护，基于暴露产生的主要效应（如升温）和健康效应（如疼痛）之间关系的一些补充性理论，得到的干预水平上的限制值。与先前 ICNIRP 导则一致，取缩减因子和所得阈值（或干预阈值）的积，从而得到暴露限制值。作为一种保守措施，该缩减因子考虑群体的生物多样性（如年龄、性别）、基线情况的变化（如组织温度）、环境因素的变化（如空气温度、湿度，衣着）、与暴露值推导相关的剂量不确定度及与健康科学相关的不确定度。

上文提到的暴露限制值被称作基本限值，这类限值与由射频引起的不良健康效应密切相关的各物理量有关。由于其中一些属于人体体内的物理量，不易测量。因此，ICNIRP 从基本限值中导出了一个更易评估的导出限值，以更为可行的方法表征限值与限制准则的符合性。导出限值与基本限值具有同等程度的保护效力，暴露水平低于对应限值中的任意一个都可视为符合导则要求。注意，这两种限值对应的暴露水平的相对一致性可能因为各种因素的影响而有所差异。导出限值作为一种保守措施，以其为参照的暴露水平在最差的暴露情况（现实中极不可能发生）下才会接近以基本限值为参考的值。所以在绝大多数情况下，如果遵循导出限值，被允许的暴露水平远低于对应的基本限值。详情可参见导出限值部分。

本导则将暴露类型分为职业人员和普通公众。职业人员暴露是指因职业所需的成年人在受控条件下暴露于射频电磁场的情况。这类人员受过专业培训，对射频电磁场的潜在风险有所认识并能采取合适的伤害减缓措施，同时还具备与之对应的感官和行为能力。属于职业暴露范畴的工作者必须遵守具有上述信息和保护措施的安全卫生程序。普通公众暴露是指所有年龄层和具有不同健康状况的个人暴露于射频电磁场的情况。这其中还包括更为弱势群体或个体，以及可能对暴露不知情或无法控制的个人。这两种暴露类型的区别也表明，由于普通公众无法获得适合的伤害减缓培训或不具备这样的能力，因此有必要对公众暴露实施更严格的约束。不过，如果能针对所有的已知风险进行恰当的筛查

和培训，职业人员面临的暴露风险并不比普通公众大。注意，无论在何种暴露
场景下，胎儿均属于普通公众这一类别，受公众暴露的限制规定约束。

从上述内容可知，导则的制定需要涉及若干步骤。并且为了确保在暴露水
平大幅超出的情况下限值仍具有保护作用，ICNIRP 对每一个步骤都采用保守
的措施。例如，对不良健康效应的选择、暴露情景的假定、缩减因子的应用及
导出限值的推导均从保守角度出发。这也使得暴露水平提供的保护等级高于仅
考虑缩减因子时建议的（缩减因子仅代表导则中的其中一种保守因素）。目前
尚无证据表明额外的预防措施可为大众的健康提供更多防护。

A.5　限制射频暴露的科学依据

1. 100kHz～10MHz 电磁场频率范围：本导则与其他 ICNIRP 导则之间的
关系

尽管本导则取代 ICNIRP（2010）导则关于 100kHz～10MHz 电磁场频率范
围的内容，但并未对其中关于射频电磁场直接引发的神经刺激效应及与之对应
的限制规定的科学研究作重新审议。并且，除 100kHz～10MHz 频率范围内直
接引发的神经刺激效应外，本导则对 10MHz～300GHz 频率范围内引发的所有
不良健康效应也进行了评估及限制。在将 2010 版本中神经刺激效应的相关内容
并入后，本导则最终确立了当前的整套限制规定。因此，本文不单独讨论与神
经刺激效应有关的健康及剂量测定方面的内容〔详见 ICNIRP（2010）〕。

2. 物理量、单位以及相互作用机制

本节是对导则中使用的电磁学物理量、单位及其与人体的相互作用机制的
简要概述。与导则相关的剂量测定理论则在导则附录 A "物理量及单位" 一节
中有详细介绍。

射频电磁场由振荡的电场和磁场组成，其每秒振荡的次数称为频率，单位
为 Hz。电磁场从场源方向向外传播时还伴随着功率传输，功率的单位为 W，
等同于单位时间（t）内的焦（J，电磁场能量单位）。电磁场对物质产生的影
响是其与物质中的原子和分子相互作用的结果。当生物机体暴露于射频电磁场
时，一部分电磁能量被身体反射出去，另一部分则被身体吸收。这使得暴露个
体体内电磁场的表现较为复杂，这种复杂表现同时还与电磁场特性及人体本身
的物理性质和尺寸密切相关。射频电磁场影响暴露个体的主要因素是电场，人
体内的电场称为感应电场（E_{ind}，单位为 V/m），能对人体健康产生多种潜在的
影响。

首先，人体中的感应电场同时对极性分子（主要是水分子）和自由移动的

带电粒子（如电子和离子）施加力。在这两种情况下，一部分电磁场能量转化为动能，迫使极性分子旋转，同时令带电粒子以电流形式移动。由于极性分子的旋转和带电粒子的移动通常引发与其他极性分子和带电粒子的相互作用，因此，动能被转化为热能。此时的热能对人体健康产生多方面的不良影响。第二，如果感应电场在 10MHz 以下且足够强，其施加的电场力能对神经产生刺激；如果感应电场能量足够强且时间足够短暂（如低频脉冲电磁场），其施加的电场力则能击穿生物膜介质，类似于直流电（DC）穿孔的发生过程（Mir，2008）。

从健康风险的角度来看，我们在意的一般是生物组织吸收的那部分电磁场能量，因为这是造成上述热效应的重要原因。这部分被吸收的能量通常采用相关的剂量计量函数表示。例如，若电磁波处于大约 6GHz 以下，电磁场可渗透到人体组织深处（因此需要考虑渗透深度），此时用比吸收率（SAR）表示，即单位质量吸收的能量，单位为 W/kg。反之，频率在 6GHz 以上的电磁场更多是在人体浅表处被吸收（与深度的相关性较小），此时通常用吸收功率密度（S_{ab}）表示单位面积上吸收的能量（W/m^2）。为了更符合具体的不良健康效应，导则设定不同质量的比吸收率。其中 SAR_{10g} 表示在 10g 立方体积中每千克组织吸收的能量，全身平均比吸收率可代表整个人体每千克组织吸收的能量。同样，吸收功率密度按照面积的不同以与电磁场频率相关的函数进行设定。在某些情况下，能量沉积的速率（功率）与总能量沉积不太相关。这可能是因为暴露较为短暂，尚不足以发生热扩散。针对此类情况，对应 6GHz 以下和 6GHz 以上的电磁场，分别使用比吸收能（SA，单位为 J/kg）和吸收能量密度（U_{ab}，单位为 J/m^2）表示组织吸收的能量。上述的 SAR、S_{ab}、SA、U_{ab} 和 E_{ind} 均为导则中用于规定基本限值的物理量。

由于基本限值使用的物理量难以测量，因此导则还设置了更易评估的物理量规定导出限值。导则中与导出限值相关的物理量包括入射电场强度（E_{inc}）、入射磁场强度（H_{inc}）、入射功率密度（S_{inc}）、平面波等效入射功率密度（S_{eq}）、入射能量密度（U_{inc}）和平面波等效入射能量密度（U_{eq}），以上均在人体外部测量；体内的则是电流 I，单位为 A。基本限值和导出限值的单位如表 A-1 所示，相关的所有术语定义参见导则附录 A。

表 A-1 导则中使用的物理量及对应的 SI 单位

物　理　量	符　号[①]	单　位
吸收能量密度	U_{ab}	J/m^2
入射能量密度	U_{inc}	J/m^2
平面波等效入射能量密度	U_{eq}	J/m^2
吸收功率密度	S_{ab}	W/m^2

续表

物 理 量	符 号[①]	单 位
入射功率密度	S_{inc}	W/m²
平面波等效入射功率密度	S_{eq}	W/m²
感应电场强度	E_{ind}	V/m
入射电场强度	E_{inc}	V/m
入射磁场强度	H_{inc}	A/m
比吸收能	SA	J/kg
比吸收率	SAR	W/kg
电流	I	A
频率	f	Hz
时间	t	s

① 由于基本限值和导出限值不涉及方向，因此物理量均为标量。

3. 射频电磁场健康研究

为了制定安全的暴露水平，ICNIRP 首先需确认存在表明射频电磁场有损健康的证据，并针对已被验证的每种不良效应，确定其与人体的相互作用造成损害的最低暴露水平（如果存在）。此类信息主要来源于国际上一些重要的射频电磁场与健康的文献综述。其中包括由世界卫生组织作为技术文档草案（WHO 2014）发布的射频电磁场暴露和健康的深度研究，以及欧盟新兴及新鉴定健康风险科学委员会（SCENIHR 2015）和瑞典辐射安全局（SSM 2015、2016、2018）的多份报告。这些报告研究梳理了大量文献，从实验研究到流行病学，同时也将儿童和被视作射频电磁场敏感人群的健康纳入考虑。ICNIRP 还关注此后发表的研究报告，以便完善内容。导则附录 B 给出了这类文献的简要概括及下文中提到的主要结论。

如附录 B 所述，除 ICNIRP（2010）中介绍的神经刺激以外，射频电磁场还能通过另外两种主要的生物效应对人体造成影响，即细胞膜渗透性的变化及温度的升高（温升）。同时，虽然是独立于电磁场文献的理论，但是下文中关于热效应与健康之间关系的内容也很重要。ICNIRP 之所以认为这样更恰当，是因为绝大多数射频电磁场健康的研究均选择在远低于造成不良影响的暴露水平下进行，而通过已知的相互作用机制本身考虑不良健康效应阈值的研究又相对较少。为了得到精确的阈值，仅凭射频电磁场健康文献作为依据可能不够全面。相反，更广泛地利用阐述健康与主要生物效应之间关系的文献，更有助于导则的制定。例如，如果有热生理学文献表明某一程度的局部温升损害健康，即使尚未认定产生类似温升的射频暴露具有危害，也可合理地将该热生理学文献纳入考虑。由这类补充性文献推导出的阈值被称为干预不良健康效应阈值。

注意，只有当干预阈值比射频文献中体现的不良健康效应阈值更低（更保守）或射频文献无法提供足够的依据进行阈值推导时，才使用干预阈值设置限制。为了确定阈值，ICNIRP 研究了包括属于低水平暴露效应和非热效应及那些尚未弄清作用机制的现象在内的所有由射频电磁场暴露引发的不良健康效应。同样，由于无法证明连续（如正弦）电磁场和非连续（如脉冲）电磁场会引起不同的生物效应（Kowalczuk 等，2010；Juutilainen 等，2011），理论上不对这两种类型的暴露进行区分（均是根据经验判断是否对健康产生不良影响）。

4．射频电磁场引发的健康效应的阈值

1）神经刺激

人体暴露于电磁场时体内产生电场，如果场的频率在 10MHz 以内，则可能对神经产生刺激（Saunders 和 Jeffreys，2007），神经刺激的表现随着频率的变化而不同。例如，频率为 100kHz 左右时，通常表现为刺痛感。随着频率增加，产生神经刺激的可能性降低，热效应开始占主导。频率到 10MHz 时，引发的电场效应则一般是温热。ICNIRP（2010）低频导则详细介绍了感应电场引发的神经刺激。

2）细胞膜渗透性变化

（低频）脉冲电磁场的能量分布通常覆盖包括射频电磁场在内的一个频率范围（Joshi 和 Schoenbach，2010）。当脉冲足够强且时间足够短时，产生的电磁场可能改变暴露个体的细胞膜的渗透性，进而引起细胞的其他变化。目前尚无证据表明脉冲电磁场中的射频频谱分量（不含低频分量）致使细胞膜的渗透性发生变化。对于神经刺激，ICNIRP（2010）导则中（及本文采用）的限制规定足以保证不会导致渗透性变化。因此，不需要对暴露于这类射频电磁场的人体提供额外的保护。有文章指出暴露于 18GHz 的连续波也导致细胞膜渗透性的变化（如 Nguyen 等，2015）。但这个结论只在体外实验中得到证实。同时，产生这种效应需要非常高的暴露水平（约在 5kW/kg 且历时数分钟），已远远超过造成热损伤所需的水平（见"温升"部分）。既然"温升"一节中针对小幅度温升的限制规定也同样能提供此类防护，因此并无必要专门针对该效应设置限制规定。

3）温升

射频电磁场能使身体发热，因此将产生的热量维持在安全水平尤为重要。然而，从导则附录 B 可知，目前极少有射频暴露研究能使用足够的能量引发热损伤这一健康效应。特别需要注意的是，虽然不时有研究证明射频暴露（以及因此而引发的温升）对人体造成严重损害，但相应文献并没有附随的证据阐明造成损害的最低暴露水平。对于像处于 ICNIRP（1998）基本限值内的这种超低暴露水平，目前已有大量证据表明其产生的热量不足以对人体造成伤害，而针对高于这个范围上限的暴露水平的研究则相对较少。相较于已知的足以损害人体健康的温度，如果可以充分证明还存在能造成损害的更小温度值，则 ICNIRP 将采用这一更小的温度作为限制依据（参见"射频电磁场健康研究"一节）。

注意，虽然健康效应主要与绝对温度有关，但导则限制的并非绝对温度，而是射频电磁场暴露引发的温升。采用这样的对策是因为限制绝对温度需要借助许多导则规范以外的因素（如环境温度、着装和工作强度等），缺乏可行性。这也就意味着某一特定温升对暴露个体的健康状况究竟是加以改善，还是产生影响或损害具体取决于人体的初始温度。例如，轻微的升温令原本寒冷的人感到舒适，但已经很热的人就觉得不适。因此，限制温升是为了避免温度的显著上升（这里的"显著"需要同时考虑潜在危害和正常生理温度变化）。导则还将温升分为稳态温升和短暂温升。其中稳态温升是指温度上升缓慢，使得人体有时间将热量耗散到更大的组织并进行温度调节，从而对抗温升。短暂温升时，人体可能没有足够的时间进行热量耗散，在吸收相同射频能量的情况下，会在较小区域出现更大的温升。这样的差异也表明两种温升的暴露时间应作分别考虑。

❑ 稳态温升

人体核心温度：人体核心温度是指人体内深处（如腹部和大脑）的温度，根据性别、年龄、一天中的时间段、工作强度、环境条件和体温调节等因素而发生很大变化。例如，虽然人体的平均核心温度约为 37℃（在常温范围内），但为了满足某些生理需求，核心温度通常在 24 小时周期内发生变化，且变化幅度可高达 1℃（Reilly 等，2007）。随着热负荷的增加，诸如血管舒张和出汗等体温调节功能会限制人体核心温度的上升。若身体的核心温度上升超过 1℃（即高热），人体健康将受到诸多不良的影响。例如，高热会增加事故发生的风险（Ramsey 等，1983）；体温达到 40℃以上可能导致致命的中暑（Cheshire，2016）。因此，体温调节功能尤为重要。

具体的限制准则可最大程度地降低在职业环境暴露下与高热有关的不良健康风险（ACGIH，2017）。导则旨在改善作业环境，使人体的核心温度不超过正常体温 1℃，并且由于每个特定场景都受到一系列变量的影响，因此还需要对其有深入的了解。如导则附录 B 所述，由射频电磁场引起的人体核心温度升高只见于温度升高超过 1℃时。同时，也没有明确证据为推断不良健康效应的阈值提供支撑。由于参考文献有限，ICNIRP 采用较为保守的温升值作为干预不利健康效应阈值（即 ACGIH 2017 中提出的 1℃温升）。需要强调的是，当核心温度升高 1℃时，人体会发生一些显著的生理变化。这些变化均为人体正常体温调节反应的一部分（如 Van den Heuvel 等，2017），而并非不良健康效应。

通过最新的跨物种实验研究中的理论模型及概括可知，在常温环境（28℃，无覆盖物，静态）下，若人体暴露于 100kHz～6GHz 频率内的电磁场 1 小时以上，其全身平均比吸收率将接近 6W/kg，并且核心温度上升 1℃。由于儿童的散热效率更高，要达到同样程度的温升则需要更大的比吸收率（Hirata 等，2013）。由于可利用的测量数据有限，ICNIRP 从保守立场出发，将引起人体核心温度上升 1℃ 的射频暴露水平设定为 30min 内平均值 4W/kg。这里的 30min 为达到稳态温度所需的时间（详细信息请参阅导则附录 A 中"时间平均的考量"部分）。一个简单的对比，成人处于休息状态时的总比吸收率约为 1W/kg（Weyand 等，2009），而站立和跑步时则分别为 2W/kg 和 12W/kg（Teunissen 等，2007）。

随着电磁场频率的增加，暴露及由此引发的温升发生在更浅表的人体组织。在超过大约 6GHz 后，发热现象基本只出现在皮肤层。例如，对于 6GHz 和 300GHz 的频率，通常 86% 的功率分别在皮肤表面下 8mm 和 0.2mm 处被吸收（Sasaki 等，2017）。由于浅表组织比深层组织更容易将热量传递到环境中，因此浅表组织更容易将热量排出体外。这也是防止人体核心温度上升的基本限值的上限频率为 10GHz 的原因（如 ICNIRP 1998）。但同时有研究表明，300GHz 以上的电磁场频率（如红外辐射）引发的人体核心温度温升超过上文提到的 1℃ 这一干预不利健康效应阈值（Brockow 等，2007）。其原因是红外辐射及本导则涵盖的较低频率都在真皮层内引起发热，而真皮层内广泛分布的血管网络可将产生的热量传输到身体深处。因此，即使电磁场频率高于 6GHz，也同样应防止人体核心温度的上升。

ICNIRP 并不清楚是否有研究评估 6～300GHz 电磁场对人体核心温度的影响或能表明产生有害影响。不过，作为保守措施，ICNIRP 将 6GHz 以下及 6～300GHz 频率范围内的干预不良健康效应阈值均设定为 4W/kg。作为这一保守阈值的支撑，研究表明，当身体一侧暴露于 1260W/m^2（入射功率密度）的红外辐射时，人体核心温度上升 1℃（Brockow 等，2007）。若将此数据对应到暴露个体为 70kg 成年人、暴露面积为 1m^2 且无皮肤反射的场景，那么得到的全身比吸收率约为 18W/kg，该值远高于 6GHz 以下引起 1℃ 温升的暴露水平，即 4W/kg。由于 Brockow 的研究中使用保温毯减少散热，导致上述数据更为保守，从而低估了一般条件下能引起人体核心温度上升要求的暴露水平。

局部温度：除了人体核心温度，局部的发热现象也引起疼痛和热损伤。大量文献表明，皮肤长时间接触低于 42℃ 的温度并不会引起疼痛或细胞损伤（如 Defrin 等，2006）。这个结论也符合导则附录 B 中关于射频电磁场引起皮肤发热的研究（例如，Walters 等 2000 一文表示暴露于 94GHz 电磁场时的疼痛感阈值为 43℃），不过数据有限。针对热源可穿透表皮防御层直达具有热敏性的表皮或真皮界面的情况，现有的数据则更少。同时，也有大量的文献对组织损伤的阈值进行评估，得到的结论是当组织温度＞41～43℃时会引起损伤，并且在这个温度范围内，发生组织损伤的可能性和严重程度随时间增加（例如，Dewhirst 等，2003；Yarmolenko 等，2011；Van Rhoon 等，2013）。

本导则将致使局部温度上升至 41℃或以上的射频电磁场暴露视为潜在危害。由于人体的温度随身体部位的不同而变化，因此，ICNIRP 对不同部位的暴露有单独的应对方案。对应身体的不同区域，根据其在常温条件下的温度，本导则定义了两种组织类型：1 型组织（上臂、前臂、手部、大腿、小腿、足部、耳廓、眼角膜、眼前房、眼虹膜、表皮、真皮、脂肪、肌肉、骨头中的组织）和 2 型（1 型组织以外的头部、眼部、腹部、背部、胸部和骨盆中的所有组织），并分别设定干预不良健康效应阈值。1 型组织的常温温度一般＜(33～36)℃，2 型组织的常温温度一般＜38.5℃（DuBois，1941；Aschoff 和 Wever，1958；Arens 和 Zhang，2006；Shafahi 和 Vafai，2011）。本导则采取保守手段，将 41℃视为具有潜在危害的温度。因此，对照两组常温温度，作为局部暴露的不良健康效应的干预阈值，射频电磁场在 1 型和 2 型组织内引发的温升分别为5℃和2℃。

由于难以根据上述组织类型分类设定暴露的限制条件，ICNIRP 重新定义了两个区域：一个为包括头部、眼部、耳廓、腹部、背部、胸部和骨盆在内的头和躯干（同时具有 1 型和 2 型组织）；另一个则为包括上臂、前臂、手部、大腿、小腿和脚部在内的肢体（只有 1 型组织）。这两个区域分别具有不同的限制条件,每个区域对应的暴露水平可使 1 型和 2 型组织中温升分别不超过5℃和2℃。根据定义，肢体这一区域不包含任何 2 型组织，因此肢体的不良健康效应的干预阈值始终为 5℃。

睾丸作为特例，即使是正常的生理温度变化，如果持续的时间较长，也会发生可逆的功能性递变，但不存在明显的阈值。例如，保持坐姿等正常行为导致睾丸温度升高 2℃，从而引起可逆性的精子数量减少（相对于保持站姿的情况；Mieusset 和 Bujan，1995）。由此可知，2 型组织的不良健康效应的干预阈值可能引起精子功能的可逆改变。但是目前并没有证据表明这类效应损害健康。鉴于 2 型组织的不良健康效应的干预阈值为 2℃，在睾丸正常的生理范围内，这个阈值对其同样适用。注意，2 型组织（包含腹部，因此也有涉及胎儿的可能性）的不良健康效应的干预阈值也与为防止胎儿温升引起动物致畸效应而设定的 2℃阈值一致（Edwards 等，2003；Ziskin 和 Morrissey，2011）。

针对由频率为 100kHz～6GHz 的电磁场在人体组织内引起的稳态温升，可以通过 10g 组织平均比吸收率进行判定。尽管由电磁场引起的温升在 10g 体积内存在差异，但由于这个过程中热能迅速地往更大的体积上扩散，事实上，选用 10g 的立方体完全足够（Hirata 和 Fujiwara，2009）。因此，ICNIRP 在设定不良健康效应的干预阈值对应的暴露水平时通常使用 10g 立方体作平均，此时的暴露水平可以将 1 型和 2 型组织的温升分别控制在 5℃和 2℃以下。此外，ICNIRP 假设的暴露水平一般来自真实的场景（即人们在日常生活中可能遇到的暴露场景，也包括职业暴露在内）。例如，无线通信源的电磁场暴露水平。这也使得在肢体这一区域的暴露水平可以高于头部和躯干。在能够产生稳态温升时长内（数分钟到 30min），如果想要超出不良健康效应的干预阈值，头部和躯干的 SAR_{10g} 需要达到 20W/kg，而肢体 SAR_{10g} 则至少为 40W/kg。上述的时长通常按平均 6min 执行，因为该时长与局部暴露的热时间常数非常接近。

频率在>(6～300)GHz 时，电磁场的能量主要集中于浅表组织，针对更下层组织的 SAR_{10g} 与这一频率范围相关性并不大。相反，吸收功率密度（S_{ab}）则可用于量度组织吸收的功率，准确估算浅表温升（Funahashi 等，2018）。虽然 6～10GHz 仍有相当多的能量到达皮下组织被吸收。但 6～300GHz 这一范围最大（即最差）温升出现在接近皮肤表面的位置，并且能将 1 型组织的温升限制在不良健康效应的干预阈值以下（5℃）的暴露水平也能限制 2 型组织的温升不超过不良健康效应的干预阈值（2℃）。注意，特定的频率下比吸收率转换到吸收功率密度存在一定的不确定度。之所以选择 6GHz 作为界点，是因为在该频率下，大部分功率在皮肤组织内能被吸收，即在 10g SAR 立方体积的上半部分（也就是说，可以用 2.15cm×2.15cm 立方体的表面表示）。最新的热建模和数值解析研究表明，对于 6～30GHz 的电磁场，4cm^2 的平均暴露能可靠地估算局部最高温升（Hashimoto 等，2017；Foster 等，2017）。随着频率进一步增大，由于存在波束直径更小的可能，平均面积需要减小，因此 30～300GHz 的平均面积为 1cm^2。虽然随着频率从 6GHz 增加到 300GHz，温升估算的最佳平均面积从 4cm^2 逐渐转换为 1cm^2，但 ICNIRP 仍采用 4cm^2 的平均面积作为>(6～300)GHz 实际的保护规范。此外，针对>(30～300)GHz（有发生聚焦波束暴露的可能）的频率，为了确保较小区域上的温升在不良健康效应的干预阈值内，还需要额外考虑 1cm^2 空间平均暴露。

由于选定 6min 为暴露平均时长（Morimoto 等，2017），同时，在>(6～300)GHz 这一频率范围内，要使 1 型组织的局部温升达到不良健康效应的干预阈值（5℃），吸收功率密度需要接近 200W/m^2（Sasaki 等，2017）。因此，针对局部发热，ICNIRP 规定在暴露平均时长 6min、面积 4cm^2 的正方形上的吸收功率密度的暴露水平为 200W/m^2。并且该暴露水平也能将 2 型组织的升温限制在其不良健康效应的干预阈值（2℃）以下。对于>30GHz 的频率，本文还附加 1cm^2 空间平均上的吸收功率密度不得超过 400W/m^2 这一约束。

❏　快速温升

对于某些类型的暴露，快速温升可能导致热点产生，即组织上的温度分布不均（Foster 等，2016；Morimoto 等，2017；Laakso 等，2017；Kodera 等，2018）。从而也使得相关的暴露类型需要采用更短的时长进行平均。由于没有足够时间使热量在组织上散发（或平均），历时较短的暴露会产生热点。这种效应通常随着频率的增大而变得更加显著，因为能量的穿透深度随之变小。

针对这种非均匀的温度分布，为了将温升限制在不良健康效应的干预阈值以下，需要对稳态暴露水平进行调整，设定最大允许暴露水平（为时间函数）。

ICNIRP 采用 10g 立方体积的比吸收能（SA）定义 400MHz～6GHz 的限制，并将头部和躯干的 SA 限制在 $7.2[0.05+0.95(t/360)^{0.5}]$kJ/kg，而肢体 SA 则为 $14.4[0.025+0.975(t/360)^{0.5}]$kJ/kg，其中暴露时长 t 单位为 s（Kodera 等，2018）。注意，针对此规定，无论是单脉冲、脉冲群还是脉冲链子群产生的暴露，抑或是包括非脉冲电磁场暴露在内的总暴露，只要在 t 内发射，水平都不得超过上述公式的值（为了确保温升不超过阈值）。

对于低于 400MHz 的电磁场，由于其穿透深度较大，ICNIRP 并没有规定短暂时长的暴露水平。平均 6min 的局部比吸收率产生的总 SA 不能使温升超过不良健康效应的干预阈值（无论是脉冲形式，还是短时暴露的形式）。

当频率大于 6GHz 时，ICNIRP 采用任意 4cm^2 正方形平均的吸收能量密度（U_{ab}）同时描述头部和躯干及肢体的暴露水平。U_{ab} 的值为 $72[0.05+0.95(t/360)^{0.5}]$kJ/m^2，其中暴露时长 t 单位为 s（Kodera 等，2018）。

针对频率＞(30～300)GHz 的电磁场引起的聚焦波束暴露，ICNIRP 设置了附加限制，即 1cm^2 正方形平均的暴露水平不超过 $144[0.025+0.975(t/360)^{0.5}]$kJ/m^2。

由于 SA 和 U_{ab} 并不足以将 1 型或 2 型组织温度分别提高 5℃或 2℃，因此两者均为保守值。

A.6　限制射频暴露的导则

如"限制射频暴露的科学依据"一节所述，射频电磁场的暴露水平对应的不良健康效应已经明确。基本限值就是由这些信息推导而来的，下文的"基本限值"一节将详细描述。ICNIRP（2010）中与神经刺激有关的基本限值（电磁场频率范围为 100kHz～10MHz）也被添加到这套基本限值中，表 A-2～表 A-4 给出完整的基本限值列表。导出限值则由表中所列的基本限值导出，"导出限值"一节对此做详细介绍，其中"同时暴露于多个频率的电磁场"部分还将具体说明如何从限值的角度处理多频率电磁场。"接触电流导则"一节为与接触电流相关的规定，而"缓解职业暴露风险的探讨"则描述职业暴露中与健康有关的注意事项。为了遵循本导则的规定，每个暴露相关的物理量（如电场强度、磁场强度、比吸收率）及时间和空间平均条件都必须符合基本限值或相应的导出限值要求（不必同时满足两种限值）。注意，如果限值设置了特定的平均间隔时间，所有平均间隔时间都必须遵守限值。

表 A-2 100kHz～300GHz 频率电磁场暴露的基本限值
（平均间隔时长≥6min）

暴露场景	频率范围	全身平均 SAR/（W/kg）	局部头部或躯干 SAR/（W/kg）	局部肢体 SAR/（W/kg）	局部 S_{ab}/（W/m²）
职业暴露	100kHz～6GHz	0.4	10	20	—
	>(6～300)GHz	0.4	—	—	100
公众暴露	100kHz～6GHz	0.08	2	4	—
	>(6～300)GHz	0.08	—	—	20

注：1. —表示无须判定其符合性。

2. 全身平均 SAR 为任意 30min 内的平均值。

3. 局部 SAR 和 S_{ab} 为任意 6min 内的平均值。

4. 局部 SAR 为任意 10g 立方体积上的平均值。

5. 局部 S_{ab} 为身体上任意 4cm² 正方形面积上的平均值。频率>30GHz 时，需额外增加一个约束条件，即任意 1cm² 表面积上的平均值不得超过 4cm² 平均下的限值的 2 倍。

表 A-3 100kHz～300GHz 频率电磁场暴露的基本限值
（0<积分间隔时长<6min）

暴露场景	频率范围	局部头部或躯干 SA/（kJ/kg）	局部肢体 SA/（kJ/kg）	局部 U_{ab}/（kJ/m²）
职业暴露	100kHz～400MHz			
	>（400MHz～6GHz）	$3.6[0.05+0.95(t/360)^{0.5}]$	$7.2[0.025+0.975(t/360)^{0.5}]$	—
	>（6～300GHz）	—	—	$36[0.05+0.95(t/360)^{0.5}]$
公众暴露	100kHz～6GHz			
	>（400MHz～6GHz）	$0.72[0.05+0.95(t/360)^{0.5}]$	$1.44[0.025+0.975(t/360)^{0.5}]$	—
	>（6～300GHz）	—	—	$7.2[0.05+0.95(t/360)^{0.5}]$

注：1. —表示无须判定其符合性。

2. t 为以 s 为单位的时间，无论暴露本身的时间特性如何，0<t<360s 的所有值都必须满足限值条件。

3. 局部 SA 为任意 10g 体积上的平均值。

4. 局部 U_{ab} 为身体上任意 4cm2 表面积上的平均值。频率>30GHz 时，需额外增加一个约束条件，即身体任意 1cm2 表面积上的平均值不得超过 72[0.025+0.975(t/360)0.5]（职业暴露）或 14.4[0.025+0.975(t/360)0.5]（公众暴露）。

5. 无论是单脉冲、脉冲群还是脉冲链子群产生的暴露，抑或是包括非脉冲电磁场暴露在内的总暴露，只要在 t 内发射，都不得超过表中限值。

表 A-4　100kHz～10MHz 频率电磁场暴露的基本限值（峰值空间平均值）

暴 露 场 景	频 率 范 围	感应电场强度 E_{ind}/（V/m）
职业暴露	100kHz～10MHz	$2.70 \times 10^{-4}f$
公众暴露	100kHz～10MHz	$1.35 \times 10^{-4}f$

注：1. f 为以 Hz 为单位的频率。

2. 表中限值适用于身体任何部位，且根据 ICNIRP（2010）的规定，该值为 2mm×2mm×2mm 的相邻组织上的均方根（RMS）平均值。

1．基本限值

表 A-2～表 A-4 列出本导则设置的所有基本限值。此外，下文还对每个限值的推导进行简要概述。如上文所述，本导则并没有重新评估 ICNIRP（2010）针对 100kHz～10MHz 设置的基本限值（详见表 A-4）。导则附录 A "相关生物物理机制" 部分对基本限值相关的问题进行了更加详细的介绍。注意，下列各基本限值均将孕妇视作普通公众。之所以如此，是因为近期的模型研究表明，在全身和局部暴露场景下，若对母亲采用职业暴露的基本限值，可能导致胎儿的暴露水平超过公众暴露的基本限值。

1）全身平均比吸收率（100kHz～300GHz）

如 "人体核心温度" 部分所述，导则将 4W/kg 全身平均比吸收率（任意 30min 内全身范围的平均值）作为引起人体核心温度上升 1℃（不良健康效应的干预阈值）的暴露水平。该暴露水平与缩减因子 10 结合，最后得到职业暴露的限值。此举主要是考虑科学不确定度、各人群在热生理机能上的差异及环境条件和身体活动水平的不同。其中，尤其不可忽略个人调节核心体温能力的差异。因为这个能力取决于一系列导则无法控制的因素，包括中枢和外周介导的血液灌注和出汗率（这些因素又受到一系列其他条件的影响，如年龄和某些身体状况）的变化，以及行为和环境条件。

如此，便得到了大小为 0.4W/kg 的全身平均比吸收率这一职业暴露基本限值（平均时长为 30min）。虽然这意味着在更短时长内比吸收率可能较大，但并不会对人体核心温升产生明显的影响。因为温度被整个身体以 30min 时长平均，而与此相关的正是时间平均温升。此外，由于必须同时符合全身和局部的限值要求，为了避免过高的暴露水平对局部区域产生危害，又设置了下文提到的局部限值作为保护措施。对于公众暴露基本限值，因为无法要求普通公众了解电磁场暴露，并减少自身暴露风险，ICNIRP 选取缩减因子 50，设置大小为 0.08W/kg 的全身平均比吸收率（平均时长为 30min）。

注意，自 ICNIRP 导则（1998）以来，无论是全身射频暴露的剂量不确定度还是与其相关的潜在健康危害不确定度都已大幅减小。这也表示缩减因子的选取可以不必过于保守。由于 ICNIRP 认为维持基本限值的稳定远比对其稍作修改更有利，因此保留全身平均基本限值原先的缩减因子。同样，虽然随着频率增大，温升会发生在人体更浅表的位置（产生的热量更容易散发到环境中），但 6GHz 以上的全身平均比吸收率仍使用≤6GHz 频段的全身平均比吸收率限值。

2）局部比吸收率（100kHz～6GHz）

❑ 头部和躯干

按照"局部温度"一节中关于 100kHz～6GHz 的内容所述，头部和躯干的不良健康效应的干预阈值（1 型和 2 型组织分别为 5℃和 2℃）对应的局部暴露水平为 20W/kg（任意 6min 内 10g 立方体质量的平均比吸收率）。鉴于，科学不确定度、各人群在热生理机能上的差异，以及环境条件和身体活动水平的不同，ICNIRP 将职业暴露的缩减因子取值为 2。局部暴露缩减因子较全身暴露缩减因子更小，其原因是局部暴露引起的健康效应的阈值不易受环境条件和多变的中枢介导体温调节过程影响，且从医学上来看，相关的健康效应也不太大。最终得到的职业暴露基本限值为一个 10W/kg 的 SAR_{10g}（平均时长为 6min）。同样，由于无法要求普通公众了解电磁场暴露，并减少自身暴露风险，而且此类人群的热生理机能差异也更大。综上，ICNIRP 选取 10 作为公众暴露的缩减因子，将基本限值的 SAR_{10g} 降低至 2W/kg（平均时长为 6min）。

❑ 肢体

按照"局部温度"一节中关于 100kHz～6GHz 的内容所述，导则将 40W/kg（任意 6min 内 10g 立方体质量的平均比吸收率）作为引起肢体局部温度上升 5℃（不良健康效应的干预阈值）的局部暴露水平。与头部和躯干的情况相同，鉴于科学不确定度、各人群在热生理机能上的差异及环境条件和身体活动水平的不同，职业暴露的缩减因子取值 2，最终得到 20W/kg 的 SAR_{10g} 基本限值。同样，由于无法要求普通公众了解电磁场暴露，并减少自身暴露风险，而且此类人群的热生理机能差异也更大。ICNIRP 选取 10 作为公众暴露的缩减因子，将基本限值的 SAR_{10g} 降低至 4W/kg（平均时长为 6min）。

3）局部 SA（400MHz～6GHz）

根据"快速温升"一节所述，在频率＞（400MHz～6GHz），需要增加额外的限制条件以确保 6min 平均 SAR_{10g} 基本限值下允许的累积能量不被组织过快吸收。因此，ICNIRP 设置了 SA 水平（为时间函数）用以评估时长小于 6min 的暴露，将其引发的温升限制在不良健康效应的干预阈值以下。对于头部和躯干的暴露，10g 立方体质量平均的 SA 水平为 $7.2[0.05+0.95(t/360)^{0.5}]$kJ/kg；而肢

体暴露则为 $14.4[0.025+0.975(t/360)^{0.5}]$kJ/kg，其中 t 为暴露时长，单位为 s。

与 SAR_{10g} 基本限制一样，鉴于科学不确定度、各人群在热生理机能上的差异及环境条件和身体活动水平的不同，职业暴露的缩减因子取值 2，进而得到头部和躯干及肢体的基本限值，大小分别为 $3.6[0.05+0.95(t/360)^{0.5}]$kJ/kg 和 $7.2[0.025+0.975(t/360)^{0.5}]$kJ/kg。对于公众暴露，由于无法要求普通公众了解电磁场暴露，并减少自身暴露风险，而且此类人群的热生理机能差异也更大。ICNIRP 选取 10 作为缩减因子，进而得到头部和躯干的基本限值 $0.72[0.05+0.95(t/360)^{0.5}]$kJ/kg，以及肢体的基本限值 $1.44[0.025+0.975(t/360)^{0.5}]$kJ/kg。

注意，对于短时暴露的基本限值，无论是单脉冲、脉冲群还是脉冲链子群产生的暴露，抑或是包括非脉冲电磁场暴露在内的总暴露，只要在 t 内发射，均不得超过上述局部 SA 值。

4）局部吸收功率密度（＞（6GHz～300GHz））

根据"局部温度"一节所述，频率 6GHz～300GHz，头部和躯干及肢体的不良健康效应的干预阈值（1 型和 2 型组织分别为 5℃和 2℃）对应的局部暴露水平为 200W/m^2（任意 6min 内 4cm^2 正方形表面积的平均吸收功率密度）。与比吸收率基本限制一样，鉴于科学不确定度、各人群在热生理机能上的差异及环境条件和身体活动水平的不同，职业暴露的缩减因子取值 2，进而得到职业暴露基本限值 100W/m^2（任意 6min 内 4cm^2 正方形表面积的平均吸收功率密度）。

由于无法要求普通公众了解电磁场暴露，并减少自身暴露风险，而且此类人群的热生理机能差异也更大。ICNIRP 选取 10 作为公众暴露的缩减因子，将基本限值降低至 20W/m^2（任意 6min 内 4cm^2 正方形表面积的平均吸收功率密度）。

此外，针对频率＞(30～300)GHz 的电磁场引起的聚焦波束暴露，1cm^2 正方形表面积的平均吸收功率密度不得超过空间平均为 4cm^2 的基本限值。

5）局部吸收能量密度（＞（6GHz～300GHz））

根据"快速温升"一节所述，频率＞(6～300)GHz，需要增加额外的限制条件以确保 6min 平均的吸收功率密度基本限值下允许的累积能量不被组织过快吸收。因此，ICNIRP 设置了最大吸收能量密度水平 $72[0.05+0.95(t/360)^{0.5}]$kJ/m^2（身体任意 4cm^2 表面积平均）用以评估时长小于 6min 的暴露，将其引发的温升限制在不良健康效应的干预阈值以下。作为时间函数，式中的 t 表示以 s 为单位的暴露时长。针对频率＞(30～300)GHz 的电磁场引起的聚焦波束暴露，不良健康效应的干预阈值对应的吸收能量密度为 $144[0.025+0.975(t/360)^{0.5}]$kJ/m^2（身体任意 1cm^2 表面积平均）。注意，对于短时暴露的基本限值，无论是单脉冲、脉冲群还是脉冲链子群产生的暴露，抑或是包括非脉冲电磁场暴露在内的总暴露，只要在 t 内发射，均应满足上述公式。

与吸收功率密度的基本限制一样，鉴于科学不确定度、各人群在热生理机能上的差异及环境条件和身体活动水平的不同，职业暴露的缩减因子取值 2，进而得到基本限值 $36[0.05+0.95(t/360)^{0.5}]kJ/m^2$（身体任意 $4cm^2$ 表面积平均）。频率在 $>(30\sim300)GHz$ 的职业暴露，还有一个额外的基本限值，即身体任意 $1cm^2$ 表面积上的暴露不得超过 $72[0.05+0.95(t/360)^{0.5}]kJ/m^2$。针对公众暴露，由于无法要求普通公众了解电磁场暴露，并减少自身暴露风险，而且此类人群的热生理机能差异更大。ICNIRP 选取 10 作为缩减因子，将基本限值降低至 7.2 $[0.05+0.95(t/360)^{0.5}]kJ/m^2$ 身体任意 $4cm^2$ 表面积平均）。同样，频率 $>(30\sim300)GHz$ 时，需对公众暴露增加一个额外基本限值，即身体任意 $1cm^2$ 表面积上的暴露不得超过 $14.4[0.05+0.95(t/360)^{0.5}]kJ/m^2$。

6）基本限值列表

为了符合基本限值的要求，射频电磁场暴露不得超过表 A-2、表 A-3 或表 A-4 中针对该电磁场频率设定的限值。即对于任何给定的射频电磁场频率，必须同时满足与其对应的全身 SAR、局部 SAR、S_{ab}、SA、U_{ab} 和感应电场限值。

2．导出限值

导出限值通过计算研究和测量研究的结合推导得出，与基本限值同样作为表征符合性的方法，其涉及的物理量更易评估。并且，对于最坏情况的暴露场景，导出限值还能提供与基本限值同等的保护。但由于推导均基于保守假设，在绝大多数的暴露场景中，导出限值比对应的基本限值更保守。具体内容可参见导则附录 A "导出限值推导" 一节。

表 A-5～表 A-9 列出所有导出限值。图 A-1 和图 A-2 分别为长时职业暴露和长时公众暴露的导出限值的图示（≥6min）。表 A-5 中导出限值的平均时长为 30min，对应全身平均基本限值。表 A-6（平均时长 6min）、表 A-7（平均时长在 0～6min）及表 A-8（峰值瞬时场强量度）对应较小平均区域的基本限值。为了应对接近人体共振频率的接地效应（Dimbylow，2001），ICNIRP 增加了一个肢体电流的导出限值，从而避免低估某些电磁场频率的导出限值（平均时长 6min；表 A-9）。肢体电流导出限值只针对人体未作电气隔离处理的暴露场景。

表 A-5～表 A-9 列出相关暴露物理量的平均时间和积分时间，用以判定个人的暴露水平是否符合导则要求。表中各平均时间并不一定与评估场强或其他暴露物理量所需的测量时间相等。根据各个技术标准机构的意见，评估各暴露物理量的实际测量时间可能比各表中规定的时长更短。

表 A-5 暴露于 100kHz～300GHz 电磁场时任意 30min 内的
全身平均导出限值（未受干扰的 *rms*）

暴露场景	频率范围	感应电场强度 E_{inc}/（V/m）	感应磁场强度 H_{inc}/（A/m）	入射功率密度 S_{inc}/（W/m²）
职业暴露	0.1～30MHz	$660/f_M^{0.7}$	$4.9/f_M$	—
	>(30～400)MHz	61	0.16	10
	>(400～2000)MHz	$3f_M^{0.5}$	$0.008f_M^{0.5}$	$f_M/40$
	>(2～300)GHz	—	—	50
公众暴露	0.1～30MHz	$300/f_M^{0.7}$	$2.2/f_M$	—
	>(30～400)MHz	27.7	0.073	2
	>(400～2000)MHz	$1.275/f_M^{0.1770.5}$	$0.0037f_M^{0.5}$	$f_M/200$
	>(2～300)GHz	—	—	10

注：1. —表示无须判定其符合性。

2. f_M 为以 MHz 为单位的频率。

3. S_{inc}、E_{inc} 和 H_{inc} 均为任意 30min 内的全身区域平均值。E_{inc} 和 H_{inc} 的时间和空间平均值必须通过取其相关平方值的平均确定（详见导则附录 A 中的等式 8）。

4. 对于 100kHz～*30MHz* 频率，无论处于远场还是近场，如果 E_{inc} 或 H_{inc} 均未超过上述导出限值，则表示合规。

5. 对于 >（30MHz～2GHz）频率：① 在远场区域内：如果 S_{inc}、E_{inc} 或 H_{inc} 中任意一个未超过上述导出限值，则表示合规（S_{eq} 可以代替 S_{inc}）；② 在辐射近场区域内：如果 S_{inc} 本身或 E_{inc} 和 H_{inc} 两者未超过上述导出限值，则表示合规；③ 在感应近场区域内：如果 E_{inc} 和 H_{inc} 两者同时未超过上述导出限值，则表示合规。此时 S_{inc} 不可用，只能采用基本限值进行评估。

6. 对于 >（2～300GHz）频率：① 在远场区域内：如果 S_{inc} 未超过上述导出限值，则表示合规（S_{eq} 可以替代 S_{inc}）；② 在辐射近场区域内：如果 S_{inc} 未超过上述导出限值，则表示合规；③ 在感应近场区域内导出限值不可用，只能采用基本限值进行评估。

表 A-6 100kHz～300GHz 电磁场在任意 6min
平均的局部暴露导出限值（未受干扰 *rms*）

暴露场景	频率范围	感应电场强度 E_{inc}/（V/m）	感应磁场强度 H_{inc}/（A/m）	入射功率密度 S_{inc}/（W/m²）
职业暴露	0.1～30MHz	$1504/f_M^{0.7}$	$10.8/f_M$	—
	>(30～400)MHz	139	0.36	50
	>(400～2000)MHz	$10.58f_M^{0.43}$	$0.0274f_M^{0.43}$	$0.29f_M^{0.86}$
	>(2～6)GHz	—	—	200
	>6～<300GHz	—	—	$275/f_G^{0.177}$
	300GHz	—	—	100

续表

暴露场景	频率范围	感应电场强度 $E_{inc}/$（V/m）	感应磁场强度 $H_{inc}/$（A/m）	入射功率密度 $S_{inc}/$（W/m^2）
公众暴露	0.1～30MHz	$671/f_M^{0.7}$	$4.9/f_M$	—
	>(30～400)MHz	62	0.163	10
	>(400～2000)MHz	$4.72f_M^{0.43}$	$0.0123f_M^{0.43}$	$0.058f_M^{0.86}$
	>(2～6)GHz	—	—	40
	>6～<300GHz	—	—	$55/f_G^{0.177}$
	300GHz	—	—	20

注：1．—表示无须判定其符合性。

2．f_M 为以 MHz 为单位的频率；f_G 为以 GHz 为单位的频率。

3．S_{inc}、E_{inc} 和 H_{inc} 均为 6min 时间平均值，对应的人体上投影面的空间平均条件见注 6 和 7。E_{inc} 和 H_{inc} 的时间和空间平均值必须通过取其相关平方值的平均确定（详见导则附录 A 中的等式8）。

4．对于 100kHz～30MHz 频率，无论处于远场还是近场，如果全身投影面的空间峰值 E_{inc} 或空间峰值 H_{inc} 均未超过上述导出限值，则表示合规。

5．对于 >（30MHz～6GHz）频率：① 在远场区域内：如果全身投影面的空间峰值 S_{inc}、E_{inc} 或 H_{inc} 中任意一值未超过上述导出限值，则表示合规（S_{eq} 可以代替 S_{inc}）；② 在辐射近场区域内：如果空间峰值 S_{inc} 本身或空间峰值 E_{inc} 和 H_{inc} 两者未超过上述导出限值，则表示合规；③ 在感应近场区域内：如果 E_{inc} 和 H_{inc} 两者同时未超过上述导出限值，则表示合规。频率 >2GHz，S_{inc} 不适用，只能采用基本限值进行评估。

6．对于 >（6GHz～300GHz）频率：① 在远场区域内：如果 4cm^2 投影面的 S_{inc} 未超过上述导出限值，则表示合规（S_{eq} 可以代替 S_{inc}）；② 在辐射近场区域内：如果 4cm^2 投影面的 S_{inc} 未超过上述导出限值，则表示合规；③ 在感应近场区域内导出限值不可用，只能采用基本限值进行评估。

7．对于 >（30GHz～300GHz）频率，1cm^2 正方形投影面上的平均暴露不得超过 4cm^2 正方形平均下的限值的 2 倍。

表 A-7　100kHz～300GHz 电磁场在 0<时间积分<6min
的局部暴露导出限值（未为受干扰 *rms*）

暴露场景	频率范围	入射能量密度 $U_{inc}/$（kJ/m^2）
职业暴露	100kHz～400MHz	—
	>(400～2000)MHz	$0.29/f_M^{0.86}\times0.36[0.05+0.95(t/360)^{0.5}]$
	>(2～6)GHz	$200\times0.36[0.05+0.95(t/360)^{0.5}]$
	>6～<300GHz	$275/f_G^{0.177}\times0.36[0.05+0.95(t/360)^{0.5}]$
	300GHz	$100\times0.36[0.05+0.95(t/360)^{0.5}]$
公众暴露	100kHz～400MHz	—
	>(400～2000)MHz	$0.058/f_M^{0.86}\times0.36[0.05+0.95(t/360)^{0.5}]$
	>(2～6)GHz	$40\times0.36[0.05+0.95(t/360)^{0.5}]$

续表

暴 露 场 景	频 率 范 围	入射能量密度 $U_{inc}/$（kJ/m²）
公众暴露	>6～<300GHz	$55/f_G^{0.177} \times 0.36[0.05+0.95(t/360)^{0.5}]$
	300GHz	$20 \times 0.36[0.05+0.95(t/360)^{0.5}]$

注：1. —表示无须判定其符合性。

2. f_M 为以 MHz 为单位的频率；f_G 为以 GHz 为单位的频率。t 为以 s 为单位的时间，无论是单脉冲、脉冲群还是脉冲链子群产生的暴露，抑或是包括非脉冲电磁场暴露在内的总暴露，均不得超过上述导出限值。

3. U_{inc} 为时间函数，其对应的人体上投影面的空间平均条件见注 5～7。

4. 对于 100kHz～400MHz 频率，无须限制 $0<t<6min$ 的暴露，因此并未设置导出限值。

5. 对于>（400MHz～6GHz）频率：① 在远场区域内：如果全身投影面的空间峰值 U_{inc} 未超过上述导出限值，则表示合规（U_{eq} 可以代替 U_{inc}）；② 在辐射近场区域内：如果空间峰值 U_{inc} 未超过上述导出限值，则表示合规；③ 在感应近场区域内：导出限值不适用，只能采用基本限值进行评估。

6. 对于>(6～300)GHz 频率：① 在远场或辐射近场区域内：如果 4cm² 投影面的 U_{inc} 未超过上述导出限值，则表示合规；② 在感应近场区域内：导出限值不适用，只能采用基本限值进行评估。

7. 对于>(30～300)GHz 频率，1cm² 正方形投影面上的平均暴露不得超过 $275/f_G^{0.177} \times 0.72[0.025+0.975(t/360)^{0.5}]$kJ/m²（职业暴露）或 $55/f_G^{0.177} \times 0.72[0.025+0.975(t/360)^{0.5}]$kJ/m²（公众暴露）。

表 A-8　100kHz～10MHz 电磁场的局部暴露峰值导出限值（未受干扰 *rms*）

暴 露 场 景	频 率 范 围	入射电场强度 $E_{inc}/$（V/m）	入射磁场强度 $H_{inc}/$（A/m）
职业暴露	100kHz～10MHz	170	80
公众暴露	100kHz～10MHz	83	21

注：无须考虑远场与近场，如果全身投影面的空间平均峰值 E_{inc} 或空间平均峰值 H_{inc} 未超过上述导出限值，则表示合规。

表 A-9　100kHz～110MHz 肢体在任意 6min 内的平均感应电流导出限值

（未受干扰 *rms*）

暴 露 场 景	频 率 范 围	电流 I/mA
职业暴露	100kHz～110MHz	100
公众暴露	100kHz～110MHz	45

注：1. 电流强度必须通过取其相关平方值的平均确定（详见导则附录 A 中的等式 8）。

2. 各肢体的电流强度必须进行单独评估。

3. 不提供其他频率范围的肢体电流导出限值。

4. 仅当人体未与接地面进行电气隔离时需要使用肢体电流导出限值。

使用导出限值评估符合性时涉及的一个重要考虑因素就是相关物理量（即 E_{inc}、H_{inc}、S_{inc}、U_{inc}、S_{eq}、U_{eq}、I）推算至基本限值物理量的匹配程度。当导出限值物理量的不确定度较大时，应更谨慎使用。就导则而言，该匹配程度在很大程度上取决于外部电磁场处于远场、辐射近场还是感应近场区域。在大多数情况下，电磁场的导出限值评估规则视其处于哪一个区域而定。

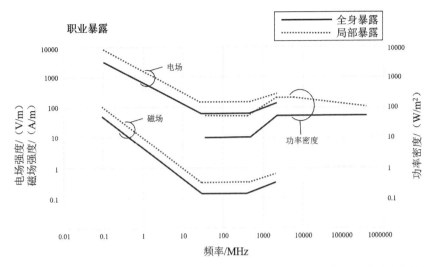

图 A-1　电磁场频率为 100kHz～300GHz 时，≥6min 的时间平均职业暴露导出限值
（未受干扰的 *rms*，详见表 A-5 和表 A-6）

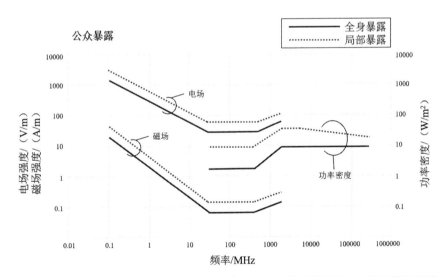

图 A-2　电磁场频率为 100kHz～300GHz 时，≥6min 的时间平均公众暴露导出限值
（未受干扰的 *rms*，详细规定见表 A-5 和表 A-6）

　　该方案还涉及一个难点，即从导出限值推算至基本限值时，可能存在其他影响两者之间匹配程度的因素。其中，包括电磁场频率、电磁场源的物理尺寸及其与该被测的外部电磁场之间的距离，还有电磁场在暴露个体占据的空间中的变化程度。鉴于这些不确定度因素的存在，导则对感应近场暴露和辐射近场暴露的规定比远场暴露更为保守。注意，远场、辐射近场和感应近场这 3 个区域之间并非简单的划分，因此无法保证导出限值与基本限值之间能高度匹配。

即使导则附录 A 中"导出限值的一般考量"一节提到关于这几个区域的定义,但也只能起到指导作用。为了提高与基本限值的匹配程度,技术标准机构对各类电磁场源引起的外部暴露作了明确规定,用于改进导出限值的评估流程。

对于近场和远场的区别,在某些暴露条件下,可以用简单的平面波等效入射功率密度(S_{eq})和平面波等效入射能量密度(U_{eq})分别替代 S_{inc} 和 U_{inc},允许替代的具体要求见下文。针对这种情况,平面波等效入射能量密度与表 A-5～表 A-7 中对应的入射功率密度的平均方式相同。

以下规则适用于判定远场区域电磁场的符合性:频率>(30MHz～2GHz),ICNIRP 仅要求电场强度、磁场强度或 S_{inc} 中的一个物理量符合其对应的导出限值。此外,可以用 S_{eq} 替代 S_{inc}。同样,对于频率>400MHz 的电磁场,以 U_{inc} 作为限值的部分也可以用 U_{eq} 替换。频率从 100kHz～30MHz 的电磁场则始终被看作处于近场区域内。

以下规则适用于判定近场区域电磁场的符合性:频率处于 100kHz～30MHz 时,与当前射频电磁场源相关的个体暴露通常都在近场区域内。本导则将该频率范围内的所有暴露均视为近场,并要求电场和磁场强度都符合导出限值要求。频率处于>(30MHz～2GHz)时,个体暴露处于辐射近场或感应近场区域,电场强度和磁场强度需要低于表中导出限值。频率处于>(30MHz～300GHz)时,个体暴露处于辐射近场区域,其 S_{inc}(或 U_{inc})需低于导出限值。但对于>(2～300)GHz 范围的电磁场,感应近场内的导出限值物理量不足以确保个体暴露符合基本限值。因此,此时必须采用基本限值进行符合性评估。

ICNIRP 注意到对于某些暴露场景,等于导出限值大小的射频电磁场暴露水平存在超出基本限值的可能性。一旦出现这类情况,ICNIRP 将通过比较最终的组织暴露水平和对应的基本限值之间的差异(包括与相关剂量不确定度的比较)判断是否需要降低导出限值,以及超出导出限值是否对健康造成不良影响(包括对应的基本限值的保守程度的考量)。若差异较小或并无不良影响,即使可能导致暴露水平超过基本限值,仍保留该导出限值。

与全身平均比吸收率基本限值相对应的导出限值也存在同样情况。例如,频率在引起身体共振(上限为 100MHz)的范围及处于 1～4GHz 时就有出现全身平均比吸收率超过基本限值的可能性(ICNIRP 2009)。但可能导致这种情况的暴露场景非常具体:使身材矮小的人(如 3 岁儿童)伸展(如双臂举过头顶直立不动)至少 30min,同时上述频率范围内的平面波暴露从前到后入射到孩子身上。此时,比吸收率超过基本限值的水平相对较小(15%～40%),两者之间的差异约等于或小于全身平均比吸收率的测量不确定度(Flintoft 等,2014;Nagaoka 和 Watanabe,2019),同时基本限值的推导中存在多级保守度。更重要的是,这种情况并不对健康造成影响。后一点非常关键,因为相关的基本限值是为了防止身体核心温度上升超过 1℃,并且在这种假设的暴露场景中,由于身材矮小，身体表面积与质量的比增加，从而比体型较大的人更容易将热量散发到环境中（Hirata 等，2013）。身材矮小的个体在全身平均比吸收率增加和热损耗增加两者相抵的情况下，其温升将小于身材高大但未超过基本限值的情况下的温升，而且这种温升都远小于 1℃。因此，ICNIRP 并没有针对该特殊暴露场景改变导出限值。

3. 同时暴露于多个频率场

针对同时暴露于不同频率场的情况，关键在于确认各暴露引发的效应是否会累加，并根据热效应和电刺激效应分别对累加情况进行评估，以及在考虑效应累加后满足的限值条件。下列各公式适用于实际暴露场景下的相关频率。由于以下导出限值总和公式是以不同暴露源中场的最坏情况为假设前提，因此，实际的典型暴露场景下的暴露水平可能低于导出限值公式给出的值。

注意，使用导出限值的符合性判定应通过评估电场强度、磁场强度或功率密度相对于对应的导出限值的最大比值完成。导出限值基于外部物理量而定，且物理量可以根据特定的频率进行转换。例如，频率低于 30MHz 时采用场强，而 30MHz～2GHz 内，场强和入射功率密度都适用。当暴露同时包含转换界限以上和以下的频率分量时，则按累加情况处理。上述原则也同样适用于基本限值。用于以下方程中的场强值必须按照与基本限值和导出限值表中相同空间和时间平均条件来推导。下文分别给出基本限值和导出限值的总和公式。但鉴于实际情况，可结合基本限值与导出限值进行符合性判定。例如，对于 6GHz 以上的频率分量，可以用式（A-4）中的第 4 项代替式（A-2）中的第 2 项。为了符合导则要求，式（A-1）～式（A-7）中每个总和值都必须小于 1。

1）时长≥6min 的基本限值

对于实际应用中的全身平均基本限值，比吸收率应按照式（A-1）相加：

$$\sum_{i=100\text{kHz}}^{300\text{GHz}} \frac{SAR_i}{SAR_{\text{BR}}} \leqslant 1 \qquad (\text{A-1})$$

式中：SAR_i 和 SAR_{BR} 分别为频率 i 的全身平均比吸收率水平和表 A-2 给出的全身平均比吸收率基本限值。

对于实际应用中的局部比吸收率和局部吸收功率密度的基本限值，各暴露水平应按照式（A-2）相加：

$$\sum_{i=100\text{kHz}}^{6\text{GHz}} \frac{SAR_i}{SAR_{\text{BR}}} + \sum_{i>6\text{GHz}}^{30\text{GHz}} \frac{S_{\text{ab,4cm}^2,i}}{S_{\text{ab,4cm}^2,\text{BR}}} + $$
$$\sum_{i>30\text{GHz}}^{300\text{GHz}} \text{MAX}\left\{ \left(\frac{S_{\text{ab,4cm}^2,i}}{S_{\text{ab,4cm}^2,\text{BR}}} \right), \left(\frac{S_{\text{ab,1cm}^2,i}}{S_{\text{ab,1cm}^2,\text{BR}}} \right) \right\} \leqslant 1 \qquad (\text{A-2})$$

式中：SAR_i 和 SAR_{BR} 分别为频率 i 的局部比吸收率水平和表 A-2 给出的局部比

吸收率基本限值。$SAR_{ab,4cm^2,i}$ 和 $SAR_{ab,4cm^2,BR}$ 分别为频率 i 的 4cm^2 吸收功率密度水平和表 A-2 给出的 4cm^2 吸收功率密度基本限值。$SAR_{ab,1cm^2,i}$ 和 $SAR_{ab,1cm^2,BR}$ 分别为频率 i 的 1cm^2 吸收功率密度水平和表 A-2 给出的 1cm^2 吸收功率密度基本限值。在人体内，S_{ab} 被看作 0。在评估体表的比吸收率和 S_{ab} 的和时，则将比吸收率空间平均的中心定义为 (x, y, z)，并使 x，y 平面平行于体表（$z=0$），$z=-1.08$cm（大约为一个 10g 立方体的一半长），同时将 S_{ab} 平均面积的中心定义为 $(x, y, 0)$，人体的每一个部位都必须满足式（A-2）。

2）时长 ≥ 6min 的导出限值

对于实际应用中的全身平均导出限值，入射电场强度、入射磁场强度，以及入射功率密度应按照式（A-3）相加：

$$\sum_{i=100\text{kHz}}^{30\text{MHz}}\left\{\left(\frac{E_{\text{inc},i}}{E_{\text{inc,RL},i}}\right)^2+\left(\frac{H_{\text{inc},i}}{H_{\text{inc,RL},i}}\right)^2\right\}+$$

$$\sum_{i>30\text{MHz}}^{2\text{GHz}}\text{MAX}\left\{\left(\frac{E_{\text{inc},i}}{E_{\text{inc,RL},i}}\right)^2,\left(\frac{H_{\text{inc},i}}{H_{\text{inc,RL},i}}\right)^2,\left(\frac{S_{\text{inc},i}}{S_{\text{inc,RL},i}}\right)\right\}+ \qquad （A\text{-}3）$$

$$\sum_{i>2\text{GHz}}^{300\text{GHz}}\left(\frac{S_{\text{inc},i}}{S_{\text{inc,RL}}}\right)\leqslant 1$$

式中：$E_{\text{inc},i}$ 和 $E_{\text{inc,RL},i}$ 分别为频率 i 的全身平均入射电场强度和表 A-5 给出的全身平均入射电场强度导出限值。$H_{\text{inc},i}$ 和 $H_{\text{inc,RL},i}$ 分别为频率 i 的全身平均入射磁场强度和表 A-5 给出的全身平均入射磁场强度导出限值。$S_{\text{inc},i}$ 和 $S_{\text{inc,RL},i}$ 分别为频率 i 的全身平均入射功率密度和表 A-5 给出的全身平均入射功率密度导出限值。注意，第二项不适用于感应近场区域，因此不能用于式（A-3）。

对于实际应用中的局部导出限值，入射电场强度、入射磁场强度和入射功率密度应按照式（A-4）相加：

$$\sum_{i=100\text{kHz}}^{30\text{MHz}}\left\{\left(\frac{E_{\text{inc},i}}{E_{\text{inc,RL},i}}\right)^2+\left(\frac{H_{\text{inc},i}}{H_{\text{inc,RL},i}}\right)^2\right\}+$$

$$\sum_{i>30\text{MHz}}^{2\text{GHz}}\text{MAX}\left\{\left(\frac{E_{\text{inc},i}}{E_{\text{inc,RL},i}}\right)^2,\left(\frac{H_{\text{inc},i}}{H_{\text{inc,RL},i}}\right)^2,\left(\frac{S_{\text{inc},i}}{S_{\text{inc,RL},i}}\right)\right\}+$$

$$\sum_{i>2\text{GHz}}^{6\text{GHz}}\left(\frac{S_{\text{inc},i}}{S_{\text{inc,RL}}}\right)+\sum_{i>6\text{GHz}}^{30\text{GHz}}\left(\frac{S_{\text{inc},4cm^2,i}}{S_{\text{inc},4cm^2,\text{RL}}}\right)+ \qquad （A\text{-}4）$$

$$\sum_{i>30\text{GHz}}^{300\text{GHz}}\text{MAX}\left\{\left(\frac{S_{\text{inc},4cm^2,i}}{S_{\text{inc},4cm^2,\text{RL}}}\right),\left(\frac{S_{\text{inc},1cm^2,i}}{S_{\text{inc},1cm^2,\text{RL}}}\right)\right\}\leqslant 1$$

式中：$E_{\text{inc},i}$ 和 $E_{\text{inc,RL},i}$ 分别为频率 i 的局部入射电场强度和表 A-6 给出的局部入射电场强度导出限值。$H_{\text{inc},i}$ 和 $H_{\text{inc,RL},i}$ 分别为频率 i 的局部入射磁场强度和表 A-6 给出的局部入射磁场强度导出限值。$S_{\text{inc},i}$ 和 $S_{\text{inc,RL},i}$ 分别为频率 i 的局部入射功率密度和表 A-6 给出的局部入射功率密度导出限值。在人体内，6GHz 以上的 S_{inc} 项被看作 0。人体的每一个部位都必须满足式（A-4）。

对于实际应用中的肢体电流导出限值，肢体电流的值按照式（A-5）相加：

$$\sum_{i=100\text{kHz}}^{110\text{MHz}}\left(\frac{I_i}{I_{\text{RL}}}\right)^2 \leqslant 1 \qquad (\text{A-5})$$

式中：I_i 为频率 i 的肢体电流分量，I_{RL} 为表 A-9 给出的肢体电流导出限值。如果 110MHz 以上电磁场在肢体周围产生不容忽略的局部比吸收率，则需要结合式（A-2）或式（A-4）中的相应项进行评估。

3）时长＜6min 的基本限值

对于实际应用中时间＜6min 的局部基本限值，SAR、SA 与吸收能量密度的值应按照式（A-6）相加：

$$\sum_{i=100\text{kHz}}^{400\text{MHz}}\int_t \frac{SAR_i(t)}{360 \times SAR_{\text{BR}}}\,\text{d}t + \sum_{i>400\text{MHz}}^{6\text{GHz}}\frac{SA_i(t)}{SA_{\text{BR}}(t)} + \sum_{i>6\text{GHz}}^{30\text{GHz}}\frac{U_{\text{ab,4cm}^2,i}(t)}{U_{\text{ab,4cm}^2,\text{BR}}(t)} +$$

$$\sum_{i>30\text{GHz}}^{300\text{GHz}}\text{MAX}\left\{\left(\frac{U_{\text{ab,4cm}^2,i}(t)}{U_{\text{ab,4cm}^2,\text{BR}}(t)}\right),\left(\frac{U_{\text{ab,1cm}^2,i}(t)}{U_{\text{ab,1cm}^2,\text{BR}}(t)}\right)\right\} \leqslant 1 \qquad (\text{A-6})$$

式中：$SAR_i(t)$ 和 $SAR_{\text{BR}}(t)$ 分别为频率 i 在时间为 t 时的局部比吸收率水平和表 A-2 给出的局部比吸收率基本限值。$SA_i(t)$ 和 $SA_{\text{BR}}(t)$ 分别为频率 i 在时间为 t 时的局部 SA 水平和表 A-3 给出的局部 SA 基本限值。$U_{\text{ab,4cm}^2,i}(t)$ 和 $U_{\text{ab,4cm}^2,\text{BR}}(t)$ 分别为频率 i 在时间为 t 时的 4cm^2 吸收功率密度水平和表 A-3 给出的 4cm^2 吸收功率密度基本限值。$U_{\text{ab,1cm}^2,i}(t)$ 和 $U_{\text{ab,1cm}^2,\text{BR}}(t)$ 分别为频率 i 在时间为 t 时的 1cm^2 吸收功率密度水平和表 A-3 给出的 1cm^2 吸收功率密度基本限值。在人体内，U_{ab} 项被看作 0。在评估体表的比吸收率和（或）SA 及 U_{ab} 的和时，则将比吸收率和（或）SA 空间平均的中心定义为 (x, y, z)，并使 x、y 平面平行于体表（$z=0$），$z=-1.08$cm（大约为一个 10g 立方体的一半长），同时将 U_{ab} 平均面积的中心定义为 $(x, y, 0)$，人体的每一个部位都必须满足式（A-6）。短暂暴露和长时暴露同时发生时，式中的 SAR、SA 和 U_{ab} 都必须进行评估。

4）时长＜6min 的导出限值

对于实际应用中时间＜6min 的局部导出限值，入射电场强度、入射磁场强度、入射功率密度，以及入射能量密度的值应按照式（A-7）相加：

$$\sum_{i>100\text{kHz}}^{30\text{MHz}} \text{MAX}\left\{\left(\int_t \frac{E_{\text{inc},i}^2(t)}{360 * E_{\text{inc,RL},i}^2} dt\right), \left(\int_t \frac{H_{\text{inc},i}^2(t)}{360 * H_{\text{inc,RL},i}^2} dt\right)\right\} +$$

$$\sum_{i>30\text{MHz}}^{400\text{MHz}} \text{MAX}\left\{\left(\int_t \frac{E_{\text{inc},i}^2(t)}{360 * E_{\text{inc,RL},i}^2} dt\right), \left(\int_t \frac{H_{\text{inc},i}^2(t)}{360 * H_{\text{inc,RL},i}^2} dt\right), \left(\int_t \frac{S_{\text{inc},i}(t)}{360 * S_{\text{inc,RL},i}} dt\right)\right\} +$$

$$\sum_{i>400\text{MHz}}^{6\text{GHz}} \frac{U_{\text{inc},i}(t)}{U_{\text{inc,RL},i}(t)} + \sum_{i=6\text{GHz}}^{30\text{GHz}} \frac{U_{\text{inc,4cm}^2,i}(t)}{U_{\text{inc,4cm}^2,\text{RL},i}(t)} + \qquad\text{（A-7）}$$

$$\sum_{i>30\text{GHz}}^{300\text{GHz}} \text{MAX}\left\{\left(\frac{U_{\text{inc,4cm}^2,i}(t)}{U_{\text{inc,4cm}^2,\text{RL},i}(t)}\right), \left(\frac{U_{\text{inc,1cm}^2,i}(t)}{U_{\text{inc,1cm}^2,\text{RL},i}(t)}\right)\right\} \leq 1$$

式中：$E_{\text{inc},i}(t)$ 和 $E_{\text{inc,RL},i}$ 分别为频率 i 在时间为 t 时的局部 E_{inc} 水平和表 A-6 给出的局部 E_{inc} 导出限值。$H_{\text{inc},i}(t)$ 和 $H_{\text{inc,RL},i}$ 分别为频率 i 在时间为 t 时的局部 H_{inc} 水平和表 A-6 给出的局部 H_{inc} 导出限值。$S_{\text{inc},i}(t)$ 和 $S_{\text{inc,RL},i}(t)$ 分别为频率 i 在时间为 t 时的局部 S_{inc} 水平和表 A-6 给出的局部 S_{inc} 导出限值。$U_{\text{inc},i}(t)$ 和 $U_{\text{inc,RL},i}(t)$ 分别为频率 i 在时间为 t 时的入射能量密度水平和表 A-7 给出的入射能量密度导出限值。$U_{\text{inc,4cm}^2,i}(t)$ 和 $U_{\text{inc,4cm}^2,\text{RL}}(t)$ 分别为频率 i 在时间为 t 时的 4cm^2 入射能量密度水平和表 A-7 给出的 4cm^2 入射能量密度导出限值。$U_{\text{inc,1cm}^2,i}(t)$ 和 $U_{\text{inc,1cm}^2,\text{RL}}(t)$ 分别为频率 i 在时间为 t 时的 1cm^2 入射能量密度水平和表 A-7 给出的 1cm^2 入射能量密度导出限值。在人体内，U_{inc} 项被看作 0。人体的每个部位都必须满足式（A-7）。

4．接触电流导则

在大约 100kHz～110MHz 的频率，当人体接触电场或磁场内的导电物体时可能产生接触电流，从而造成电流在物体和人体之间流动。较大电流可能导致神经刺激或疼痛（以及潜在的组织损伤），具体取决于电磁场的频率（Kavet 等，2014；Tell 和 Tell，2018）。对于大型的射频发射器，这种现象是一个特别令人担忧的问题，例如，被用于 30MHz 以下及 87.5～108MHz 的广播使用的接近高功率的天线，就曾有与疼痛和烧伤事故相关的零星报告。接触电流一般发生在接触区域，接触区域越小引起的生物效应越大（在给定相同的电流条件下）。这是因为电流密度越大体内的局部比吸收率就越大。

接触电流引起暴露为间接作用现象，因为这个过程需要中间导电物体进行场的转换。再加上行为因素（如对比抓握接触与触摸接触）和环境条件（如导电物体的配置）的不同，使得接触电流的暴露难以预测，也降低了 ICNIRP 对其的防御能力。另外，还存在尤其重要的一点，即通过人体和被人体吸收的电流密度的差异性。这不仅与接触面积有关，还与电流通过的组织的电导率、密度及热容量有关，还有最关键的导电物体和接触组织之间的电阻（Tell 和 Tell，

2018）。

　　因此，导则无法针对接触电流设置限制准则，只能提供指导，以帮助负责传输大功率射频场的群体了解接触电流、潜在的危害及如何减轻危害。为了规范，ICNIRP 将在 100kHz～100MHz 的频率，且场源的场强大于 100V/m 的电磁场定义为高功率射频电磁场。

　　接触电流与健康之间关系的相关研究比较有限。痛感这一健康效应由最低的接触电流水平引起，相关数据主要来自 Chatterjee 等（1986）。该研究将感觉和痛感作为接触电流频率和接触类型（对比抓握接触与触摸接触）的函数并在大型成人群体内进行评估。在测试的 100kHz～10MHz，引起可恢复、疼痛的热感的平均（触摸接触）感应电流阈值为 46mA，暴露需要持续至少 10s 参与者才表示疼痛。在该范围内阈值与频率无关，并且抓握接触阈值远高于触摸接触阈值。

　　鉴于研究结果给出的阈值取的是所有参与者的平均值，还因为该阈值的标准差，ICNIRP 认为整个群体的最低阈值应约为 20mA。此外，根据数据建模，儿童的阈值应更低。根据 Chatterjee 等（1986）和 Chan 等（2013）的推断，儿童的最低阈值应该不超过 10mA。目前，接触电流造成危害的上限频率仍未知。虽然 ICNIRP（1998）导则在设置导出限值时考虑 100kHz～10MHz 的接触电流，但 Chatterjee 等（1986）只测试了 10MHz 频段，并且 Tell 和 Tell（2018）表示接触电流灵敏度在 1MHz～28MHz 内急剧降低（并未评估更高频率）。因此，目前尚不清楚在整个 100kHz～110MHz 内，接触电流是否对健康造成危害。

　　对于潜在的接触电流场景，在确定其引发危害的可能及性质时，ICNIRP 认为上述信息就负责对 100kHz～110MHz 频率的接触电流进行风险管控的人非常重要。并且有助于权衡个体进入可能产生接触电流的射频电磁场环境的利弊。上述信息表明可以培训作业人员不与导电物体接触从而将接触电流的风险降到最低。但当需要接触时，应注意以下因素：大型金属物体应接地；作业人员应通过绝缘材料（如射频防护手套）接触导电物体；作业人员应了解相关风险，这其中包括发生意外的可能性，比起在组织上产生电流这样的直接影响，上述情况可能以其他方式对安全造成影响（如发生意外）。

　　5．职业暴露风险降低考虑因素

　　为了证明射频电磁场职业暴露的合理性，ICNIRP 认为需要制订一个妥善的健康安全计划。该计划的一部分应涉及对射频电磁场暴露潜在影响的认知，这其中包括分析暴露产生的生物效应是否跟与射频电磁场无关的其他生物效应累加。例如，当身体核心温度因与电磁场无关的因素（如剧烈活动）而升高时，射频电磁场引起的温升需要与其他热源一同被纳入考虑。同样，个体是否存在可能影响其体温调节能力的疾病或身体状况，以及环境是否不利于散热等也需要着重考虑。

全身比吸收率限值针对的相关健康效应是心血管负荷的增加（为了限制身体核心温度的升高，心血管系统必须工作），如果温升未被限制在安全水平，一连串的功能性变化则可能在组织上（包括大脑、心脏和肾脏）引起一些可逆和不可逆的效应。这类效应的发生通常要求身体核心温度高于 40℃（或比正常体温高约 3℃）。因此，为了使射频引起的温升小于 1℃，ICNIRP 采用较大的缩减因子（在正常体温下，ICNIRP 设置的职业暴露限值能使身体核心温度的升高 < 0.1℃）。但是，当存在可能影响体核温度的其他因素时，仍需要谨慎对待。这些因素包括高环境温度、高强度体力活动和正常体温调节障碍（如利用隔热衣或某些医疗条件）。如果存在大量其他来源的热量，则建议作业人员采用更恰当的方法查明自身的核心温度（详见 ACGIH 2017）。

局部基本限值针对的相关健康效应是疼痛和热介导组织损伤。对于 1 型组织，如皮肤和肢体，疼痛（由痛觉感受器的刺激引起）和组织损伤（由蛋白质的变性引起）通常要求温度达到约 41℃ 以上。职业暴露不太可能使肢体的局部温升超过 2.5℃，同时考虑到肢体温度通常低于（31～36）℃，因此肢体组织的射频电磁场暴露本身不太可能导致疼痛或组织损伤。对于 2 型组织，如头部和躯干区域（不包括浅表组织），在温度低于 41℃ 时也不太可能产生损伤。由于职业暴露不太可能使头和躯干组织的温升超过 1℃，同时，鉴于身体核心温度通常在（37～38）℃左右，因此射频电磁场暴露引起的温升不太可能对 2 型组织或其组织功能造成损伤。

但是，当作业人员受到其他热源的影响，且可能与射频电磁场暴露的热源累加时，仍需要谨慎对待，例如，前文提到的与身体核心温度有关的那些影响。对于浅表暴露场景，局部发热产生的不适和疼痛可作为组织可能发生热损伤的重要指标。尤其当存在其他热应力时，作业人员应知晓射频电磁场会增加其热负荷，并能采取适当的措施减少电磁场的潜在危害。